工业企业供配电

主　编　钱卫钧　裴　娟　聂　兵
副主编　杨　威　耿福江　孙丰收
主　审　赵卫国　李　鹏

北京理工大学出版社
BEIJING INSTITUTE OF TECHNOLOGY PRESS

内容简介

全书共分9个项目，主要内容有：电力系统概述、变配电所的高压设备、工业企业供电系统、负荷计算与无功功率补偿、导线和电缆截面的选择、短路电流的计算和高压设备的选择、工业企业供电系统的继电保护、工厂变电所二次回路和自动装置以及防雷与接地。本书可作为高等职业学校、高等专科学校、成人高校及本科院校举办的二级职业技术学院和民办高校的电气自动化、机电一体化、供用电技术、计算机技术、电子技术和数控技术等专业的“工业企业供配电”课程的教材，也可供有关工程技术人员参考。

图书在版编目（CIP）数据

工业企业供配电/钱卫钧，裴娟，聂兵主编．—北京：北京理工大学出版社，2012.8（2020.1 重印）

ISBN 978-7-5640-6582-9

Ⅰ.①工…　Ⅱ.①钱…②裴…③聂…　Ⅲ.①工业用电-供电-高等学校-教材②工业用电-配电系统-高等学校-教材　Ⅳ.①TM727.3

中国版本图书馆 CIP 数据核字（2012）第186538号

出版发行 / 北京理工大学出版社
社　　址 / 北京市海淀区中关村南大街5号
邮　　编 / 100081
电　　话 / (010)68914775(办公室)　68944990(批销中心)　68911084(读者服务部)
网　　址 / http:// www. bitpress. com. cn
经　　销 / 全国各地新华书店
印　　刷 / 北京虎彩文化传播有限公司
开　　本 / 787 毫米×1092 毫米　1/16
印　　张 / 18
字　　数 / 417 千字　　　　责任编辑 / 钟　博
版　　次 / 2012年8月第1版　2020年1月第5次印刷　　　　责任校对 / 杨　露
定　　价 / 45.00 元　　　　责任印制 / 王美丽

前言

Foreword

本书是按照高等工程专科课程教学要求，结合我国高等职业教育的现状和发展趋势编写的，可作为高等职业学校、高等专科学校、成人高校及本科院校举办的二级职业技术学院和民办高校的电气自动化、机电一体化、供用电技术、计算机技术、电子技术和数控技术等专业的“工业企业供配电”课程的教材，也可供有关工程技术人员参考。

“工业企业供配电”课程是高等职业学校、高等专科学校、成人高校及本科院校举办的二级职业技术学院和民办高校的电气自动化、机电一体化、供用电技术、计算机技术、电子技术和数控技术等专业学生必修的一门专业基础课。

本书力争做到概念准确、内容精练、理论联系实际。在编写中，考虑到职业教育的特点，淡化了数学推导，突出了工业企业供配电应用案例，重点培养学生解决实际工程问题的能力。全书共分9个项目，主要内容有：电力系统概述、变配电所的高压设备、工业企业供电系统、负荷计算与无功功率补偿、导线和电缆截面的选择、短路电流的计算和高压设备的选择、工业企业供电系统的继电保护、工厂变电所二次回路和自动装置以及防雷与接地。

本书由山东工业职业学院钱卫钧、裴娟、聂兵担任主编，山东工业职业学院杨威、淄博嘉周热力有限公司耿福江、山东工业职业学院孙丰收担任副主编，全书由钱卫钧统稿。山东工业职业学院赵卫国、山东电力集团公司淄博供电公司李鹏担任主审并提出了详尽的修改意见，在此表示感谢。

由于编者水平有限，书中的缺点和错误在所难免，希望广大读者批评、指正。

编　者

目录

Contents

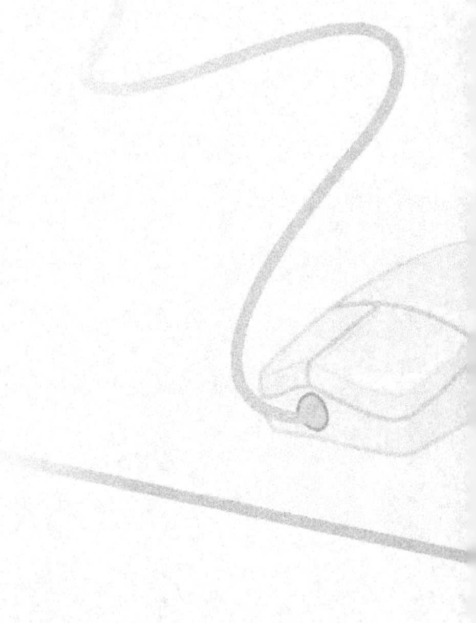

项目一 概论

【项目需求】

工厂供电系统是电力系统的主要组成部分，它是电能的主要用户，根据几个工业国家的统计，工厂用电量约占全国发电量的50%甚至70%。绝大多数的工厂都由国家电力系统供电。所以本项目主要对电力系统及中性点运行方式予以介绍。

【项目工作场景】

现代化电力系统的规模都比较大，通常把许多城市的所有发电厂都并联起来，形成大型的电力网络，对电力进行统一的调度和分配。这样不但能显著地提高经济效益，而且还有效地加强了供配电的可靠性。在电力系统中电力从生产到供给用户，通常需要经过发电、输电、变电和配电等几个环节。本项目主要针对这几方面以及电力系统的中性点接地方式进行讲解。

【方案设计】

先了解电力系统的一般概念，并分析发电厂的基本知识；然后分析并确定电力系统的额定电压、电力系统的中性点运行方式。

【相关知识和技能】

1. 理解电力系统、电力网和并网的概念。
2. 熟悉电力系统中性点运行方式分类及特点。
3. 能说出电力系统图中各符号的含义。
4. 会根据用户选择电网运行方式。
5. 会确定工厂供配电电压并根据电网的额定电压确定电气设备的额定电压。

任务1 电力系统的一般概念

【任务目标】

1. 了解供配电工作的意义与要求。
2. 掌握供配电系统及发电厂、电力系统的基本知识。
3. 熟悉企业变电所的组成。

【任务分析】

发电是供配电系统的重要组成部分，我们要明确电力系统的组成，能说出电力系统图中的符号含义并掌握发电厂的生产过程以及供配电系统图的分析。

【知识准备】

电能属二次能源，它是在发电厂中将一次能源（如煤、水等）经过多次能量转换而生成的。电能具有很多优点，如容易产生，输送方便，易于分配；可简便地转换为其他形式的能量；便于控制，利于实现生产过程自动化，提高产品质量和经济效益等。因而，电能在工矿企业、交通运输、科学技术、国防建设和人民生活中得到了广泛应用。

由于工矿企业所需要的电能绝大多数是由公共电力系统供给的，所以本任务对电力系统予以简要介绍。

一、电力系统

电力系统是由发电厂、电力网和用电设备组成的统一整体。

电力网是电力系统的一部分。它包括变电所、配电所及各种电压等级的电力线路。根据电力网的电压高低和供电范围不同，电力网可分为地方电力网和区域电力网两大类。地方电力网的电压在110kV以下，供电距离不超过50km，可以认为区域变电所二次出线以后的网路为地方电力网，如一般工矿企业、城市和农村的电力网等；区域电力网的电压在110kV以上，供电距离为几十千米甚至几百千米以上，可以认为从发电厂出口至区域变电所的网路为区域电力网。例如，我国著名的平武输电线路（北起河南平顶山，南至武汉凤凰山），全长600多千米，电压为500kV，就属于区域电力网。

与电力系统相关联的还有动力系统。动力系统是电力系统和“动力部分”的总和。所谓“动力部分”，包括火力发电厂的锅炉、汽轮机、热力网和用热设备；水力发电厂的水库、水轮机以及原子能发电厂的核反应堆等。所以，电力系统是动力系统的一个组成部分。如图1－1所示为电力系统、电力网和动力系统三者之间的关系。

电力系统的作用是由各个组成环节分别完成电能的生产、变换、输送、分配和消费等任务。现对这几个环节的基本概念说明如下。

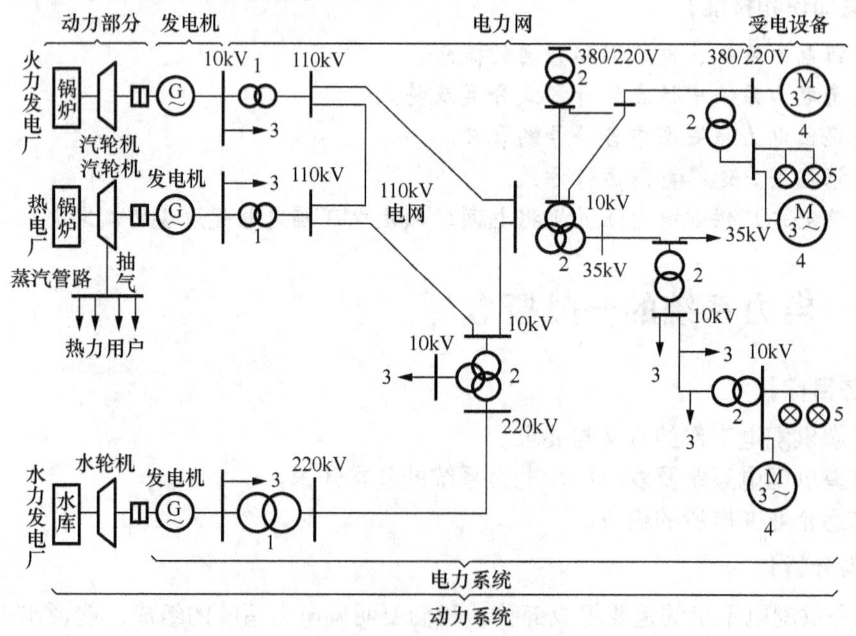

图1－1　电力系统、电力网、动力系统三者之间的关系

1—升压变压器；2—降压变压器；3—负荷；4—电动机；5—电灯

1. **发电厂（或称发电站）**

发电厂是将各种形式的能量转换为电能的特殊工厂，它的产品是电能。根据所利用一次能源的不同，发电厂可分为火力发电厂；水力发电厂；原子能发电厂；其他类型的发电厂，如太阳能发电厂、风力发电厂、地热发电厂和潮汐发电厂等。目前在我国接入电力系统的发电厂主要是火力发电厂和水力发电厂，近几年内原子能发电厂将并入电力系统运行。下面简单介绍火力发电厂、水力发电厂和原子能发电厂的生产过程。

1）火力发电厂（简称火电厂）

火电厂把燃料的化学能转变成电能，所用的燃料有煤、石油和天然气等，由于我国煤的资源丰富、分布较广，所以我国目前火电厂仍以煤为主要燃料。火电厂使用的原动机有蒸汽轮机、柴油机和燃气轮机等，目前大型火电厂多采用蒸汽轮机。如图 1－2 所示为凝汽式火电厂的生产过程示意，其生产过程为

燃料化学能锅炉⟶热能⟶机械能⟶电能

在汽轮机内做完功的蒸汽将进入凝汽器 3，蒸汽在凝汽器被冷却，凝结成水，凝结水由凝结水泵 4 打至除氧器 5，经加温脱氧后由给水泵 6 打入锅炉内。

这里需要指出，冷却水在凝汽器中，吸收了蒸汽的热量后排出，从而带走了一部分热量。因此，一般凝汽式发电厂效率很低，只有 30% ~40 % 。

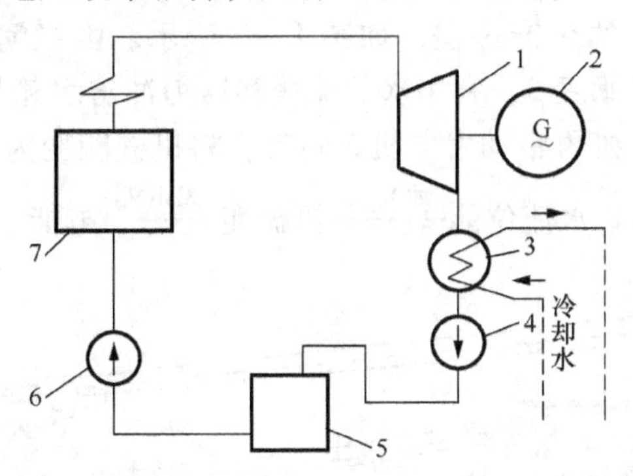

图 1－2　凝汽式火电厂的生产过程示意

1—汽轮机；2—发电机；3—凝汽器；
4—凝结水泵；5—除氧器；6—给水泵；7—锅炉

热电厂与凝汽式火电厂不同，它的汽轮机中一部分做过功的蒸汽，从中间段抽出来供给热力用户，或经过热交换器将水加热后把热水供给用户。这样，便可减少被循环水带走的热损失。现代热电厂一般都考虑了“三废”（废渣、废水、废气）的综合利用，不仅可发电，而且还可供热，效率可达 60% ~70% 。

目前已有采用燃气轮机带动发电机发电的火电厂。燃气轮机是让高温高压燃气直接冲击叶片旋转，带动发电机发出电能，由于燃气轮机省却了笨重的锅炉，所以具有体积小、效率高的优点。柴油发电机多适用于农村、林区、地质勘察和土建施工等供电，容量一般不大。

2）水力发电厂（简称水电站）

水电厂是利用高水位处的水经过压力管道，将水的位能变成动能冲击水轮机转动，带动发电机发电，水电厂总容量与水的流量及落差成正比，在流量一定时，要获得较大的发电容量，必须有较大的落差。

（1）水力发电厂的类型。

根据形成落差的方法不同，有三种不同类型的水电厂：堤坝式、引水式和混合式。

①堤坝式水力发电厂（或称坝式）。在河道上修建堤坝拦河蓄水，形成水库，提高水位，集中落差，调节径流，利用水能发电。这种堤坝式水力发电厂又可分为河床式和坝后式两种。

河床式水力发电厂，厂房建在河床上，与堤坝布置在一条直线上，承受水的压力，如葛洲坝水电厂就属于此种形式，其总装机容量达270多万千瓦。

坝后式水力发电厂，厂房位于坝后（坝的下游），厂房与坝分开，不承受压力。如刘家峡水电厂就属于此种形式。综上所述，坝式水电厂，综合利用效益高，但落差小，水库淹没区大，工程大，投资也多。

②引水式水力发电厂。在河流坡降较陡的河段上游，筑一堤坝蓄水，通过人工建造的引水渠道、隧洞、压力水管等将水引到河段下游，用以集中落差发电。此种水电厂落差较大，工程较小，造价低，可利用天然地形条件，但综合利用效益差。

③混合式水力发电厂。这是堤坝式和引水式两者兼有的水力发电厂。其中一部分落差由拦河坝集中，另一部分落差由引水渠道集中。由于有水库，可以调节径流，因此又具备引水式特点。

（2）水力发电厂的生产过程。水力发电厂的生产过程比火力发电厂简单，下面以堤坝式水电厂为例说明水电厂的生产过程，如图1－3所示。由拦河坝1维持在高水位的水，经压力水管2进入螺旋形蜗壳3，利用水的流速和压力冲击水轮机叶轮4，推动转子转动，将水能变成机械能，水轮机再带动发电机5转动，将机械能变为电能，即

$$\text{水流位能}\xrightarrow{\text{水轮机}}\text{机械能}\xrightarrow{\text{发电机}}\text{电能}$$

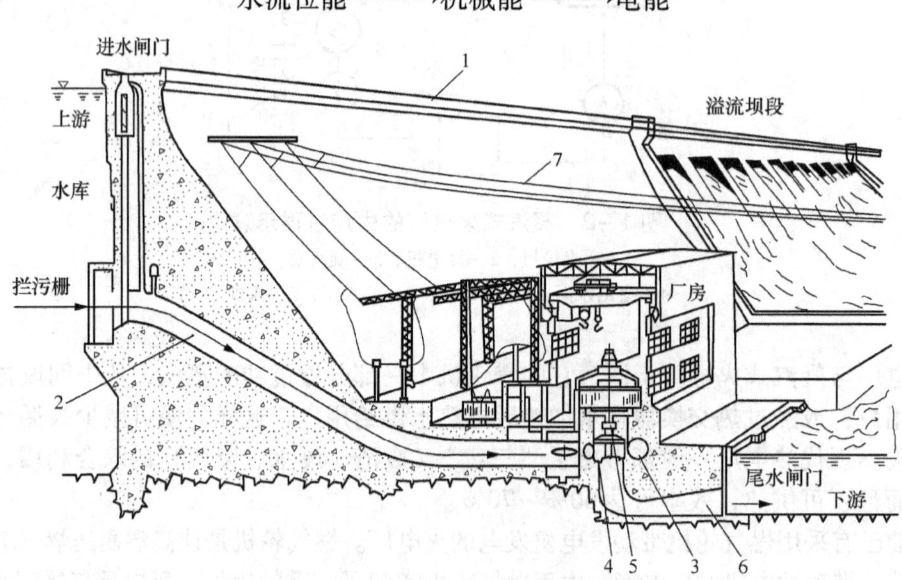

图1－3　水力发电厂的生产过程

1—拦河坝；2—压力水管；3—螺旋形蜗壳；
4—水轮机叶轮；5—发电机；6—尾水管；7—输电线

做过功的水由尾水管6排往下游。发电机发出的电能经升压变压器升压后由高压输电

线7送到供电系统。

水电厂与火电厂相比，不消耗燃料，没有污染，能量转换效率高，发电成本低（为火力发电的25% ~35%），但建设投资大，运行中易受自然水情影响。由于水轮发电机组启动迅速，运行灵活，易于实现自动化，因此它在电力系统中除担任正常负荷外也多用于担负尖峰负荷，调频负荷以及作为事故备用电源。

（3）原子能发电厂（简称核电站）

核电厂和火电厂类似，“原子反应堆”相当于锅炉，利用核裂变产生的大量热能使水汽化来推动蒸汽轮机带动发电机发电。其能量转换过程为

$$\text{核能变能}\xrightarrow{\text{核反应堆}}\text{热能}\xrightarrow{\text{汽轮机}}\text{机械能}\xrightarrow{\text{发电机}}\text{电能}$$

核电厂消耗“燃料”极少，如100万千瓦的核电厂，年消耗浓缩铀30t，相当于标准煤250万吨。因此，它可以建立在远离其他一次能源（如煤、水）的用电中心处或用热中心处，如我国广东大亚湾和浙江秦山核电厂。

在我国，煤电约占60%，水电约占23%，其他约占17%，由于核能是极其巨大的能源，建设核电站具有重要的经济和科研价值。我国不仅适当发展核电，而且还应因地制宜开发多种发电能源，如由地方兴办小水电、风力发电和地热发电等。

2. 变电所（或称变电站）

变电所是接收电能、变换电压和分配电能的场所。为了实现电能的经济输送和满足用电设备对供电质量的要求，需要对发电机的端电压进行多次变换，这项任务是由变电所完成的。变电所的主要设备有电力变压器、母线和开关设备等。变电所可分为升压变电所和降压变电所两大类：升压变电所的主要任务是将低电压变换为高电压，一般建在发电厂；降压变电所的主要任务是将高电压变换到一个合理的电压等级，一般建在靠近负荷中心的地点。降压变电所根据其在电力系统中地位、作用和供电范围不同，又可分为区域变电所和地方变电所。

（1）区域变电所。

它是从110 ~500kV的输电网路受电，将电压降为35 ~220kV，供给大区域用电。在区域变电所中多装设大容量的三绕组变压器，将电压降为35kV和60 ~220kV两种不同的电压，分别供给与发电厂联系的枢纽，故有时称其为枢纽变电所，如图1 -4所示中的变电所B。

（2）地方变电所。

这种变电所通过35 ~110kV的网路从区域变电所或本地区发电厂直接受电，将电压降为6 ~10kV，向某个市区或某工业区供电，其供电范围较小，一般约为数千米，如图1 -4所示中的变电所C和D。

只用来接受和分配电能，而不承担变换电压任务的场所，称为配电所，多建在工厂内部。配电所与变电所不同之处在于配电所没有电力变压器，不需要变换电压。

用来将交流电流变换为直流电流，或反之的电能变换场所称为变流站。

这里需要指出的是，为什么要采用高压输电呢？这是因为，在导线截面和线路电压损失一定的条件下，输电电压越高，则输送距离越远，输送功率也越大。如果输送功率、送电距离和线路电压损失一定时，则输电电压越高，其导线截面将越小，可以大大节省导线所用的有色金属，所以必须采用高压输电。

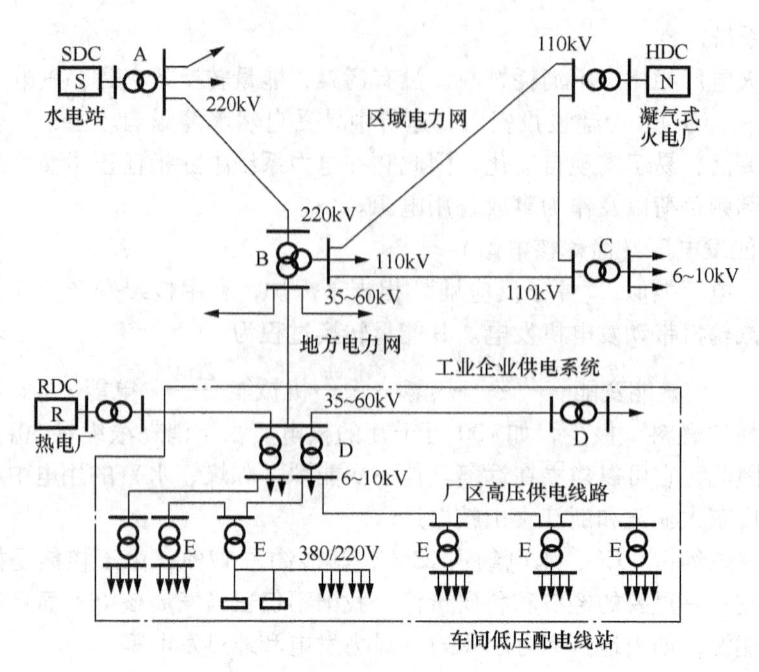

图1-4　工业企业供电系统示意

3. 电力线路（也称输电线）

电力线路是输送电能的通道。由于火力发电厂和水力发电厂多建在水力、煤等动力资源丰富的地方，距电能用户较远，所以需要各种不同电压等级的电力线路作为发电厂、变电所和电能用户联系起来的纽带，将发电厂生产的电能源源不断地送到电能用户。

通常，把由降压变电所分配给用户的10kV及以下电力线路，称为配电线路；而把电压在35kV及以上的高压电力线路称为送电线路。

4. 电能用户（又称电力负荷）

在电力系统中，一切消费电能的用电设备均称为电能用户。用电设备按其用途可分为：动力用电设备（如电动机等）、工艺用电设备（如电解、冶炼、电焊、热处理等设备）、电热用电设备（如电炉、干燥箱、空调等）、照明用电设备和试验用电设备等，它们分别将电能转换为机械能、热能和光能等不同形式的适于生产需要的能量。

二、电力系统运行的特点

电力系统的运行与其他工业生产相比，具有以下明显的特点：

（1）电能不能大量储存。电能的生产、输送、分配和消费，实际上是同时进行的。即在电力系统中，发电厂任何时刻生产的电能，必须等于同一时刻用电设备所消费的电能与电力系统本身所消耗的电能之和。

（2）电力系统暂态过程非常短促。发电机、变压器、电力线路和电动机等设备的投入和切除，都是在一瞬间完成的。电能从一地点输送到另一地点所需的时间也很短促。电力系统由一种运行状态到另一种运行状态的过渡过程也是非常短促的。

（3）与国民经济各部门及人民日常生活有极为密切的关系。供电中断或供电质量差都会带来严重的损失和后果。

因此，对电力系统的设计和运行有着严格的要求，必须确保供电的可靠性、经济性和电能质量等指标满足用户要求。

【任务实施】

电力系统图的分析报告见表1-1。

表1-1　电力系统图的分析报告

<table>
<tr><td>姓名</td><td></td><td>专业班级</td><td></td><td>学号</td><td></td></tr>
<tr><td colspan="2">任务内容及名称</td><td colspan="4">电力系统图的组成及各部分的含义</td></tr>
<tr><td colspan="3">1. 任务实施目的：
掌握电力系统的组成及电力系统图的读图</td><td colspan="3">2. 任务完成时间：1学时</td></tr>
<tr><td colspan="6">3. 任务实施内容及方法步骤：
分析图1-1（电力系统、电力网和动力系示意图）及图1-4（工业企业供电系统示意），用讲述的形式实施，并写出分析报告</td></tr>
<tr><td colspan="6">4. 分析报告：</td></tr>
<tr><td colspan="6">指导教师评语（成绩）：
年　月　日</td></tr>
</table>

【任务总结】

本任务的学习，让学生能对电力系统的基本知识有大题的了解和认识，并能正确地识别电力系统图，对后续知识的学习作铺垫。

任务2　工业企业供电概述

【任务目标】

1. 掌握供配电系统的组成。
2. 明确供电系统组成部分及各自的任务。
3. 熟悉企业变配电所的组成及布置。

【任务分析】

首先明确工业企业供电系统的组成，理解各部分的作用和任务，从而在设计供电系统的时候才能满足技术上和经济上的要求。

【知识准备】

工业企业供电系统由总降压变电所、车间变电所、厂区高低压配电线路以及用电设备等组成。图1-4中虚线框内所表示的即为工业企业供电系统，是联合电力系统的一部分，其具体任务是按企业所需要的容量和规格把电能从电源输送并分配到用电设备。考虑到大型联合企业的生产对国民经济的重要性，需要自建电厂作备用电源；或者有的企业为了满足供热以及用电量大又不准停电的要求，有时一个企业或几个企业单独或联合建立发电厂，满足供热与供电的需要。这种情况，必须经过技术上和经济上综合分析，证明确实具有明显的优越性时，方可建立适当容量的自备电厂。要求供电不能中断的一般工业企业，也可以采取从电力系统两个独立电源进行供电的方式。所谓独立电源，是互不联系，没有影响，或联系很少影响很小的两个电源。获得两个独立电源的方法，除建立自备电厂外，也可以采用两条进线分别由不同上级变电所，或由上级变电所中两台不同变压器、两段不同母线供电。

近年来，由于某些大型企业用电量增大，供电可靠程度要求又高，例如大型矿山、冶金联合企业、电弧炉冶炼以及大型铝厂等，此时可将超高压 110 ~ 220kV 直接引进总降压变电所，且由几路进线供电，如图 1 – 4 所示中变电所 C，由 110kV 环形电网直接供电。又如某铝厂由 220kV 四路进线，某热轧厂用 110kV 三回电缆线路直接供电给总降压变电所。这对企业增容，减少网路上电能损耗和电压损失，以及节省导体材料都有十分重大的意义。

一、总降压变电所

总降压变电所是对工业企业输送电能的中心枢纽，故也称它为中央变电所。它与系统中的地方变电所一样，也是由区域变电所引出的 35 ~ 220kV 网路直接受电，经过一台或几台电力变压器降为向企业内部各车间变电所供电。企业中总降压变电所的数量取决于企业内供电范围和供电容量。有的大型联合企业内设有多达二十几个总降压变电所，分别担负各区域供电。为了提高供电可靠性，在各总降压变电所之间也可互相联系。冶金企业的总降压变电所中通常设置两台甚至多台电力变压器，由两条或多条进线供电，每台容量可达几千甚至几万千伏安，其二次侧出口分别接到二次母线的各段上，由母线上再引出多条 3 ~ 10kV 线路供电给各用电区的车间变电所，如图 1 – 4 所示。

在中型冶金企业中一般只建立一个总降压变电所，多由两回线供电。小型工业企业可以不建立总降压变电所，而由相邻企业供电或者几个小型企业联合建立一个共用的总降压变电所，一般仅由电力系统引进一条进线供电。企业中究竟设置多少个总降压变电所，主要视需要容量与供电范围，并通过技术经济综合分析、方案比较后来决定。

一般地，大型工厂和某些负荷较大的中型工厂，常采用 35 ~ 110kV 电源进线，先经总降压变电所将 35 ~ 110kV 的电源电压降至 3 ~ 10kV，然后经过高压配电线路将电能送到各车间变电所，再由 3 ~ 10kV 降至 380 /220V，最后由低压配电线路将电能送至车间用电设备。这种供电方式称为二次降压供电方式。

二、车间变电所

车间变电所从总降压变电所引出的 6 ~ 10kV 厂区高压配电线路受电，将电压降为低压如 380/220 V 对各用电设备直接供电，如图 1 – 4 所示的变电所 E。各车间内根据生产规模、用电设备的多少、布局和用电量的大小等情况，可设立一个或多个车间变电所。在车间变电所中，设置一台或两台最多不宜超过 3 台、容量一般不超过 1 000kV · A 的电力变压器，而且采取分列运行，这是为了限制短路电流而采取的相应措施。但近年来由于新型开关设备断路容量的提高，车间变压器的容量已可以采用 2 000kV · A 的。车间变电所通过车间低压线路给车间低压用电设备供电，其供电范围一般为 100 ~ 200m。生产车间的高压用电设备如轧钢车间主轧机、烧结厂主抽风机、高炉水泵以及选矿车间的球磨、粉碎机等高压电动机，则直接由车间变电所的高压3～10kV母线供电。

另外，一般的中小型工厂，多采用6～10kV电源进线，或采用35kV电源进线，经变电所一次降至380/220V。这种供电方式称为一次降压供电方式。

在各种变电所中除电力变压器以外，尚有其他各种电气设备，如高压断路器，隔离开关，电流、电压互感器，母线，电力电缆等，这些直接传送电能的设备，通常称为一次设备。此外尚有辅助设备如保护电气、测量仪表、信号装置等，称其为二次设备。

三、厂区配电线路

工业企业厂区高压配电线路主要作为厂区内传送电能之用。电压为3～10kV的高压配电线路尽可能采用水泥杆架空线路，因为架空线路投资少，施工简单，便于维护。但厂区内厂房建筑物密集，架空敷设的各种管道纵横交错，电机车牵引用电网以及铁路运输网较多，或者由于厂区内腐蚀性气体较多等限制，某些地段不便于敷设架空线路时，可以敷设地下电缆线路，但电缆线路的投资常常超过架空线路的2～4倍。

车间低压配电线路用以向低压用电设备传送电能，一般多采用明敷设的线路，即利用瓷瓶或瓷夹作绝缘，沿墙或沿棚搭架敷设。在车间内如果有易燃或易爆气体或粉尘时，则于车间外沿墙明敷设或于车间内采用电缆、导线穿管敷设。穿管敷设的线路通常可以沿墙沿棚敷设明管，也可以预先将管埋入墙棚之内。低压电缆线路可以沿墙或沿棚悬挂敷设，也可以置于电缆暗沟内敷设。车间内电动机支线多采用穿管配线。

对矿山来说，井筒及井巷内高低压配电线路均应采用电缆线路，沿井筒壁及井道壁敷设，每隔2～4m用固定卡加以固定。在露天矿采场内多采用移动式架空线路或电缆线路，但高低压移动式用电设备（如电铲、凿岩机等），应采用橡胶绝缘的电缆供电。

车间内电气照明与动力线路通常是分开的，尽量由一台变压器供电。动力设备由380V三相供电，而照明由220V相线与零线供电，但各相所接照明负荷应尽量平衡。事故照明必须由可靠的独立电源供电。

车间低压线路虽然不远，但用电设备多且分散，故低压线路较多，电压虽低但电流却较大，因此导线材料的消耗量往往超过高压供电线路。所以，正确解决车间配电系统是一项很复杂且重要的工作。

电能是工业企业生产的最主要的能源，保证车间电能供应是非常重要的。一旦供电中断，将破坏企业的正常生产，造成重大损失。如某些设备（如高炉供水、矿井瓦斯排出、炼钢浇铸吊车等）即使短时间断电，都会造成巨大损失，甚至损坏设备发生人身伤亡等事故。

可见保证工业企业正常供电是极为重要的。因此当前企业供电系统均装设各种保护装置和自动装置，及时发现故障和自动切除故障，保证可靠地供电。此外企业供电设备和供电系统正确的选择、设计、安装、维护运行也是极为重要的。

【任务实施】

工业企业供电系统的组成分析报告见表1－2。

表1－2　工业企业供电系统的组成分析报告

<table>
<tr><td>姓名</td><td></td><td>专业班级</td><td></td><td>学号</td><td></td></tr>
<tr><td colspan="2">任务内容及名称</td><td colspan="4">工业企业供电系统的组成</td></tr>
<tr><td colspan="3">1. 任务实施目的：
掌握工业企业供电系统的组成</td><td colspan="3">2. 任务完成时间：2学时</td></tr>
<tr><td colspan="6">3. 任务实施内容及方法步骤：
联系学校附近的一家企业，参观该企业的供配电室，了解该企业供电系统的组成</td></tr>
<tr><td colspan="6">4. 参观分析报告：</td></tr>
<tr><td colspan="6">指导教师评语（成绩）：
年　月　日</td></tr>
</table>

【任务总结】

通过本任务的学习，让学生能对工业企业供电系统的基本知识有大体的了解和认识，并知道各个组成部分的作用及设置，还要掌握电源进线的合理选择。

任务3　电力系统的电压

【任务目标】

1. 了解并确定电力系统额定电压的基本原则。
2. 掌握供配电系统及发电厂、电力系统的基本知识。
3. 会选择工厂供配电电压并根据电网的额定电压确定电气设备的额定电压。

【任务分析】

工厂电力系统的电压主要取决于当地电网的供配电电压等级，同时要考虑工厂用电设备的电压、容量和供配电距离等因素。在同一输送功率和输送距离条件下，供配电电压越高，线路电流越小，使线路导线或电缆截面越小，可减少线路的初投资和有色金属消耗量。本任务的学习，首先明确电力系统额定电压的概念、分类及确定额定电压的基本原则，再根据具体的要求选择合适的供电电压和确定用电设备的额定电压。

【知识准备】

一、电力系统的额定电压

为使电气设备生产标准化，便于大批生产，使用中又易于互换，电气设备的额定电压必须统一。所谓额定电压，是指发电机、变压器和一切用电设备正常运行时获得最佳经济效果的电压。

1. 确定电力系统额定电压的基本原则

（1）线路的额定电压。由于线路中有电压损失，如图1－5所示中的用电设备1～4将要得到不同的电压，首端的用电设备得到的电压比末端的高。由于在运行线路上各点电压也不恒定，随负荷变化而变化，所以规定线路的额定电压为线路首端电压 V_1 和末端电压 V_2 的算术平均值，即

$$V_e = (V_1 + V_2)/2$$

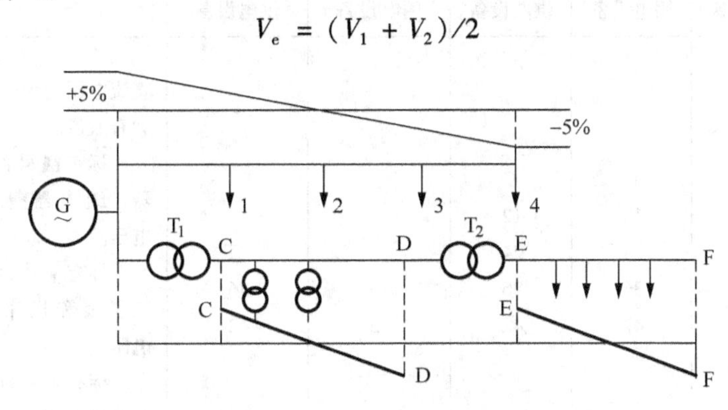

图 1-5　电网额定电压的说明

（2）用电设备的额定电压。规定：用电设备的额定电压等于供电线路的额定电压。一般用电设备的实际工作电压允许在额定电压的 ±5% 范围内变动，而线路的电压损失一般为 10%，所以始端电压 V_1，比额定电压 V_e 高 5%，而末端电压 V_2 比 V_e 低 5%，从而保证了所有用电设备均处在良好的运行状态。

（3）发电机及变压器的额定电压。发电机处在线路首端。因此规定：发电机的额定电压 V_e，比接入它的线路电压高 5%。例如 10 kV 线路中，发电机的额定电压为 10. 5kV。

变压器具有用电设备和发电机的双重作用。它的一次线圈接收电能，相当于用电设备；二次线圈输出电能，相当于发电机。变压器的额定电压如下：

①变压器一次绕组的额定电压分两种情况：当变压器直接与发电机相连时，如图 1-5 中的变压器 T_1，其一次绕组额定电压应与发电机额定电压相同，即高于同级电网额定电压 5%；当变压器不与发电机相连，而是连接在线路上时，如图 1-5 中的变压器 T_2，则可看做是线路的用电设备，因此一次绕组额定电压与电网的额定电压相同。

②变压器二次绕组的额定电压也分两种情况：但首先要明确，变压器二次绕组的额定电压，是指变压器一次绕组加上额定电压而二次绕组为空载时的电压，当二次绕组带上额定负载后，其中有电流通过，产生了阻抗压降，约为 5%。因此如果变压器二次侧供电线路较长（高压电网）时，则二次绕组的额定电压比电网额定电压高 10%（其中一部分补偿变压器满载时内部 5% 的电压降，另一部分考虑变压器二次侧电压应高于电网额定电压 5%），如图 1-5 中的 T_1；如变压器二次侧线路不太长（如低压电网）或变压器短路电压值较小时，变压器二次侧的额定电压，可采用高于电网额定电压 5%，如图 1-5 中的变压器 T_2。

2. 电力系统额定电压的分类

按照国家标准规定，额定电压可分为以下两类。

（1）3kV 以下的设备与系统的额定电压。此类额定电压包括直流、单相交流和 3 *kV* 以下的三相交流三种，如表 1-3 所示。供电设备的额定电压是指电源（蓄电池、交直流发电机、变压器的二次绕组等）的额定电压。

表 1-3　3kV 以下的额定电压　　V

直流		单相交流		三相交流		备注
用电设备	供电设备	用电设备	供电设备	用电设备	供电设备	
1.5	1.5					直流电压均为平均值，交流电压均为有效值。 标有■号的只作为电压互感器、继电器等控制系统的额定电压。 标有＊号的只作为矿井下、热工仪表和机床控制系统的额定电压。 标有＊＊的只准许在矿井下及特殊场合使用的电压。 带有/标号的，斜线之上为额定线电压，之下的为额定相电压。 标有▽号者只作为单台设备的额定电压
2	2					
3	3					
6	6	6	6			
12	12	12	12			
24	24	24	24			
36	36	36	36	36	36	
48	48	42	42	42	42	
60	60					
72	72					
110	115			100■	100■	
220	230	100■	100■	127＊	133＊	
400▽440	400，460	127＊	133＊	380/220	400/230	
800▽	800	220	230	660/380	690/400	
1000▽	1000			1140＊＊	1200＊＊	

（2）3kV 以上的设备与系统的额定电压。此类电压均为三相交流线电压，国家标准规定如表 1-4 所示。

表 1-4　额定电压及其最高电压　　kV

用电设备与系统额定电压	供电设备额定电压	设备最高电压	备注
3，3.15▽	3.15，3.3	3.5	（1）表中标有＊号者只用作发电机的额定电压，与其配套的约定设备额定电压可取供电设备的额定电压。 （2）设备最高电压通常不超过该系统额定电压的 1.15 倍。 （3）变压器二次绕组挡内 3.3kV、6.6kV、11kV 电压适用于阻抗值在 7.5% 以上的降压变压器。 （4）表中标有▽号者只用于升压变压器和降压变压器一次绕组和发电机端直接连接的情况。
6，6.3▽	6.3，6.6	6.9	
10，10.5▽	10.5，11	11.5	
	13.8＊		
	17.75＊		
	18＊		
	20＊		
35		40.5	
60		69	
110		126	
220		252	
330		363	
500		550	
750			

二、供电电压的选择

（1）对于小型无高压设备的工厂，设备容量在 100kW 以下，输电距离在 600m 以内的，可采用 380/220V 电压供电。

（2）对于中小型工厂，设备容量在100～2 000kW，输电距离在4～20km以内的，采用6～10kV电压供电。

（3）对于大中型工厂，设备容量在2 000～50 000kW，输电距离在20～150km以内的，采用35～110kV电压供电。

确定供电电压时，应综合考虑。在输送功率和距离一定时，选用电压越高，电压和电能损失就越小，电压质量越容易保证，导线截面就越小，发展增容余地就越大。但线路绝缘等级增高，塔杆尺寸加大，一次性投资较大。因此，应多方比较，选择合适的供电电压等级。

三、供电电压的质量

决定工厂供电质量的指标有：电压、频率、可靠和经济。其中电压和频率是衡量电力系统电能质量的两个重要指标，它们直接影响电气设备的正常运行。系统电压主要取决于系统中无功功率的平衡，无功功率不足，则电压偏低；频率能否维持不变主要取决于系统中有功功率的平衡，频率偏低，表示系统发出的有功功率不足，应设法增加发电机出力。一般交流电力设备的额定频率为工频50Hz，其偏差不得超过±0.5Hz，若电力系统容量超3 000MW时，频率偏差不得超过±0.2Hz，但是频率的调整主要依靠发电厂。对工厂供电系统而言，提高电能质量主要是提高电压质量。

在额定频率下，若加在用电设备上的实际电压与额定电压相差过大时，会导致设备不能正常工作甚至造成危害。当电压降低时：①电动机转矩急剧减小，转速下降，导致产品报废，甚至造成重大事故；②电动机启动困难，运行中温度升高，加速了绝缘老化，缩短了寿命；③若输送功率不变，会导致线路中电流增大，电功率和电能损失增加，加大了生产成本；④加在白炽灯两端的电压低于额定电压5%时，发光效率约降低18%，低于额定电压10%时，发光效率则降低35%。

当加在电气设备上的电压高于它的额定电压时，同样会对电气设备造成危害，使其寿命缩短，无功消耗增大。为保证电压质量，正常运行情况下，用电设备实际电压变动范围允许值为：①35kV以上供电及对电压质量有特殊要求的设备为±(5～10)%；②10kV以下高压供电和低压电力设备为±7%；③低压照明设备为±(5～10)%。

四、供电电压的调整

为保证较好的电压质量，满足用电设备对电压偏移的要求，可采取下列方法调整电压。

（1）正确选择变压器的变压比和分接头，使变压器的二次线圈输出电压高于用电设备的额定电压，高出的电压可以补偿线路压降，使电压偏移不超出允许范围。

（2）合理选择导线截面，减小系统阻抗，以减少线路压降。

（3）尽量使三相负荷平衡，三相负荷分布不平衡，会产生不平衡压降，从而加大了电压偏移。

（4）在有条件和必要时可考虑装置有载调压变压器，以调整电压。

（5）可并联电容器、同步调相机和静止补偿器来改变供电系统无功功率的分布，达到减少线路压降，使电压偏移不超出允许范围。

【任务实施】

某电视厂供电电压选择分析报告见表1－5。

表 1-5 某电视机厂供配电电压选择分析报告

<table>
<tr><td>姓名</td><td></td><td>专业班级</td><td></td><td>学号</td><td></td></tr>
<tr><td colspan="2">任务内容及名称</td><td colspan="4">某电视机厂的用电负荷汇总</td></tr>
<tr><td colspan="4">1. 任务实施目的：
掌握用电负荷的分类并会确定负荷的等级</td><td colspan="2">2. 任务完成时间：2 学时</td></tr>
<tr><td colspan="6">3. 任务实施内容及方法步骤：
到某一电视机厂了解用电负荷，选择该厂电压等级、输送功率、输送距离及企业附近电源电压等级。</td></tr>
<tr><td colspan="6">4. 参观分析报告：</td></tr>
<tr><td colspan="6">指导教师评语（成绩）：
年　月　日</td></tr>
</table>

【任务总结】

通过本任务的学习，让学生能对电力系统的额定电压的定义及分类有大体的了解，同时让他们掌握住电力系统额定电压的选择及确定设备的额定电压。

任务 4　电力系统的中性点运行方式

【任务目标】

1. 熟悉电力系统中性点运行方式的分类及特点。
2. 会根据用户选择电网的运行方式。

【任务分析】

电力系统中性点运行方式，是一个设计面很广的问题。它对于供配电可靠性、过电压、绝缘配合、短路电流、继电保护、系统稳定性以及对弱电系统的干扰等原因都有不同的影响，特别是在系统发生单相接地故障时，有明显的影响。所以合理选择中性点的运行方式至关重要。

【知识准备】

一、概述

我国电力系统中电源（含发电机和电力变压器）的中性点有三种运行方式：第一种是中性点不接地；第二种是中性点经消弧线圈接地；第三种是中性点直接接地系统。前两种为小电流接地系统，后一种称为大电流接地系统。

我国 3 ~ 66 kV 的电力系统，大多数采取中性点不接地的运行方式。只有当系统单相接地电流大于一定数值时（3 ~ 10kV，大于 30A；20kV 及以上，大于 10A）时才采取中性点经消弧线圈接地，否则会造成持续电弧，不易熄灭，造成相间短路。110kV 以上的电力系统，则一般均采取中性点直接接地的运行方式。

对于低压配电系统，380/220V 三相四线制电网，它的中性点是直接接地的，而且引出中性线，这除了便于接用单相负荷外，还考虑到安全保护的要求，一旦发生单相接地故障，即形成单相短路，快速切除故障，有利于保障人身安全，防止触电。380V 的三相三线制电网，它的中性点不接地或经消弧线圈（阻抗为 1 000Ω）接地，且通常不引出中线。

电力系统中电源中性点的不同运行方式，对电力系统供电的连续性，系统的稳定性，以及过电压与绝缘水平都有影响，特别是在发生单相接地故障时有着明显的差别，而且还影响到电力系统二次侧保护装置及监察测量系统的选择与运行，因此有必要予以研究。

二、中性点不接地的电力系统

中性点不接地方式，即电力系统的中性点不与大地相接。由于任意两个导体隔以绝缘介质时，就形成电容。因此三相交流电力系统中的相与相之间及相与地之间都存在着电容。如图 1-6（*a*）所示为三相对称系统，即三相系统的电源电压及线路参数都是对称的。用集中电容 C 来表示相与地间的分布电容，相间电容对所讨论的问题无影响而予以略去。

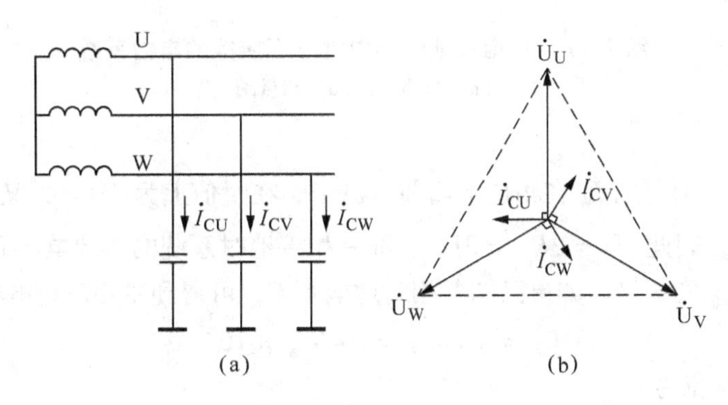

图 1-6　正常运行时的电源中性点不接地的电力系统

(a) 电路图；(b) 相量图

如图 1-6（b）所示，系统正常运行时，三个相的相电压 $\dot{U}_U$、$\dot{U}_V$、$\dot{U}_W$ 是对称的，三个相的对地电容电流 $\dot{I}_{C0}$ 也是对称的。因此三个相的电容电流向量和为零，所以中性点没有电流流过，中性点对地电位也为零。每相对地的电压就等于其相电压。

如图 1-7 所示，当系统中任何一相绝缘受到破坏而接地时，各相对地电压，对地电容电流都要发生改变。例如 W 相完全接地时，这时 W 相对地电压为零，中性点对地电压为 $-\dot{U}_W$，而 U 相对地电压 $\dot{U}_U' = \dot{U}_U + (-\dot{U}_W) = \dot{U}_{UW}$，V 相对地电压 $\dot{U}_V' = \dot{U}_V + (-\dot{U}_W) = \dot{U}_{VW}$，即正常相对地电压变成线电压，升高了 $\sqrt{3}$ 倍，因而对相间绝缘构成威胁。在这种情况下，由于系统中相间电压的大小和相位均未发生变化，所以运行未被破坏，用电不受影响。加之相对地的绝缘是根据线电压设计的，因此中性点不接地系统在单相接地时还可暂时继续工作。但是，这种单相接地状态不允许长时间运行，因为长期运行下去，有可能引起未故障相绝缘薄弱的地方损坏而接地，造成两相接地短路，产生很大的短路电流，损坏线路设备。因此在中性点不接地系统中，应装设单相接地保护或绝缘监测装置，在发生一相接地时，给予报警，提醒运行维护人员力争在最短时间内消除故障，或者把负荷转移到备用线路上。

由于W相接地，对地电容被短路，所以W相对地的电容电流为零，而W相接地点的接地电流（即系统的电容电流）I_C 应为U、V两相对地电容电流之和。由于一般习惯将从电源到负荷的方向取为各相电流的正方向，因此 $\dot{I}_C = -(\dot{I}_{CU}' + \dot{I}_{CV}')$。

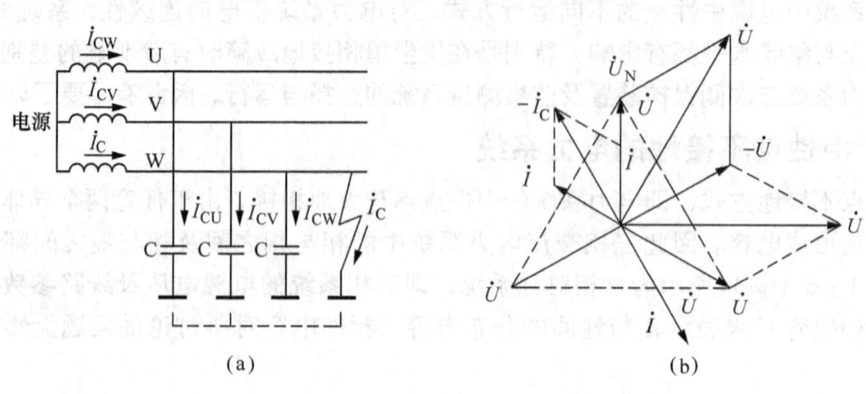

图1－7　单相接地时的中性点不接地的电力系统

（a）电路图；（b）相量图

由图1－7中（b）知，$\dot{I}_W$ 在相位上超前 $\dot{U}_W$ 90°，在量值上为 $\sqrt{3}I_{CU}'$，又有 $I_{CU}' = U_U'/X_C = \sqrt{3}U_U/X_C = \sqrt{3}I_{CU}$，因此，$I_C = 3I_{CU} = 3I_{C0}$。即一相接地时系统的接地电流 I_C 为正常运行时每相对地电容电流 I_{C0} 的3倍。如果已知各相对地电容 C，可得到每相对地电容电流 I_{C0} 为

$$I_{C0} = U_X/X_C = \omega CU_X \times 10^{-3}\mathrm{A}$$

则单相接地电流为

$$I_C = 3\omega CU_X \times 10^{-3}\mathrm{A}$$

式中，U_X 表示线路的相电压，kV；C 表示相对地的电容，μF；$\omega = 2\pi f$。

由上式可见，接地电流与网路电压、频率和相对地的电容有关。由于 C 难于确定，一般采用经验公式来估算单相接地电流。经验公式为

$$I_C = \frac{U_N(L_K + 35L_L)}{350}$$

式中，I_C 表示系统的单相接地电容电流，A；U_N 表示系统的额定电压，kV；L_K、L_L 表示分别为具有电联系的，电压为 U_N 的架空线路长度和电缆线路长度，km。

若W相不完全接地时（即经过一些接地触电阻接地），W相对地的电压将大于零而小于相电压，而正常相U，V对地的电压则大于相电压而小于线电压，接地电流也比完全接地时小一些。

必须指出，不完全接地时，由于接地不良，接地电流可能在接地点形成间歇性电弧，引起间歇电弧过电压，其值可达2.5～3倍的相电压，容易使网路中绝缘薄弱地方击穿而短路，为此单相接地运行时间不允许超过2 h。

三、中性点经消弧线圈接地的电力系统

在中性点不接地系统中，当单相接地电流超过规定数值时，电弧不能自行熄灭，一般

采用消弧线圈接地措施减小接地电流，使故障电弧自行熄灭，如图 1－8 所示，这种系统和中性点不接地系统在发生单相接地故障时，接地电流都较小，故通常称为小电流接地系统。

消弧线圈是一个具有铁心的电感线圈，铁心和线圈装在充有变压器油的外壳，其电阻很小，感抗很大。通过调节铁心气隙和线圈匝数可改变感抗值，以适应不同系统中运行的需要。

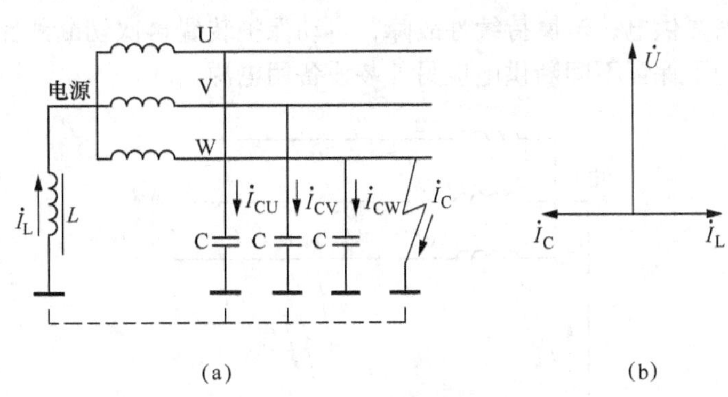

图 1－8 单相接地时中性点经消弧线圈接地的电力系统

（a）电路图；（b）相量图

在正常运行时，因为中性点电位为零，所以没有电流流过消弧线圈。若 W 相接地，如图 1－8 所示，此时就把相电压加在消弧线圈上，并有电感电流 $\dot{I}_L$ 通过，故障点处的电流为接地电流 $\dot{I}_C$ 与 $\dot{I}_L$ 的相量和。由于 $\dot{I}_C$ 超前 $\dot{U}_W$ 90°，$\dot{I}_L$ 滞后 $\dot{U}_W$ 90，如果适当调节消弧线圈，会使 $\dot{I}_L$ 与 $\dot{I}_C$ 的和最小，即让故障点处电流很小，从而使电弧熄灭，不会发生间歇电弧过电压，导致绝缘击穿发生短路事故。根据消弧线圈中电感电流对电容电流的补偿程度不同，可分为全补偿（$I_L = I_C$）、欠补偿（$I_L < I_C$）和过补偿（$I_L > I_C$）三种方式。全补偿虽使接地处的电流为零，但因 $X_L = X_C$ 正是谐振条件，正常运行时，一旦中性点对地之间出现电压时，会在谐振电路内产生很大电流，使消弧线圈有很大压降，结果中性点对地电压升高，可能造成设备损坏；欠补偿时使接地处出现电容电流（$I_C - I_L$），一旦电网中部分线路断开，使接地电流减少并有可能使 $I_C = I_L$ 变成全补偿；过补偿时，$I_L > I_C$，不会出现上述缺点，所以通常多用过补偿方式。

但是必须指出，中性点经消弧线圈接地系统和中性点不接地系统一样，当发生一相接地时，接地相对地电压为零，其他两相电压也将升高 $\sqrt{3}$ 倍，因而单相接地时其运行时间也同样不准超过 2h。

四、中性点直接接地的电力系统

中性点直接接地方式，即电力系统的中性点直接和大地相接。这种方式可以防止中性点不接地系统中单相接地时产生的间歇电弧过电压。在这种系统中，发生单相接地时，短路点和中性点构成回路，产生很大的短路电流，使保护装置动作或熔断丝熔断以切除故障。

因而又称这种系统为大电流接地系统，如图 1－9 所示，中性点直接接地系统发生单相接地故障时，既不会产生间歇电弧过电压，又不会使正常相电压升高。因此，各相的绝缘根据相电压而设计。对高压系统而言，可大大降低电网造价，对低压配电线路可以减少对人身危害。但是，每次发生单相接地故障时，都会使供电线路或变压器保护装置跳闸，中断供电，使供电可靠性降低。为了提高供电可靠性，克服单相接地必须切断故障线路这一缺点，目前在中性点直接接地系统中常采用自动重合闸装置将线路合闸。若为瞬时故障，线路接通，恢复供电；若属持续性故障，自动保护装置再次切断线路，中断供电。对极重要的用户，为了保证不间断供电应另外装设备用电源。

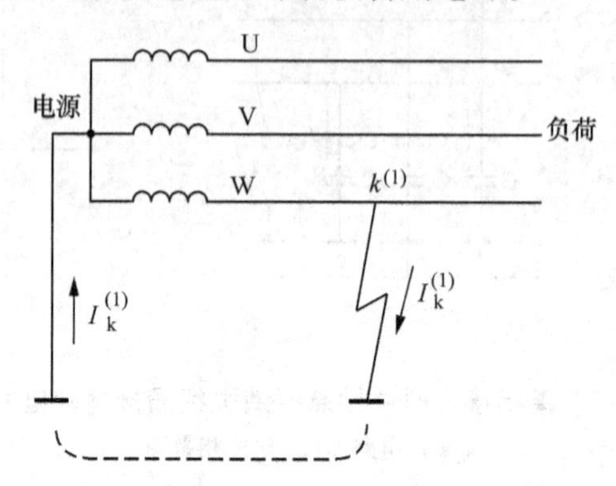

图 1－9　电源中性点直接接地的电力系统

【任务实施】

电力系统中性点接地运行方式测量分析报告，见表 1－6。

表 1－6　电力系统中性点接地运行方式测量分析报告

姓名		专业班级		学号	
任务内容及名称	电网电压为 380 电力系统中性点接地运行方式测量				
1. 任务实施目的： 掌握用电力系统中性点运行方式			2. 任务完成时间：2 学时		
3. 任务实施内容及方法步骤： 找一电力系统中性点接地运行方式，测量其正常运行时的线电压和相电压，再观察一相接地故障时的现象，并写出报告					
4. 参观分析报告：					
指导教师评语（成绩）： 年　月　日					

【任务总结】

通过本任务的学习，让学生掌握电力系统中性点运行方式及各自的特点，并会根据实际情况选择合适的中性点运行方式。

【项目评价】

根据每个任务的实施情况以及表格的填写情况，对学生的学习效果进行综合评议，并填写成绩评议表（见表1－7）。

表1－7　成绩评议表

评定人/任务	操作评议	等级	评定签名
自评			
同学互评			
教师评价			
综合评定等级			

思考题

1. 试述各类型发电厂的生产过程和特点，以及以后的发展趋势。

2. 什么叫变电所，什么叫配电所，什么叫电网，什么叫电能用户，什么叫电力系统，电力系统运行的特点是什么？

3. 试述电力系统与工业企业供电系统的构成、区域和地方电力网的区别以及总降压变电所和车间变电所的区别。

4. 发电机、变压器、输电线路、用电设备的额定电压如何确定？统一规定设备的额定电压的意义是什么？

5. 为了保证电压质量，正常运行情况下，规定的用电设备实际电压变动范围允许值为多少？

6. 对供电电压如何进行调整？

7. 电力系统的中性点运行方式有哪几种？各有什么特点，适用于什么场合？中性点不同的运行方式对电力系统有何影响？

8. 在中性点不接地的三相系统中，怎么估算单相接地电容电流？

习题

1－1　某10kV电网，架空线路总长度为50kM，电缆线路总长度为17kM，试求此中性点不接地的电力系统中发生单相接地时的接地电容电流，并判断此系统的中性点是否需要改为经消弧线圈接地？

1－2　发电机与变压器的额定电压是如何规定的？为什么这样规定？

1－3　当小电流接地系统发生一相接地时，各相电压和对地电流如何变化？

项目二 变配电所的高压设备

【项目需求】

变电所起着接收电能、变换电能、分配电能的作用；配电所起着接收、分配电能的作用。变配电所常用到高低压电气。高压电气是配电变压器高压侧的控制和保护设备。所以高压设备的正确选用、正确操作和维护是关系到运行安全的关键。

【项目工作场景】

国家电网公司发布的新版安规规定：电压等级在 1 000V 及以上为高压电气设备。高压开关设备主要有高压负荷开关、高压隔离开关、高压熔断器、高压断路器、互感器和母线绝缘子。各种高压设备的正确选择是实际供配电网络的重点。所以，学习本项目，要学会各种设备的工作原理、安装、运行及维护，对设备的正常运行有着积极重要的意义。

【方案设计】

通过本项目的学习，认识常用的高压电气，理解它们在实际电路中的作用，熟悉它们的结构特点，会使用和操作电气设备。

【相关知识和技能】

1. 理解高压电气的原理及作用。
2. 熟悉高压设备的结构特点及图形符号。
3. 掌握电弧产生的原因及灭弧方法。
4. 会操作、检修高压电气设备。

任务1 电弧的产生及灭弧方法

【任务目标】

1. 了解电弧的概念及电弧产生的原因。
2. 掌握常用的灭弧方法。

【任务分析】

在分断电路的时候，如果触头间的电压为 10 ~ 20V，电流为 80 ~ 100mA 时，触头间就会产生电弧，电弧的产生是一个必然现象。电弧燃烧时，其温度很高，如不及时熄灭，会使触头烧损，导致触头熔焊，还可能造成弧光短路等严重的事故。所以我们要采取有效的灭弧措施，避免电弧的危害。

【知识准备】

开关电器是供电系统中重要的电气设备之一。由于灭弧装置的不同，各种开关电气的外形和结构也有较大差异，故有必要了解开关设备中电弧的产生及灭弧方法。

当开关切断电路时，在其触头之间出现电压并形成电场。触头间电压越高、距离越小，电场强度越大。由于强电场作用，触头附近的气体被电离，产生大量的电子和离子。在强电场中，电子和离子做加速运动，使弧隙间气体进一步发生热电离，维持电弧的继续燃烧，于是增加了开关电器切断电路的困难。为了使开关电气能迅速熄灭电弧而切断电流，常采用下列几种灭弧方法。

1. 冷却灭弧法

用降低电弧温度的方法，使电弧迅速熄灭，这种灭弧方法叫冷却灭弧法。降低电弧温度，使离子运动速度减慢，这不但可以使热电离作用减弱，而且离子的复合作用也增强，有利于电弧的熄灭。在交流电弧中，当触头间电压过零时，复合现象特别强烈。复合的速度也与电弧的温度有关，温度越低，复合作用就越强烈，因而电弧就越易熄灭。

2. 速拉灭弧法

加速切断电路的动作，使触头间的电场强度迅速减弱，使电弧迅速熄灭，这种灭弧方法叫速拉灭弧法。这种方法在开关触头断开时，加速触头分离，将电弧迅速拉长，从而降低开关触头之间的电场强度。电弧电压不足以维持电弧的燃烧，而使电弧熄灭。

3. 短弧灭弧法

将长电弧切成多段短电弧，加速电弧熄灭的方法，叫短弧灭弧法。一般采用绝缘夹板夹着许多金属栅片组成灭弧栅，罩住开关触头的全行程。当开关触头分离时，长电弧在电动力和磁场力的作用下被迅速移入灭弧栅，长电弧被灭弧片切割成一连串的短电弧，使触头间的电压不足以再击穿所有栅片间的气隙，而使这些短电弧同时熄灭。

4. 狭缝灭弧法

在这种方法中利用狭缝窄沟灭弧，使电弧与固体介质接触，将电弧冷却，使其迅速熄灭。这是因为电弧在狭缝窄沟中燃烧时，其内部压力增大，有利于电弧的熄灭。

5. 气吹灭弧法

利用较冷的绝缘介质的气流来吹动电弧，使电弧迅速扩散熄灭的方法，叫做气吹灭弧法。气流方向与电弧柱平行时，称为纵吹；气流方向与电弧柱垂直时，叫做横吹。

6. 真空灭弧法

将开关触头置于真空容器中，当电流过零时即能熄灭电弧，这种方法叫真空灭弧法。为防止产生过电压，应不使触头分开时电流突变为零。因此宜在触头间产生少量金属蒸气，以便形成电弧通道。当交流电流自然下降过零前后，这些等离子态的金属蒸气便在真空中迅速飞散而熄灭电弧。

上述灭弧方法中，冷却灭弧是基本的方法，再配合其他灭弧方法，形成各种开关电器的灭弧装置。近年来还采用六氟化硫作为灭弧介质，使灭弧能力提高几十倍到几百倍。而真空灭弧应用于真空断路器中，也取得了良好的效果。

【任务实施】

本任务实施检查报告见表2－1。

表2－1　高压交流开关触头的检查报告

<table>
<tr><td>姓名</td><td></td><td>专业班级</td><td></td><td>学号</td><td></td></tr>
<tr><td colspan="2">任务内容及名称</td><td colspan="4">高压交流开关触头的检查</td></tr>
<tr><td colspan="3">1. 任务实施目的：
掌握高压交流开关触头的检查</td><td colspan="3">2. 任务完成时间：2 学时</td></tr>
<tr><td colspan="6">3. 任务实施内容及方法步骤：
找一高压交流开关，对其进行性能检查，内容包括：各触头对地电阻、动静触头接触面调整、触头的压力和触头磨损程度等内容，写出检查报告</td></tr>
<tr><td colspan="6">4. 测量检查报告：</td></tr>
<tr><td colspan="6">指导教师评语（成绩）：
年　月　日</td></tr>
</table>

【任务总结】

通过本任务的学习，让学生掌握电弧的产生及常用的灭弧方法，了解各种高压电气的结构及工作原理，并能掌握简单的高压设备的选择、操作和检修。

任务2　隔离开关

【任务目标】

1. 了解高压隔离开关的结构。
2. 理解高压隔离开关的工作原理以及适用场合。
3. 会操作和检修高压隔离开关。

【任务分析】

隔离开关是高压开关电器中使用最多的一种电器，在电路中主要起隔离作用，它本身的工作原理及结构比较简单，但是由于其使用量大，工作可靠性要求高，对变电所、电厂的设计、建立和安全运行的影响均较大。刀闸的主要特点是无灭弧能力，只能在没有负荷电流的情况下分、合电路。

【知识准备】

隔离开关主要用于保证高压装置检修工作中的安全。它能将线路中的电气设备与电源隔离，使检修人员能明显地看到电路的断开点。

隔离开关没有灭弧装置，所以不允许用来切断负荷电流。否则，断开时的电弧将烧毁设备，造成短路事故或人身伤亡。操作时，必须在高压断路器切断电路后，才能断开隔离开关；合闸时，操作顺序则相反。在某些情况下，隔离开关允许开合小功率电路，但必须满足隔离开关触头上不发生电弧的条件。例如，容许隔离开关接通和断开电压互感器和避雷器回路；接通或断开电压在10kV以下，容量在320kV·A以下无负载运行的变压器；接通或断开10kV、5km和35kV、10km长的空载架空线路。为了防止误操作，隔离开关与相应的断路器之间，接地刀闸与各自的隔离开关均应有连锁装置。

隔离开关有多种形式，按绝缘柱的数目分为单柱式、两柱式及三柱式；按装置地点分为户内式和户外式；按极数分为单极式及三极式；按闸刀运动方式分为闸刀式、旋转式、摆动式、滚动式。

一、高压隔离开关的型号

高压隔离开关型号中各部分的意义如下：

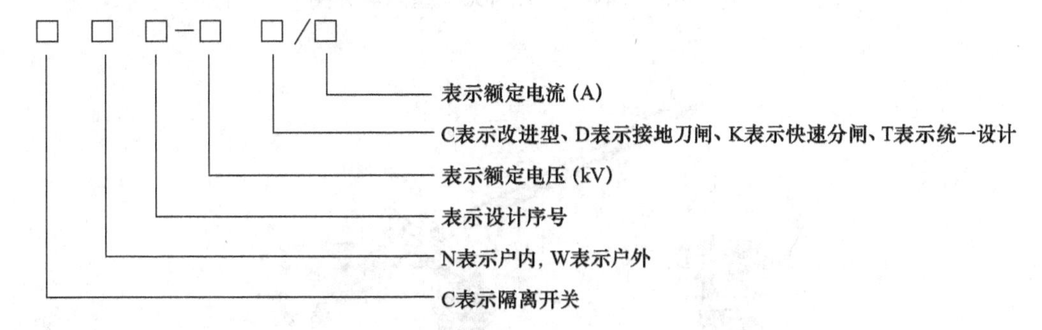

例如，GN6—10T/400表示10kV户内型、设计序号为6、额定电流为400A的隔离开关。图2-1、图2-2、图2-3分别为不同类型的隔离开关外形图。

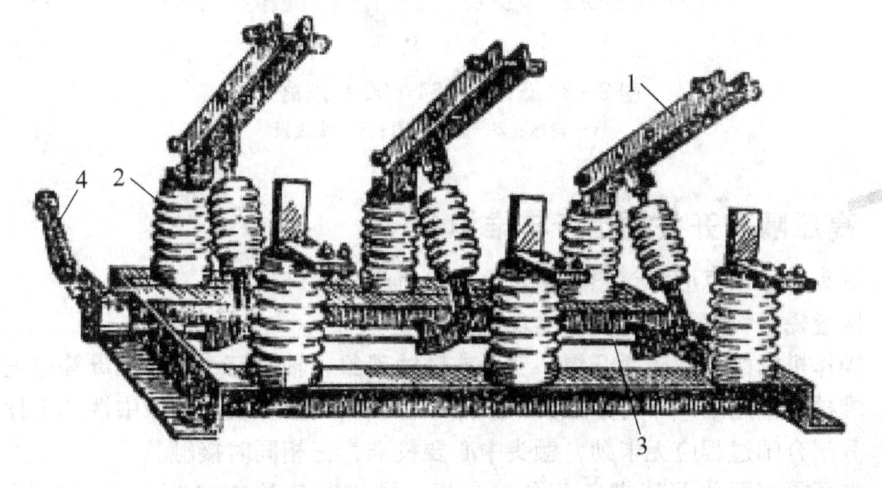

图2-1　GN6—10T/400型隔离开关

1—闸刀；2—绝缘子；3—传动轴；4—传动转杆

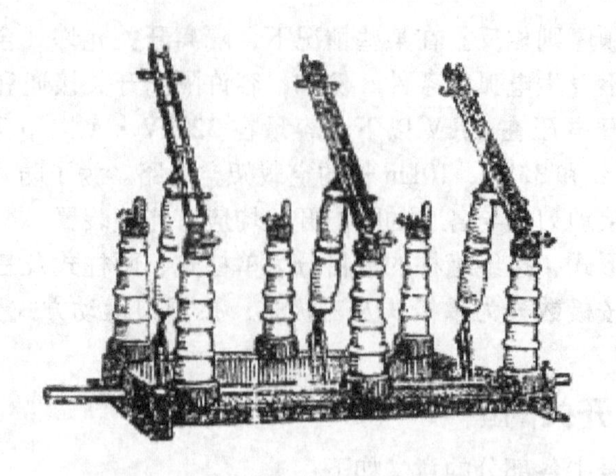

图2-2　GN2—35T/400　型隔离开关

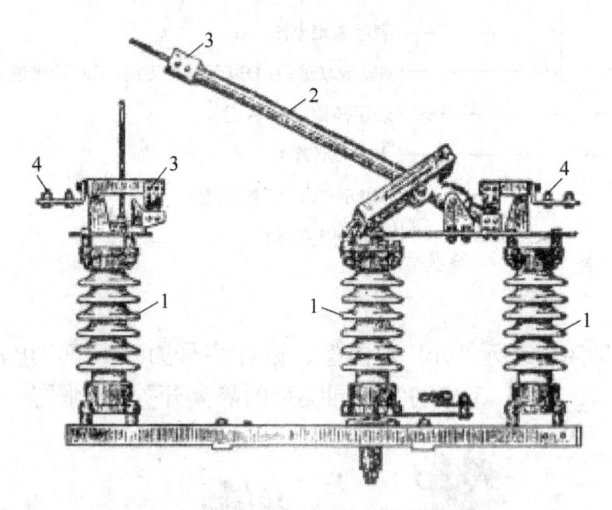

图2-3　GW2—35T/600 型隔离开关

1—瓷瓶；2—管形闸刀；3—接线板

二、高压隔离开关的运行与维护

（1）触头及连接点应无过热现象，负荷电流应在容许范围内。

（2）检查瓷绝缘有无破损和放电现象。

（3）操作机构的部件应无开焊、变形或锈蚀现象，轴销钉、紧固螺母等应正常。

（4）维护时应用细纱布打磨触头，接点，检查其紧密程度，并涂中性凡士林油。

（5）分闸合闸过程应无卡劲，触头中心要校准，三相同时接触。

（6）高压隔离开关严禁带负荷分、合闸，维修时应检查与断路器的连锁装置是否完好。

【任务实施】

高压隔离开关的检调检查报告见表2-2。

表2-2　高压隔离开关的检调检查报告

姓名		专业班级		学号	
任务内容及名称	高压隔离开关的检调				
1. 任务实施目的 掌握高压交流开关触头的检查			2. 任务完成时间：1学时		
3. 任务实施内容及方法步骤： 找一高压隔离开关，对其进行性能检查，内容包括：各触头对地电阻、动静触头接触面调整、触头的压力和触头磨损程度等内容，写出检查报告					
4. 测量检查报告：					
指导教师评语（成绩） 年　月　日					

【任务总结】

通过本任务的学习，让学生认识高压隔离开关，了解其结构和工作原理，理解高压隔离开关型号的意义，掌握高压隔离开关的运行与维护。

任务3　高压负荷开关

【任务目标】

1. 了解高压负荷开关的结构。
2. 理解高压负荷开关的工作原理以及适用场合。
3. 会操作和检修高压负荷开关。

【任务分析】

高压负荷开关是一种功能介于高压断路器和高压隔离开关之间的电器，用于控制电器和电力变压器。高压负荷开关具有简单的灭弧装置，因此能通断一定的负荷电流和过负荷电流。但是它不能断开短路电流，所以它一般与高压熔断器串联使用，借助熔断器来进行短路保护。

【知识准备】

负荷开关是一种可以带负荷分、合电路的控制电器。它具有简单的灭弧装置。可以熄灭切断负载电流时产生的电弧。户内型负荷开关有明显的断开点，在断开电路后又具有隔离开关的作用，还可与高压熔断器配合作保护元件，用来消除电路中的过电流和短路故障。户外负荷开关没有明显的断开点，三相触头装于同一油桶内，依靠油介质灭弧。广泛用于10kV架空线路中。

一、高压负荷开关的型号

型号的意义：

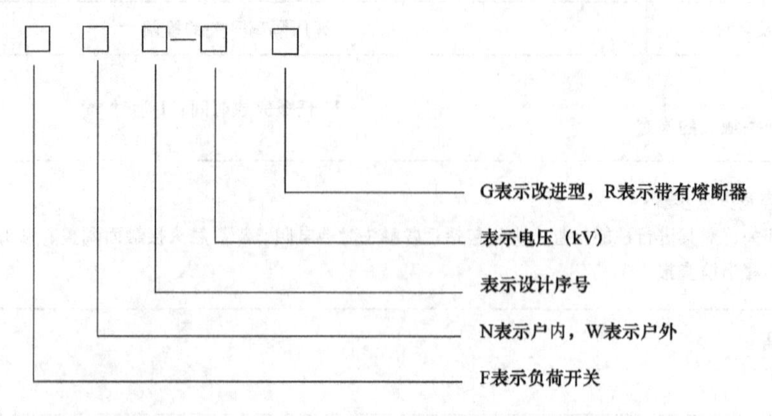

例如，FN2—10G 表示户内型 10kV、设计序号为 2，改进型负荷开关。

二、常用 10kV 户内高压负荷开关

老式的负荷开关采用在高温下能产气的固体材料做灭弧腔，如图 2－4 所示的 FN1—10 负荷开关就是这种形式。图 2－5 是它的灭弧腔的结构及开断时的灭弧过程。其灭弧腔是由两块塑胶板对合而成，夹缝内有两片有机玻璃衬垫，分断时电弧产生于衬垫所夹的窄沟之间，衬垫材料在高温下析出气体，以达灭弧目的，这种产品现已逐步淘汰。

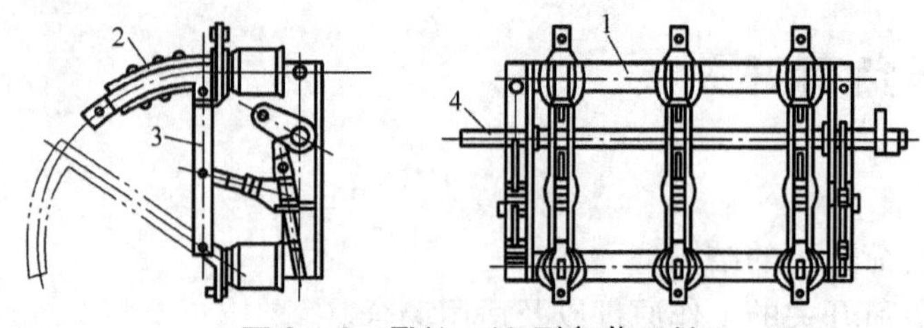

图 2－4　FN1－10 型负荷开关

1—框架；2—灭弧腔；3—闸刀；4—传动触点

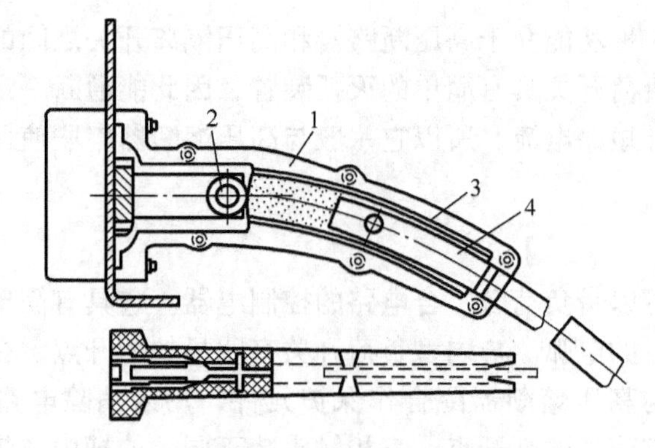

图 2－5　FN1－10 型负荷开关的灭弧腔

结构及开端时的灭弧过程

1—塑胶夹板；2—固定灭弧触头；3—有机玻璃衬垫；4—灭弧闸刀

如图 2－6 所示是新型产品 FN3—10 型负荷开关。从图中可见：在铁制的框架上装有六个绝缘子，上部的三个绝缘子是用环氧树脂浇注而成的空腔圆柱体，它既作支承与绝缘用，又作为喷射压缩空气的汽缸。当负荷开关断路时，活塞则压缩汽缸在动静触头间喷出气体，使电弧熄灭。

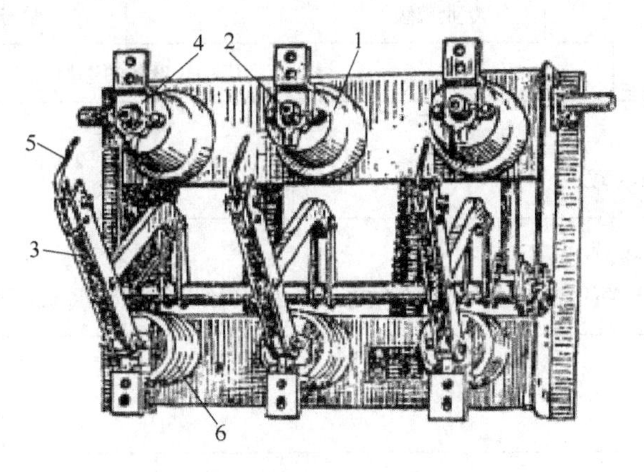

图 2－6 FN3－10 型负荷开关
1—环氧树脂绝缘子；2—灭弧喷嘴；
3—闸刀；4—触座；5—灭弧触头；
6—瓷绝缘子

FN3—10 型负荷开关可配备热脱扣器，当在过载时直接作用于传动机构，使其跳闸，实现过载保护。FN3—10R 型组合有 RN1—10 型高压熔断器，构成短路保护。它可以应用于 10kV，320～1 000kV·A 变压器的线路作切换、过载及短路保护。

负荷开关具有很高的分断速度和强烈的吹弧作用，在规定的断路能力范围内分断电流时，能可靠地切断电路，且电弧燃烧时间不超过 0.03s。这种开关分断时形成的电弧，是靠开关分闸时产生压缩空气来吹灭的，因此没有爆炸和燃烧的危险。

三、负荷开关的运行与维护

负荷开关在运行中应当注意的问题与隔离开关基本相同，但对其灭弧装置在每次操作后其位置是否正确应特别注意。

负荷开关的维护，可按工作刀闸、灭弧装置和传动装置三部分进行。工作刀闸的维护与隔离开关相同。传动装置的维护在于保证其工作的稳定、灵活和可靠，当不存在变形及断裂的机械损伤时，主要是对各转动部位涂润滑油脂。

FN1—10 型负荷开关的维护，对其灭弧腔来说主要是消除其内部的杂质。

FN2—10 型及 FN3—10 型负荷开关的维护检修期限，决定于灭弧触头和喷嘴的烧损程度。如烧损不严重，修整后即可使用；若烧损严重，开关的分断能力将降低，为保证开关的正常工作，必须更换这些零件。

【任务实施】

高压一次设备的选择分析报告见表2-3。

表2-3 高压一次设备的选择分析报告

<table>
<tr><td>姓名</td><td></td><td>专业班级</td><td></td><td>学号</td><td></td></tr>
<tr><td>任务内容及名称</td><td colspan="5">高压一次设备的选择</td></tr>
<tr><td colspan="3">1. 任务实施目的：
掌握高压一次设备的选择方法</td><td colspan="3">2. 任务完成时间：2 学时</td></tr>
<tr><td colspan="6">3. 任务实施内容及方法步骤：
分析隔离开关和负荷开关的定义及符号、应用的电压和电流等级以及它们的断流能力比较</td></tr>
<tr><td colspan="6">4. 分析报告：</td></tr>
<tr><td colspan="6">指导教师评语（成绩）：
年 月 日</td></tr>
</table>

【任务总结】

通过本任务的学习，让学生认识高压负荷开关，了解其结构和工作原理，理解高压负荷开关型号的意义，掌握高压负荷开关的运行与维护。

任务4 高压熔断器

【任务目标】

1. 了解高压熔断器的结构。
2. 理解高压熔断器的工作原理以及适用场合。
3. 会操作和检修高压熔断器。

【任务分析】

熔断器是最简单的保护电器，它用来保护电气设备免受过载和短路电流的损害；按安装条件及用途选择不同类型高压熔断器如屋外跌落式、屋内式，对于一些专用设备的高压熔断器应选专用系列；我们常说的保险丝就是熔断器类。

【知识准备】

高压熔断器是在高压供电系统中设置的保护元件，当过负荷或短路时利用本身产生的热量将熔丝熔断，对输配电线路和变压器起到保护作用。

一、RN 型高压熔断器

RN 型户内高压熔断器是有石英填料的封闭管式熔断器。它利用充填于瓷质管壳中的石英砂细粒填料的冷却作用达到灭弧目的。熔件多数用镀银的铜丝，铜丝上焊以锡球作为降低熔点的溶剂。RN1 型高压熔断器的切断容量可达 200MV·A，额定电压有 3kV、6kV、10kV、35kV 四种规格。RNl 型高压熔断器与高压负荷开关组合，可以分别作短路和过载保护。RN2 型熔断器的额定电流只有 0.5A 一种规格，但最大切断容量却可达 1000MV·A，适宜于作 6~10kV 母线侧电压互感器的保护。如图 2-7 所示是 RN 型高压熔断器的外形和剖面图。

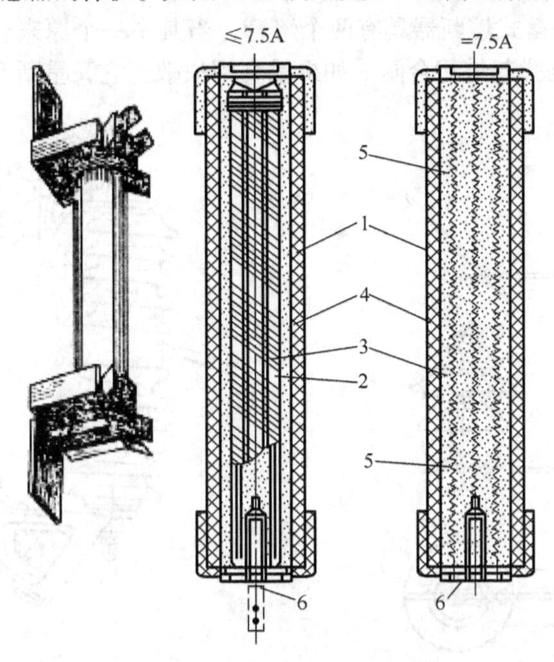

图 2-7　RN 型高压熔断器
1—管壳；2—瓷芯；3—熔丝；4—石英砂；
5—锡球；6—熔断指示器

二、RW2—35 型角形熔断器

这种熔断器结构很简单，如图 2-8 所示。熔件 1 固定在两个向上分开成一定角度的金属杆 2 之间，外面罩上玻璃管 3，熔件一旦熔断管即炸毁，电弧由于电动力和空气向上流动的作用拉长而熄灭。这种熔断器的额定电流有 2A、3A、5A、7.5A 四种，额定电压为 35kV。

三、户外跌落式熔断器

常用的跌落式熔断器有 RW3—10 型和 RW4—10 型。

RW3 型户外式跌落熔断器，如图 2-9（a），所示，广泛用于 3~10kV 电网中。熔管 1 是用反白纸制的开口管，管内有石棉衬套。熔件穿过熔管，一端固定在下触头 2 上，另一端拉紧压板触头 3（压板触头绕轴转动一角度），利用这两个触头将熔管固定在金属支座 4 和鸭嘴罩 5 之间。熔件一旦熔断，压板触头在弹簧作用下弹出，熔管靠自身重量绕下端的轴跌落。对于 6~10kV，750kV·A 以下的户外变电所，可选用跌落熔断器作为开关和变压器的保护设备。

如图 2-9（b）所示为跌落式熔断器上配用的 6~10kV 熔丝。熔件压接在铜绞线的中间，装于熔管内。安装时务必拉紧熔丝，否则会减少触头间的接触压力。我国生产的 6~

35kV 熔丝额定电流等级规定为 3A、5A、7.5A、10A、15A、20A、30A、40A、50A、75A、100A、150A、200A。

RW3—10Z 型跌落式熔断器具有自助重合闸。所谓自动重合闸是一种能使已断开的线路自动地重新投入工作的装置。当线路上出现瞬时性的故障时，这种装置可保证不长时间断电。RW3—10Z 型跌落式熔断器具有两个熔管，当其中一个原来合闸熔管熔断跌落，另一个断开的熔管则自动弹起进行合闸。如果重合闸失败，它又重断开。

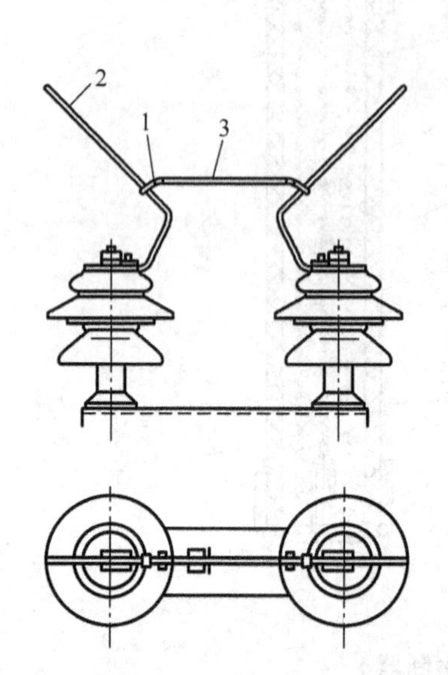

图 2-8　RW2-35 型角形熔断器
1—熔件；2—玻璃管；3—玻璃管

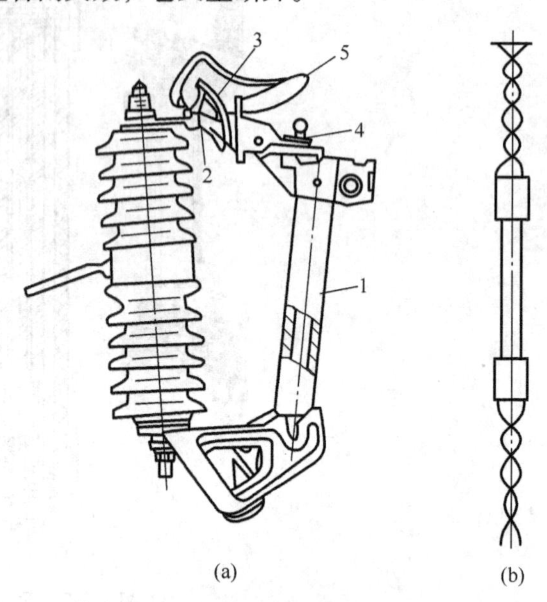

图 2-9　跌落式熔断器
(a) 外形；(b) 熔丝
1—熔管；2—下触头；3—压板触头；
4—金属支座；5—鸭嘴罩

RW4 系列户外跌落式熔断器用于 10kV 以下的配电网路中，作为配电变压器和配电线路的保护。直接用分合熔丝管的方法来分、合配电线路或变压器，切断变压器的空载电流或小负荷电流。

RW4 系列户外跌落式熔断器熔管内衬以消弧管，熔件在负荷或短路故障作用下熔断时，在管内产生电弧。此刻管内壁产生大量气体，压力升高，气体高速向外喷出，电弧被强烈去游离，当电流过零时电弧跌落式熔断器熄灭。按动作方式分为单次式和单次重合式。

选择跌落式熔断器时应按钣定电压、发热情况、切断能力和保护选择性等四项条件来进行。

应根据保护动作选择的要求来校验熔件额定电流，以保证装设回路中前后保护动作时间的配合。供电网络中靠近电源处的熔断器应比远离电源的熔断器迟熔断，避免扩大事故范围，可以起后备保护的作用。

校验熔断器切断能力的方法与高压断路器相仿，即熔断器的极限断开电流应大于所要切断的最大短路电流。但是由于其切断特性与断路器不同，故选择时所用的计算短路电流值不同。

1. 跌落式熔断器安装时的注意事项

（1）不得垂直或水平安装，应使熔管与垂直线成30°角，以保证熔管熔断时熔管能靠自身重量自行跌落。

（2）不得装于变压器及其他设备的上方，以防熔管掉落在设备上，发生其他事故。若装于被保护设备上方，则与被保护设备外廓的水平距离不应小于0.5m。

（3）应保持设备之间有足够的安全距离，6～10kV户外安装时，相间距离不应小于0.7m；户内安装时相间距离不应小于0.6m。其对地距离，户外以4.5m为宜，室内以3.0m为宜。跌落式熔断器在灭弧时，会喷出大量游离气体，并发出很大的响声，故一般只用于户外。

2. 跌落式熔断器的操作要求

（1）不得带负荷操作。

（2）分断操作首先拉断中间相，然后拉断两边相，合闸时顺序与此相反。

（3）操作时不可用力过猛，以防损坏熔断器。操作时应戴绝缘手套及防护目镜，以保证操作人员的安全。

跌落式熔断器在停电清扫及检修时，应检查熔件规格与被保护设备的容量是否匹配，上、下引线连接是否牢靠，熔管有无裂痕和堵塞现象。对于电接触部分所出现的烧灼疤痕，应该锉平，以防止运行中触头温度过高。

【任务实施】

高压熔断器的检查与熔体更换检查及安装报告见表2－4。

表2－4　高压熔断器的检查与熔体更换检查及安装报告

<table>
<tr><td>姓名</td><td></td><td>专业班级</td><td></td><td>学号</td><td></td></tr>
<tr><td colspan="2">任务内容及名称</td><td colspan="4">高压熔断器的检查与熔体更换</td></tr>
<tr><td colspan="3">1. 任务实施目的：
掌握高压熔断器的检查及熔体更换</td><td colspan="3">2. 任务完成时间：2学时</td></tr>
<tr><td colspan="6">3. 任务实施内容及方法步骤：
检测RW2—35系列高压熔断器，并更换熔体；根据检修操作填写下表，参考操作步骤如下。
（1）检查所给的熔断器的熔体是否良好。
（2）若熔体已经熔断，按原规格选择熔体；更换熔体，要注意安装步骤和注意事项</td></tr>
<tr><td colspan="6">4. 检查及安装报告：</td></tr>
<tr><td colspan="6">指导教师评语（成绩）：
年　月　日</td></tr>
</table>

【任务总结】

通过本任务的学习，让学生认识高压熔断器，了解其结构和工作原理并会选择合适的高压熔断器。

任务5 高压断路器

【任务目标】

1. 了解高压断路器的结构。
2. 理解高压断路器的工作原理以及适用场合。
3. 会操作和检修高压断路器。

【任务分析】

高压断路器（或称高压开关）它不仅可以切断或闭合高压电路中的空载电流和负荷电流，而且当系统发生故障时通过继电器保护装置的作用，切断过负荷电流和短路电流，它具有相当完善的灭弧结构和足够的断流能力，常见类型有：油断路器（多油断路器、少油断路器）、六氟化硫断路器（SF6断路器）、真空断路器、压缩空气断路器等。

【知识准备】

高压断路器是高压装置中最重要的电器，其用途是用来使高压电路在负载下通路和断路，以及在短路时自动迅速切断电路。

一、高压断路器的分类、型号和参数

1. 高压断路器的分类

高压断路器按其结构和灭弧方法分为空气断路器、磁吹断路器、六氟化硫断路器、真空断路器和油断路器。

（1）空气断路器。利用压缩空气作为灭弧介质的断路器称为空气断路器。压缩空气有三方面的作用：一是吹弧，使电弧冷却而熄灭；二是作为触头断开后的绝缘介质；三是为操作提供气动动力。这种断路器技术性能优越，但设备复杂，一般只应用在大型变电所。另一种形式的空气断路器采用固体产气元件，在电弧的高温作用下产生大量气体灭弧。产气条件可连续使用数次，检查更换也方便。它应用在户外小型高压输变电所中35kV侧，用以开断故障电流，切换线路。

（2）磁吹断路器。在断路时，利用自身流过的大电流产生的电磁力，将电弧拉长进入灭弧室内灭弧的断路器称磁吹断路器。这种断路器性能较差，目前已较少采用。

（3）六氟化硫断路器。六氟化硫是一种化学性能稳定的惰性气体，具有优良的绝缘和灭弧性能。与空气相比，它的绝缘能力大约高2倍，灭弧能力高几十倍，利用简单的灭弧机构可以达到很高的技术参数。六氟化硫断路器适用于电弧炼钢炉变压器或电气铁道的电气控制，也可作为发电厂和变配电所开断电路之用。

（4）真空断路器。其动静触头在真空状态下的灭弧室内工作，由于只有极少量的介质被击穿而导电，因而绝缘器触头开距小，动作快，燃弧时间短，灭弧快，所以其外形尺寸和重量可以大大减小，且检修方便，使用安全。它适用于频繁操作的高压电动机，小型电弧炼钢炉变压器。由于真空断路器制造工艺复杂，提高技术参数很不容易，目前只制造出三相10kV户内真空断路器。

（5）油断路器。采用油作为灭弧介质的断路器叫油断路器，包括多油断路器和少油断路器。它们都是利用触头产生的电弧使油分解，通过产生气体的冷却作用将电弧熄灭。多油断路器的特点是箱内充油较多，油介质起灭弧和绝缘两种作用，其油箱不带电，普遍应用35kV系统中，在10kV系统用于频繁操作的设备上。少油断路器的特点是充油较少，油介质主要起灭弧作用，其整个油箱带电，相间及对地绝缘由瓷瓶座承担，重量轻，仅是多油断路器的1/10左右，目前这种断路器广泛地应用在工矿企业用户的配电装置中。

2. 高压断路器的型号

（1）断路器的型号含义如下。

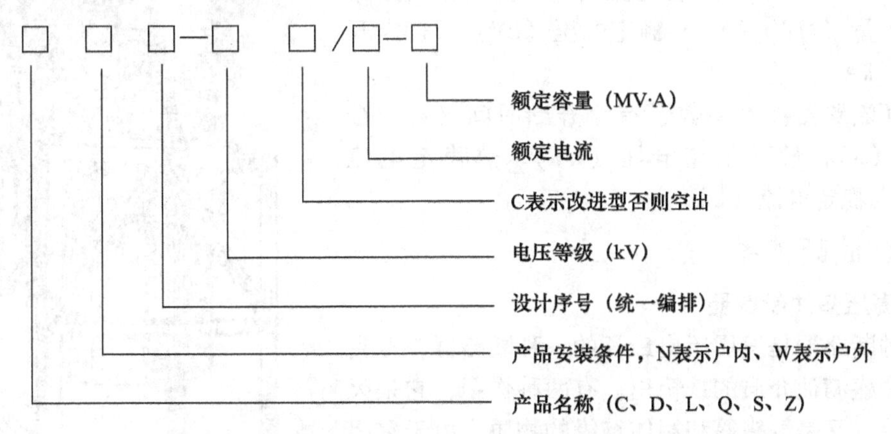

C—磁吹断路器；D—多油断路器；L—六氟化硫断路器；Q—产气式断路器；
S—少油式断路器；Z—真空断路器。

（2）操作机构型号意义如下。

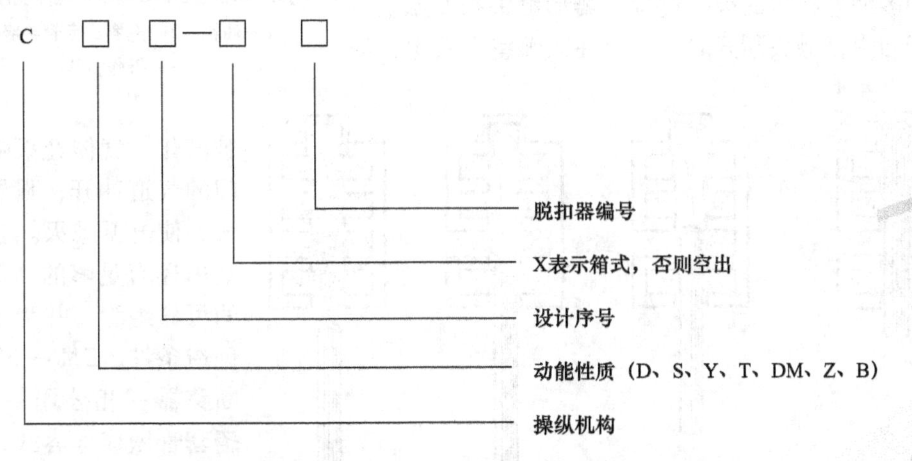

D—表示电磁；S—表示手动；Y—表示液压；T—表示弹簧储能；
DM—表示电动机；Z—表示重锤；B—表示炸爆系统

3. 高压断路器的参数

（1）额定电压（kV）。它指高压断路器承受持续电压的能力，应和电网的额定电压相符。三相系统中是线电压，单相系统中是相电压。它表明了断路器所具有的绝缘和灭弧能力。

（2）额定电流（A）。它指断路器可以长时间通过的最大电流，此时导体部分的温升不超过规定的允许值。

（3）额定开断电流（kA）。它指断路器在额定电压下能正常开断的最大短路电流，它表明了断路器最大的过载能力。

（4）额定断流容量（MV·A）。额定断流容量也叫遮断容量，是断路器开断能力的另一个综合表示值，该值与额定工作电压、开断电流有关。

三相断路器的断流容量（MV·A）＝$\sqrt{3}$×额定线电压（kV）×额定开断电流（kA）；单相断路器的断流容量（MV·A）＝额定电压（kV）×额定开断电流（kA）。

高压断路器技术参数还有全开断时间（s）、合闸时间（s），最高工作电压（kV）、热稳定电流（kA）、动稳定电流（kA）。

二、油断路器

1. 高压多油断路器

这种断路器是发展历史最长的一种断路器，触头装在一个盛满油介质的铁箱里。有两种作用，它是灭弧的介质，又是触头等和箱体绝缘的物质。由于它用的油较多，因而称为多油断路器。电压越高，绝缘需要的油越多，箱体相应也越大。

图2－10所示为DW6—35型多油断路器。图2－11为这种多油断路器的灭弧过程。瓣形触头和灭弧室一并浸于油中，触头断开时，电弧在灭弧室内发生，油被汽化，气体经灭弧室上专门的气道冲开，强烈吹动电弧，使电弧熄灭。它使灭弧室内还有足够的油保证触头间可靠绝缘，并为下次开断创造条件。DM6—35型多油断路器三相公用一只箱体，瓷套管做成电容式，使电压在绝缘中均匀分布。此外在瓷套管上可辅装电流互感器。这种断路器用于35kV户外输出变电所中。

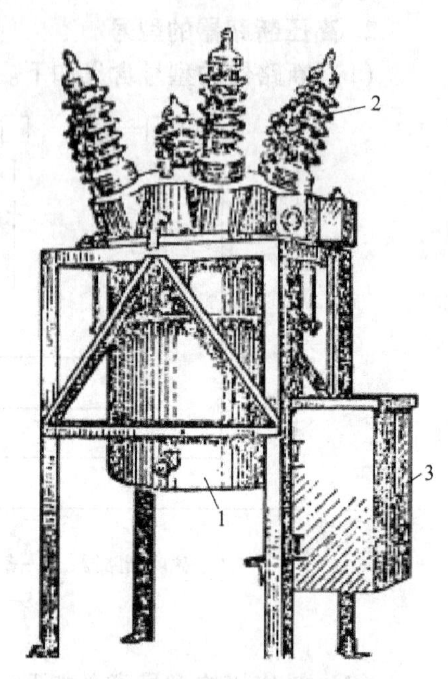

图2－10　DM6—35型多油断路器

1—油箱；2—电容式套管绝缘子；3—操作机构

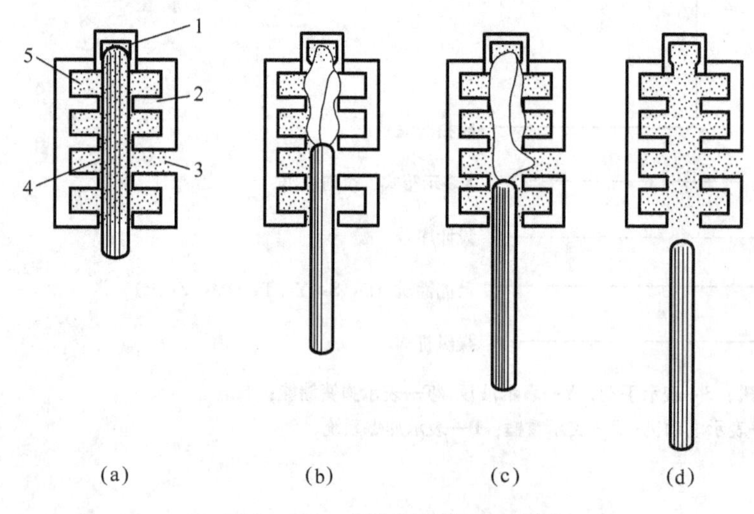

图2－11　多油断路器灭弧过程

（a）合闸位置；（b）触头分离；（c）吹弧口打开；（d）电弧熄灭

1—经触头；2—隔弧板；3—吹弧口；4—导电杆；5—灭弧室

如图2－12所示为DW8—35型多油断路器，由于采用高强度新型灭弧室和新型触头结构，提高了开断性能，所以它是三相交流快速动作的户外高压电器。

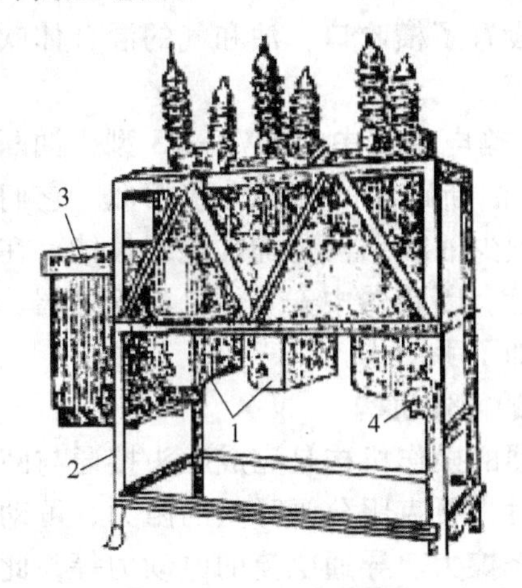

图 2－12　DW8—35 型多油断路器

1—油箱；2—角钢框架；
3—操作机构；4—升降油箱用的绞盘

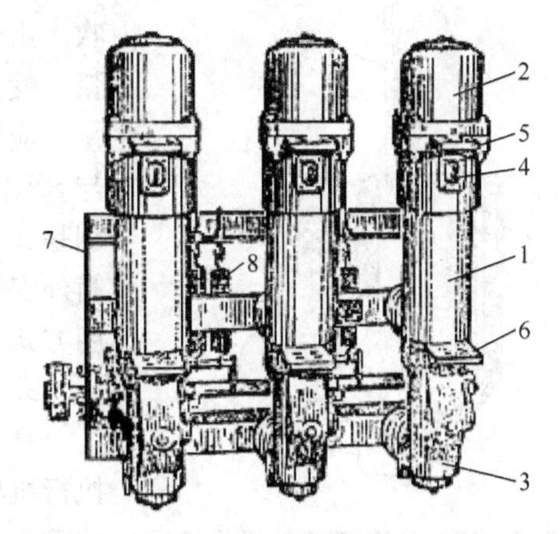

图 2－13　SN10—10 型少油断路器的外形

1—油管；2—上盖帽；3—铸铁底罩；
4—油位指示器；5—上出线端；6—下出线端；
7—金属框架；8—分闸弹簧

2. 高压少油断路器

少油断路器是在多油断路器的基础上发展起来的，灭弧原理和多油断路器基本相同，利用被电弧汽化的油气来灭弧。少油断路器内的油主要起灭弧作用，不承担触头与油箱间的绝缘，因此用油量比多油断路器少得多。由于少油断路器结构简单，节省材料，使维护方便，因此得到广泛使用。如图 2－13 所示为 SN10—10 型少油断路器的外形图；如图 2－14 所示为其剖面图。

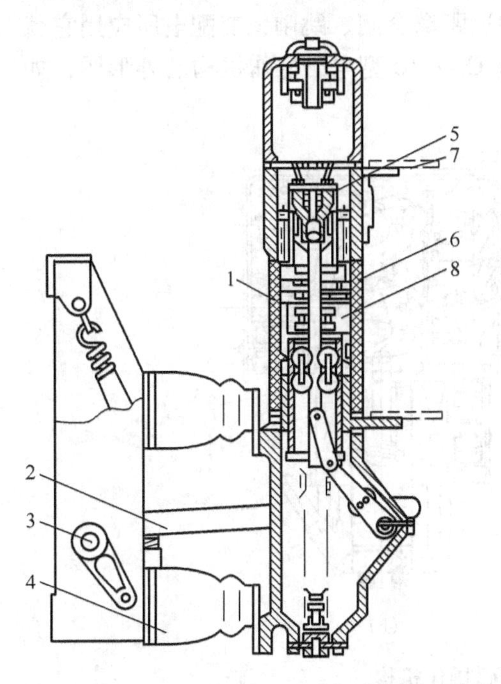

图 2－14　SN10—10 型少油断路器剖面

1—绝缘筒；2—绝缘拉杆；3—主轴；4—瓷瓶；
5—静触头；6—动触头；7—出线端；8—灭弧室

该种断路器的油箱材料为环氧树脂玻璃钢，瓣形静触头装在油箱的上部，上出线端与之相连接。导电动触杆全段在油箱中，滚动触头将导电触杆与下出线端连接。断路器的灭弧室采用三聚氰氨玻璃纤维压成的耐弧塑料片叠成，有良好的灭弧性能。断路器的上出线端、上盖帽及下出线端系铝合金制成，底罩由高强度铸铁制成。整个断路器固定在瓷支持座上，使之与外部绝缘。

断路器处于合闸状态时，其导电通路是：上出线端→瓣形触头→导电动触杆→中间滚动触头→下出线端。

当断路器触头断开时，分闸弹簧放松，传动杆使导电动触杆迅速向下移动，动触杆与瓣

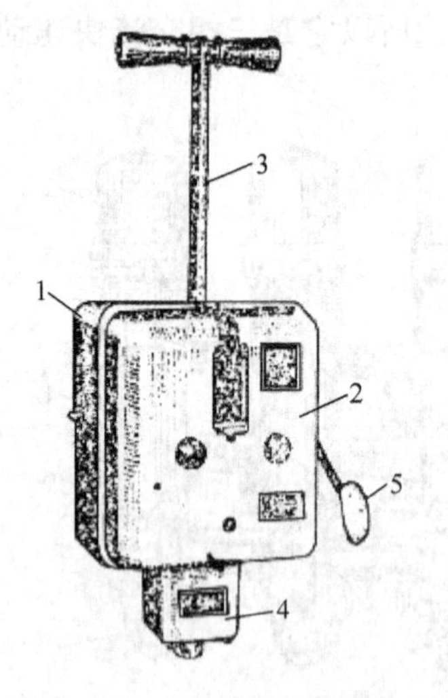

图 2－15　CS2 型手动操作机构
1—底座；2—箱盖；3—操作手柄；
4—继电器箱；5—吊牌

形静触头产生电弧，油在电弧高温下汽化，灭弧室内压力升高，静触头座内的小钢球封住中心孔，随即开始气吹。由于灭弧室设置了横吹口，油和气的混合体吹冷电弧，使其迅速熄灭。

应用在 35kV 输电系统中的 SW2—35 型少油断路器与 SN10—10 型少油断路器的结构大致相似。它们的区别是，SW2—35 型少油断路器为加强绝缘性能，在绝缘筒外安装了瓷套管，断路器中安装了电流互感器，在使用方式上，则增加了手动式。

3. 油断路器的操作机构

高压油断路器的操作机构是完成触头接通与断开的执行机构。合闸时，要克服分闸弹簧的阻力、可动部分的重量及引起的摩擦力、导通电流的电动力等，此时做的功最大。分闸时，只需克服分闸弹簧引起的制动力，其余的动作都是断路弹簧完成的，因此所需的功较小。

高压油断路器的操作机构有以下几种。

（1）手动操作机构。如图 2－15 所示是 CS2 型手动操作机构。用手转动机构的连杆，使断路器合闸。当控制电路发生过载、短路或失压时，操作机构能自动分闸。它的缺点是只能进行手动合闸，不能远距离操作。由于它的构造简单、使用方便，仍是一般工矿企业小型变配点所广泛使用的操作设备，主要用于操纵 SN 型少油断路器。

（2）电磁操作机构。电磁操作机构可以手动和远距离合闸、跳闸，变配电所应用它就能实现自动切换供电电珞。如图 2－16（a）所示是 CD—10 型电磁操作机构的外形图，如图 2－16（b）所示是其剖面图。

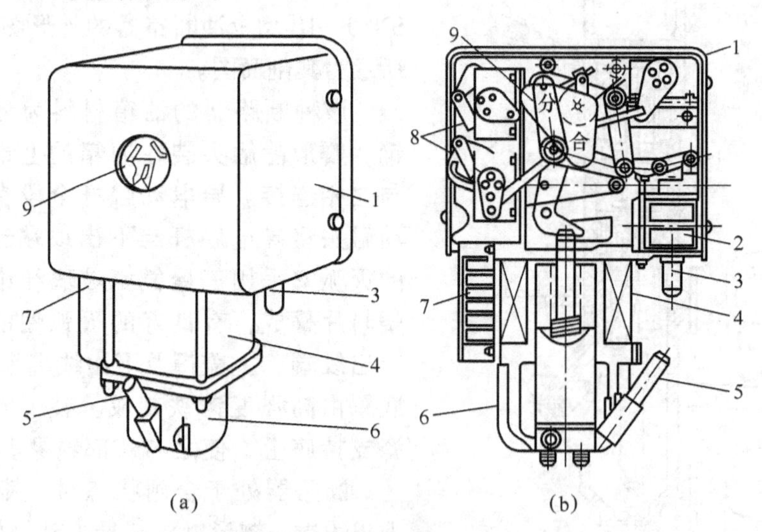

图 2－16　CD—10 型电磁操作机构
（a）外形；（b）剖面
1—外壳；2—跳闸线圈；3—手动跳闸按钮；4—合闸线圈；5—合闸手柄；
6—缓冲底座；7—接线端子；8—开关；9—连杆

CD－10型电磁操作机构由传动机构、电磁机构和缓冲底座等三部分组成。合闸时，线圈通电产生磁力，完成合闸动作。跳闸线圈通电时，产生磁力完成跳闸动作（手动也可完成跳闸动作）。合闸功率较大，一般用直流110V或220V供电。跳闸功率较小，可用直流24V或48V供电。

电磁操作机构适用于不同类型的油断路器。一般中小型变配电所常用的是CD10型，例如用于SN10—10型少油断路器。其他如CD11—X型用于DW8—35型多油断路器，CD150型用于SW4－35型少油断路器。它们的结构原理基本相同，只是规格尺寸上有区别。

4. 高压油断路器的维护

（1）每班巡视检查一次。遇特殊情况应增加巡视次数，发现电气、机械部分故障应及时维修。

（2）大修和小修后的高压油断路器应按检修标准进行检查，一般步骤如下。

①用2 500V摇表测量断路器在合闸、分闸状态下的绝缘电阻值。

②测量三相触头的合闸同期性。

③用电桥测定触头及引线处的接触电阻值和分、合闸线圈的直流电阻值。

④进行分、合闸状态下的绝缘耐压、介质损失等实验。

⑤进行分、合闸线圈的低电压动作范围试验。

⑥测量断路器的各项行程，其中包括动触头的行程和接触面积；动触头的备用行程；分合闸缓冲装置的行程及允许间隙；分合闸铁心的动作行程。

（3）对部分经常动作的元件定期进行检查维护，以保证正常的工作状态。

【任务实施】

断路器和高压隔离开关的知识比较分析及操作报告见表2－5。

表2－5　断路器和高压隔离开关的知识比较分析及操作报告

<table>
<tr><td>姓名</td><td></td><td>专业班级</td><td></td><td>学号</td><td></td></tr>
<tr><td colspan="2">任务内容及名称</td><td colspan="4">断路器和高压隔离开关的知识比较</td></tr>
<tr><td colspan="3">1. 任务实施目的：
掌握高压熔断器的检查及熔体更换</td><td colspan="3">2. 任务完成时间：2学时</td></tr>
<tr><td colspan="6">3. 任务实施内容及方法步骤：
（1）少油断路器和高压隔离开关认识，包括符号、主要部件、灭弧方式和闭锁方式。
（2）断路器和高压隔离开关的操作步骤</td></tr>
<tr><td colspan="6">4. 分析及操作报告：</td></tr>
<tr><td colspan="6">指导教师评语（成绩）：
年　月　日</td></tr>
</table>

【任务总结】

通过本任务的学习，学生应认识高压断路器，了解其结构和工作原理，理解高压短路器型号的意义，并掌握高压断路器的运行与维护。

任务6　互感器

【任务目标】

1. 了解互感器的分类及作用。
2. 了解电流互感器和电压互感器的结构和工作原理。
3. 掌握电流互感器和电压互感器的正确使用。

【任务分析】

互感器是按比例变换电压或电流的设备。其功能主要是将高电压或大电流按比例变换成标准低电压（100V）或标准小电流（5A或1A，均指额定值），以便实现测量仪表、保护设备及自动控制设备的标准化、小型化。同时互感器还可用来隔开高电压系统，以保证人身和设备的安全。

【知识准备】

互感器是供配电系统中测量与保护用的设备，分为电流互感器和电压互感器两类。电流互感器能将高低压线路中的大电流变成低压的标准小电流（5A）；电压互感器能将高压变成标准的低电压（100V）。这样做的好处是：有利于测量仪表及继电器的标准化，使它们能和高压绝缘，保证工作人员的安全，并能避免测量仪表和继电器直接受短路电流的危害。

互感器在配电系统中的接线原理示意如图2－17所示。

互感器在使用中，其二次线圈和外壳都必须接地，以避免因高低压之间的绝缘偶然损坏而造成仪表和人身事故。

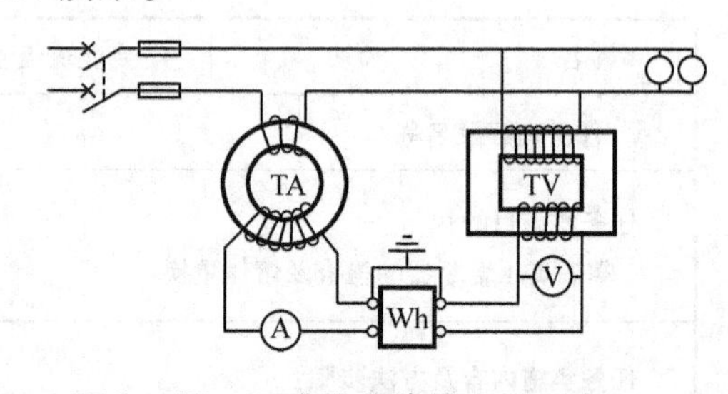

图2－17　互感器的接线原理示意

TA—电流互感器；TV—电压互感器；Wh—电度表

电压互感器的工作原理与变压器相同，但副边负载较小。电流互感器一次线圈与主电路串联，所以它的原边电流即为主电路电流，而与副边负载基本无关。

使用互感器时应注意它的极性，这是因为有的仪表（如功率表、电度表等）的读数与电路中的电压与电流间的相位有关。为保证接入互感器前后仪表的各个接线端的电压和电流间相位相同，互感器原边和副边的端子上都标有记号，以表明它们的极性。电流互感器的原边标记为 L_1H 和 L_2，副边标记为 K_1 和 K_2；电压互感器的原边标记为 A，X，副边标记为 a，x_0，上述 L_1 和 K_1 与 L_2 和 K_2 的极性相同。

电流互感器的准确度一般为0.2、0.5、1、3等级别。准确度的选择按互感器的应用而定，一般0.2级作实验室精密测量用；0.5级作计算电费测量用；1级用来供发电厂、变配电所配电盘上的仪表。一般指示仪表及继电保护则采用3级。

一、电流互感器（TA）

1. 电流互感器的原理与结构形式

电流互感器的原线圈是串接于被测电路中，副线圈则与测量仪表及继电器的电流线圈串联，其副电路的负载阻抗非常小，在正常情况下，接近于短路状态，这是电流互感器与电力变压器的主要区别。电流互感器的副边不允许开路，否则将由于铁损过大，温升过高而烧毁，或使副绕组电压升高而将绝缘击穿，发生高压触电的危险。所以在拆除仪表和继电器之前要将副绕组短路，并不允许在副电路中使用熔断器。

根据一次线圈的结构，电流互感器分为单匝式和多匝式两种。其工作原理如图 2－18 所示。

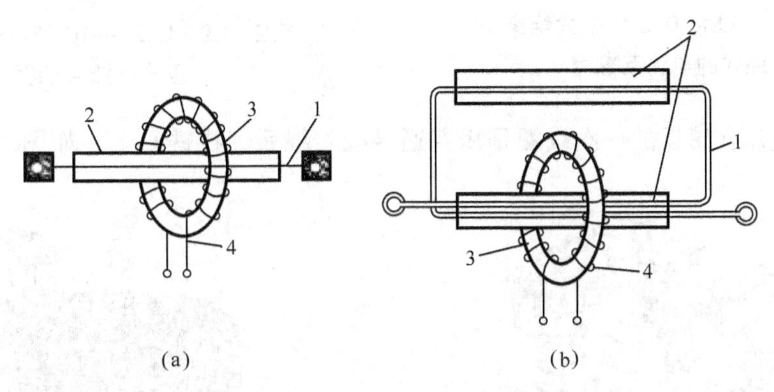

图 2－18　电流互感器的结构原理示意

（a）单匝式；（b）多匝式

1—原绕组；2—绝缘；3—钢芯；4—副绕组

单匝式电流互感器结构简单，尺寸小，在短路电流通过时动稳定较高。当电流较小时，测量准确度较低。所以单匝式只适用于额定一次电流大于 600A 的产品。多匝式适用于 600A 以下的产品。

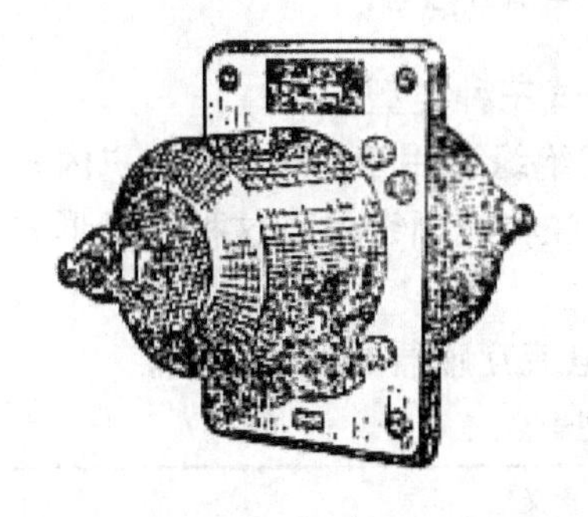

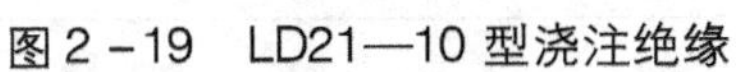

图 2－19　LD21—10 型浇注绝缘

图 2－20　LMZ1—0.5 型浇注绝缘

单匝式电流互感器的一次线圈可以是一根铜杆或钢管做成贯穿式结构，如图 2－19 所示；也可以做成没有一次线圈而在中间留孔，利用装置上的母线作一次线圈的母线式结构，如图 2－20、图 2－21 所示。

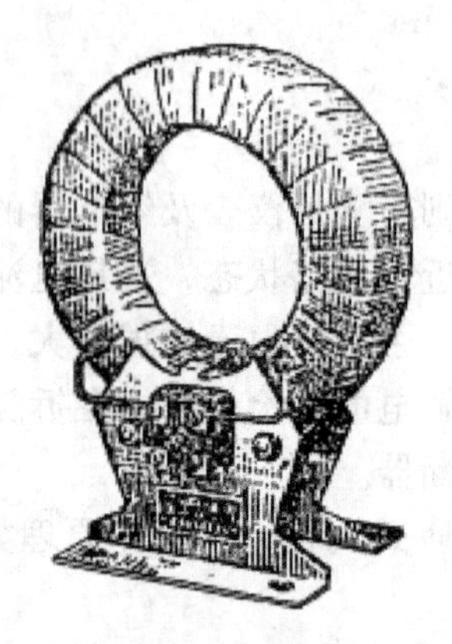

图 2 -21　LM—0.5 型干式绝缘母线式的电流互感器

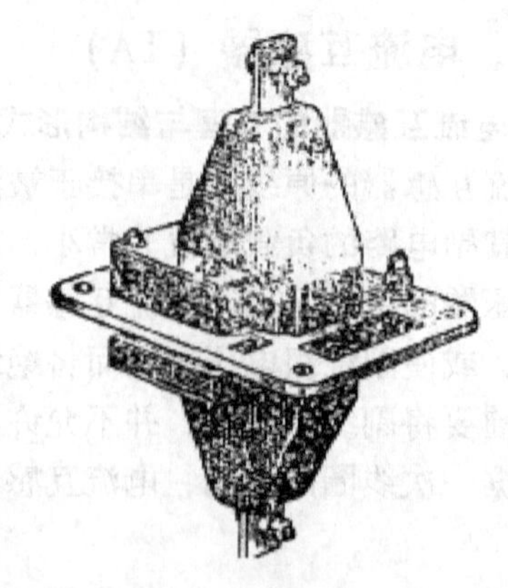

图 2 -22　LFZ1—10 型浇注绝缘多匝式电流互感器

多匝式电流互感器的一次线圈是用普通导线卷绕后套在铁心上，如图 2 - 22 ~ 图 2 - 24 所示。

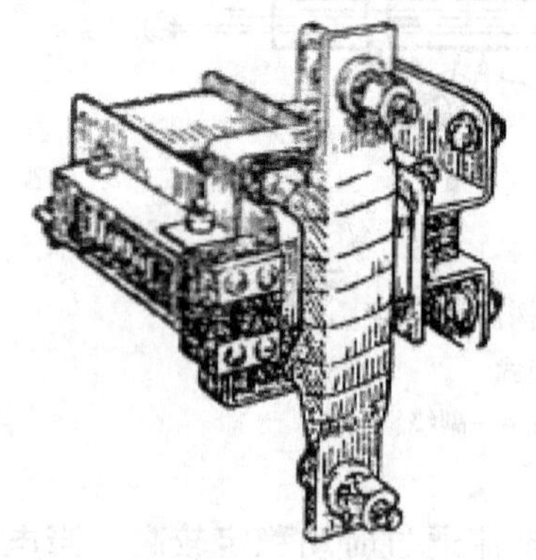

图 2 -23　LQG—0.5 型干式绝缘线圈式电流互感器

图 2 -24　LZJC—10 型浇注绝缘多匝式电流互感器

电流互感器的绝缘一般分为干式、浇注式和油浸式三种类型。

干式绝缘适用于低压户内式电流互感器。浇注式绝缘适用于 10 ~ 20kV 户内式电流互感器，其线圈、铁心结构与干式相似，用环氧树脂浇注将线圈密封。这种绝缘形式具有体积小、重量轻、防潮、防霉等优点。

电流互感器的形式多样，型号各异，表 2 - 6 为电流互感器的型号含义。

表 2 -6　电流互感器的型号含义

字母排列顺序	型号含义
1	L—电流互感器
2	A—穿墙式；B—支持式；C—瓷套式；D—单匝式；F—多匝式；J—接地保护；M—母线式；Z—支柱式；Q—线圈式；R—装入式；Y—低压式
3	C—瓷绝缘的；G—改进型；K—塑料外壳式；L—电缆电容式；M—母线式；P—中频的；S—速饱和的；Z—浇注式；W—户外式
4	B—保护级；D—差动保护

2. **电流互感器的接线**

电流互感器与仪表的连接如图 2－25 所示，图 2－25（a）为测量一相电流，适用于负荷平衡的三相系统，图 2－5（b）和图 2－5（c）用以测量负荷平衡或不平衡的三相系统中的三相电流。

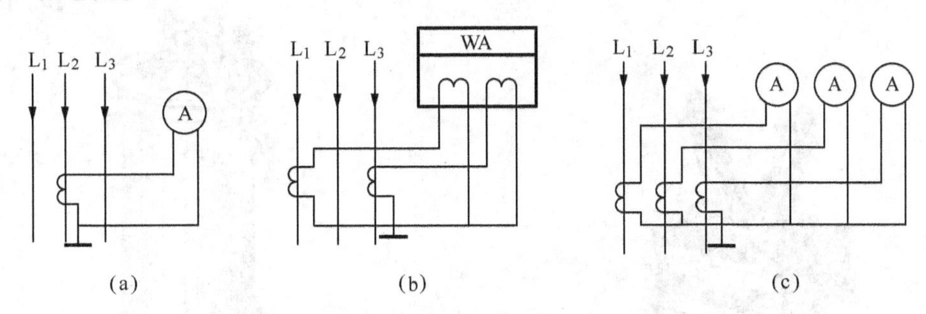

图 2－25 电流互感器与测量仪表连接图

（a）单相连接；（b）两相不完全星形连接；（c）三相星形连接

3. **电流互感器运行中的维护**

（1）电流互感器在运行中，应严防二次回路开路。如在调换电流表、有功表、无功表时，应先将电流回路短路后，再进行计量仪表调换。当表针调好后，先将其接入二次回路，再拆除短接，并检查表针是否正常。如果在拆除短路时发现有火花，这时电流互感器已开路，应立即重新短路。查明计量仪表回路却无开路现象时，方可重新拆除短接。在进行拆除电流互感器短接工作时，应站在绝缘皮垫上，另外要考虑停用该电流互感器回路的保护装置，待工作完毕后，方可将保护装置投入运行。

（2）如果电流互感器有“嗡嗡”声响，应检查内部铁心是否松动，可将铁心螺栓拧紧。

（3）当电流互感器的二次线圈绝缘电阻低于 10～20MΩ 时，必须进行干燥，使绝缘恢复，方可使用。

二、电压互感器（TV）

1. **电压互感器的工作原理与应用**

在测量高压装置的电压时，要使用电压互感器，其原线圈与高压电路并联，副线圈与测量仪表或继电器的线圈并联，副线圈电压通常规定为 100V。

电压互感器的结构与变压器的相似，不同的只是电压互感器采用矩形整体卷铁心，尺寸小，重量轻，不需专门的冷却装置。

同一电压互感器在不同负载下具有不同的准确度。电压互感器工作时所能有的最高准确度级，称为额定准确度级。

电压互感器的结构，根据相数，分为单相式和三相式。三相式电压互感器根据铁心构造不同又可分为三相三柱式和三相五柱式。

根据绕组数，电压互感器又可分为二绕组和三绕组。三绕组电压互感器除了有一组用来供给测量和保护的基本副绕组外，还有一个辅助绕组，用来监视电力系统的绝缘情况。

图 2－26 所示是 JD—3～10 型单相浇注绝缘式电压互感器，被配套选用在 DD—1A 型

高压开关柜中。

图 2－27 所示是 JSJW—6～10 型三相五柱油浸式电压互感器，过去广泛用于工厂总降压变电所 6～10kV 侧作测量及单相接地保护。现在 GG—1A 型高压开关柜采用三只 JDZJ—6～10 型单相三线圈浇注绝缘电压互感器取而代之。

图 2－26　JDZ—3～10 型单相浇注绝缘式电压互感器

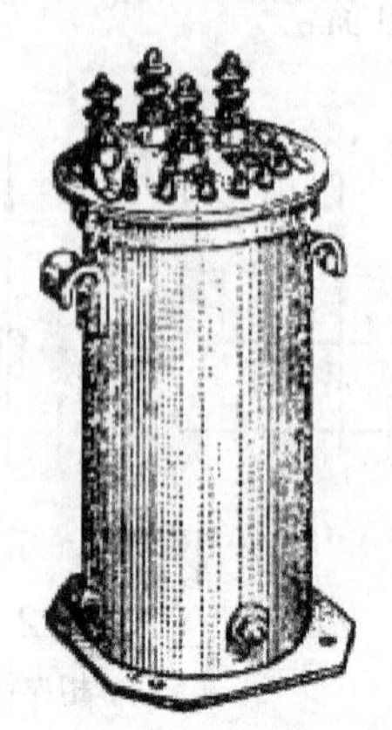

图 2－27　JSJW—6～10 型三相五柱油浸式电压互感器

2. **电压互感器的接线形式**

电压互感器的接线如图 2－28 所示。

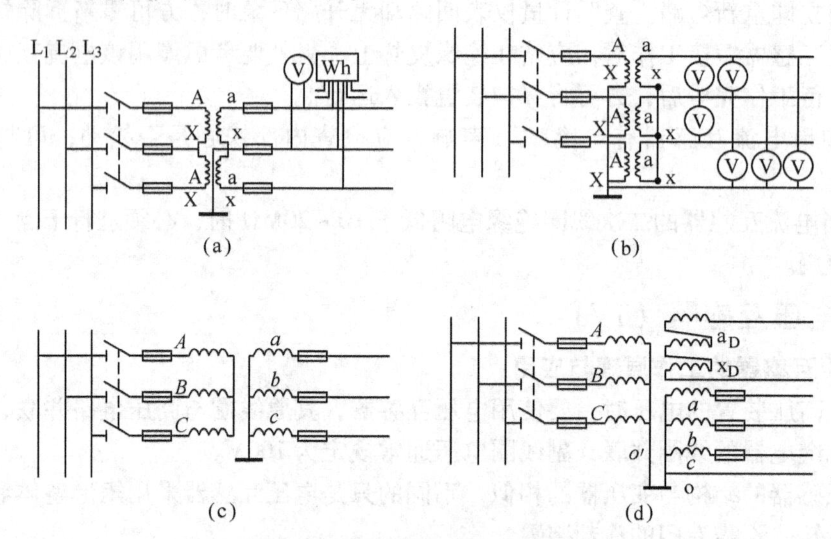

图 2－28　电压互感器的接线形式

（a）两个单相电压互感器；（b）三个单相电压互感器；

（c）三相三柱式电压互感器；（d）三相五柱式电压互感器

图 2－28（a）表示两个单相电压互感器接成 V 形，这种接法广泛用来测量相间电压和连接三相瓦特表或电度表。

图 2－28（b）表示用三个单相电压互感器接成 $Y—Y_0$ 形。高压侧中性点接地。这种

接法对线电压和相电压都可以测量。

图2－28（c）表示采用三相三柱式电压互感器的接线。目前我国制造的三相三柱式电压互感器额定一次电压为10kV及以下，通常都使用在中性点不接地的电力系统中。这时电压互感器的原边中性点不允许接地。

图2－28（d）为三相五柱式电压互感器的接线，其铁心和绕组的接线如图2－29所示。在原边电力系统工作正常时，开口三角形绕组（辅助副绕组）的两端（x_D 和 a_D）电压等于零；当电力系统某一相接地时，开口三角形的两端产生100V的电压，接在这两端的继电器动作，给出一个系统接地的信号。

应注意的是电压互感器二次侧不可短路，尤其是在调换计量仪表时更应特别注意。

【任务实施】

电流互感器和电压互感器比较总结报告见表2－7。

表2－7　电流互感器和电压互感器比较总结报告

<table>
<tr><td>姓名</td><td></td><td>专业班级</td><td></td><td>学号</td><td></td></tr>
<tr><td colspan="2">任务内容及名称</td><td colspan="4">电流互感器和电压互感器比较</td></tr>
<tr><td colspan="3">1. 任务实施目的：
掌握电流互感器和电压互感器的基本知识以及适用注意事项</td><td colspan="3">2. 任务完成时间：2学时</td></tr>
<tr><td colspan="6">3. 任务实施内容及方法步骤：
（1）写出电流互感器和电压互感器的符号、分类和接线方式。
（2）分析电流互感器和电压互感器的使用注意事项</td></tr>
<tr><td colspan="6">4. 写出总结报告：</td></tr>
<tr><td colspan="6">指导教师评语（成绩）：
年　月　日</td></tr>
</table>

【任务总结】

通过本任务的学习，学生应认识电流互感器和电压互感器，了解其结构和工作原理，掌握互感器的接线方式和使用注意事项。

任务7　母线和绝缘子

【任务目标】

1. 了解母线的概念以及选择母线的原则。
2. 掌握母线的运行与维护。
3. 正确地区分母线相序，正确地选择合适的母线。

【任务分析】

母线是指在变电所中各级电压配电装置的连接，以及变压器等电气设备和相应配电装置的连接，大都采用矩形或圆形截面的裸导线或绞线，这统称为母线。母线的作用是汇集、分配和传送电能。绝缘子是一种特殊的绝缘控件，能够在架空输电线路中起到重要作用。早年间绝缘子多用于电线杆，慢慢发展成高压电线连接塔的一端挂了很多盘状的绝缘体，它是为了增加爬电距离的，通常由玻璃或陶瓷制成，就叫绝缘子。绝缘子在架空输电线路中起着两个基本作用，即支撑导线和防止电流回地，这两个作用必须得到保证。绝缘子不应该由于环境和电负荷条件发生变化导致的各种机电应力而失效，否则绝缘子就不会产生重大的作用，就会损害整条线路的使用和运行寿命。正确选择母线和绝缘子有着很重要的现实意义。

【知识准备】

在变配电所中，进户线接线端与高压开关之间，高压开关与变压器之间，变压器与低压开关柜之间需要用一定截面面积的导体将其连接，这种导体称为母线。与此同时还需要使用绝缘物将载流部分固定并与大地和邻相隔开，这种绝缘物称为绝缘子。

在户内变配电所中一般都采用矩形的铝母线，在户外变配电所中采用多股导线。与之配套的绝缘子为户内支柱绝缘子和户外实心棒式绝缘子。

一、母线

根据以“铝代铜”的原则，现在变配电所中大量应用的是铝或铝合金母线。200A 以下的配电装置中也可应用钢母线。10kV 以下配电装置中用的母线截面形状一般为矩形，35kV 以上配电装置用的母线截面形状为圆形。

1. 母线的选择

在变配电所中常按持续工作电流选择母线截面面积，要求能使

$$I_{xu} \geqslant I_g$$

式中，I_{xu}表示应于某一环境温度下（常为 25℃）所选母线截面的长期允许电流值；I_g 表示通过母线的最大长期负载电流（包括过载电流）。

当实际环境温度不是 25℃时，应乘以校正系数。当母线采用螺栓连接时，最高工作温度为 70℃；若母线接头是利用超声波捃锡搭接时，则最高工作温度可达 85℃。矩形母线的截面面积增加时，具有散热机能的外表面积增加得不多，再加上趋肤效应的影响，使得大截面母线的电流密度低于小截面母线，所以大电流母线常做成管形。

母线应当满足发生短路故障时热稳定和动稳定的要求，以保证母线的正常运行。母线应着色作为标志：交流系统的 L_1 相为黄色；L_2 相为绿色；L_3 相为红色；中性线为黑色或紫色，黑色不接地，紫色接地。着色后便于值班人员识别相序，还可以提高母线中接法的散热能力。

2. 母线的运行维护

铝母线与电气设备铜接头连接时，需采用铜铝过渡母线或过渡接线端子。因为铜铝的化学性质不同，在接头处将产生电化腐蚀，使接头的接触电阻增大，会造成严重发热，影响供电压电系统的安全运行。

运行中判断母线及接点发热温度的方法目前常采用变色漆法、试温蜡片法、红外线测温仪测试法等。

当母线工作电流大于 1 500A 时，支柱绝缘子上的两个夹板螺丝应采用一个铁制的、

一个铜制的，或者采用铝压板，防止磁路闭合引起发热。

在维修保养母线时应完成下列项目。

（1）清扫母线，清除积尘和污垢。

（2）测量母线对地的绝缘电阻，低压母线应不小于 100MΩ，6～10kV 母线应不小于2 000MΩ。

（3）检查母线所有的紧固件是否紧固。

（4）检查接点连接是否良好，如发生接触面氧化现象，应用钢丝刷清除氧化层，然后涂中性凡士林油。

二、绝缘子

绝缘子按制造材料不同可分为瓷绝缘子、玻璃绝缘子和有机材料绝缘子。目前使用最多的是瓷绝缘子。为了使变配电所安全可靠的工作，瓷绝缘子应具有良好的绝缘性能和机械性能。

1. 支柱绝缘子

高压支柱绝缘子分户内、户外两类。户内分外胶装和内胶装两个系列，适用于 35kV 以下户内配电装置。户外分针式和棒式两个系列。

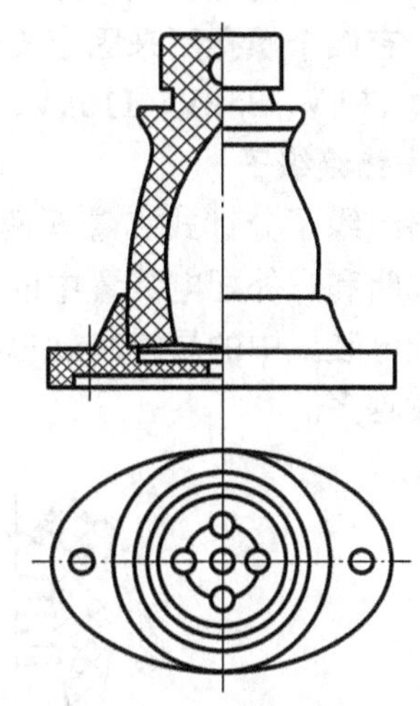

图 2－29　ZA—6T 型外胶装户内支柱绝缘子

（1）户内支柱绝缘子。图 2－29 是 ZA—6T 外胶装支柱绝缘子，它的上下金属附件胶装在圆形瓷件的外表面，铸铁帽上有两个螺孔，用以固定母线。底座有圆形、椭圆形和方形三种。圆形底座下部中央有螺孔，椭圆和方形底座的圆孔开在法兰边上，以便固定。户内支柱绝缘子按电压等级分有 6kV、10kV、20kV 和 35kV 四级。

图 2－30 是 ZNA—10MM 内胶装户内支柱绝缘子，它的上下金属附件都胶装在瓷件的圆孔内，上附件有两个螺孔，下附件中央有一螺孔。这种支柱绝缘子结构合理，金属材料的消耗比外胶式少，但安装没有前者方便。

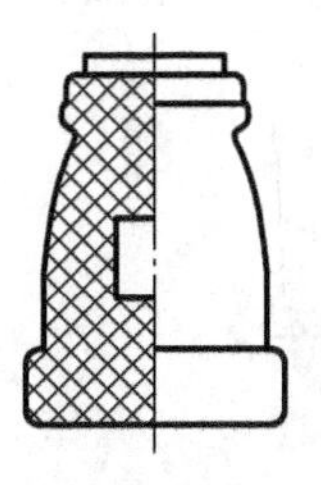

图 2－30　ZNA—10MM 内胶装户支柱绝缘子

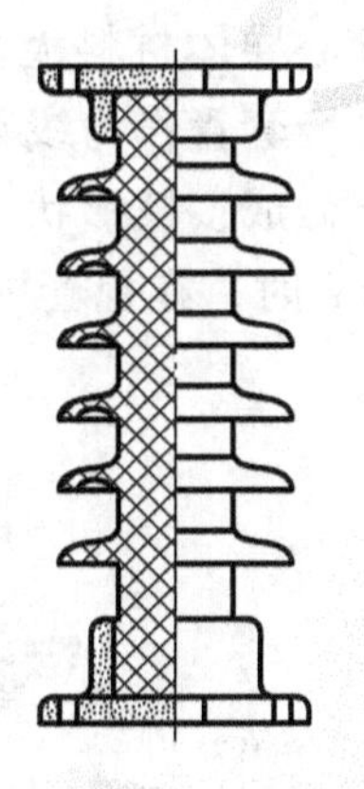

图 2－31　棒式支柱绝缘子

现在户内多棱式联合胶装支柱绝缘子已投入使用，它的构造介于外胶装式和内胶装式之间，机械性能、电气性能都很好，是变配电所优先采用的户内支柱绝缘子。

（2）户外支柱绝缘子。这种绝缘子有针式和棒式两个系列。针式支柱绝缘子由铁帽、瓷件和铁脚组成，它已逐渐被淘汰。图2－31是棒式支柱绝缘子，它由上、下金属附件和位于中间的空心瓷件组成。上附件为外胶装式，有两个螺孔用来固定导线，下附件也是外胶装式，有四个螺孔用来固定支柱绝缘子。目前生产的空心棒式支柱绝缘子按电压等级分有10kV、20kV、35kV、110kV、220kV及330kV数种。

2. 线路绝缘子

线路绝缘子分针式和悬式两种，如图2－32所示。针式绝缘子用于固定35kV以下的输配电线路和户外配电装置中的导线和软母线。悬式绝缘子用于35kV以上的输配电线路和户外配电装置中的导线和软母线。悬式绝缘子由单片串接使用，电压越高，每串绝缘子的片数就越多。

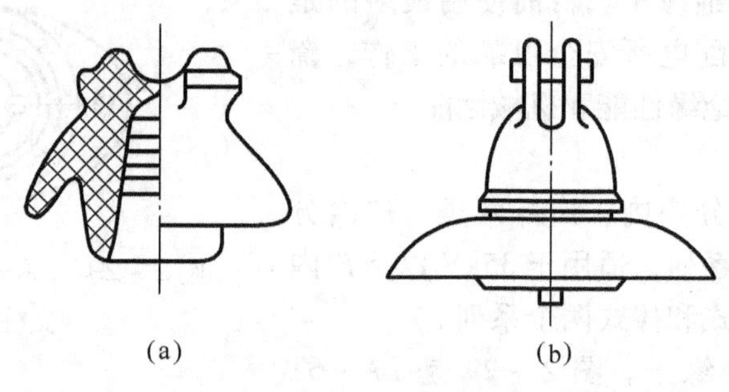

图2－32　线路绝缘子

（a）针式绝缘子；（b）悬式绝缘子

3. 套管

套管用来支持和固定高压导体起绝缘作用，并将其引入或引出建筑物墙壁和各种电气设备的金属箱壳。按用途可分为穿墙套管和电气套管两个系列；按结构可分为纯瓷套管和电容式套管。

（1）纯瓷套管。图2－33为CWLB型户外式穿墙套管。由接地法兰、瓷套和导体三部分组成。穿心导体材料大多数为矩形铝材。穿墙套管的额定电流有200～400A多种规格。户外穿墙套管作为线路的引出用，它的特点是瓷套的户外部分与户内部分形状不同，户外部分做成多棱形状。为防止水分浸入瓷套，导体的入口装有密封垫圈。当工作电压高于20kV时，在瓷套内孔壁及中间胶装法兰部位涂以半导体釉，以防止套管内腔发生放电。

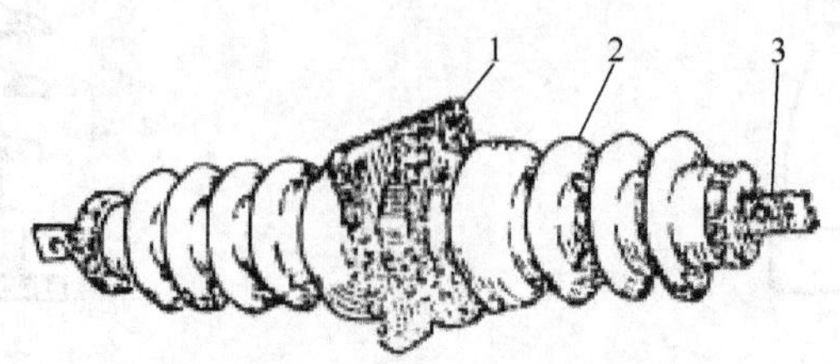

图2－33　CWLB型户外式穿墙套管

1—接地法兰；2—瓷套；3—导体

（2）电容式套管。若工作电压高60kV，则采用电容式套管。其主要功能是在瓷套管中形成一系列的同轴电容器，用以均匀电场，提高绝缘性能。高压开关瓷套、互感器瓷套等均使用电容式套管。

三、电抗器

电力系统中，发生短路故障时，就会形成很大的短路电流。如果不采取限制措施，将会对供电系统造成很大的破坏。因此，为弥补某些断路器遮断容量的不足，常在出线中串联电抗器，增大短路阻抗，限制短路电流。在出线中串联电抗器后，短路时电抗器上的电压降较大，保证了非故障线路上用户电气设备运行的稳定性，使母线上的电压波动较小。

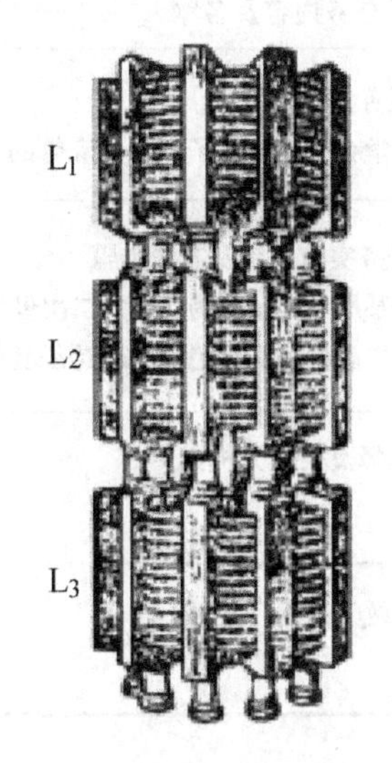

图2－34　NKL型水泥电抗器

电力网中所采用的电抗器实质上是一个无导磁材料的空心电感线圈。常用的NKL型水泥电抗器如图2－34所示。它由线圈、水泥支柱和托架绝缘子三部分组成。

电抗器型号的意义如下。

NK型电抗器指铜电缆线圈水泥电抗器。例如，NKL—6—400型，表示额定电压6kV，额定电流400A的水泥柱式铝电缆线圈电抗器。

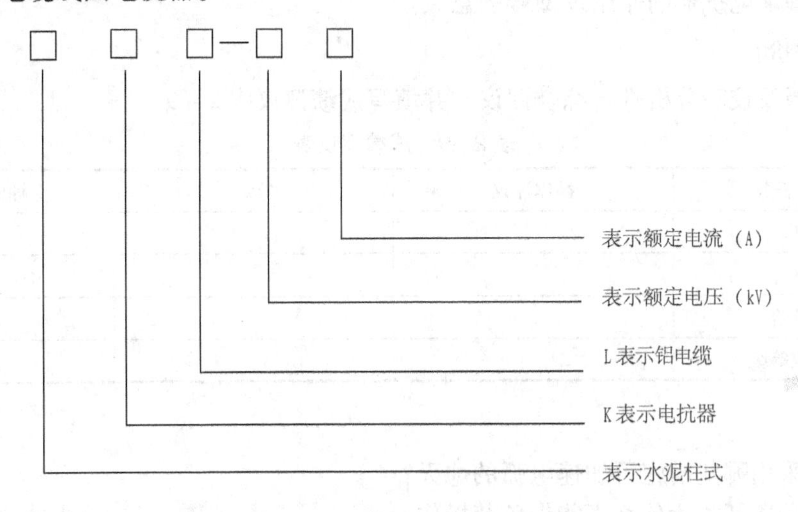

正常巡视检查时，应注意以下几个问题。

（1）电抗器接头应接触良好无发热。

（2）电抗器周围应清洁无杂物。

（3）电抗器支持瓷瓶应清洁并安装牢固。

（4）防止小动物进入电抗器内。

【任务实施】

支柱绝缘子和绝缘套管的选择见表2－8。

表 2-8　支柱绝缘子和绝缘套管的选择

<table>
<tr><td>姓名</td><td></td><td>专业班级</td><td></td><td>学号</td><td></td></tr>
<tr><td>任务内容及名称</td><td colspan="5">支柱绝缘子和绝缘套管的选择</td></tr>
<tr><td colspan="3">1. 任务实施目的：
学会支柱绝缘子和绝缘套管的选择及检验</td><td colspan="3">2. 任务完成时间：2 学时</td></tr>
<tr><td colspan="6">3. 任务实施内容及方法步骤：
某厂母线电压为 6kV，二次母线直立放置，支柱绝缘子的计算负荷为 79 kg，母线的最长期负荷电流为 560A，选择二次母线支柱绝缘子和绝缘套管。</td></tr>
<tr><td colspan="6">4. 选择及校验分析：</td></tr>
<tr><td colspan="6">指导教师评语（成绩）：
年　月　日</td></tr>
</table>

【任务总结】

通过本任务的学习，让学生理解母线的选择、运行及维护。掌握绝缘子的分类及各自的特点，并理解电抗器的作用及型号的意义。

【项目评价】

根据选择及校验分析进行综合评议，并填写成绩评议表 2-9。

表 2-9　成绩评议表

评定人/任务	操作评议	等级	评定签名
自评			
同学互评			
教师评价			
综合评定等级			

思考题

1. 通常采用哪些措施可加速电弧的熄灭？
2. 高压隔离开关为什么不能带负荷操作？
3. 高压负荷开关与隔离开关在构造上与用途上有什么区别？
4. 试分析 FN3-10 型高压负荷开关的灭弧原理？
5. 高压跌落式熔断器安装时应注意什么？简述其操作程序。
6. 高压断路器的用途是什么？
7. 高压断路器有哪些技术参数？其各自的含义是什么？
8. 试述电流互感器和电压互感器的原理和特点？它们各有哪些主接线方式？描述各种接线方式的特点。
9. 为什么电流互感器的二次侧在工作时不能开路，电压互感器的二次侧在工作时不能短路？

10. 电流互感器和电压互感器的使用注意事项各有哪些？

11. 绝缘子有几种类型？各种类型的用途是什么？

习题

2－1　试分析 FN3—10 型高压负荷开关的灭弧原理。

2－2　画出电流互感器和电压互感器的主接线方式，并描述各种接线方式的特点。

项目三

工业企业供电系统

【项目需求】

合理地设计工业企业的供电系统，设计时作为选择工厂供配电系统供电供配电线路的导线截面、变压器容量、开关电气及互感器等额定参数的依据，使在实际运行中的导体及电气的最高温升不会超过允许值。正确计算负荷意义重大，是供配电设计的前提，也是实现供配电系统安全、经济运行的必要手段。高压成套设备是非常重要的输配电设备，其安全、可靠运行对电力系统的安全、有效运行具有十分重要的意义。

【项目工作场景】

工厂各配电系统，包括总降压变电所、配电所、车间变电所和高压用电设备以及主结线方式。当然，有的供配电系统的组成不一定全部包括以上几个，是否需要总降压变电所，是否建配电所，决定于工厂和电源间的距离，工厂的总负荷及其在各车间的分布，以及变电所间的相对位置，厂区内的配电方式和本地区电网的供电条件等。如果上述组成都是需要的，在工厂内部的供电系统也可能有各种组合方案，组合方案的变化必然会影响到投资费用和运行费用的变化。因此，进行不同的方案设计选择合适的主接线方式，进行经济技术比较，得出可靠、合理、经济的方案。

【方案设计】

工厂企业供电系统的总降压变电所、车间变电所、厂区及车间内的高低压配电路以及用电设备的基本知识的学习，根据具体的供电网络选择合适的工厂配电系统主接线方式、车间低压广电网络、变电所的主结线方式。并掌握厂区架空线路、电缆线路的敷设以及工业企业变电所的布置及成套高压配电装置的选择。

【相关知识和技能】

1. 理解电气主接线图中的符号表示。
2. 熟悉高压配电网接线方式及接线特点。
3. 能根据负荷等级选择电气主接线。
4. 能根据实际情况设计电气主接线。
5. 理解工业企业供配电线路的结构形式。

任务1　电力负荷分级及对供电的要求

【任务目标】

1. 了解电力负荷的等级划分及其界定。
2. 理解不同等级的负荷对供电的要求。

【任务分析】

电力负荷是使用电能的用电设备消耗的电功率。电力负荷包括异步电动机、同步电动机、各类电弧炉、整流装置、电解装置、制冷制热设备、电子仪器和照明设施等。它们分属于工农业、企业、交通运输、科学研究机构、文化娱乐和人民生活等方面的各种电力用户。根据电力用户的不同负荷特征，电力负荷可区分为各种工业负荷、农业负荷、交通运输业负荷和人民生活用电负荷等。电力负荷分类是电力系统规划的重要组成部分，也是电力系统经济运行的基础，其对电力系统规划和运行都极其重要。

【知识准备】

工业企业供电系统是电力系统的主要组成部分，是电能的主要用户。据统计，工业企业用电量占全国发电量的50%～70%或更多。工业企业供电系统由总降压变电所、车间变电所、厂区及车间内的高、低压配电线路以及用电设备组成。合理地设计工业企业的供电系统，对于保证供电安全可靠、运行方便、经济等都具有重要意义。

在工业企业供电的过程中，首先要保证电能的质量和可靠性。可靠性即根据用电负荷的性质和由于事故停电在政治上、经济上造成损失或影响的程度对用电设备的不中断供电的要求。电力负荷按其对供电可靠性要求的不同可划分为三级：一级负荷、二级负荷和三级负荷。

一、电力负荷的分级

1. 一级负荷

（1）中断供电将造成人身伤亡。

（2）中断供电将造成重大设备损坏、重大产品报废，给国民经济带来重大损失。

在工业企业中，一级负荷较多，例如高炉炉体的冷却水泵、泥炮机、热风炉助燃风机；平炉的倾动装置、平炉装料机；转炉的吹氧管升降机构及烟罩升降机构；铸锭吊车、大型连轧机、加热炉助燃风机、均热炉钳式吊车等。

2. 二级负荷

（1）中断供电将产生大量废品。

大量原材料报废，减产，生产流程紊乱且恢复困难，造成较大的经济损失。

（2）中断供电将发生设备局部损坏。

在工业企业中，二级负荷的数量很大，例如选矿车间、烧结机、高炉装料系统、转炉上料装置、连铸机传动装置、各型轧机的主传动及辅助传动以及生产照明等。

3. 三级负荷

所有不属于一级和二级负荷的用电设备和电力用户均属于三级负荷。例如，工业企业中的辅助设施（机修、电修、仓库料厂等）以及生活服务设施。

二、不同负荷对供电的要求

根据负荷等级的不同，应该采取相应的供电措施，以满足对供电可靠性要求。

1. 一级负荷

一级负荷应由两个独立的电源供电，特别重要的是一级负荷，需由两个独立的电源点供电。

独立电源是指任一电源故障不会影响另外其他电源继续供电的电源。凡具备以下两个条件的发电厂、变电所的不同母线段均属于独立电源。

（1）每段母线的电源来自不同的发电机。

（2）母线段之间无联系，或虽有联系但当其中一段母线发生故障时，能自动断开联系，不影响其余母线继续供电。

独立电源点是指各独立电源来自不同的地点，任意一个独立电源点的故障，不影响其他电源点的继续供电。例如，两个发电厂、一个发电厂和另外一个区域电力网、或者同一电力系统中的两个区域变电站，都属于两个独立电源点。

2. 二级负荷

应由两回线路供电，该两回线路应尽可能引自不同的变压器或母线段。

当取得两回线路确有困难时，允许由一回专用线路供电。

3. 三级负荷

对供电无特殊要求，可用单回线路供电。

【任务实施】

电力负荷的分类分析报告见表3－1。

表3－1　电力负荷的分类分析报告

姓名		专业班级		学号	
任务内容及名称	电力负荷的分类				
1. 任务实施目的： 掌握电力负荷的分类及给负荷正确分类			2. 任务完成时间：0.5学时		
3. 任务实施内容及方法步骤： （1）写出电力负荷的分类及对供电的要求。 （2）给炼铁厂的冷却水泵、炼钢厂转炉上料装置和轧钢厂的仓库料场三个负荷分类					
4. 实施报告：					
指导教师评语（成绩）： 年　月　日					

【任务总结】

通过本任务的学习，学生应掌握电力负荷的分类、特点以及不同负荷对供电的要求。

任务2　供电网络的结接线方式

【任务目标】

1. 掌握工厂配电系统的接线方式及其特点。
2. 掌握车间低压放射式网络的接线方式。

【任务分析】

工厂企业内部电力线路按电压高低分为高压配电网路和低压配电网路。高压配电网路的作用是从总降压变电所向各车间变电所或高压用电设备供配电，低压配电网的作用是从车间变电所向各用电设备供配电。直观地表示了变配电所的结构特点、运行性能、使用电气设备的多少及前后安排等，对变配电所安全运行、电气设备选择、配电装置布置和电能质量都起着决定性作用。

【知识准备】

工业企业供电网路包括厂区高压配电网路与车间低压配电网路两部分。高压配电网路是指从总降压变电所至各车间变电所或高压用电设备之间的6～10kV高压配电系统；低压配电网路是指从车间变电所至各低压用电设备的380/220V低压配电系统。选择接线方式主要考虑以下因素。

（1）供电的可靠性。

（2）有色金属消耗量。

（3）基建投资。

（4）线路的电能损失和电压损失。

（5）是否便于运行。

（6）是否有利于将来发展等。

一、工厂配电系统接线方式

工厂配电系统的基本接线方式有三种：放射式、树干式和环式。各工厂供电系统采用哪种接线方式，要根据负荷对供电可靠性的要求、投资大小、运行维护方便及长远规划等原则分析确定。

1. 放射式线路

放射式线路又分为单回路放射式线路、双回路放射式线路和具有公共备用线路的放射式线路。单回路放射式线路是由工厂总变配电所6～10kV母线上每一条回路直接向车间变配电所或高压设备供电，沿线不再接其他负荷。它的优点是线路敷设、保护装置简单，操作维护方便，易于实现自动化。缺点是从总变配电所出线较多，高压设备多，投资较大。特别是在任一线路上发生故障或检修时，该线路就要停电，因而供电可靠性不高，一般用于三级负荷和部分次要的二级负荷供电，如图3－1所示。

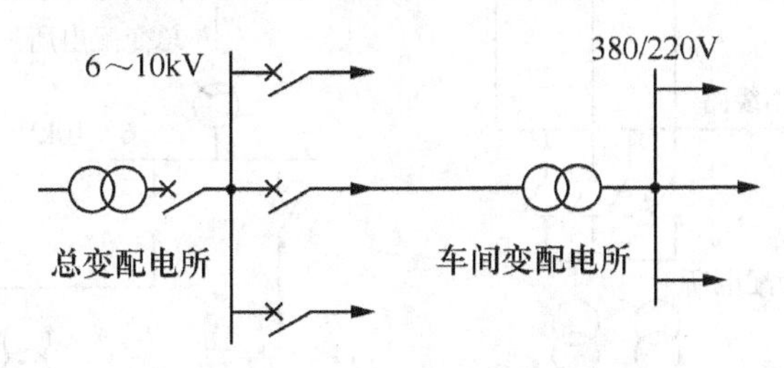

图3－1　单回路放射式线路

双回路放射式线路是对任一变配电所采用双回路线路供电的方式。其中，图3－2（a）是单电源供电，图3－2（b）是双电源供电。在双回路放射式线路中，当其中一条回路发生故障或检修时，可由另一条回路给全部负荷继续供电，提高了供电的可靠性，可用于二级负荷供电。但所需高压设备较多，投资也较大。

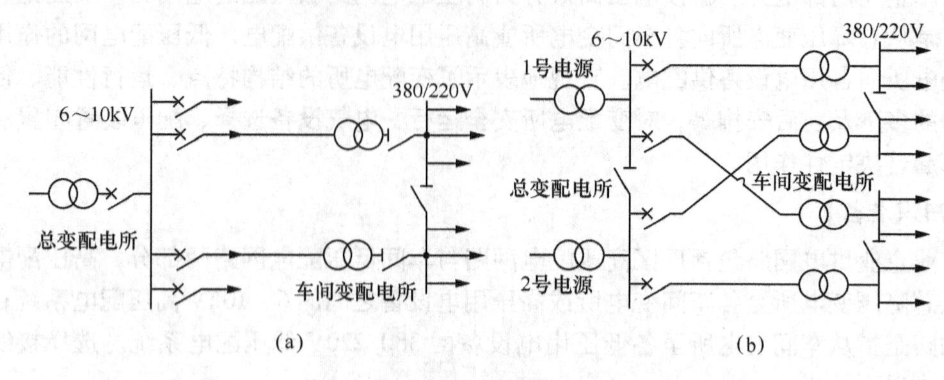

图3-2 双回路放射式线路
(a) 单电源供电；(b) 双电源供电

当采用如图3-3所示的具有公共备用线路的放射式线路供电时，如果任一回路线路发生故障时，只需经过短时的“倒闸操作”后，可由备用干线继续供电。这种线路供电可靠性较高，可适用于各级负荷供电。

2. 树干式线路

树干式线路是指线路分布像树干一样，既有主干，也有分支。它可分为直接连线树干式和串联型树干式两种形式。

直接连接树干式如图3-4所示。从总变配电所引出的每路高压干线在厂区内沿车间厂房或道路敷设，每个车间变配电所或高压设备直接从干线上接出分支供电。这种线路的优点是配电设备少、投资小。缺点是干线发生故障或检修时会造成大面积停电。因而分支数目限制在5个以内。其供电可靠性差，只适应三级负荷。

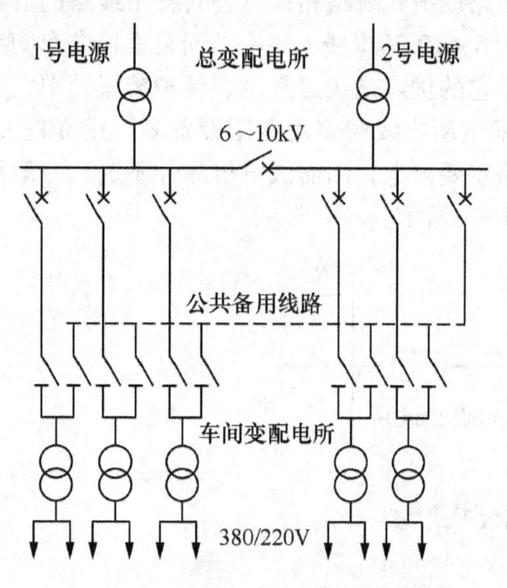

图3-3 具有公共备用线路的放射式线路

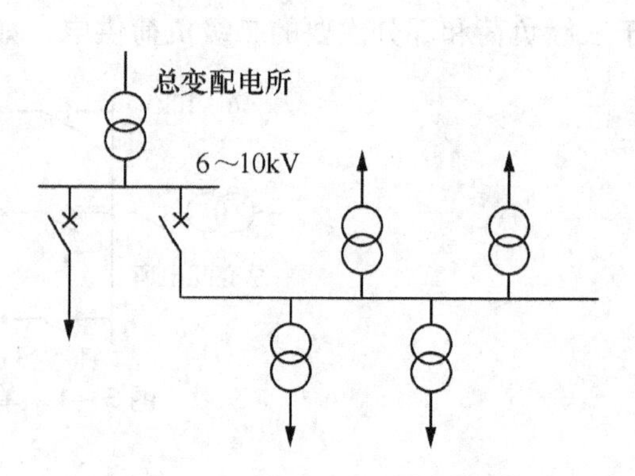

图3-4 直接接线树干式线路

为了发挥树干式线路的优点，提高供电的可靠性，可采用串联型树干式线路，如图3－5所示。这种线路的特点是干线进入每个车间变配电所，连在高压母线上，干线进出两侧均安装隔离开关。当干线发生故障时可以减小停电范围。例如图3－5所示，*d*点发生故障，只需断开L_3两侧的隔离开关，T_n和△变压器可以继续运行供电，提高了供电的可靠性。

3. 环式线路

环式线路是对串联型树干式线路的改进，实质上只要把两路串联型树干式线路连接起来就构成了环式线路，如图3－6所示。

这种线路的优点是运行灵活，供电可靠性高。当干线上任何地方发生故障时，只要通过一定的倒闸操作，断开故障两端的隔离开关，把故障切除后，车间变配电所可迅速恢复供电。它可用于二级负荷供电。

环式线路平常可以开环运行，也可以闭环运行，一般采用开环运行，如图3－6所示。断开隔离开关QS，这样可以避免从两端供电，否则必须增加高压断路器，且装饰方向保护，才能保证供电可靠性。

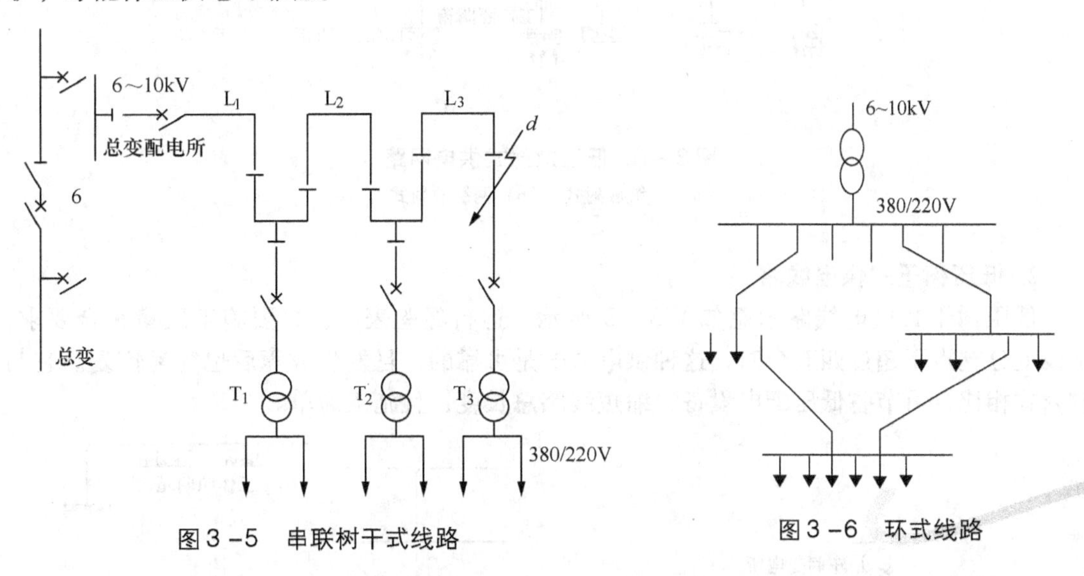

图3－5　串联树干式线路　　　图3－6　环式线路

设开环运行系统在干线D处发生故障，断路器在继电保护作用下断开，连接于该线上的所有车间变电所T_1和T_2终止供电，且由于隔离开关是经常断开的，则由另一母线供电的其他变电所均不受D处故障的影响。当查明故障点后，可拉开其两端的隔离开关QS_1和QS_2，然后再投入QF_1，以恢复对T_1的供电。对T_2变电所，可先断开其高压断路器QF_2，再合分支点隔离开关，然后投入断路器QF_2，也可恢复供电。完成上述一系列操作需要30～40min，因此这种开式网路可适用于二、三级负荷。如果在每段干线两端改装断路器，且装设方向过流保护，即可形成闭式环形网路，这时可大大提高供电可靠性，即能适合一级负荷供电。环形网路只不过是树干式网路的进一步演变，实质是两端供电的树干式网路。

二、车间低压供电网路的接线方式

1. 低压放射式供电线路

低压放射式线路如图3－7所示，其中图（a）为带集中负荷的一级放射式，图（b）为带分区集中负荷的两级放射式线路。放射式供电线路适用于车间负荷比较集中、且负荷分布在车间不同方向、用电设备容量较大的条件下，如果车间有多台电动机传动的设备，虽然容量较小，也可采用。它的特点是操作方便、灵活、任一干线路故障时，不影响其他干线。但投资较大，施工复杂。

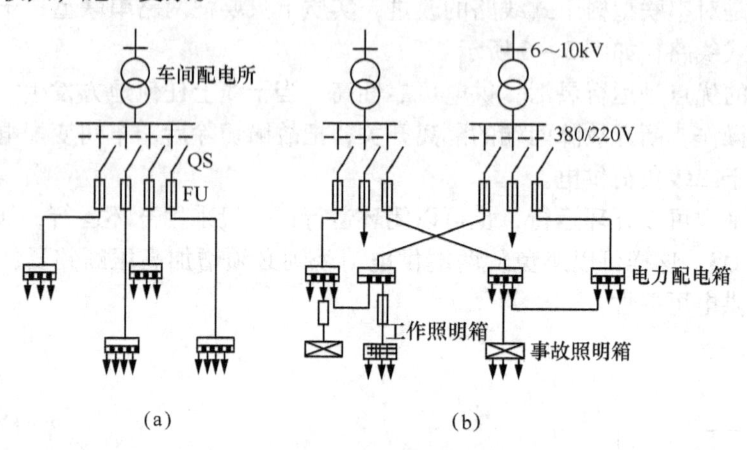

图3－7　低压放射式供电网路

（a）一级放射式；（b）两级放射式

2. 低压树干式供电线路

低压树干式供电线路示意如图3－8所示。运行经验表明，只要施工质量符合要求，干线上分支点不超过四五个时，这种供电方式是可靠的，且发生故障后也容易恢复。它与放射式相比，可节省低压配电设备，缩短线路总长度，且施工简单。

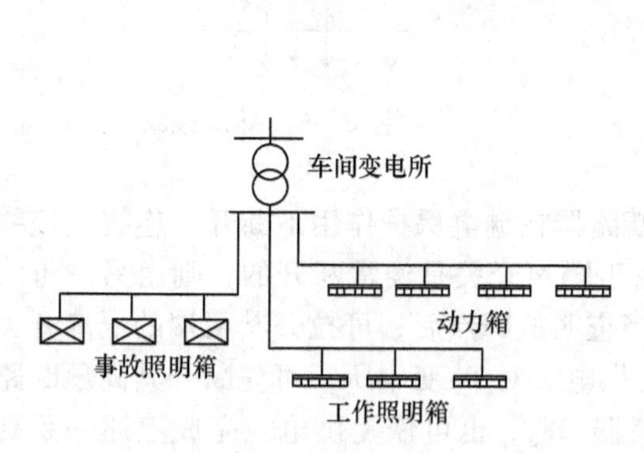

图3－8　低压树干式供电系统

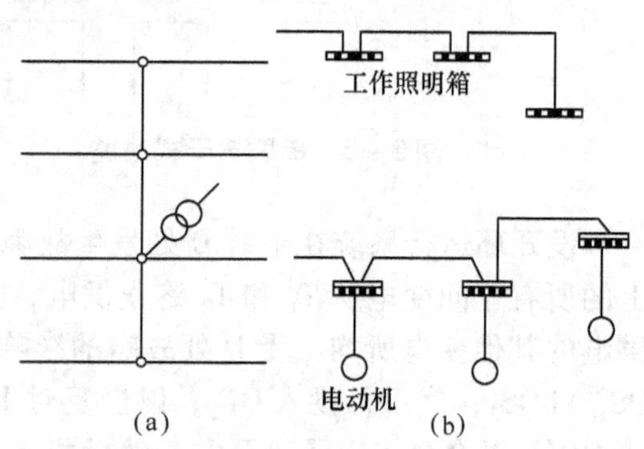

图3－9　低压树干式供电线路的演变形式

（a）变压器干线式；（b）链环式

图3－9所示的是低压树干式供电线路的演变形式。图3－9（a）为变压器干线供电线路，广泛用于机械加工车间。当采用插接式母线时，它可以随工艺过程的改变，任意移

动用电设备而无须另外安装配电盘。图 3 -9（b）为链环式供电线路，每条线路以串接三个配电箱为限；如果串接同一生产系统中的小容量电动机（不重要的用电设备），则以不超过 5 个为宜。

3. 低压混合式供电线路

根据工业企业中的车间低压负荷分布特点，很少采用单一的放射式或树干式供电系统，一般多为混合式供电系统，如图 3 -10 所示，车间内动力线路和照明线路应分开，以免相互影响。正常运行时，事故照明和工作照明同时投入以交流供电。当交流电发生故障时，则自动地将事故照明切换到蓄电池组或其他独立电源供电。对重要的用电设备，可以从两台分别运行的变压器低压母线分别引出线路交叉供电，或者在低压母线上装设自动投入装置，以保证供电的可靠性。

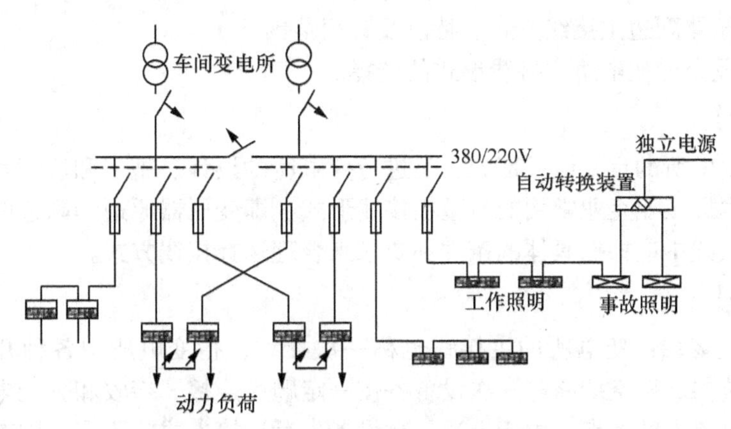

图 3 -10　低压混合式供电系统

【任务实施】

电力负荷配电系统主接线设计分析报告见表 3 -2。

表 3 -2　电力负荷配电系统主接线设计分析报告

<table>
<tr><td>姓名</td><td></td><td>专业班级</td><td></td><td>学号</td><td></td></tr>
<tr><td colspan="2">任务内容及名称</td><td colspan="4">电力负荷配电系统主接线设计</td></tr>
<tr><td colspan="3">1. 任务实施目的：
掌握供电系统主接线的设计</td><td colspan="3">2. 任务完成时间：4 学时</td></tr>
<tr><td colspan="6">3. 任务实施内容及方法步骤：
（1）选题。
（2）电力负荷供配电主接线设计并提交设计报告。
（3）答辩</td></tr>
<tr><td colspan="6">4. 实施报告：</td></tr>
<tr><td colspan="6">指导教师评语（成绩）：
年　月　日</td></tr>
</table>

【任务总结】

通过本任务的学习，学生应掌握工厂配电系统接线方式的分类以及各自的优缺点。掌握车间低压供配电网络的接线方式及各自的优缺点；掌握变压器的原边和副边主接线方式。掌握工业企业变电所主接线形式的选择。

任务3　变电所的主接线

【任务目标】

1. 掌握变压器原边主接线方式、特点及应用范围。
2. 掌握变压器副边主接线方式、特点及应用范围。
3. 掌握工业企业变电所主接线形式的选择。

【任务分析】

主接线是变电所的重要组成部分，是进行变电所的设计、施工和运营管理的依据。我们要从原理上掌握工业企业常用的典型主接线形式，即变压器原边和副边的主接线方式和特点，在工程实践中应根据具体的条件和要求来合理选择接线方式。

【知识准备】

变电所的主接线：变电所的主接线也称一次接线，指变电所中各种开关设备、变压器、母线、电抗器、架空线路等一次设备各按一定顺序连接，接收和分配电能的电路，它具有电压高、电流大的特点。由于上述一次设备先后连接方式的不同，则有各种不同形式的主接线，它们都有各自不同的特点，应根据具体情况合理选用。

一次接线系统的设计应满足下列基本要求。

（1）能满足用电设备的供电可靠性及对电能质量的要求。

（2）接线应简单、清晰、操作安全，维护方便，运行灵活。

（3）节约投资，经济合理，长期运行费用低。

（4）考虑未来发展、留有扩建的余地。

变电所主接线图通常绘成单线式，即对称的三相线路以一根线在图中绘出，用以表示三相。下面来分析工业企业中常用的几种类型的主接线及选择方式。

一、变压器原边主接线方式

1. 单台变压器主接线

当供电电源只有一回线路、变电所装设单台变压器，此外没有其他横向联系的接线方式时，称为单台变压器主接线，如图3－11所示。它在高压侧（变压器原边）无母线，结构简单，应用电气设备少，比较经济，但供电可靠性差，当进线或变压器任一元件发生故障时，整个线路－变压器组单元全部停电。因此，多用在对三级负荷供电。

在单台变压器车间变电所中，单台变压器主接线应用较广泛，如图3－11（a）的进线经过隔离开关QS和高压熔断器FU，与变压器相连；当检修变电所时，借助隔离开关，使变电所与高压进线隔离，以便安全检修。但由于隔离开关无灭弧能力，它只能断开10kV、320kV·A以下的空载变压器，因此在变压器的低压侧装设低压闸刀开关Q，以便通断变压器的二级负荷。当变压器的内部发生短路时，可使高压熔断器 FU_1 熔断而得到保护。低压熔断器 FU_2 用来保护变压器二次侧母线故障。FU_1 与 FU_2 应相互配合，具有选择性。

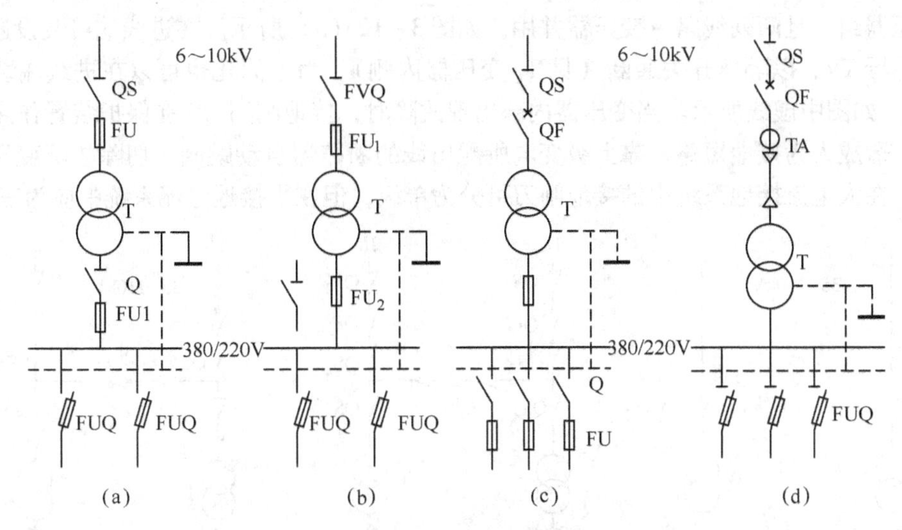

图 3-11　6~10 KV/220/380V 的单台变压器车间变电所一次接线示意
(a) 适用于断开 10kV、320kV·A 以下的空载变压器；(b) 适用于变压器为 320kV·A 以上的较大的变电所；(c) 适用于更大容量的变压器；(d) 电缆变压器组接线

如果不受气候和环境条件限制，可将变压器置于室外装成杆塔式。此时可用跌落式熔断器取代隔离开关 QS 和高压熔断器 FU_1，简化变电所结构。

图 3-11 (b) 适用于变压器容量为 320kV·A 以上的较大的变电所，这时，由于隔离开关已不能断开空载变压器，因此改用负荷开关 FUQ，变压器二次侧可省去闸刀开关，只有在变压器检修从低压侧倒送电时，才装闸刀开关隔离电压。图 3-11 中的高压熔断器 FU_1 也可装在负荷开关 FUQ 的上边。一旦出现负荷开关 FUQ 灭弧困难，则可使熔断器切断电路。

图 3-11 (c) 用于更大容量的变压器，采用高压断路器 QF 代替负荷开关和熔断器。为了检修安全，在进线侧装设隔离开关。当有倒送电可能时，在低压侧则需装设闸刀开关。

由于装设高压断路器，可以采用性能完善的继电保护装置，因此变压器低压侧的熔断器可以省却。

图 3-11 (d) 为电缆-变压器组接线，以电缆线路直接连接于单台变压器，中间不装任何开关设备。电缆和变压器的通断保护，由装设在电缆线路首段的 QS、Q、TA 以及继电保护装置来承担，这样可使车间变电所结构简单。尤其是当变压器低压侧不设母线，而采用干线直接伸入车间时，更为实用。这就为变压器装置于杆塔上创造了条件，并且可以省掉低压配电盘。

图 3-11 所示的各种接线，当采用架空线路引入车间变电所时，在进线处尚须装设避雷器；采用电缆进线时，则在电缆首段装设避雷器，且与电缆金属外皮高通接地，此时进

线处不再装设避雷器。

2. 两台变压器主接线

有两台变压器和两路电源进线的变电所，可以将每路进线与对应的变压器分别组合成线路-变压器组，且两列线路-变压器并用，如图3-12（a）所示。在进线端可装设避雷器和电压互感器TV，以隔离开关通断（见T_1变压器内侧）。为了简化也可以在进线端装设接地闸刀QS，如图中虚线所示。当变压器内部出现故障时，接地闸刀QS在保护装置作用下将自动闭合，造成人为接地短路，靠上级变电所配出线的断路器自动跳闸，切除故障变压器。尚须指出，在大电流接地系统中的接地闸刀可分为单级，但在小接地电流系统中应为三级。

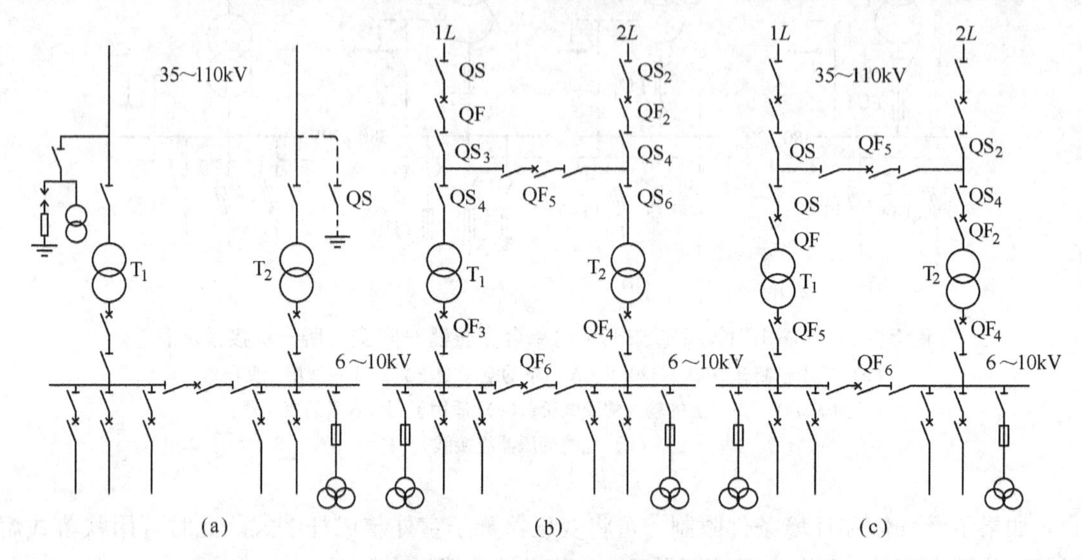

图3-12 两台变压器高压侧无母线、低压侧单母线分段的主接线

（a）线路-变压器组接线；（b）内桥接线；（c）外桥接线

上述两列线路变压器组的主接线中，一旦有任一元件出现故障，势必造成该进线终止。为了提高供电可靠性，常常在两条进线之间装设横向联络桥，构成桥式主接线，如图3-12（b）（c）所示，这种桥式主电路可以使两条进线互为备用，以提高供电可靠性，满足一、二级负荷供电要求。由于联络桥设置位置的不同，可分为内桥式主接线和外桥式主接线。在此基础上发展变化进而形成了扩大的桥式主接线系统。

（1）内桥式主接线。联络桥装在两条进线断路器内侧的桥式主接线，称为内桥式主接线。如图3-12（b）所示，图中联络桥由桥路高压断路器QF_5及其两端隔离开关构成。桥式接线从桥路断路器正常运行时经常处于开断状态。变压器以两组线路-变压器组接线方式工作。但当任一条线路发生故障或检修时，例如进线W_1电压消失，可断开该进线的断路器QF_1，然后接通桥路断路器QF_5，即可通过另一条进线W_2，从而恢复变压器T_1的供电。正常处于断开的桥路断路器可借备用电源自动投入装置自动合闸，恢复供电。

同样，如果变压器发生故障或检修，也可以通过桥路断路器沟通，使变压器二次侧负荷在一台变压器切除后仍有两路电源继续供电；但是，这时的操作较复杂，断电时间长。例如切除变压器T_1，必须先断开进线断路器QF_1以及变压器断路器QF_3，再拉开变压器前T_1端的隔离开关QF_5，然后合上W_1进线断路器QF_1，并闭合桥路断路器QF_3，恢复变压

器 T_2 取得两路电源供电，整个过程需要 20 ~ 30min。可见变压器故障出现得较频繁，或者需要经常切除的情况（例如变压器的经济运行方式）下不宜采用内桥主线。因此内桥式主接线的特点适用于进线路较长，线路故障出现得较频繁，而变压器不常切换的场合。

（2）外桥式主接线。联络桥装在两条进线断路器外侧（靠近进线一侧）的桥式接线，称为外桥式主接线，如图 3 – 12（c）所示。外桥式主结线对于变压器的切除非常方便，只需断开相应的线路断路器即可，例如检修变压器 T_1，则断开断路器 QF_1 和 QF_3，再闭合 QF_5 即可实现两条进线并联。可见在切换变压器时不影响线路的正常运行，但是，如果进线发生故障，外桥式的切换就比较困难。因此，外桥式主接线适用于线路故障出现较少而变压器常需要经常切换的情况，而且当变电所高压侧有转出性负荷时，如环形供电系统，也可采用外桥式主接线，则转出负荷只需经过桥路断路器 QF_5，而不经过线路断路器 QF_1 和 QF_2，这对减少进线断路器的故障以及采用开式环网、简化继电保护都是极为有利的。

为了节省投资，有时在联络桥上只装设开关而不装设高压断路器。正常运行时隔离开关也是处于开端状态，一旦线路或变压器发生故障，则需手动操作隔离开关。此时间断供电的时间将更长。

二、变压器副边主接线方式

下面将进一步分析变压器副边的母线接线方式。通常以一套母线集中接收电能，再通过多条引线向各用电负荷供电，使接线方便、运行灵活、检修安全。如图 3 – 12 所示的断路器及其两侧的隔离开关。前者称为单母线不分段主接线，后者称为单母线分段主接线，两者均属经常采用的母线主接线形式。

（1）单母线不分段主接线。图 3 – 11 变压器副边的母线设一套整体敷设的母线，称为单母线主接线。它主要用于单电源单台变压器的变电所，供电可靠性不高，只能用于二、三级负荷。

（2）单母线分段主接线。图 3 – 12 变压器副边母线是分段的，中间以分段隔离开关相连，见图中断路器及其两侧的隔离开关。通常在不同的母线段上分别接入不同电源进线的两台变压器，而且中间设有分段隔离断路器，可使两路电源及所接的两台变压器能够互为备用，以提高供电可靠性。

单母线分段主接线的两段母线正常运行时，当任一段母线电压消失（例如供电电源或变压器故障时），接通分段断路器可使该段母线通过分段断路器从另一段母线继续得到供电。因此，单母线分段主接线适用于大容量的三级负荷及部分一、二级负荷。若分段断路器装设自动投入装置，则可用于一级负荷，此时每路进线及其所受变压器应按承受两段母线全部以一级负荷的容量计算。

单母线分段的主接线，虽然具有足够高的供电可靠性，但当母线本身发生故障时，仍将造成停电。但是，母线本身故障出现较少，因此，单母线分段主接线在工业企业中一般已能满足要求。

为了提高单母线主接线的这一缺点，可以在单母线原有基础上，设置备用母线，即形成双母线主接线方式，如图 3 – 13 所示。

双母线主接线系统有两组母线，当检修其中任一组时，可令其他组投入工作，保证供电车间变电不致中断。如图 3 – 13 所示，每路电源进线和每路引出线的高压断路器都由两组隔离开关分形式使单母线分别接于两组母线上，其中一组母线正常运行时带电，称为工作母线。凡接到工作母线上的隔离开关，正常时均接通，处于运行状态。另一组母线不带电，称为备用母线。凡接到备用母线上的隔离开关，正常断开时，并不工作。两组母线之间，装有母线联络断路器 MQF，它可将两组母线联系起来，但在正常运行时，母线断路器 MQF 是断开的。

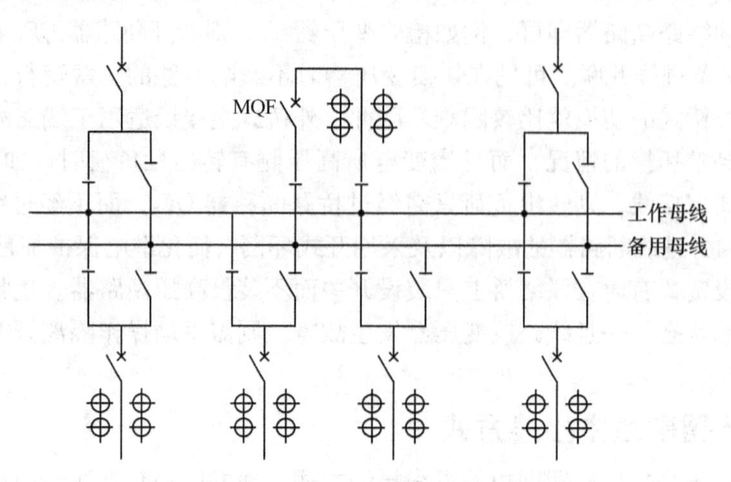

图 3－13　双母线主接线系统示意

当检修工作母线时，可将用电负荷转移到备用母线上去，避免中断供电。为此，先将母线断路器 MQF 投入，若备用母线无故障，则合闸成功；否则借助保护装置作用使母线断路器 MQF 自动跳闸。当 MQF 投入成功后，即可闭合连接于备用母线上的所有隔离开关，再依次断开连接于工作母线上的各隔离开关。母线断路器接通后，两组母线处于等电位，因此上述隔离开关操作并不切断负荷电流，而不产生危险的电弧。待全部隔离开关操作结束，最后将母线断路器 MQF 断开，负荷就全部转移到备用母线上，工作母线停电，便可保证安全检修。

双母线主接线的主要优点之一是，在检修母线所进行的倒闸操作过程中，负荷供电并不中断。此外，当检修任一回路的母线隔离开关时，只中断该回路本身供电，其他负荷不受影响。工作母线发生故障，能较快地切换到备用母线上继续工作，缩短停电时间，甚至当任一回路断路器本身出现故障时，可以用母线断路器代替，只经过短时间停电即可将故障断路器脱离电源，进行检修。可见，双母线主接线具有很高的可靠性和灵活性。但是，操作更复杂，有色金属消耗量更大，使用电器数量更多，工程造价更高。

图 3－13 所示的双母线主接线系统，工作母线和备用母线并不是固定的，可以互换。为了进一步提高供电可靠性，也可以两组母线同时工作，类似于单母线主接线，以避免工作母线故障造成全部负荷的短时断电。另外，还可以将双母线中的工作母线再分段，构成分段的双母线，这时供电的可靠性高，运行更灵活，但所需设备也更多。这种双母线主接线方式多用于大容量且引出线又很多的发电厂或大型变电所中。

三、工业企业变电所主接线形式选择

以上讨论了工业企业常用的典型主接线形式，在工程实践中应根据具体条件，合理选用。

1. **总降压变电所**

总降压变电所的高压侧，一般为电压35～110kV级，最常用的主接线形式是桥式主接线（包括扩大桥式接线）。因为它适合于2～3个电源进线、装有2～3台变压器，而且通过桥式断路器可互相沟通，能满足一、二级负荷供电可靠性的要求，比较简单且经济。

但是，当35～110kV侧具有少量出线如一、二条转出线路时，则以采用单母线分段主接线为宜。只有转出线多、容量大、可靠性有特殊要求时，才采用双母线主接线。若只有一路电源进线及单台变压器，则可以采用单台变压器的主接线，但负荷性质只限于二、三级负荷。如能由邻近处取得低压备用电源或采用其他备用措施时，也可以对小容量的一级负荷供电。

总降压变电所的低压侧，一般为6～10kV电压级，两台变压器低压侧的主接线多为单母线分段。当原边为单台变压器主接线，副边母线可以不分段，只有在引出线很多、供电可靠性要求特别高的条件下，才采用双母线。

2. **车间变电所**

车间变电所的高压侧与总降压变电所的副边处于同一电压级，一般为6～10kV，其主接线形式是单母线分段，或是单母线方式。对于单回路电源进线，则采用单台变压器的主接线，如图3－11所示，但只能供给二、三级负荷；对少量一级负荷供电，则需另外取得备用电源。

供电给一、二级负荷，容量较大的车间变电所，当高压侧无引出线时，也可采用高压侧无母线的主接线，如图3－12所示。

车间变电所的低压侧电压为380/220kV，直接供给备用电设备。如引出线较多，可以采用单母线或单母线分段主接线。只有在变压器干线供电系统中，当全部负荷都由干线分支接出时，才以干线取代母线，并深入车间内部。

【任务实施】

变电所一次主接线供配电设计报告见表3－3。

表3－3　变电所一次主接线供配电设计报告

姓名		专业班级		学号	
任务内容及名称	变电所一次主接线供配电设计				
1. 任务实施目的： 掌握变电所一次主接线供配电设计			2. 任务完成时间：4学时		
3. 任务实施内容及方法步骤： （1）选题。 （2）变电所一次主接线供配电设计并提交设计报告。					
4. 设计报告：					
指导教师评语（成绩）： 年　月　日					

【任务总结】

通过本任务的学习，让学生掌握工业企业常用的典型主接线方式，包括变压器原边和副边的接线方式，并会根据实际情况来合理选择。

任务4　工业企业供配电线路

【任务目标】

1. 掌握架空线路各种结构形式及组成。
2. 熟悉各种杆型的特点和作用以及杆型的选择。
3. 会选用和安装各种杆型。
4. 掌握电缆的选用及敷设。

【任务分析】

架空线路和电缆主要用于传输和分配电能。架空线路是采用杆塔支持导线的，适用于户外的一种线路，有低压、高压和超高压三种。低压架空线路在城市、农村及工矿企业中应用都十分广泛。通过此项目的学习，可认识各种杆型及其各部件，熟悉它们的特点，会使用和安装各部件以及电缆线路的正确安装。

【知识准备】

在工业企业中电能的输送和分配，是通过供配电线路实现的。工业企业内部供配电网路尽管供电半径小，但负荷类型多，操作频繁，厂房环境复杂（高温、多粉尘以及与管道、轨道交错等），配电线路总长通常超过企业受电线路，且具有不同于区域电力网的特点。

工业企业供配电线路，经常采用的结构形式有三种：厂区架空线路、厂区电缆线路和车间户内配电线路。

一、厂区架空线路

架空线路的优点是成本低，投资少，施工快，维护检修方便，易于发现和排除故障等；它的缺点是易受外界条件（雷雨、风雪及工业粉尘、气体等）影响，受厂区建筑布局限制，不能普遍采用。但由于架空线路比电缆线路节省1/2～4/5的成本，因此在工业企业中凡有可能都优先采用架空线。

架空线路由导线、杆塔（包括横担）、绝缘子和金具构成。

1. 导线

架空线路所采用的主要导电材料是铜绞线、铝绞线和钢芯铝绞线。铜绞线是较好的导电材料，它具有较好的电导率 $\gamma = 53$（$MS/m = m/\Omega \cdot mm^2$），机械强度高，抗拉强度为

$$\sigma = 380MPa$$

铝绞线的电导率较小 $\gamma = 32$（$MS/m = m/\Omega \cdot mm^2$），抗拉强度也低，为

$$\sigma = 160MPa$$

但铝的资源比铜丰富，因此应尽量采用铝绞线。为了弥补铝绞线机械强度低的不足，在高压大挡距的架空线路上，可以采用钢芯铝绞线。

各电压级的电力网输送容量与距离都有一定的范围，例如0.38kV输送功率为100kW以下，输送距离不超过0.6km，10kV输送功率为200～2 000kW距离为6～22 km；35kV输送功率为2 000～10 000kW，距离为20～50km。

导线敷设应保持相互的足够距离，以保证在风吹摇摆下仍能可靠绝缘。线间距离与线路电压、线路挡距有关，并考虑所在地区的气候区类别，具体可查阅有关资料。架空线的挡距，指相邻两电杆的距离。不同电压的架空线路的挡距是不同的，如35kV一般为150m以上，6～10kV为80～120m，380V为50～60m。

架空线对地面、水面以及其他跨越物均应保持足够安全距离，并应按最大弧垂（导线下垂距离）校验。此外，架空线对房屋建筑物以及与其他线路交叉时的最小距离也有要求，具体可查规程。

2. 杆塔及绝缘子

架空线杆塔按材质划分，有木杆、水泥杆和铁塔三种，工业企业中常用水泥杆。杆塔从作用上可划分六种形式，如表3－4所示，其应用示例如图3－14所示。

表3－4　各种类型电杆的区别

杆型	用途	杆顶结构	有无拉线
直线杆	支持导线、绝缘子、金具等重量，承受侧面的风力；占全部电杆数的80%以上	单杆、针式绝缘子或悬式绝缘子或陶瓷担	无拉线
有拉线的直线杆	除一般直线杆用途外，尚有用于：（1）防止大范围歪杆；（2）用于不太重要的交叉跨越处	同直线杆，悬式绝缘子用固定式线夹	有侧面拉线或顺挡拉线
轻乘杆	能承受部分导线断线的拉力，用在跨越和交叉处（10kV及以下线路，不考虑断线）	负担要加强，采用双绝缘子或双陶瓷担固定	有拉线
转角杆	用在线路转角处，承受两侧导线的合力	转角在30°，可采用双担双针式绝缘子；45°以上的采用悬式绝缘子、耐张线夹，6kV以下可采用碟式绝缘子	有与导线反向拉线机反合力反向的拉线。
耐张杆	能承受一侧导线的拉力，用于（1）限制断线事故影响范围；（2）用于架线时紧张。	双担悬式绝缘子、耐张线夹或碟式绝缘子	有四面拉线
终端杆	承受全部导线的拉力，用于线路的首段或终端	同耐张杆	有与导线反向的拉线
分支杆	用于10kV及以下由干线外分支线处；向一侧分支的为丁字形；向两侧分支的为十字形	上下层分别由两种杆型构成，如丁字形上层不限，下层为终端等	根据需要加拉线

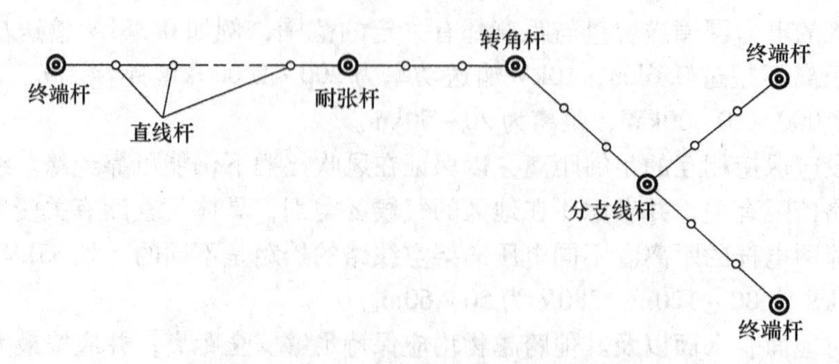

图 3－14　各种杆塔应用地点及其用途

各种电杆上的横担，目前多用70mm×70mm×6mm角钢制成，并根据线路电压以及杆型决定其长度。如10kV线路直线杆横担长为2.3～2.4m，低压横担长为1.5～1.7m。10kV大挡距耐张杆，如果用双杆组成的Ⅱ型杆，则应用两根4m长的铁横担夹固于两根电杆上。高压线路上常用的横担形式及支撑种类如图3－15和图3－16所示。

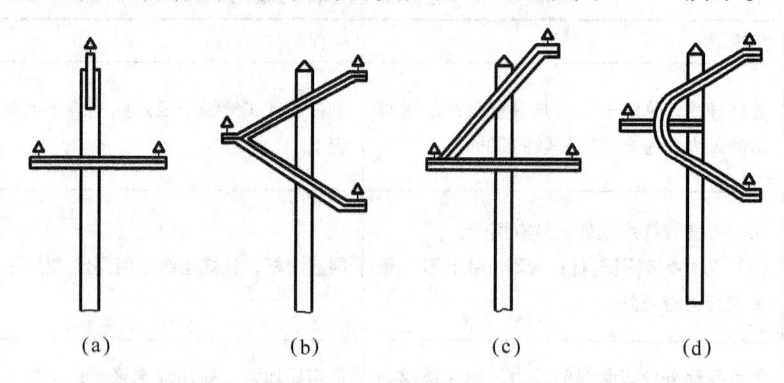

图 3－15　高压线路中常用的横担形式

（a）丁字形；（b）叉股形；（c）之字形（d）弓箭形

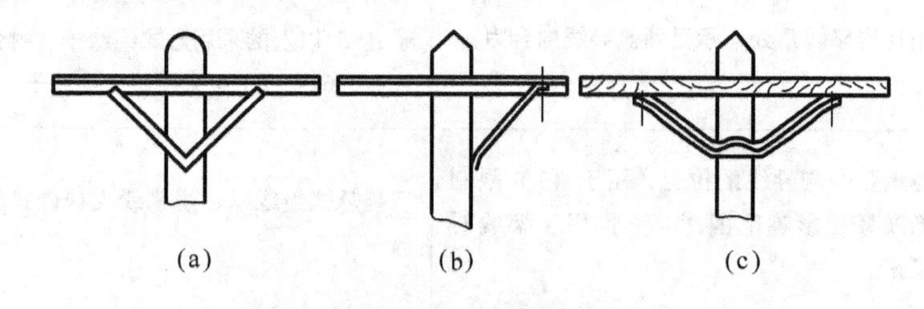

图 3－16　支撑种类

（a）扁形支撑；（b）元铁支撑；（c）三角铁元宝支撑

敷设导线用的瓷瓶，常用以下几种。

1kV以下的线路，用PD—1、PD1—1型低压针式瓷瓶。

6～10kV线路，用P—6、P—10M型高压针式瓷瓶。

10～35kV线路，用P—15M、P—35M型针式瓷瓶。

35kV以上的线路，用X—4.5悬式瓷瓶串。各种瓷瓶外形结构如图3－17所示。

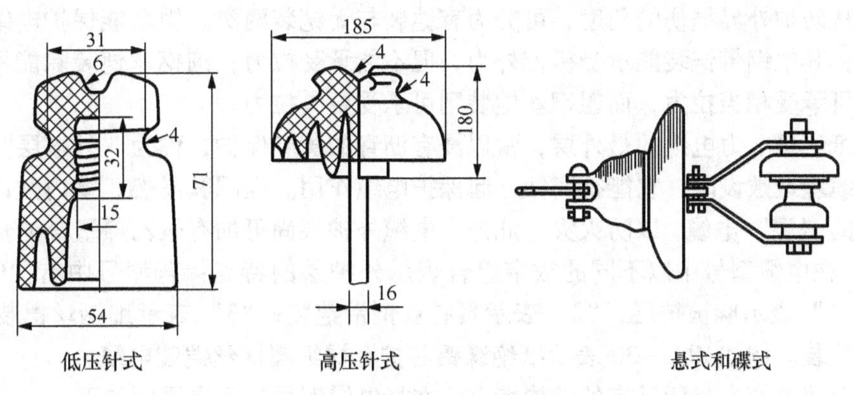

图3-17　各种绝缘瓷瓶的外形图

3. 架空线路设计

架空线路设计的内容包括确定路径、选定杆位、选择导线、确定杆型、绘制图纸、开列清单和做出预算等几项工作。

路径的选择应力求线路最短，并尽可能避免交叉跨越，避开污秽环境。选定杆位时，首先确定首端、末端电杆及转角杆位置，并在它们之间按适当挡距确定中间位置。若线路在跨越物上挡距中央但要保证对地距离。总之，应设法使线路与跨越物保持尽可能大的距离。

确定杆高，以规程要求的导线对地距离为基础，加上最高温度便得弧垂，得到横担对地高度，再加横担至杆顶的距离，便得到电杆在地面上部分的长度。电杆埋深约占电杆总高长度的1/6，按此比例求得电杆总长。

目前常用的离心式钢筋混凝土圆杆有下列几种规格，可根据需要选用。

（1）拔梢整杆：梢径 ϕ150mm，杆长分7m、8m、9m、10m等几种；梢径 ϕ190mm，杆长分10m、11m、12m、15m等几种。

（2）分段梢杆：上段梢径 ϕ190mm，段长分6m、9m等几种；下段梢径 ϕ310mm，段长分6m、9m等几种。

（3）等径杆：上段直径 ϕ300mm，段长分6m、9m等几种；下段直径：ϕ300mm，段长分6m、9m等几种。

二、厂区电缆线路

电缆线路虽然成本高、投资大，但它不受外界影响，运行可靠，在有腐蚀性气体和易燃、易爆场所，尤为适宜。

1. 电缆的选用

工业企业常用电缆，依其绝缘材料的不同，大致可分为油浸纸绝缘和塑料绝缘两大类。油浸纸绝缘电力电缆目前应用广泛，因为它耐压高，载流大，寿命长，但不能用于高低差距大的场合，以防浸渍的油下流。塑料绝缘电力电缆，以聚氯乙烯或交联聚乙烯为绝缘，并以聚氯乙烯制护套，能够节省大量铝或铅，而且重量轻，抗腐蚀，敷设时高低差距不受限制。但它耐压较低（聚氯乙烯绝缘可在6kV，利用交联聚乙烯作绝缘的电缆已有35kV产品），寿命稍短。此外，尚有橡胶绝缘电缆，与塑料绝缘电缆类似。

电缆从防护外界损伤的角度，可分为有铠装与无铠装两类。铠装能保护电缆免受机械外力损伤，其中钢带铠装能承受机械外力，但不能承受拉力；细钢丝铠装除能承受机械外力外，还可承受相当拉力，而粗钢丝铠装则可承受更大拉力。

油浸纸绝缘电力电缆的最外层，常以浸有沥青的黄麻保护，称为“外被层”。

在电缆埋地敷设时，它能抗腐蚀，起保护电缆作用。但因其易燃，室内敷设时应选用无外被层的“裸”电缆，以防火灾。此外，电缆外护层尚可加有聚乙烯塑料护套（如防腐型电缆）。在电缆型号中以不同的数字组合表示外护层的特点：若型号中有“0”表示无防护层；“1”表示麻被护层；“2”表示具有双钢带铠装；“3”表示细钢丝铠装；“5”表示粗钢丝铠装。例如 ZLL—30 表示纸绝缘铝芯护套裸细圆钢丝铠装电缆。

根据上述电缆本身所具有的结构特点，选择电缆型号的主要原则如下。

（1）电缆的额定电压应大于或等于所在网路的额定电压，电缆的最高工作电压不得超过其额定电压的 1.15%。

（2）电力电缆应尽量采用铝芯，只有需要移动时或在振动剧烈的场所才用铜芯电缆。

（3）敷设在电缆构筑物内的电缆宜用裸铠装电缆、裸铝（铅）包电缆或塑料护套电缆。

（4）直接埋地敷设的电缆应选用有外被层的铠装电缆，在无机械损伤可能的场所，也可采用聚氯乙烯护套或（铅）包麻被电缆。

（5）周围有腐蚀性介质的场所，应视介质情况，分别采用不同的电缆护套。在有腐蚀性的土壤中，一般不采用电缆直埋，否则应采用有特殊防腐层的防腐型电缆。

（6）垂直敷设及高低差距较大时，应选用不滴流电缆或全塑电缆。

（7）移动式机械应选用重型橡套电缆（如 YHC 型）；用以连接变压器瓦斯继电器、温度表的线路，应选用船用橡皮绝缘耐油橡套电缆（CHY 型）等有耐油能力的电缆。

2. 电缆的敷设

电缆的敷设方式如图 3－18 所示，其中电缆隧道敷设方式虽然对电缆的敷设、维护都很方便，但投资高，除电缆并行根数很多以外一般很少采用；电缆排管敷设方法，因为施工、检修困难，且散热差，除非在狭窄地段或与道路交叉处，一般也很少采用；至于悬挂在电缆吊架天花板接上的明敷，主要用在车间内部，而当楼板下电缆很多时，可设电缆夹层敷设。通常在工业企业中广泛采用的电缆敷设方式主要是电缆沟与直埋敷设两种。

电缆沟敷设，具有投资省、占地少、走向灵活，且能容纳很多电缆的特点，但检修维护不甚方便。电缆沟又可分为屋内电缆沟、屋外电缆沟和厂区电缆沟三种。电缆均沿沟壁支架敷设。

电缆直埋地下敷设施工简单，电缆散热好，但检修十分困难。由于它节省投资，除了并行根数太多或土壤中含酸碱物等场合外，厂区电缆主要是直埋敷设。

电缆敷设还应注意以下几点。

（1）油浸纸绝缘电缆的弯曲半径不得小于其外径的 15 倍，以免绝缘被撕裂。

（2）直埋电缆埋深不应小于 0.7m，四周应以细沙或软土埋培；电缆与建筑物最小距离不应小于 0.6m。

（3）高压电缆与各种管道净距离应不小于 0.5m，否则应穿管保护；与热力管的净距应不小于 2m，否则应加隔热层；与各种管道交叉或与铁路、公路交叉处，应穿管保护。

（4）电缆排管或电缆保护管的内径不应小于电缆外径的 1.5 倍。

（5）电缆金属外皮及金属电缆支架均应可靠接地。

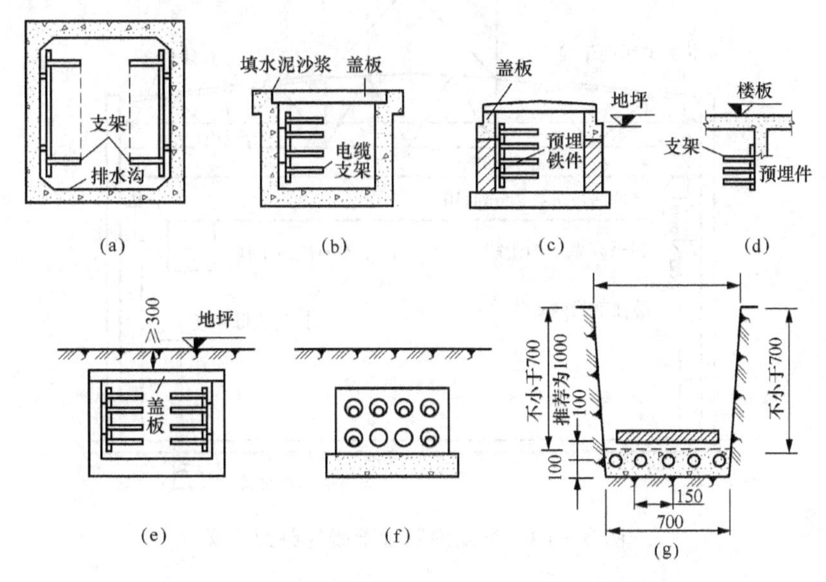

图 3－18　电缆各种敷设方式构筑物的结构示意

（a）电缆隧道；（b）户内电缆暗沟；（c）户外电缆暗沟

（d）电缆吊架；（e）厂区电缆暗沟；（f）电缆排管；（g）电缆直埋壕沟

三、车间低压线路

车间低压线路，有多种敷设方式，见图 3－19。如果环境条件允许，以采用裸导线或绝缘线沿屋架、楼板、梁架、柱子或墙壁明敷设较为简便经济。可以用瓷夹或瓷瓶固定，也可用钢索悬吊。如果周围含有腐蚀导线或破坏绝缘的气体或粉尘（如潮气、酸硼蒸汽、多尘环境），导线应尽可能装在建筑物外墙上，而车间内的导线则应避免与对导线绝缘有影响的墙壁或天花板接触，可以采用支架、挂钩或钢索悬挂等明敷设或穿管敷设。在周围环境既有腐蚀性介质又发生火灾或爆炸危险的厂房中，则应采用导线穿管暗敷设的线路。穿管暗敷设既能防止外界机械损伤，又比较美观。

1. 导线明敷设

用于明敷设的导线，可以是绝缘线，也可以是裸线。它们的相间距离，对地距离，均应满足规程规定，具体可查阅有关资料。例如，裸导线距地面的高度不得小于 3.5m，距管道不得小于 1m，距生产设备不得小于 1.5m，否则应加遮护。明敷设绝缘干线多采用铜铝母线，其固定点间距离由短路动稳定条件决定。绝缘导线在室外明敷设，其架设方法和在触电危险性方面与裸线同样看待。

2. 穿管敷设

导线穿管可明敷设，或埋入墙壁、地坪、楼板内暗敷设，所用保护管可以是钢管（电线管或焊接管）或塑料管（可耐腐蚀）。管径（内径）的选择应按穿入导线连同外包护层在内的总截面，不超过管子内孔截面 40% 确定，具体可查表。管线转弯时，弯曲半径不得小于管子直径的 6 倍，埋于混凝土基础内则不得小于 10 倍。在弯曲较多或路径较长时，应加中间接头盒，以便于穿线。

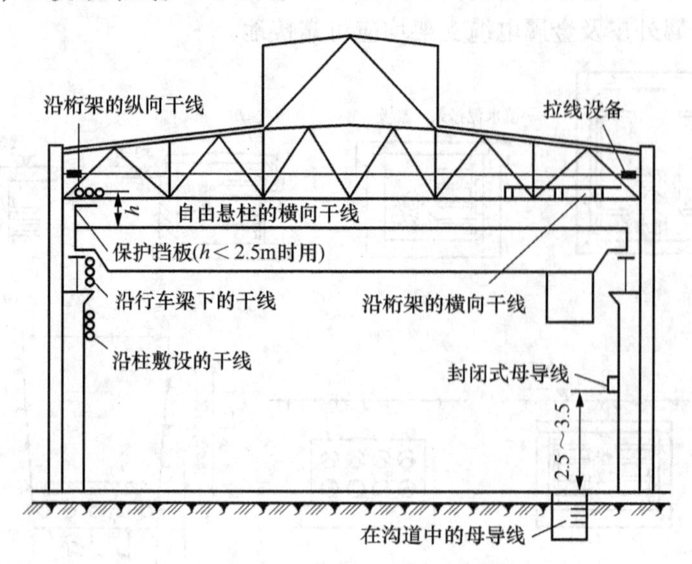

图 3－19　车间内敷设干线的典型位置

导线穿管时，应使三相线路的三根导线同穿一管，以避免铁管中产生涡流损失。同一电路的导线可穿同一根管，不同电路的导线一般应分别穿管，但在下列情况可例外。

（1）一台电动机的所有线路（主电路及其操作电路）。

（2）同一设备的多台电动机的线路。

（3）有连锁关系的电动机的全部线路。

（4）各设备的信号和测量线路。

（5）电压和照明方式相同的照明线路。

穿入管内的导线不得有接头，也不可弯曲，所有导线的接头均需在接线盒内连接。

【任务实施】

架空线路架设模拟施工和电缆敷设模拟施工报告见表 3－5。

表 3－5　架空线路架设和电缆敷设模拟施工报告

姓名		专业班级		学号	
任务内容及名称	架空线路架设模拟施工和电缆敷设模拟施工				
1. 任务实施目的： 掌握架空线路架设和电缆敷设模拟施工			2. 任务完成时间：4 学时		
3. 任务实施内容及方法步骤： （1）选择好要进行模拟施工的器材和工具。 （2）按照实施的步骤进行模拟施工。 （3）写出模拟实施时应注意的事项。					
4. 设计报告：					
指导教师评语（成绩）： 年　月　日					

【任务总结】

通过本任务的学习，让学生熟悉架空线路各种结构形式及组成，熟悉各种杆型的特点和应用，并会选用和安装各种杆型，同时学会电缆线路的正确安装。

任务5　工业企业变电所

【任务目标】

1. 熟悉电气主接线图中的符号表示。
2. 熟悉高压配电网接线特点。

【任务分析】

变配电所是接收、变换、分配电能的环节，是供电系统中极其重要的组成部分。它是由变压器、配电装置、保护级控制设备、测量仪表以及其他附属设施及有关建筑物组成的。工厂变电所分为总降压变电所和车间变电所。只能用来接收和分配电能，而不进行电压变换的称为配电所。在理解相关概念的基础上，要掌握各类成套高压配电装置的原理安装运行及维护。

【知识准备】

工业企业变电所的结构与布置，应该严格遵守技术规程，并借鉴大量工程经验，根据现有条件因地制宜地进行设计。

一、变配电所布置的总体要求

（1）便于运行维护和检修，值班室一般应尽量靠近高低压配电室，特别是靠近高压配电室，且有直通门或有走廊相通。

（2）运行要安全，变压器室的大门应向外开并避开露天仓库，以利于在紧急情况下人员出入和处理事故，门最好朝北开，不要朝西开，以防“西晒”。

（3）进出线方便，如果是架空线进线，则高压配电室宜于进线侧。户内变配电所的变压器一般宜靠近低压配电室。

（4）节约占地面积和建筑费用，当变配电所有低压配电室时，值班室可与其合并，但这时低压电屏的正面或侧面离墙不得小于3m。

（5）高压电力电容器组应装设在单独的高压电容器室内，该室一般临近高压配电室，两室之间砌防火墙。低压电力电容器柜装在低压配电室内。

（6）留有发展余地，且不妨碍车间和工厂的发展。

在确定变配电所的总体布置时，应因地制宜，合理设计，通过几个方案的技术经济比较，力求获得最优方案。

二、总降压变电所

总降压变电所一次侧进线电压，通常是35～110kV，其中一次设备多布置在户外，以节省大量土建费用。如果周围空气污浊或有腐蚀性气体，应加强绝缘，即35kV的设备使用60kV级的瓷瓶。在污染特别严重或者场地受到限制的条件下，经过技术经济比较，也可以建造户内式的总降压变电所。

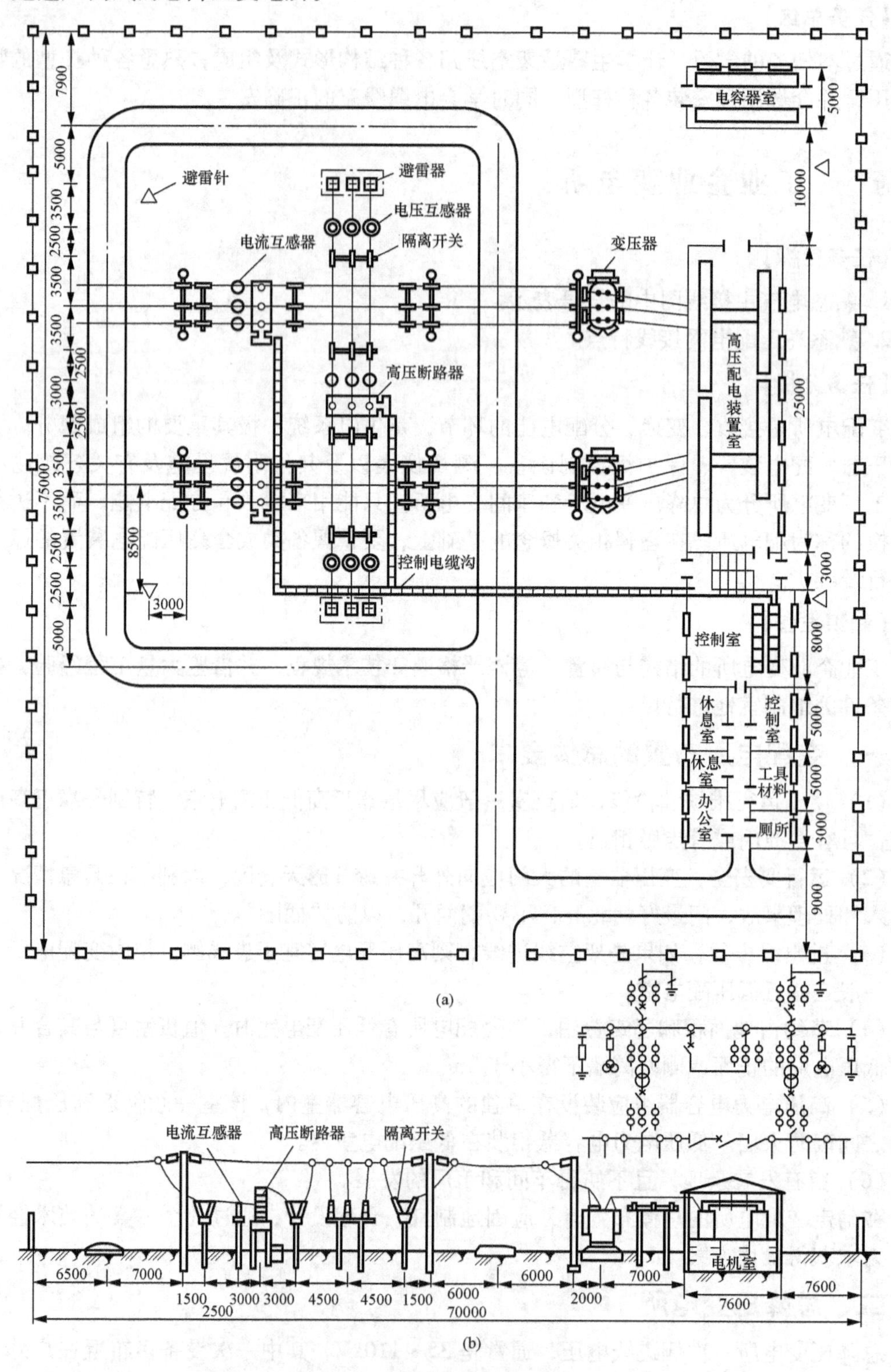

(a)

(b)

图 3－20　装有两台 SFL—16000/60 型变压器某总降压变电所布置示意

(a) 平面图；(b) 侧视图

图3-20为户外式总降压变电所布置示意，它装有两台FL—16000/60型油浸变压器，有两路架空进线，采用内桥式主接线。所有60kV的高压设备，均采用户外型设备，例如隔离开关为GW5型，断路器为SW2型。

主变压器安装在牢固的基础上，基础高出地面至少10cm，铺有铁轨，用以支撑变压器。另外，在基础厚度25cm以上的卵石或碎石，以防溢出的油浮在表面引起火灾。

至于少油断路器，则与隔离开关、电压互感器、电流互感器、避雷器等其他电气一样固定在支架上。支架下面有钢筋混凝土基础，如图3-20（b）所示。

连接各电气设备的屋外母线，一般采用铝绞线；而承受拉力较大的地方，采用钢芯铝绞线；电压互感器回路的支线，可采用钢绞线；在有腐蚀性气体的环境中，需采用铜绞线；导线的连接或分支，应采用螺丝连接、焊接、压接等方法，不能用锡焊或绑扎等方法。

屋外支持载流体的支柱有三种：木支柱、钢结构支柱和钢筋汞泥支柱。应用较多的是角钢构成的铁塔支柱和钢筋水泥支柱，制成门形或A形构架，并借助于悬垂式瓷瓶，悬挂导线。

为了便于搬运主要设备，在电气设备四周修有路面，而且在变压器与断路器之间，也应修有较宽（3m以上）的平整道路，以便安装和检修时搬运设备。对于大型变压器，尚应铺设铁轨。变电所的四周应修有围墙，围墙材料可就地取材。

所有电力电缆和控制电缆，都沿着配电设备基础所修筑的电缆沟或电缆隧道敷设，并通往高压装置室和控制室内。电缆沟或电缆隧道应能耐火，电缆沟上铺设水泥盖板，平时即作为巡视通道。

电气设备的布置及载流导体的架设，均应符合规程规定的安全距离，满足防火间距要求，并考虑维护检修的安全和方便。

户外式的总降压变电所主变压器副边6~10kV的配电设备以及回路设备，通常设置在室内。因此在变压器后边，建有高压配电装置室、控制室以及其他辅助房间，如图3-20（a）所示。此外根据需要有的还设有操作电源（蓄电池）室、所内用变压器室、静电电容器室等。

高压配电设备室内安装6~10kV配电设备，目前多用成套配电（高压开关柜）。高压开关柜在高压配电设备室内可靠墙呈单排或双排对面布置。图3-20所示为双排布置。高压开关柜也可以不靠墙呈单排或双排背靠背布置。无论是哪种布置方式，都必须在盘前留有一定距离，以便监视、维护和操作。

控制室内装有测量仪表盘、继电器盘、信号盘以及控制盘，值班人员在此控制室内监视盘面、操作运行。

采用蓄电池作为操作电源的变电所，尚应专设蓄电池室。此室应距值班控制室和配电装置室远些，以防硫酸气体危害人体及设备。在蓄电池室的外间，还应设有储酸小间，以储备硫酸和蒸馏水，充电机组和通风机等可放在蓄电池室的外间内。不过，当前多用可控硅代替充电机组。如果采用电容器储能式硅整流作为操作电源，或采用带镉镍蓄电池硅整流系统并装入控制盘内作为操作电源时，也可放在值班控制室内，无须专设操作电源室。

在总降压变电所内为供应所内低压交流用电，需要安装所内用变压器。如果所用变压器容量较大，应该专设所用变压器室；当容量小于30kV·A时，可装在专设的高压开关柜内，而无须另建所用变压器室。

根据需要，总降压变电所还可设置必要的辅助房间，如备品材料库、休息室、检修室、厕所等。

三、车间变电所

车间变电所直接向车间用电设备供电，应该力求靠近车间，深入负荷中心。按车间变电所与车间厂房之间的相对位置不同，可分为以下三种主要形式。

（1）单独式变电所。此种变电所独立于车间单独建造，距离负荷较远，建筑费用较高。除非因车间范围内有腐蚀和爆炸性气体，变电所需要和车间分开，一般不宜采用单独式变电所。

（2）附设式变电所。此种变电所紧靠车间厂房建造，有一面或两面墙共用。紧贴车间厂房内壁建造的变电所，称为“内附式”变电所；与厂房外墙毗连的车间变电所，称为“外附式”车间变电所，它比内附式变电所少占车间内面积。附设式变电所靠近负荷，且能节省建筑费用。

（3）车间内变电所。此种变电所建造于车间厂房之内，可分为室内型和成套型两类。室内型是将变压器等设备置于车间内特备的小间里；成套型的全部设备均装在由工厂预制的金属柜外壳内。车间内变电所可深入负荷中心，但占用车间内的面积。

除上述三种常见形式外，在个别情况下，还有将车间变电所置于地下室，置于车间内平台、屋架上的，以减少车间内占地面积。车间变电所，一般包括高压配电设备室、低压配电设备室、变压器室、静电电容器室、值班室等主要部分，有的房间也可简化或合并。此外根据需要也可设有休息室、仓库、厕所等辅助房间。

车间变电所一般为户内式，但变压器可放在户外，成为半露天式，这样可省去变压器室，且节约投资，但周围环境必须允许才有可能。

高压配电装置室用来安装成套配电设备高压开关柜，其布置方式和要求与总降压变电所中的高压配电装置相同。低压配电装置室用来安装低压配电装置设备，向车间内各低压用电设备配电，由于车间内用电设备负荷分散，除大容量的设备由低压配电装置室直接引出配电线路外，一般均由低压配电装置室引出配电线送到各配电箱，再由配电箱向各用电设备配电。目前低压配电装置已成套化，可以按要求订货，然后安装使用。

高压、低压配电装置室建筑物防火等级均有一定要求：高压配电装置室应不小于二级；低压留有配电装置室则不低于三级。另外，当高压配电装置室长度超过 7m，低压配电室长度超过 8m 时，在配电装置室的两端分别设两个门，并应向外开。

高低压配电装置室的建筑面积，由高压开关柜、低压配电平的数量决定。当高压开关柜数量很少，不足 4 台时，可以不设高压配电装置室，而将高压开关柜置于低压配电装置室，但应保持足够距离（如高压开关柜与低压配电平单列布置时，相距在 2m 以上）。

静电电容室用来安装高压无功补偿电容器，以提高功率因数。高压静电电容室常与高压配电装置室靠近，中间间隔为防火墙。至于低压无功补偿电容器，可以采用成套组装的系统移相电容器柜安装在低压配电装置室中。

值班室应靠近高、低压配电装置室，以便维护、运行、操作。值班室应有良好采光，门向外开，但通往高、低压配电装置室的门则例外。小型变电所值班室与低压配电装置室可合并。

变压器室是安装变压器的专用房间，属一级防火等级，并且每台三相电力变压器，必须安装在单独的变压器室内。变压器的推进方向可分为宽面推进和窄面推进两种；变压器室地坪，分为抬高与不抬高两种。抬高地坪能改善变压器通风散热条件，但建筑费用较高，因此，当变压器容量在630kV·A以下时，变压器室地坪可不抬高。

变压器室常与低压配电装置室毗连，变压器的低压母线穿过隔墙进入低压配电装置室。因此，低压配电装置室高度要与变压器室相配合。例如低压配电装置室与抬高地坪的变压器室相邻，低压配电装置室高度不应小于4m，与不抬高的变压器室相邻，低压配电装置室高度不少于3.5m。

如果环境条件允许，也可以将变压器露天安装，省却变压器室，至于容量不大于320kV·A的小型变压器，还可以装在离地面2.5m高的电杆上，以跌落式熔断器保护，简化为杆上变电台。

四、成套高压配电装置

根据电气主接线的要求，用来接收和分配电能的设备称为配电装置。它主要包括控制电器、保护电器和测量电器三部分。

配电装置的形式与电气主接线、周围环境等因素有关。一般情况下，35kV以上电压等级的配电装置采用户外配电装置；10kV以下电压等级的配电装置采用户内式成套配电装置。成套配电装置是根据电气主接线的要求，针对工作环境、控制对象的特点，将断路器、隔离开关、互感器、测量仪器等设备按一定的顺序装配在金属柜内，成为一个独立单元，作接收、分配电能用。

1. 成套高压配电装置的特点

（1）成套高压配电装置有钢板外壳保护，电气设备不易落灰尘，因此便于维护。

（2）成套高压配电装置在工厂进行成批生产，实现了系列化、标准化，易于用户维护更换部件。

（3）由于高压开关、互感器、测量仪表等设备已在成套高压配电装置中安装完毕，在配电室内只剩外部线路连接，从而使变配电所的安装周期缩短。

（4）便于运输。

2. 成套高压配电装置的分类

（1）按电气元件的固定形式分，成套高压配电装置可分为固定式、活动式和手车式。固定式的全部电器均装配在柜内，母线装在柜顶，操作手柄装在开关板的前面。手车式柜的断路器连同操作机构装在可从柜内拖出的手车上，便于检修。断路器在柜内经插入式触头与固定在柜内的电路连接。活动式高压开关柜是固定式到手车式的一种过渡形式，其主要设备——断路器及操作机构——为活动的。需检修时，将公用小车推到柜前，再将断路器部分从柜内拉到检修小车上，送到维修场地检修。

（2）按柜体的结构分，成套高压配电装置可分为开启式和封闭式。开启式开关柜高压电线外露，柜内各元件也不隔开，其结构简单，造价低；封闭式的开关柜母线、电缆头、断路器和测量仪表等均用小间隔开，比开启式安全可靠，适用于要求较高的用户。

3. 高压开关柜

高压开关柜是针对不同用途的接线方案，将所需的一、二次设备组合起来的一种高压成套配电装置。它应用在工矿企业的变配电所中，主要由母线和母线隔离开关、断路器及其操作机构、隔离开关及其操作机构、电流互感器及电压互感器、电力电缆及控制电缆、仪表、继电保护和操作设备等组成。

使用时，可按设计的主接线方案，选用所需的高压开关柜组合起来，便构成成套配电装置。

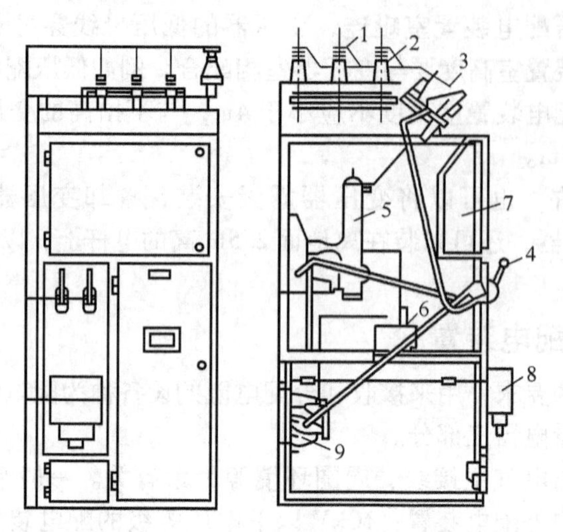

图 3－21　GG—1A 型高压开关柜的剖面示意
1—母线；2—母线绝缘子；3—母线隔离开关；4—隔离开关操作机构；
5—SM/0 型少油断路器；6—互感器；7—仪表箱；
8—断路器操作机构；9—出线隔离开关

（1）固定式高压开关柜。固定式高压开关柜是我国早期生产的老式柜，由于构造简单、成本低，现在很多用户仍在使用。固定式高压开关柜有 GG—1A、GG—10 型和 GG—15 型。

①GG—1A 型高压开关柜。图 3－21 是 GG—1A 型高压开关柜（架空出线柜）的剖面示意。它为敞开式，外壳和支架由角钢和钢板焊接而成。内部由隔板分成上、下两部分，上部装有高压少油断路器，继电器箱和操作传动系统；下部装有下隔离开关和出线穿墙套管，电流互感器和接线穿墙套管装在隔板上。当出线有反送电时，只需断开下隔离开关，工作人员便可安全地进入上部进行检修。柜顶装有母线和母线隔离开关。开关柜正面右侧有上、下两扇镶有玻璃的钢门，平时可进行观察内部设备运行情况。检修时，维修人员可以由此进入柜内检修设备。开关柜正面左侧上部有一扇钢门，钢门上装有电流表，门内是一个金属箱，内部装有继电器和测量仪表。由于开关柜与柜内隔离，保证了二次回路不受一次回路故障的影响。开关柜正面左侧下部是手动操作手柄。柜内装有照明设备。

为保证高压隔离开关不带负荷操作，在开关柜上安装了机械或电磁连锁装置，以确保高压隔离开关只有在高压断路器断开的情况下才能够操作。机械连锁原理如图 3－22 所示。

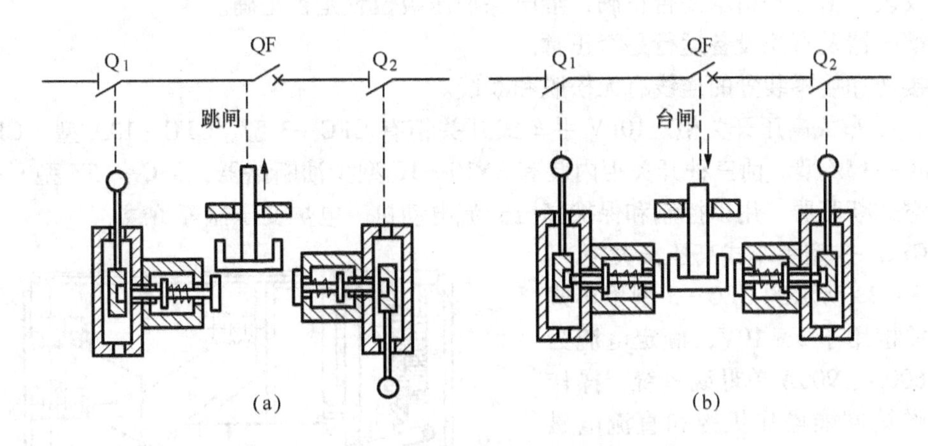

图 3－22　机械连锁机构原理示意

（a）高压断路器处在分闸状态时；（b）高压断路器处在合闸的位置时

图 3－22（a）是高压断路器处在分闸状态时的情况。这时断路器传动机构联动的挡板离开了隔离开关操作手柄的弹簧销钉，销钉被弹簧拉出销孔，隔离开关可以开合。

图 3－22（b）是高压断路器处在合闸的位置时的情况。这时挡板挡住了弹簧销钉，销钉伸进销孔内，使隔离开关无法操作，从而防止了高压隔离开关带负荷操作。

电磁连锁装置则是利用高压断路器的辅助接点控制电磁锁的弹簧销钉，保证只有在高压断路器分闸时，隔离开关才能开合。

GG—1A 型高压开关柜虽属淘汰型产品，但是由于构造简单，成本低，适合要求较高的变配电所使用，所以部分厂家仍保留生产。由于柜内元件易进行改革，即可用 SN10 型少油断路器取代 SN2 型，其他元件也以新代旧，因此提高了设备性能。新研制的 GG—10 型和 GG—15 型高压开关柜是 GG—1A 型的改进产品。它的主体结构和 GG—1A 型相同，但外形尺寸较小，正面板的布置也有区别。

②GG—1A 型高压开关柜的运行和维护。高压开关柜在检修后或投入运行前应进行各项检查和实验，试验项目应根据有关实验规定进行。

运行前的检查项目如下。

①瓷瓶、绝缘套管、穿墙套管等绝缘物是否清洁，有无破损及放电痕迹。

②检查母线连接处接触是否良好，支架是否坚固。

③断路器和隔离开关的机械连锁是否灵活可靠。如是电磁连锁装置，需通电检查电磁连锁动作是否准确。

④检查少油断路器和隔离开关的各部分触头接触是否良好，三相接触的先后是否符合要求，传动装置内电磁铁在规定电压内的动作情况，合分闸回路的绝缘电阻，合分闸时间是否符合规定。

运行中的检查项目如下。

①母线和各接点是否有过热现象，示温蜡片是否熔化。

②充油设备的油位、油色是否正常，有无渗漏现象。

③开关柜中各电气元件有无异常气味和声响。

④仪表、信号等指示是否正确，继电保护压板位置是否正确。

⑤继电器及直流设备运行是否正常。

⑥接地和接零装置的连线有无松脱和断线。

（2）手车式高压开关柜。10kV 手车式开关柜有 GFC—3 型、GFC—10A 型、GFC—15 型和 GFC—15Z 型。前三种开关柜内装有 SN10—10 型少油断路器，GFC—15Z 型开关柜应用了真空式断路器，用以控制和保护高压交流电动机、电炉变压器等负载。

①GFC—3 型手车式高压开关柜。

图 3－23 所示的 GFC—3 型手车式高压开关柜用于 3～10V，额定电流为 400A、600A、900A 单母线系统。操作机构分弹簧储能操作机构和直流电磁操作机构两种。

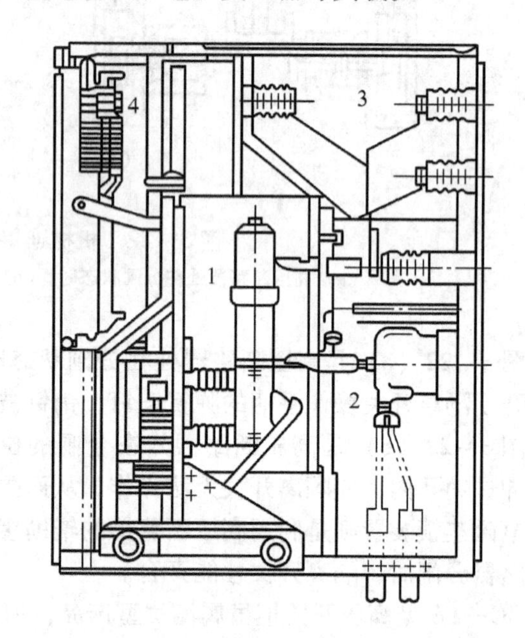

图 3－23　GFC—3 型高压开关柜（出线断路器柜）

1—手车室；2—电流互感器；3—主母线；4—小母线室

开关柜的固定本体用薄钢板或绝缘板分成手车室、主母线室、电流互感器室和小母线室四个部分，并附装一块可以取出柜外的继电器板。固定的主体通过一次隔离触头接通手车的一次线路，通过二次触头接通手车和继电器板的二次线路。

a. 手车室（图 3－24）。少油断路器和操作机构装在手车上，断路器通过两组插头式隔离开关分别接到母线和电缆出线上，操作系统的控制电缆由插销引入小车。正常运行时，将手车推到规定位置后，断路器可合闸操作；检修时将断路器断开后再把手车拉出柜外。小车拉出时，具有隔离作用的金属帘自动落下，将隔离开关插座封闭，工作人员在小车室内工作非常安全。手车上装有机械连锁装置，以防止误操作。它保证只有在断路器分闸时小车才能推进拉出，断路器合闸时小车不能推进拉出。

b. 电流互感器室。在此小间内装有电流互感器，为测量装置和自动脱扣装置提供信号，还装有出线隔离开关插座和电缆头等。

c. 主母线室。在此小间内装有母线和母线隔离开关插座。三相母线采用三角形布置，减少了开关柜的高度和深度。主母线室用钢板封闭减少了其他部分的影响。

d. 小母线室。此间隔内装有小母线、端子排和继电器等。

GFC—10A、GFC—15 型手车式高压开关柜是在 GFC—3 型基础上研制的开关柜。其外形尺寸略大于前者，内部结构更加合理。例如，继电器安装在摇门式继电器屏上，检修也比 GFC—3 型方便。

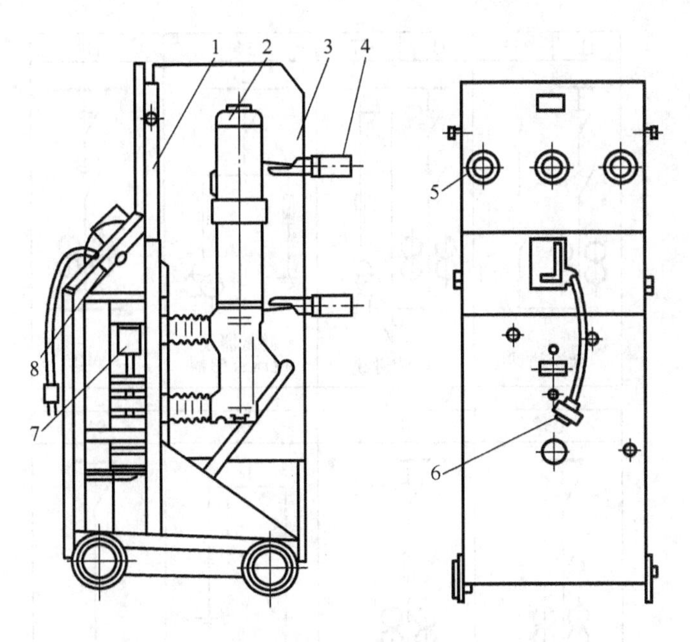

图 3－24　断路器手车

1—手车结构；2—断路器；3—相间隔板；4——次动触头；5—视窗；6—二次插销；7—操作机构；8—推进机构

②手车式高压开关柜的运行和维护。GFC 型高压开关柜应定期清扫和检查，项目如下：

a. 小车在柜外时，用手来回推动触头，触头的移动应灵活。

b. 在工作位置时，锁扣装置应准确扣住推进机构的操作杆，动静触头的底面间隔应为（15±3）mm，如图 3－25 所示。

并检查同类小车的互换性。

c. 在工作位置时，动、静触头接触电阻应小于 100μΩ，接地触头的接触电阻应小于 100μΩ。

d. 将小车固定在工作位置，用操作棒将断路器合闸，将推进机构的操作杆向上提起，使断路器跳闸，然后再移动小车，操作过程要无卡劲。

e. 当断路器检修后需要进行试验时，先把小车推到工作位置固定，使二次隔离触头完全闭合，然后从工作位置退到实验位置，即可对断路器进行试验。

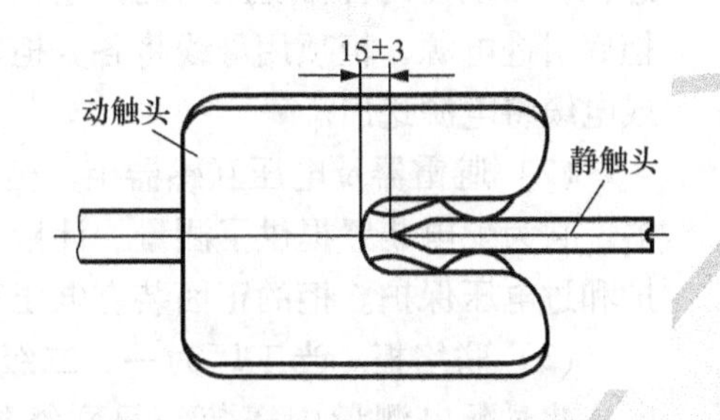

图 3－25　一次隔离触头示意

4. 高压开关柜的一次线路方案图

成套高压配电装置的出现，为工厂的变配电所安装带来了很大方便，由于其具有良好的电气特性和绝缘性能，满足了技术先进、运行可靠、维护方便的要求。根据一次线路和二次线路的要求，工厂生产了多种功能的高压开关柜。图 3－26 列出了常用的 GG—10 型高压开关柜一次线路序号及方案图例。

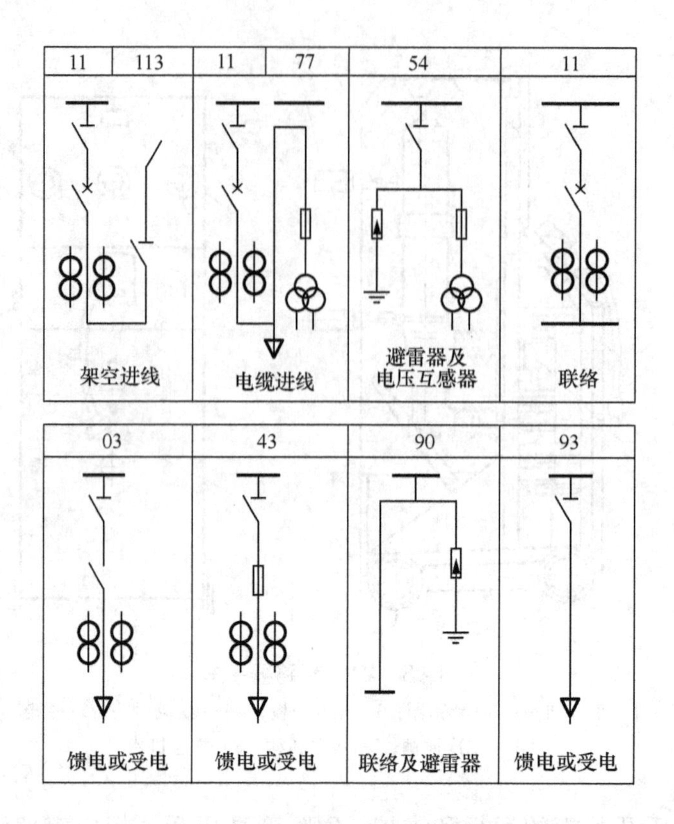

图 3 -26　常用的 GG—10 型高压开关柜一次线路序号及方案图例

（1）受电柜和馈电柜。接收电能的高压开关柜称为受电柜或进线柜。它将 10kV 配电网的电源经电缆或母线引进高压开关柜内，使配电装置的母线与外部电源连接。在配电装置中，将 10kV 电源送到配电变压器上的高压开关柜称为馈电柜。有的用户也将受电柜叫总柜，而把控制各台变压器的馈电柜叫分柜。进线方式一般采用架空进线或电缆进线，由柜底引进电源，柜顶用母线将各分柜连成一个系统。出线的方式采用柜底引出，用架空线或电缆将电源送出。

（2）避雷器及电压互感器柜。柜顶装有隔离开关，柜内装一只电压互感器和一组避雷器。它为配电装置提供了测量、计量、保护装置所需的电源，也为配电装置提供了防雷保护和过电压保护。柜的正面装有电压表。

（3）联络柜。当工厂为一、二级负荷时，变配电所由两个独立的电源或两段母线供电，此时配电测量中需装一只联络柜，它保证在主电源停电时，将备用电源接进配电装置。

【任务实施】

绘制变配电所的设计图的设计报告见表 3 -6。

表3－6　绘制变配电所的布置图的设计报告

姓名		专业班级		学号	
任务内容及名称	绘制变配电所的布置图				
1. 任务实施目的： 掌握变配电所的布置图的绘制			2. 任务完成时间：4学时		
3. 任务实施内容及方法步骤： （1）选择某一变配电所，清楚变配电所布置的总体要求 （2）按照要求绘制变配电所的布置图					
4. 设计报告：					
指导教师评语（成绩）： 年　月　日					

【任务总结】

本任务的学习，让学生掌握变配电所的总体布置要求，理解总降压变电所和车间变电所的基本知识，并学会选择合适的成套高低压配电装置，以及安装、调试、运行及维护。

【项目评价】

根据选择及校验分析进行综合评议，并填写成绩评议（见表3－7）。

表3－7　成绩评议表

评定人/任务	操作评议	等级	评定签名
自评			
同学互评			
教师评价			
综合评定等级			

思考题

1. 试述电力负荷的分级及其对供电的要求。
2. 试述厂区供电和车间供电的供电网路接线方式的种类及其特点。
3. 变电所主接线有哪些主要类型？如何合理选用？
4. 试述架空线路和电缆线路的结构、敷设方法及其对它们的要求。
5. 试述变配电所布置的总体要求。

习　题

3－1 以图3－6为例，说明干线某处发生故障短路时的操作过程？

3－2 以图3－12（b）为例，说明当变压器T_2发生故障时的操作过程？

3－3 在图3－12双母线接线系统中，有一引出线的高压断路器触头发生了焊接，要想使引出线停电检修，应如何操作？

项目四

负荷计算与无功功率补偿

【项目需求】

负荷计算就是要确定负荷值的大小，负荷计算是正确选择供配电系统中导线、电缆、开关电气、变压器等的基础，也是保障供配电系统安全、可靠地运行的必不可少的环节。

【项目工作场景】

本项目内容包括负荷曲线与计算负荷、计算负荷的确定、供电系统的功率损耗与功率因数的提高和全厂负荷计算实例四个任务。

【方案设计】

首先介绍工厂电力负荷曲线及其他有关概念，然后重点讲述计算负荷的计算方法，接着讲述功率损耗和无功功率补偿，最后介绍工厂计算负荷的确定。

【相关知识和技能方案设计】

1. 负荷曲线与计算负荷。
2. 用电设备的工作制及设备容量的确定。
3. 需要系数法确定计算负荷。
4. 单相用电设备计算负荷确定。
5. 供电系统的功率损耗计算。
6. 功率因数与无功功率补偿。

任务1　负荷曲线与计算负荷

【任务目标】

1. 学会绘制负荷曲线。
2. 知道计算负荷及其意义。

【任务分析】

计算负荷，是通过统计计算求出的、用来按发热条件选择供配电系统中各元件的负荷值。由于导体通过电流达到稳定温升的时间为（3～4）τ（τ 为发热时间常数）。而截面在 $16mm^2$ 以上的导体的 τ 均在 10min 以上，也就是载流导体大约经 30 min 后可达到稳定的温升值，因此通常取半小时平均最大负荷作为“计算负荷”。

【知识准备】

一、负荷曲线

1. 负荷曲线的绘制及其类型

所谓负荷是指用电设备和线路中通过的电流或功率。工厂里用电设备的工作状态有轻有重、时通时断，它们的负荷总是时大时小地变化着。我们把电力负荷随时间变化情况的图形称为负荷曲线。画在直角坐标上纵坐标表示负荷，横坐标表示对应于负荷变化的时间。

负荷曲线按所反映的对象不同可分为全厂的、车间的或某类设备的负荷曲线；按负荷性质可分为有功负荷曲线和无功负荷曲线；按所表示的时间可分为日负荷曲线和年负荷曲线。

日负荷曲线表示一日 24h 内负荷变化的情况，根据变电所中的有功功率表用测量的方法绘制。为便于计算，日负荷曲线多绘成梯形，横坐标一般按半小时分格，如图 4－1 所示。

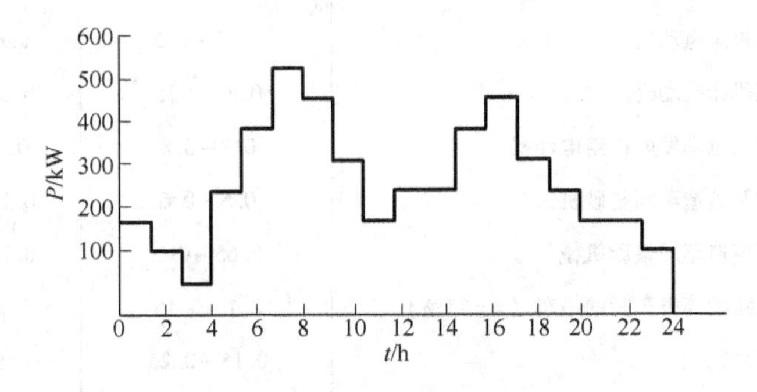

图 4－1　日有功负荷曲线

工厂的年负荷曲线分为两种，一种是把一年中用电负荷按值由大到小，依次从左向右排列，并按照各负荷持续时间绘出阶梯形年负荷曲线。这种年负荷曲线反映了工厂全年负荷变动与负荷持续时间的关系，称为年负荷持续时间曲线。

另一种年负荷曲线，是按全年每日最大负荷绘制的。横坐标依次以全年 12 个月份的日期来分格，称为年每日最大负荷曲线。

绘制负荷曲线是比较费时和困难的，在工程中一般不直接绘制年负荷曲线，而常根据典型负荷曲线得到特性参数并进行理论计算。

2. 与负荷曲线有关的特性参数

（1）年最大负荷 P_{max}。年最大负荷是指全年中负荷最大的工作班内（为防止偶然性，这样的工作班至少要在负荷最大的月份出现 2～3 次）30min 平均功率的最大值，因此年最大负荷有时候也称 30min 最大负荷 P_{30}。无功最大负荷记作 Q_{max} 或 Q_{30}。

（2）平均负荷。电力负荷在一定时间内消耗的功率的平均值称为平均负荷，记作 P_{av}。如一定时间 t 内消耗的电能与时间 t 的比值为该段时间 t 的平均负荷，即

$$P_{av} = \frac{\int_0^t P\mathrm{d}t}{t} \tag{4-1}$$

如年平均负荷为

$$P_{av} = \frac{\int_0^{8\,760} P\mathrm{d}t}{8\,760}$$

（3）需要系数 K_d。用电设备组有功最大负荷 P_{max} 与该组用电设备容量的总和 $P_{e\Sigma}$ 之比，称为该用电设备组的需用系数，即

$$K_d = \frac{P_{max}}{P_{e\Sigma}} \tag{4-2}$$

需要系数与用电设备组的工作性质、设备台数、设备效率和线路损耗等因素有关。各种用电设备组的需要系数如表 4－1 所示。

表 4－1　用电设备的 K_d、cos φ 及 tan φ

用电设备组名称	K_d	cos φ	tan φ
小批生产的金属冷加工机床电动机	0.16～0.2	0.5	1.73
大批生产的金属冷加工机床电动机	0.18～0.25	0.5	1.73
小批生产的金属热加工机床电动机	0.25～0.3	0.6	1.33
大批生产的金属热加工机床电动机	0.3～0.35	0.65	1.17
通风机、水泵、空压机及电动发电机组电动机	0.7～0.8	0.8	0.75
非连锁的连续运输机械及铸造车间整砂机械	0.5～0.6	0.75	0.88
连锁的连续运输机械及铸造车间整砂机械	0.65～0.7	0.75	0.88
锅炉房和机加、机修、装配等类车间的吊车（ε＝25%）	0.1～0.15	0.5	1.73
铸造车间的吊车（ε＝25%）	0.15～0.25	0.5	1.73
自动连续装料的电阻炉设备	0.75～0.8	0.95	0.33
实验室用的小型电热设备（电阻炉、干燥箱等）	0.7	1.0	0
工频感应电炉（未带无功补偿装置）	0.8	0.35	2.67
高频感应电炉（未带无功补偿装置）	0.8	0.6	1.33
电弧熔炉	0.9	0.87	0.57
点焊机、缝焊机	0.35	0.6	1.33
对焊机、铆钉加热机	0.35	0.7	1.02
自动弧焊变压器	0.5	0.4	2.29
单头手动弧焊变压器	0.35	0.35	2.68
多头手动弧焊变压器	0.4	0.35	2.68
单头弧焊电动发电机组	0.35	0.6	1.33
多头弧焊电动发电机组	0.7	0.75	0.88
生产厂房及办公室、阅览室、实验室照明	0.8～1	1.0	0
变配电所、仓库照明	0.5～0.7	1.0	0
宿舍（生活区）照明	0.6～0.8	1.0	0
室外照明、事故照明	1	1.0	0

(4) 年最大负荷利用小时 T_{max}。年最大负荷利用小时是一个假想时间，在此时间内，电力负荷按最大负荷 P_{max} 持续运行所消耗的电能等于该电力负荷全年实际消耗的电能，如图 4－2 所示。

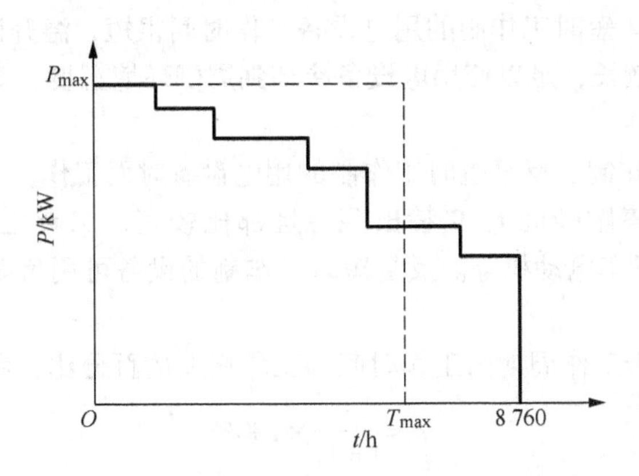

图 4－2　年最大负荷和年最大负荷利用小时

以年最大负荷 P_{max} 为高、以年最大负荷利用小时 T_{max} 为宽的矩形面积，恰好等于年负荷曲线下面的面积，即全年实际消耗电能 $\int_0^{8\,760} P\mathrm{d}t$。因此年最大负荷利用小时

$$T_{max} = \frac{\int_0^{8\,760} P\mathrm{d}t}{P_{max}} \tag{4-3}$$

年最大负荷利用小时是反映电力负荷特征的一个重要参数，它与负荷曲线的平稳程度有关。例如三班制工厂负荷曲线较平稳，则 T_{max} 为 5 000 ~ 7 000 h；两班制工厂 T_{max} 为 3 500 ~ 4 500 h；一班制工厂，T_{max} 为 1 800 ~ 2 500h。年最大负荷利用小时越大，说明发电与供电设备利用率越高。

二、计算负荷

通过负荷的统计计算求出的、用来按发热条件选择电气设备和导线的负荷值，称为计算负荷。

从发热角度看，截面在 16mm² 以上，达到稳定温升的时间大约为 $3 \times 10 = 30$ min，因此计算负荷实际上与负荷曲线上半小时最大负荷 P_{max} 是基本相当的，所以半小时最大负荷可选定为计算负荷，用 P_{ca}（Q_{ca}、S_{ca}、I_{ca}）或 P_{30}（Q_{30}、S_{30}、I_{30}）表示。

计算负荷是供电设计计算的基本依据。求得计算负荷的过程，就是负荷计算。其目的在于在供电系统设计中，经济合理地选择变压器容量、各种电气设备型号规格及线路导线、电缆截面等，以便实现安全可靠的供电。

三、用电设备的工作制及其设备容量的确定

1. 用电设备的工作制

工厂的用电设备其工作制可分为长期工作制、短时工作制和反复短时工作制三类。不同工作制的用电设备，其工作情况不相同，引起的温升也不一样。在负荷计算时，要确定

其设备容量，必须将各种用电设备就工作制加以分类。

（1）长期工作制。长期工作制的用电设备运行时间连续且较长，负荷比较稳定，其温升足可以达到稳定温升，如通风机、水泵、空气压缩机、搅拌机、电炉和照明灯等。

（2）短时工作制。短时工作制的用电设备工作时间很短，温升尚未达到稳定值就已停止，而停歇时间相对较长，足以使用电设备冷却到周围环境温度，如机床上的某些辅助电动机等。

（3）反复短时工作制。反复短时工作制的用电设备时而工作，时而停歇，如此反复运行，其工作时间 t 与停歇叶间 t_0 交替出现，且都比较短，二者之和即工作周期不超过 10 min，如电焊机和吊车电动机等。反复短时工作制的设备可用负载持续率来表征其工作性质。

负载持续率为一个工作周期内工作时间与工作周期的百分比，用 ε 表示，为

$$\varepsilon=\frac{t}{t+t_0}\times 100\%$$

我国规定标准负载持续率有 15%、25%、40% 和 60% 四种。反复短时工作制用电设备的容量，都是对应某一标准负载持续率给出的。

2. 用电设备容量的确定

在每台用电设备的铭牌上都有“额定功率 P_N”，由于用电设备的额定工作方式不同，不能简单地将铭牌上规定的额定功率直接相加，必须将其换算为同一工作制下的额定功率，然后才能相加。经过换算至统一规定的工作制下的“额定功率”称为“设备额定容量”，用 P_e 表示。确定各种用电设备的设备容量 P_e 的方法如下。

（1）长期工作制和短时工作制的用电设备，设备容量就是铭牌额定功率，即

$$P_e=P_N \tag{4-4}$$

（2）反复短时工作制的电动机，额定功率应统一换算到负载持续率 ε 为 25% 的设备容量 P_e。具体换算关系为

$$P_e = P_N\sqrt{\frac{\varepsilon_N}{\varepsilon_{25\%}}} = 2P_N\sqrt{\varepsilon_N} \tag{4-5}$$

式中，P_e——换算到 $\varepsilon=25\%$ 时电动机的设备容量（kW）；

ε_N——额定负载持续率；

$\varepsilon_{25\%}$——换算的负载持续率，即 $\varepsilon=25\%$。

（3）电焊机及电焊变压器的设备容量，是将额定容量换算到负载持续率 $\varepsilon=100\%$ 时的有功功率，其换算关系为

$$P_e = \sqrt{\frac{\varepsilon_N}{\varepsilon_{100\%}}}P_N = \sqrt{\varepsilon_N}S_N\cos\varphi \tag{4-6}$$

式中，S_N—电焊机的额定容量（kV·A）；

$\cos\varphi$—功率因数。

（4）电炉变压器的设备容量是指额定功率因数时的有功功率，即

$$P_e = P_N = S_N\cos\varphi \tag{4-7}$$

式中，S_N——电炉变压器的额定容量（kV·A）。

（5）照明设备的额定容量。

①白炽灯、碘钨灯的设备容量为灯泡额定功率。

②荧光灯还要考虑镇流器中的功率损失，其设备容量应为灯管额定功率的1.2倍。

③高压水银荧光灯也要考虑镇流器中的功率损失，设备容量应为灯泡额定功率的1.1倍。

④金属卤化物灯采用镇流器时也要考虑镇流器中的功率损失，其设备容量应为灯泡额定功率的1.1倍。

（6）不对称单相负荷的设备容量。当有多台单相用电设备时，应将它们均匀地接到三相上，力求减少三相负载不对称情况。设计规程规定，在设计范围内，单相用电设备的总容量如不超过三相用电设备总容量的15%时，可按三相对称分配考虑，如单相用电设备不对称容量大于三相用电设备总容量的15%时，则设备容量P_e应按3倍最大相负荷的原则进行换算。

当单相设备接在相电压，设备容量P_e的计算式为：

$$P_e = 3P_{em\varphi}$$

式中，P_e——等效三相设备容量；

$P_{em\varphi}$——最大负荷所接的单项设备容量。

单相设备接于线电压时，

$$P_e = \sqrt{3}P_{e.1}$$

式中，$P_{e.1}$——接于同一线电压的单相设备容量。

【任务实施】

校工厂的日有功负荷曲线的绘制见表4-2。

表4-2　校工厂的日有功负荷曲线的绘制

姓名		专业班级		学号	
任务内容及名称	绘制校工厂的日有功负荷曲线				
1. 任务实施目的： 学会绘制负荷曲线			2. 任务完成时间：2学时		
3. 任务实施内容及方法步骤： 绘制校工厂的日有功负荷曲线					
4. 选择及校验分析：					
指导教师评语（成绩）： 年　月　日					

【任务总结】

本任务介绍了负荷曲线的基本概念、类别及有关参数，讲述了用电设备的设备容量的确定方法。通过本任务的学习，能够确定用电设备的设备容量。

任务2　计算负荷的确定

【任务目标】

1. 学会用需要系数法确定计算负荷。
2. 学会单相用电设备组的计算负荷的计算。

【任务分析】

用电设备的铭牌上标有额定功率，要统计车间或工厂的总负荷并不是把各用电设备的额定功率直接相加，这是由于各用电设备并不一定同时工作，所以要按需要系数法确定总负荷。

【知识准备】

一、单台用电设备计算负荷的确定

对长期连续工作的单台用电设备，其设备容量就是计算负荷。其计算负荷和计算电流按下式计算：

$$P_{ca} = \frac{P_e}{\eta} \tag{4-8}$$

$$Q_{ca} = P_{ca}\tan\varphi \tag{4-9}$$

$$S_{ca} = \sqrt{P_{ca}^2 + Q_{ca}^2} \tag{4-10}$$

$$I_{ca} = \frac{S_{ca}}{\sqrt{3}U_e} \tag{4-11}$$

式中，P_e——单台用电设备的设备容量（kW）；

η——单台用电设备在额定负荷下的效率；

$\tan\varphi$——单台用电设备功率因数角的正切值；

U_e——单台用电设备额定电压（kV）。

［例4－1］某车间一台380 V电动机，额定容量为63.5 kW（$\varepsilon=40\%$），$\eta=0.8$，$\cos\varphi=0.5$，试求向它供电的导线中的计算负荷。

解：电动机额定容量应换算到$\varepsilon=25\%$的规定负载持续率下，由式（4－5）得

$$P_e = P_N\sqrt{\frac{\varepsilon_N}{\varepsilon_{25\%}}} = 2P_N\sqrt{\varepsilon_N} = 2\times 63.5\times\sqrt{0.4} = 80\ (\text{kW})$$

导线中的计算负荷由式（4－8）得

$$P_{ca} = \frac{80}{0.8} = 100\ (\text{kW})$$

$$Q_{ca} = P_{ca}\tan\varphi = 100\times\frac{\sqrt{1-0.5^2}}{0.5} \approx 173.2\ (\text{kvar})$$

$$S_{ca} = \sqrt{P_{ca}^2 + Q_{ca}^2} = \sqrt{100^2 + 173.2^2} \approx 200\ (\text{kV}\cdot\text{A})$$

导线中的计算电流为

$$I_{ca}=\frac{S_{ca}}{\sqrt{3}U_e}=\frac{\sqrt{3}}{3}\times\frac{200}{0.38}\approx 303.9\ (A)$$

二、用电设备组计算负荷的确定

采用需要系数法确定用电设备组的计算负荷时，将性质相同的用电设备划作一组，并根据该组用电设备的类型，查出相应的需要系数 K_d（见表4-1），然后按下列公式求出该用电设备组的计算负荷和计算电流：

$$P_{ca}=K_dP_e \tag{4-12}$$

$$Q_{ca}=P_{ca}\tan\varphi \tag{4-13}$$

$$S_{ca}=\sqrt{P_{ca}^2+Q_{ca}^2} \tag{4-14}$$

$$I_{ca}=\frac{S_{ca}}{\sqrt{3}U_e} \tag{4-15}$$

式中，P_e——用电设备组的设备容量（kW）；

K_d——需要系数；

$\tan\varphi$——用电设备组功率因数角的正切值；

U_e——用电设备组的额定电压（kV）。

当用电设备组内用电设备台数较少时，表中查得的需用系数应增大，当只有1~2台用电设备时，可取需要系数为1。

[**例**4-2] 已知机修车间金属切削车床组，有电压为380 V的三相电动机，7.5 kW的3台；4kW的8台；3kW的17台，1.5kW的10台。求其计算负荷。

解：机床组电动机的总容量为

$$P_e=7.5\times3+4\times8+3\times17+1.5\times10=120.5(kW)$$

查表4-1，取 $K_d=0.2,\cos\varphi=0.5,\tan\varphi=1.73$。求得

$$P_{ca}=K_dP_e=0.2\times120.5=24.1\ (kW)$$

$$Q_{ca}=P_{ca}\tan\varphi=24.1\times1.73\approx41.7\ (kvar)$$

$$S_{ca}=\sqrt{P_{ca}^2+Q_{ca}^2}=\sqrt{24.1^2+41.7^2}\approx48.2\ (kVF\cdot A)$$

$$I_{ca}=\frac{S_{ca}}{\sqrt{3}U_e}=\frac{\sqrt{3}}{3}\times\frac{48.2}{0.38}\approx72.2\ (A)$$

三、配电干线或车间变电所低压母线上计算负荷的确定

配电干线或车间变电所低压母线上拥有多组用电设备，确定多组用电设备计算负荷时，考虑到各组用电设备的最大负荷不同量出现的因素，将干线上或低压母线上各用电设备组的有功和无功计算负荷分别相加，然后乘以同时系数。因此多组用电设备的计算负荷和计算电流按下式计算：

$$P_{ca}=K_{\sum p}\sum K_dP_e \tag{4-16}$$

$$Q_{ca}=K_{\sum q}\sum K_dP_e\tan\varphi \tag{4-17}$$

$$S_{ca}=\sqrt{P_{ca}^2+Q_{ca}^2} \tag{4-18}$$

$$I_{ca}=\frac{S_{ca}}{\sqrt{3}U_e} \tag{4-19}$$

式中，$K_{\Sigma p}$、$K_{\Sigma q}$——有功与无功功率的同时系数，分别取0.8~0.9和0.93~0.97。

由于各组用电设备的功率因数不一定相同，所以计算总的视在计算负荷时不能用各组视在计算负荷直接相加来计算，须在分别求得各组有功计算负荷与无功计算负荷后，由式（4-18）计算多组用电设备总的视在计算负荷。

[**例4-3**] 某机修车间380V线路上有金属切削机床电动机20台共50kW；通风机2台共3kW；电阻炉1台2kW。试确定线路的计算负荷。

解：各组计算负荷如下。

（1）金属切削机床组。查表4-1，取$K_d = 0.2, \cos\varphi = 0.5, \tan\varphi = 1.73$

故
$$P_{ca(1)} = 0.2 \times 50 = 10\ (\text{kW})$$
$$Q_{ca(1)} = 10 \times 1.73 = 17.3\ (\text{kvar})$$

（2）通风机组。查表4-1，取$K_d = 0.8, \cos\varphi = 0.8, \tan\varphi = 0.75$

故
$$P_{ca(2)} = 0.8 \times 3 = 2.4\ (\text{kW})$$
$$Q_{ca(2)} = 2.4 \times 0.75 = 1.8\ (\text{kvar})$$

（3）电阻炉。查表4-1，取$K_d = 0.7$，$\cos\varphi = 1$，$\tan\varphi = 0$

故
$$P_{ca(3)} = 0.7 \times 2 = 1.4\ (kW)$$
$$Q_{ca(3)} = 0$$

因此，总计算负荷为（取$K_{\Sigma p} = 0.95, K_{\Sigma q} = 0.97$）
$$P_{ca} = 0.95 \times (10 + 2.4 + 1.4) = 13.1\ (kW)$$
$$Q_{ca} = 0.97 \times (17.3 + 1.8 + 0) \approx 18.5\ (kvar)$$
$$S_{ca} = \sqrt{13.1^2 + 18.5^2} \approx 22.7\ (kV \cdot A)$$
$$I_{ca} = \frac{\sqrt{3}}{3} \times \frac{22.7}{0.38} \approx 34.5\ (A)$$

实际工程设计中，为了使人一目了然，便于审核，常采用计算表格的形式，如表4-3所示。

表4-3　例4-3的电力负荷计算表

序号	用电设备组名称	台数	容量 P_e/kW	需要系数 K_d	$\cos\varphi$	$\tan\varphi$	P_{ca}/kW	Q_{ca}/kvar	S_{ca}/kVA	I_{ca}/A
1	切削机床	20	50	0.2	0.5	1.73	10	17.3	—	—
2	通风机	2	3	0.8	0.8	0.75	2.4	1.8	—	—
3	电阻炉	1	2	0.7	1	0	1.4	0	—	—
车间合计		23	55	—	—	—	13.8	19.1	—	
		取 $K_{\Sigma p}=0.95$，$K_{\Sigma q}=0.97$					13.1	18.5	22.7	34.5

四、单相用电设备组计算负荷的确定

工业企业中除三相设备外还有各种单相设备，如电灯、电焊机等。单相设备接在三相线路中，无论接于相电压还是接于线电压，要尽可能地均衡分配，使三相负荷尽可能地平衡。只要三相负荷不平衡，应该以最大负荷相有功计算负荷的3倍作为等效三相有功计算负荷，以更好地满足三相线路中所选设备和导线安全运行的要求。

1. 单相设备均接于相电压时计算负荷的确定

先分相计算各相的计算负荷，等效三相计算负荷 P_{ca} 就是最大负荷相计算负荷的 3 倍。

2. 单相设备均接于线电压时计算负荷的确定

分别计算出各线间的计算负荷后，取较大的两项数据进行计算。以 $P_{caAB} > P_{caBC} > P_{caCA}$ 为例，等效三相计算负荷为

$$P_{ca} = \sqrt{3}P_{caAB} + (3-\sqrt{3})P_{caBC} = 1.73P_{caAB} + 1.27P_{caBC} \tag{4-20}$$

当 $P_{caAB} = P_{caBC}$ 时，

$$P_{ca} = 3P_{caAB} \tag{4-21}$$

当只有 P_{caAB} 时，

$$P_{ca} = \sqrt{3}P_{caAB} \tag{4-22}$$

式中，P_{caAB}、P_{caBC}、P_{caCA}——接于 AB、BC、CA 线间的计算负荷。

3. 单相设备分别接于线电压和相电压时计算负荷的确定

先分别将接于线电压的单相设备容量换算为接于相电压的设备容量，之后分相计算各相的计算负荷，总的等效三相计算负荷就是最大负荷相计算的 $\sqrt{3}$ 倍。

接于线电压的单相设备容量换算为接于相电压的设备容量的换算公式如下：

A 相
$$P_A = p_{AB-A} \cdot P_{AB} + p_{CA-A} \cdot P_{CA} \tag{4-23}$$
$$Q_A = q_{AB-A} \cdot P_{AB} + q_{CA-A} \cdot P_{CA} \tag{4-24}$$

B 相
$$P_B = p_{BC-B} \cdot P_{BC} + p_{AB-B} \cdot P_{AB} \tag{4-25}$$
$$Q_B = q_{BC-B} \cdot P_{BC} + q_{AB-B} \cdot P_{AB} \tag{4-26}$$

C 相
$$P_C = p_{CA-C} \cdot P_{CA} + p_{BC-C} \cdot P_{BC} \tag{4-27}$$
$$Q_C = q_{CA-C} \cdot P_{CA} + q_{BC-C} \cdot P_{BC} \tag{4-28}$$

式中，P_{AB}，P_{BC}，P_{CA}——接于 AB，BC，CA 线间有功负荷；

P_A，P_B，P_C——换算为 A、B、C 相的有功负荷；

Q_A，Q_B，Q_C——换算为 A、B、C 相的无功负荷；

p_{AB-A}、q_{AB-A}……——接于 AB、……线间负荷换算为 A、……相负荷的有功及无功换算系数，如表 4－4 所示。

单相设备的总容量小于计算范围内三相设备总容量的 15% 时，按三相平衡负荷计算。

表 4－4　线间负荷换算为相负荷的有功及无功换算系数

功率换算系数	负荷功率因数								
	0.35	0.4	0.5	0.6	0.65	0.7	0.8	0.9	1.0
p_{AB-A}、p_{BC-B}、p_{CA-C}	1.27	1.17	1.0	0.89	0.84	0.8	0.72	0.64	0.5
p_{AB-B}、p_{BC-C}、p_{CA-A}	−0.27	−0.17	0	0.11	0.16	0.2	0.28	0.36	0.5
q_{AB-A}、q_{BC-B}、q_{CA-C}	1.05	0.86	0.58	0.38	0.3	0.22	0.09	−0.05	−0.29
q_{AB-B}、q_{BC-C}、q_{CA-A}	1.63	1.44	1.16	0.96	0.88	0.8	0.67	0.53	0.29

【任务实施】

学校的用电负荷统计表实施分析报告见表 4—5。

表4-5 学校的用电负荷统计表实施分析报告

姓名		专业班级		学号	
任务内容及名称	统计学校的用电负荷				
1. 任务实施目的： 学会统计用电负荷			2. 任务完成时间：2学时		
3. 任务实施内容及方法步骤： 统计学校的用电负荷					
4. 选择及校验分析：					
指导教师评语（成绩）： 年　月　日					

【任务总结】

本任务介绍了用需要系数法确定计算负荷的方法。通过本任务的学习，能够熟练地应用需要系数法来确定用电设备或用电设备组的计算负荷。

任务3　电力系统的功率损耗及功率因数的提高

【任务目标】

1. 学会功率损耗的计算。
2. 知道功率因数提高的意义和方法，并能够进行功率补偿。

【任务分析】

提高功率因数，可以充分利用现有的变电、输电和配电设备，保证供配电质量、减少电能损耗、提高供配电效率。因而具有显著的经济效益。

【知识准备】

在确定各用电设备组的计算负荷后，若要确定车间或工厂的计算负荷，还需要逐级计入有关线路和变压器的功率损耗，下面将介绍功率损耗的计算方法。

一、供电线路的有功及无功功率损耗

有功功率损耗是电流通过线路电阻所产生的，无功功率损耗是电流通过线路电抗所产生的，可按下式计算：

$$\Delta P_{\mathrm{L}} = 3I_{\mathrm{ca}}^2 R \times 10^{-3}\ (\mathrm{kW}) \tag{4-29}$$

$$\Delta Q_{\mathrm{L}} = 3I_{\mathrm{ca}}^2 X \times 10^{-3}\ (\mathrm{kvar}) \tag{4-30}$$

式中，R——线路每相电阻（Ω），等于单位长度的电阻 R_0 乘以线路计算长度 l；

X——线路每相电抗（Ω），等于单位长度的电抗 X_0 乘以线路计算长度 l；

I_{ca}——计算相电流（A）。

二、变压器的有功及无功功率损耗

$$\Delta P_T = \Delta P_0 + \Delta P_K \left(\frac{S_{ca}}{S_{NT}}\right)^2 \text{ (kW)} \tag{4-31}$$

$$\Delta Q_T = \Delta Q_0 + \Delta Q_K \left(\frac{S_{ca}}{S_{NT}}\right)^2 \text{ (kvar)} \tag{4-32}$$

式中，S_{ca}——变压器计算负荷（kV·A）；

S_{NT}——变压器额定容量（kV·A）；

ΔP_0——变压器空载有功功率损耗（kW）；

ΔP_K——变压器短路有功功率损耗（kW）；

ΔQ_0——变压器空载无功功率损耗（kvar），$\Delta Q_0 = \frac{I_0\% S_{NT}}{100}$　（4-33）。其中，$I_0\%$表示变压器空载电流占额定电流的百分数；

ΔQ_K——变压器短路无功功率损耗（kvar），$\Delta Q_K = \frac{u_K\% S_{NT}}{100}$　（4-34）。其中，$u_K\%$—变压器短路电压占额定电压的百分数。

在负荷计算时，尚未选择变压器，变压器的功率损耗按下式近似计算：

$$\Delta P_T = 0.012 S_{ca} \text{(kW)}$$

$$\Delta Q_T = 0.06 S_{ca} \text{(kvar)}$$

三、提高功率因数的意义

我国规定高压供电的工业企业功率因数应达到0.9以上，其他用户在0.85以上。但在工业企业中用电设备以感性负载居多，要消耗大量无功功率，使得企业功率因数偏低，这将造成一系列不良影响如下。

（1）降低发电机的输出功率，使发电设备效率降低，发电成本提高。

（2）降低变电、输电设施的供电能力。

（3）网络功率损耗增加。

（4）加大线路中的电压损失，降低电压质量，使用电设备运行条件恶化。

因此，提高企业功率因数可达到节约电能和提高供电质量的目的，不仅对本企业，甚至对整个电力系统的经济运行有重大意义。

四、提高功率因数的方法

针对工业企业中无功功率主要消耗在电动机、变压器上的特点，为提高自然功率因数，常采用以下措施。

（1）合理选择电动机的型号、规格和容量，使其接近满载运行。

（2）降低轻载感应电动机定子绕组电压。

（3）调整和改革生产工艺流程。

（4）提高电动机的检修质量。

（5）合理选择变压器容量，改善变压器的运行方式。

（6）绕线型感应电动机同步化运行。

（7）电磁开关无电压运行。

提高自然功率因数，不需采用附加的无功补偿设备，而是采用各种技术措施减少供用电设备中无功功率的消耗量，不需额外投资使功率因数提高，因此优先考虑。

单靠提高用电设备的自然功率因数达不到要求时，应当装设无功功率因数补偿装置进一步提高企业的功率因数。进行无功功率人工补偿的设备，主要有同步补偿机和并联电容器。同步补偿机是一种专用来改善功率因数的同步电动机，通过调节其励磁电流以起到补偿系统无功功率的作用。并联电容器称移相电容器，是一种专用来改善功率因数的电力电容器。并联电容器与同步补偿机相比，由于并联电容器无旋转部分，具有安装简单、运行维护方便、有功损耗小以及组装灵活、扩建方便等特点，在一般工厂供电系统中应用最为普遍。

五、功率因数计算

1. 瞬时功率因数

瞬时功率因数用来了解和分析工厂或设备在生产过程中无功功率的变化情况，方便采取适当的补偿措施。它可由功率因数表测得，或由功率表、电流表和电压表读数按下式求出。

$$\cos\varphi = \frac{P}{\sqrt{3}UI} \tag{4-35}$$

式中，P——功率表测出的三相功率读数（kW）；

U——电压表测出的线电压读数（kV）；

I——电流表测出的线电流读数（A）。

瞬时功率因数代表某一瞬间状态的无功功率的变化情况。

2. 平均功率因数

平均功率因数指某一规定时间内功率因数的平均值，也称均权功率因数。对已经进行生产的企业，平均功率因数为

$$\cos\varphi = \frac{W_a}{\sqrt{W_a^2 + W_r^2}} = \frac{1}{\sqrt{1 + \left(\frac{W_r}{W_a}\right)^2}} \tag{4-36}$$

式中，W_a——某一时间内消耗的有功电能（kW·h），由有功电度表读出；

W_r——某一时间内消耗的无功电能（kvar·h），由无功电度表读出。

我国电力部门每月向工业用户收取电费，规定电费要按月平均功率因数的高低进行调整。

对于正在进行设计的工业企业，则采用下式进行计算：

$$\cos\varphi_{av} = \frac{P_{av}}{S_{av}} = \frac{\alpha P_{ca}}{\sqrt{(\alpha P_{ca})^2 + (\beta Q_{ca})^2}} = \frac{1}{\sqrt{1 + \left(\frac{\beta Q_{ca}}{\alpha P_{ca}}\right)^2}} \tag{4-37}$$

式中，P_{av}、P_{ca}——有功平均负荷与计算负荷（kW）；

Q_{av}，Q_{ca}——无功平均负荷与计算负荷（kvar）；

$\alpha = \frac{P_{av}}{P_{ca}}$——有功平均负荷系数，一般取 $\alpha = 0.7 \sim 0.8$；

$\beta = \frac{Q_{av}}{Q_{ca}}$——无功平均负荷系数，一般取 $\beta = 0.76 \sim 0.82$。

3. 最大负荷时的功率因数

最大负荷时的功率因数是指在年最大负荷（即计算负荷）时的功率因数。根据功率因

数的定义有

$$\cos\varphi_{ca}=\frac{P_{ca}}{S_{ca}}=\frac{P_{ca}}{\sqrt{P_{ca}^2+Q_{ca}^2}}$$

式中，P_{ca}——全企业的有功功率计算负荷（kW）；

Q_{ca}——全企业的无功功率计算负荷（kvar）；

S_{ca}——全企业的视在计算负荷（kV·A）。

六、采用并联电容器补偿

并联电容器补偿可按下式计算：

$$Q_c=P_{av}(\tan\varphi_1-\tan\varphi_2)=\alpha P_{ca}(\tan\varphi_1-\tan\varphi_2) \tag{4-38}$$

式中，P_{ca}——最大有功计算负荷；

α——平均有功负荷系数；

$\tan\varphi_1$、$\tan\varphi_2$——补偿前、后平均功率因数角的正切值。

在确定了总的补偿量 Q_c 后，可以根据所选并联电容器的单个容量 q_c 来确定电容器的个数：

$$n=Q_c/q_c$$

由上式计算所得的电容器个数，对于单相电容器来说，应取相近的 3 的整数倍，以便三相均衡分配。

另外，实际运行电压可能与额定电压不同，电容器能补偿的实际容量将低于额定容量，要对额定容量作如下修订：

$$Q_e=Q_N\left(\frac{U}{U_N}\right)^2$$

式中，Q_e——电容器在实际运行电压下的容量（kvar）；

Q_N——电容器铭牌上的额定容量（kvar）；

U——电压器的实际运行电压（kV）；

U_N——电压器的额定电压（kV）.

［**例** 4－4］某厂变电所 6 kV 母线上有功计算负荷 $P_{ca}=11864$kW，无功计算负荷 $Q_{ca}=8486$kvar，要求功率因数提高到 $\cos\varphi=0.9$，计算并选择无功补偿静电电容器。

解：

选取平均负荷系数 $\alpha=\beta=0.8$，根据式（4－36）得补偿前的功率因数为

$$\cos\varphi_1=\frac{1}{\sqrt{1+\left(\frac{\beta Q_{ca}}{\alpha P_{ca}}\right)^2}}=\frac{1}{\sqrt{1+\left(\frac{0.8\times 8\,486}{0.8\times 11\,864}\right)^2}}\approx 0.763\,5$$

则

$$\tan\varphi_1=0.85$$

要求补偿后 $\cos\varphi_2=0.9$，即 $\tan\varphi_2=0.484$。

根据式（4－38）可得补偿量为

$$Q_c=\alpha P_{ca}(\tan\varphi_1-\tan\varphi_2)=0.8\times 11\,864\times(0.85-0.484)=3\,474\ (\text{kvar})$$

选取 BWF6.3—40－1 型并联电容器，每只电容器额定无功容量 $q_c=40$kvar，额定电压为 6.3 kV，母线电压为 6 kV，每只电容器实际容量为

$$Q_e = Q_N\left(\frac{U}{U_N}\right)^2 = 40 \times \left(\frac{6}{6.3}\right)^2 = 36.28\ (\text{kvar})$$

所需电容器个数为

$$n = \frac{Q_c}{q_c} = \frac{3\ 474}{36.28} = 95.76$$

便于三相分配，按3的整数倍取值，实取96只，则实际补偿量为

$$Q_c = nQ_e = 96 \times 36.28 = 3\ 483\ (\text{kvar})$$

七、并联电容器的补偿方式

在工业企业采用并联电容器来提高功率因数时，按照电容器的装设地点不同，补偿方式有以下三种。

1. 单独补偿

电容器直接安装在用电设备附近，一般对个别功率因数特别不好的大容量感应电动机进行单独补偿。

2. 分组补偿

电容器组分设在功率因数较低的车间变电站高压母线上。这种补偿方式能减少这些车间以上配电系统内无功功率引起的损耗。

3. 集中补偿

电容器组集中装设在企业总降压变电所的6～10 kV侧母线上。这种方式只能使企业以上的供电系统内减少以无功功率引起的损耗。从节能角度来衡量，集中补偿最差，目前不提倡采用这种方法，建议采用分组补偿。

电容器组应装设备专用的控制、保护和放电设备。电容器组的放电设备必须保证电容器放电1 min后电容器组两端的线电压在65 V以下，从而保证人身安全。1kV上的电容器组用电压互感器做放电设备，1 kV以下的电容器组可以用电阻或白炽灯作为放电设备。单独补偿时，电容器组可以和被补偿的感应电动机共用一组控制开关和保护装置。

【任务实施】

电容器的选择实施的分析报告见表4－6。

表4－6 电容器的选择分析报告

姓名		专业班级		学号	
任务内容及名称	根据要求选择电容器				
1. 任务实施目的： 学会选择电容器			2. 任务完成时间：2学时		
3. 任务实施内容及方法步骤： 某总降压变电所10 kV母线上有功与无功计算负荷分别为8 500 kW和7 000 kvar，为将功率因数提高到0.95，试选择并联电容器的个数（已知α＝0.75，β＝0.8，拟选择BWF10.5—40－1型并联电容器）。					
4. 选择及校验分析：					
指导教师评语（成绩）： 年　月　日					

【任务总结】

本任务主要介绍了供电线路及变压器的有功功率损耗、无功功率损耗和提高功率因数的意义及方法，重点讲述了功率因数计算的方法和过程，通过本任务的学习，能够学会对电力系统进行功率补偿。

任务4　全厂负荷计算示例

【任务目标】

1. 能够进行全厂负荷的计算。

【任务分析】

通过对全厂总负荷的计算，可以更好地选择合适电气设备，提高供电效率，保障系统安全可靠地运行，同时可以降低成本。

【知识准备】

[例4－5] 某厂供电系统如图4－3所示，由总降压变电所对1～4号4个车间变电所供电，其中1号车间变电所6 kV母线上装有额定容量为710 kW的同步电动机6台，需要系数 K_d =0.8，功率因数 $\cos\varphi$ = －0.83，1号车间变电所380 V母线上尚有低压负荷，包括反复短时工作制机械共9台，换算到统一负载持续率下的额定容量如表4－7所示。以及长期工作制机械：其中14kW放大机组4台，7kW放大机组2台，260kW主传动励磁机组1台，135kW主传动操作电源及同步电动机励磁机组1台，260kW翻钢机变流机组1台，共9台电动机。其他2～4号车间变电所的计算负荷如表4－8所示，试进行全厂负荷计算。

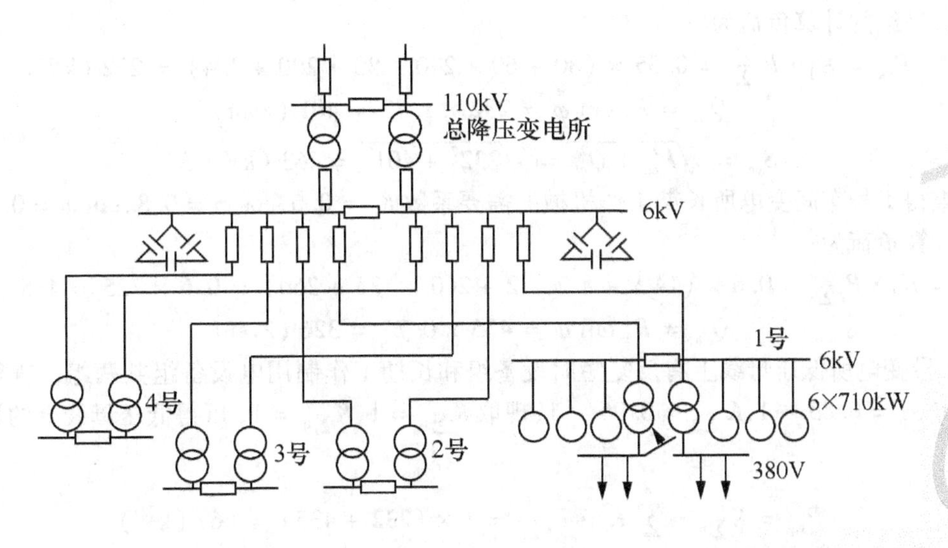

图4－3　例4－5图

表 4-7　用电设备数据表

机械名称	电动机台数	JC% =25 时额定容量/kW	JC% =100 时额定容量/kW
受料辊道	1	80	40
回转台	1	60	30
输入辊道	4	460	430
机前延长辊道第一段	1	80	40
机前延长辊道第二段	1	200	100
压下装置中间齿轮升降	1	3.4	1.7

表 4-8　2~4 号变电所的计算负荷

车间变电所编号	有功计算负荷 P_{ca}/kW	无功计算负荷 Q_{ca}/kvar
2 号车间变电所	3 840	2 910
3 号车间变电所	4 600	3 450
4 号车间变电所	3 770	2 705

解：

全厂负荷计算从低压用电负荷开始，逐级向上推算，考虑到系统的功率损耗以及无功补偿，最后得到全厂的总计算负荷。

1. 低压负荷计算

采用需要系数求计算负荷。首先按规定的统一负载持续率换算用电设备额定容量，根据工作性质将用电设备分组查出相应的需要系数并计算单组用电设备的计算负荷，然后求出多组用电设备的计算负荷。

查得 1 号车间反复短时工作制机械的需要系数取 $K_d=0.35$，$\cos\varphi=0.5$，$\tan\varphi=1.73$，该组的计算负荷为

$$P_{ca}=K_d\cdot P_{e\sum}=0.35\times(80+60+240+80+200+3.4)=232\ (\text{kW})$$

$$Q_{ca}=P_{ca}\tan\varphi=232\times1.73=401\ (\text{kvar})$$

$$S_{ca}=\sqrt{P_{ca}^2+Q_{ca}^2}=\sqrt{232^2+401^2}=463\ (\text{kV}\cdot\text{A})$$

查得 1 号车间变电所长期工作机械的需要系数 $K_d=0.6$，$\cos\varphi=0.8$，$\tan\varphi=0.75$，则该组计算负荷为

$$P_{ca}=K_d\cdot P_{e\sum}=0.6\times(14\times4+7\times2+260+135+260)=0.6\times725=435\ (\text{kW})$$

$$Q_{ca}=P_{ca}\tan\varphi=435\times0.75=326\ (\text{kvar})$$

1 号变电所低压母线上有反复短时设备组和长期工作制用电设备组共两组，查得同时系数 $K_{\sum p}=0.85\sim1$，$K_{\sum q}=0.95\sim1$，现取 $K_{\sum p}=1$，$K_{\sum q}=1$，可得低压母线上的计算负荷为

$$P_{ca}=K_{\sum p}\cdot\sum_1^n K_d\cdot P_{e\sum}=1\times(232+435)=667\ (\text{kW})$$

$$Q_{ca}=K_{\sum q}\cdot\sum_1^n P_{e\sum}\cdot\tan\varphi=1\times(401+326)=727\ (\text{kvar})$$

$$S_{ca}=\sqrt{P_{ca}^2+Q_{ca}^2}=\sqrt{667^2+727^2}=986\ (\text{kV}\cdot\text{A})$$

2. 车间变电所高压母线负荷计算

变电所低压母线计算负荷加上变压器损耗，再加上高压电动机等高压用电负荷，可得到车间变电所高压母线上的总负荷。如果车间变电所高压母线上装有静电电容器，应将其无功容量作为负值减去。现以 1 号车间变电所为例，计算如下。

（1）1 号车间变电所变压器损耗。按下式估算有功、无功变压器损耗分别为

$$\Delta P_T = 0.012S_{ca} = 0.012 \times 986 = 11.8\ (kW)$$

$$\Delta Q_T = 0.06S_{ca} = 0.06 \times 986 = 59.2\ (kvar)$$

（2）高压电动机负荷计算。由题意知 $K_d = 0.8$，则

$$P_{ca} = K_d P_e = 0.8 \times 6 \times 710 = 3\,408\ (kW)$$

已知其功率因数为 $\cos\varphi = -0.83$，$\tan\varphi = -0.672$，则无功负荷为容性

$$Q_{ca} = P_{ca}\tan\varphi = 3\,408 \times (-0.672) = -2\,290\ (kvar)$$

（3）取同时系数。$K_{\Sigma p} = 0.95$、$K_{\Sigma q} = 0.97$ 得 1 号车间变电所高压母线计算负荷

$$P_{ca} = 0.95 \times (667 + 11.8 + 3\,408) = 3\,882.5\ (kW)$$

$$Q_{ca} = 0.97 \times (727 + 59.2 - 2\,290) = -1\,458.7\ (kvar)$$

3. 总降压变电所低压母线负荷计算

总降压变电所变压器副边母线上的计算负荷，由所有车间变电所高压母线计算负荷综合而成。按表 4－3 考虑同时系数。本例中取 $K_{\Sigma p} = 0.8$、$K_{\Sigma q} = 0.93$，则有

$$P_{ca} = 12\,874\ (kW) \qquad Q_{ca} = 7\,074\ (kvar) \qquad S_{ca} = 14\,689\ (kV \cdot A)$$

注意：如果厂区配电线路较长，则应包括线路损耗，本例略去未计。

4. 静电电容器无功补偿容量的计算

静电电容器无功补偿容量按上节介绍的方法来确定。若选用 BWF6.3－40－1 电容器 66 只，则装设在总降压变电所 6 kV 母线上的补偿容量达到 2 394.5kvar。

5. 全厂负荷计算

全厂总负荷，也就是总降压变电所原边的计算负荷，由变压器副边母线上计算负荷扣除补偿电容器的无功容量和主变压器的损耗构成。

本例经计算，已得 110/6.3kV 主变压器副边计算负荷为

$$P_{ca} = 12\,874(kW) \qquad Q_{ca} = 4\,788(kvar) \qquad S_{ca} = 13\,736(kV \cdot A)$$

则主变压器损耗为

$$\Delta P_T = 0.012S_{ca} = 0.012 \times 13\,736 \approx 165\ (kW)$$

$$\Delta Q_T = 0.06S_{ca} = 0.06 \times 13\,736 \approx 824\ (kvar)$$

最后求得全厂总的计算负荷与计算电流为

$$P_{ca} = 12\,874 + 165 = 130\,399\ (kW)$$

$$Q_{ca} = 4\,788 + 824 = 4\,612\ (kvar)$$

$$S_{ca} = \sqrt{13\,039^2 + 5\,612^2} = 14\,195\ (kV \cdot A)$$

$$I_{ca} = \frac{14\,195}{\sqrt{3} \times 110} = 75\ (A)$$

根据以上负荷计算结果可以选择总降压变电所主变压器的台数和容量。由于全厂用电设备有 60% 的一、二级负荷，所以选用两台变压器，每台变压器按照既可满足全部一、二级负荷，又占全厂总负荷 70% 左右的原则确定额定容量为

$$S_{NT} = 14\ 195 \times (60 \sim 70)\% = 8\ 517 \sim 9\ 937\ (kV \cdot A)$$

故选用二台额定容量为10 000kV·A的变压器并列运行。

本例中主要计算步骤的有关数据及计算结果，如表4-9所示。

表4-9 负荷计算示例的计算负荷表

用电设备名称	台数	额定容量/kW	需要系数K_d	cos φ	tan φ	计算负荷			工作电流/A
						P_{ca}/kW	Q_{ca}/kvar	S_{ca}/kV·A	
1号车间变电所380V低压母线上	18	1 388.4	—	0.67	—	667	727	986	1 498
车间变压器损耗	—	—	—	—	—	11.8	59.2	—	—
6kV同步电动机	6	6×710	0.8	-0.83	-0.672	3 408	-2 290	—	—
合　计	24	5 648.4	—	—	—	4 086.3	-1 503.8	—	—
$K_{\sum p}$=0.95	—	—	0.69	0.936	—	3 882.5	-1 458.7	4 147.5	(6kV)
$K_{\sum q}$=0.97	—	—	—	—	—	—	—	—	366
2号车间变电所	—	5 640	0.68	0.8	0.75	3 840	2 910	4 818	463.6
3号车间变电所	—	7 500	0.61	0.8	0.75	4 600	3 450	5 750	553.3
4号车间变电所	—	5 600	0.67	0.81	0.724	3 770	2 705	4 640	446.5
总降压变电所6kV母线	—	24 388.4	—	—	—	16 092.5	7 606.3	—	—
$K_{\sum p}$=0.8 $K_{\sum q}$=0.93	—	—	—	0.876	—	12874	7074	14689	1413
无功补偿	—	—	—	—	—	—	-2286	—	-220
合　计	—	—	—	—	—	12874	4788	13736	1322
总降压变压器损耗	—	—	—	—	—	165	824	—	(110kV)
全厂总负荷	—	24388.4	0.535	0.9185	—	13059	5612	14195	75

【任务实施】

计算总负荷实施的分析报告见表4-10。

表4－10　计算总负荷实施分析报告

姓名		专业班级		学号	
任务内容及名称	计算总负荷				
1. 任务实施目的： 学会计算总负荷			2. 任务完成时间：2学时		
3. 任务实施内容及方法步骤： 计算校工厂全厂总负荷					
4. 选择及校验分析：					
指导教师评语（成绩）： 年　月　日					

【任务总结】

本任务详细论述了全厂负荷计算的步骤，通过本任务学习，能够熟练进行全厂负荷计算。

【项目评价】

根据负荷的计算及无功功率补偿的计算，进行评价，并填写成绩评议表（见表4－11）。

表4－11　成绩评议表

评定人/任务	任务评议	等　级	评定签名
自己评			
同学评			
指导教师评			
综合评定等级			

思考题

1. 什么叫计算负荷？正确确定计算负荷有什么意义？
2. 用电设备按工作制分哪几类？各有什么工作特点？
3. 如何用需要系数法确定计算负荷？
4. 供电系统中功率损耗有哪几部分？如何计算？
5. 提高功率因数有什么意义？进行无功功率补偿方法有哪几种？

习题

4－1　一台鼠笼型三相感应电动机容量为10 kW，功率因数为0.8，效率为0.8，求供给该电动机支线中的电流。

4 -2　某车间有通风机 6 台，其中额定容量为 10 kW 的 3 台；28kW 的 2 台；14kW 的 1 台，由一条干线供电。已知电网电压为 380 kV，求该干线的计算负荷及电流。

4 -3　某车间有冷加工机床 52 台，共 200 kW；行车 1 台，共 5. 1 kW（$\varepsilon=15\%$）；通风机 4 台，共 5kW；电焊机 3 台，共 10. 5kW（$\varepsilon=65\%$）。车间采用 220/380 三相四线值供电，试确定车间的计算负荷。

项目五

导线和电缆截面的选择

【项目需求】

导线截面的选择是企业电力网设计的重要部分。导线截面选择过大虽然能降低电能损耗，但将增加有色金属的消耗量，从而增加建设电力网的成本。导线截面选择过小，电力网运行时又会产生过大的电压损失和电能损耗，以致难以保证电能质量，并将增加运行费用。因此，正确合理地选择导线和电缆截面，满足技术上和经济上的要求，有着极为重要的意义。

【项目工作场景】

为了保证供电线路安全、可靠、优质、经济的运行，选择导线和电缆截面时，必须满足下列条件。

(1) 发热条件。电流通过导线和电缆时将使它们发热，从而使其温度升高。当通过的电流超过其允许电流时，将使绝缘线和电缆的绝缘加速老化，严重时将烧毁导线和电缆，或引起火灾和其他事故，不能保证安全供电。因此，导线和电缆在通过正常最大负荷电流时产生的发热温度，不应超过其正常运行的最高允许温度。

(2) 电压损失条件。电流通过导线时，除产生电能损耗外，由于线路上有电阻和电抗，还产生电压损失。当电压损失超过一定的范围后，将使用电设备端子上的电压不足，严重影响用电设备的正常运行。例如电压降低后将引起电动机的转矩大大降低（感应电动机的转矩与其电压的平方成正比，同步电动机的转矩与其电压成正比），影响其正常运行。电压的降低促使白炽灯的光通量不足（当电压降低5%时，其光通量降低18%），从而影响正常生产。反之如电压过高，则将引起电动机的启动电流增加，功率因数降低，白炽灯灯泡的寿命也将大为降低（如电压长期升高5%时，灯泡的寿命要减半）。所以导线和电缆在通过最大负荷电流时产生的电压损失，不应超过其正常运行时允许的电压损失。

(3) 经济电流密度。高压线路和特大电流的低压线路，应按规定的经济电流密度选择导线和电缆截面，以使线路的年运行费用接近最小，节约电能和有色金属。

(4) 机械强度。由于架空线路经受风、雨、结冰和温度变化的影响，因此必须有足够的机械强度以保证其安全运行，其导线截面不得小于最小允许截面。

本项目分别根据上述条件进行导线和电缆的选择。

【方案设计】

低压动力线，因其负荷电流较大，所以一般先按发热条件来选择截面，再校验其电压损失和机械强度。低压照明线路，因其对电压要求水平较高，所以一般先按允许电压损失条件来选择截面，然后再校验其发热条件和机械强度。高压架空线路则往往先按经济电流密度来选择截面，再校验其他条件。

【相关知识和技能方案设计】

1. 按允许发热条件选择导线和电缆截面。
2. 按允许电压损失选择导线和电缆截面。
3. 按经济电流密度和机械强度选择导线和电缆截面。

任务1　按允许发热条件选择导线和电缆截面

【任务目标】

1. 学会按发热条件选择相线截面。
2. 学会中性线和保护线的截面的选择。
3. 能够进行自动空气开关脱扣器动作电流的选择。

【任务分析】

电流通过导线或电缆时，要产生电能损失，使导线发热。绝缘导线和电缆的温度过高时，将使其绝缘损坏，甚至引起火灾。裸导线的温度过高时，会使其接头处的氧化加剧，增大接头的接触电阻，使之进一步氧化，甚至发展到断线，因此导线和电缆的发热温度不应超过允许值。例如裸导线的允许温度不应超过70℃；橡胶绝缘导线为65℃；塑料绝缘导线为70℃；若用石棉、玻璃丝等特殊绝缘材料的导线，其允许温度可达100℃～180℃；油浸纸绝缘的电力电缆的允许温度与电压级有关，如3 kV以下的为80℃；6 kV的为65℃；10 kV的为60℃，20～30kV的允许温度为50℃。既然导体的温度不允许过高，那么导体中所通过的电流也就受到限制。

【知识准备】

一、三相系统相线截面的选择

电流通过导线（包括电缆、母线等）时，由于线路的电阻而会使其发热。当发热超过其允许温度时，会使导线接头处的氧化加剧，增大接触电阻而导致进一步的氧化，如此恶性循环会发展到触头烧坏而引起断线。而且绝缘导线和电缆的温度过高时，可使绝缘加速老化甚至损坏，或引起火灾。因此，导线的正常发热温度不得超过附表5－5所列的各类线路在额定负荷时的最高允许温度。

当在实际工程设计中，通常用导线和电缆的允许载流量I_{al}不小于通过相线的计算电流I_{ca}来校验其发热条件，即

$$I_{al} \geqslant I_{ca} \tag{5-1}$$

导线的允许载流量I_{al}，是指在规定的环境温度条件下，导线或电缆能够连续承受而不致使其稳定温度超过允许值的最大电流。如果导线敷设地点的实际环境温度与导线允许载流量所规定的环境温度不同时，则导线的允许载流量须乘以温度校正系数K_θ，其计算公式为

$$K_\theta = \sqrt{\frac{\theta_{al}-\theta_0'}{\theta_{al}-\theta_0}} \tag{5-2}$$

式中，θ_{al}——导线额定负荷时的最高允许温度；

θ_0——导线允许载流量所规定的环境温度；

θ_0'——导线敷设地点的实际环境温度。

这里所说的"环境温度"，是按发热条件选择导线和电缆所采用的特定温度。在室外，环境温度一般取当地最热月平均最高气温。在室内，则取当地最热月平均最高气温加5℃。对土中直埋的电缆，取当地最热月地下0.8～1 m的土壤平均温度，也可近似地采用当地最热月平均气温。

附表5－1列出了裸绞线和母线在环境温度为＋25℃时的允许载流量；附表5－2列出了绝缘导线在不同环境温度下明敷、穿钢管和穿塑料管时的允许载流量；附表5－3列出各类电力电缆的允许载流量及其温度校正系数值。其他导线和电缆的允许载流量，可查相关设计手册。

按发热条件选择导线所用的计算电流 I_{ca}时，对降压变压器高压侧的导线，应取为变压器额定一次电流 I_{1NT}。对电容器的引入线，由于电容器放电时有较大的涌流，因此 应取为电容器额定电流 I_{NC}的1.35倍。

二、中性线和保护线截面的选择

1. 中性线（N线）截面的选择

三相四线制系统中的中性线，要通过系统的三相不平衡电流和零序电流，因此中性线的允许载流量应不小于三相系统的最大不平衡电流，同时应考虑谐波电流的影响。

一般三相线路的中性线截面 A_0 应不小于相线截面 A_φ 的50%，即

$$A_0 \geqslant 0.5A_\varphi \tag{5-3}$$

由三相线路引出的两相三线线路和单相线路，由于其中性线电流与相线电流相等，因为它们的中性线截面 A_0 应与相线截面 A_φ 相同，即

$$A_0 = 0.5A_\varphi \tag{5-4}$$

对于三次谐波电流较大的三相四线制线路及三相负荷很不平衡的线路，使得中性线上通过的电流可能接近甚至超过相电流。因此在这种情况下，中性线截面 A_0 宜大于或等于相线截面 A_φ，即

$$A_0 \geqslant A_\varphi \tag{5-5}$$

2. 保护线（PE线）截面的选择

保护线要考虑三相系统发生单相短路故障时单相短路电流通过时的短路热稳定度。根据短路热稳定度的要求，保护线（PE线）的截面 A_{PE}，按GB50054—1995《低压配电设计规范》规定如下

（1）当 $A_\varphi \leqslant 16\text{mm}^2$ 时　　$A_{PE} \geqslant A_\varphi$　　(5－6)

（2）当 $16\text{mm}^2 < A_\varphi \leqslant 35\text{mm}^2$ 时　　$A_{PE} \geqslant 16\text{mm}^2$　　(5－7)

（3）当 $A_\varphi > 35\text{mm}^2$ 时　　$A_{PE} \geqslant 0.5A_\varphi$　　(5－8)

3. 保护中性线（PEN线）截面的选择

保护中性线兼有保护线和中性线的双重功能，因此其截面选择应同时满足上述保护线和中性线的要求，并取其中的最大值。

［例5－1］有一条采用BLX—500型铝芯橡皮线明敷的220/380V的TN—S线路，计算电流为50A，当地最热月平均最高气温为＋30℃。试按发热条件选择此线路的导线

截面。

解：此 TN—S 线路为含有 N 线和 PE 线的三相四线制线路，因此不仅要选择相线，还要选择中心线和保护线。

(1) 相线截面的选择。查附表 5－2 得环境温度为 30℃时明敷的 BLX—500 型截面为 10mm² 的铝芯橡皮绝缘导线的 $I_{al}=60A>I_{ca}=50A$，满足发热条件。因此相线截面选 $A_{\varphi}=10mm^2$。

(2) N 线的选择。按 $A_0 \geqslant 0.5A_{\varphi}$，选择 $A_0=6mm^2$。

(3) PE 线的选择。由于 $A_{\varphi}<16mm^2$，故选 $A_{PE}=A_{\varphi}=10mm^2$。

所选导线的型号规格表示为：BLX—500－(3×10＋1×6＋PE10)。

[**例** 5－2] 例 5－2 所示 TN－S 线路，如采用 BLV—500 型铝芯绝缘线穿硬塑料管埋地敷设，当地最热月平均最高气温为＋25℃。试按发热条件选择此线路的导线截面及穿线管内径。

解：查附表 5－2 得 25℃时 5 根单芯线穿硬塑料管的 BLV—500 型截面为 25mm² 的导线的允许载流量 $I_{al}=57A>I_{ca}=50A$。

因此，按发热条件，相线截面可选为 25mm²；N 线截面按 $A_0 \geqslant 0.5A_{\varphi}$ 选择，选为 16mm²；PE 线截面按式（5－7）规定，选为 16mm²；穿线的硬塑管内径选为 40mm²。

选择结果表示为：BLV－500－(3×25＋1×16＋PE16）－PC50，其中 PC 为硬塑管代号。

【任务实施】

本任务实施的分析报告见表 5－1。

表 5－1 任务实施分析报告

姓名		专业班级		学号	
任务内容及名称	根据要求选择导线截面				
1. 任务实施目的： 学会根据发热条件选择导线截面			2. 任务完成时间：2 学时		
3. 任务实施内容及方法步骤： 某车间 380V/220V 线路的计算电流为 150A，拟采用导线明敷。按发热条件选择导线的截面					
4. 选择及校验分析：					
指导教师评语（成绩）： 年 月 日					

【任务总结】

本任务介绍了按发热条件选择截面的条件，并详细介绍了熔断器熔件和自动空气开关脱扣器动作电流选择的过程，通过本任务的学习，能够学会按发热条件选择导体截面。

任务2　按经济电流密度选择导线和电缆截面

【任务目标】

1. 了解经济电流密度的概念。
2. 学会按经济电流密度选择导线或电缆的截面。

【任务分析】

导线（包括电缆）的截面越大，电能损耗就越小，但是线路投资、维修管理费用和有色金属消耗量却要增加，因此，从经济方面考虑，导线应该选择一个合理的截面，即使电能损耗小，又不过分增加线路投资、维修管理费用和有色金属消耗量。

本任务要学会根据经济电流密度和机械强度来选择导线截面。

【知识准备】

如图5－1所示的是年费用 C 与导线截面 A 的关系曲线。其中曲线1表示线路的年折旧费（线路投资除以折旧年限之值）和线路的年维修管理费之和与导线截面的关系曲线；曲线2表示线路的年电能损耗费与导线截面的关系曲线；曲线3为曲线1与曲线2的叠加，表示线路的年运行费用（包括线路的年折旧费、维修费、管理费和电能损耗费）与导线截面的关系曲线。由曲线3可知，与年运行费最小值 C_a（a 点）相对应的导线截面 A_a 不一定是最经济合理的导线截面，因为a点附近，曲线3比较平坦，如果将导线截面再选小一些，例如选为 A_b（b 点），年运行费用 C_b 增加不多，但导线截面即有色金属消耗量却显著地减少。因此从全面的经济效益来考虑，导线截面选为 A_b 比选 A_a 更为经济合理。这种从全面的经济效益考虑，使线路的年运行费用接近最小同时又适当考虑有色金属节约的导线截面，称为经济截面，用符号 A_{ec}表示。

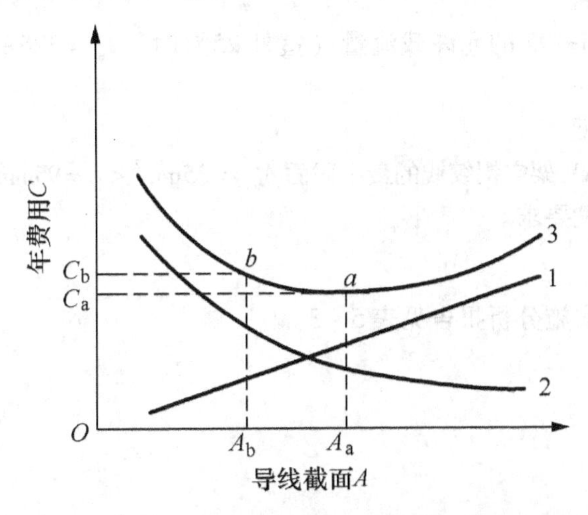

图5－1　线路的年费用和导线截面的关系曲线

各国根据其具体国情特别是有色金属资源的情况规定了各自的导线和电缆的经济电流密度。所谓经济电流密度是指与经济截面对应的导线电流密度。我国现行的经济电流密度规定如表 5－2 所示。

表 5－2　导线和电缆的经济电流密度　　（单位：A/mm^2）

线路类别	导线材质	年最大负荷利用小时		
		3 000 h 以下	3 000～5 000 h	5 000 h 以上
架空线路	铝	1.65	1.15	0.90
	铜	3.00	2.25	1.75
电缆线路	铝	1.92	1.73	1.54
	铜	2.50	2.25	2.00

按经济电流密度 j_{ec} 计算经济截面 A_{ec} 的公式为

$$A_{ec}=I_{ca}/j_{ec} \tag{5-9}$$

式中，I_{ca} 为线路的计算电流。

按上式计算出 A_{ec} 后，应选最接近的标准截面（可取较小的标准截面），然后检验其他条件。

［例 5－3］有一条用 LJ 型铝绞线架设的 5km 长的 10kV 架空线路，计算负荷为 1 380kW，$\cos\varphi=0.7$，$T_{max}=4\ 800h$，试选择其经济截面，并校验其发热条件和机械强度。

解：（1）选择经济截面

$$I_{ca}=P_{ca}/(\sqrt{3}U_N\cos\varphi)=1\ 380kW/(\sqrt{3}\times 10kV\times 0.7)\approx 114A$$

由表 5－1 查得 $j_{ec}=1.15A/mm^2$，因此

$A_{ec}=114A/(1.15A/mm^2)=99mm^2$

因此初选的标准截面为 $95mm^2$，即 LJ－95 型铝绞线。

（2）校验发热条件

查附表 5－1 得 LJ—95 的允许载流量（室外 25℃时）$I_{al}=325A>I_{ca}=114A$，因此满足发热条件。

（3）校验机械强度

查附表 5－4 得 10kV 架空铝绞线的最小截面 $A_{min}=35mm^2<A=95mm^2$，因此所选 LJ—95 型铝绞线也满足机械强度要求。

【任务实施】

导线截面选择的实施分析报告见表 5－3。

表5－3　导线的选择实施分析报告

姓名		专业班级		学号	
任务内容及名称	根据要求选择导线截面				
1. 任务实施目的： 学会根据经济电流密度选择导线截面			2. 任务完成时间：2 学时		
3. 任务实施内容及方法步骤： 有一条用 LGJ 型铝绞线架设的 14km 长的 35kV 架空线路，计算负荷为 4 300kW，$\cos\varphi=0.78$，$T_{max}=5\ 200$h，试选择其经济截面					
4. 选择及校验分析：					
指导教师评语（成绩）： 年　月　日					

【任务总结】

本任务介绍了按经济电流密度选择导线和电缆截面的方法和步骤，通过本任务的学习，能根据经济电流密度来选择导线和电缆的截面。

任务3　按允许电压损耗选择导线和电缆截面

【任务目标】

1. 学会线路阻抗的计算。
2. 能够根据电压损耗选择导线的截面。

【任务分析】

由于线路阻抗的存在，当负载电流通过线路时会产生电压损失。为保证供电质量，按规定高压配电线路（6～10kV）的允许电压损失不得超过线路额定电压的5%；从配电变压器一次侧出口到用电设备的低压输配电线路的电压损失，一般不超过设备额定电压的5%；对视觉要求较高的照明线路不得超过额定电压的2%～3%。如果线路的电压损失超过了允许值，则应适当加大导线或电缆的截面，使之满足允许电压损失的要求。本任务就是要学会如何根据电压损失选择导线或电缆的截面。

【知识准备】

一、电压损耗的计算公式介绍

1. 集中负荷的三相线路电压损耗的计算公式

下面以带两个集中负荷的三相线路（图5－2）为例，说明集中负荷的三相线路电压损耗的计算方法。

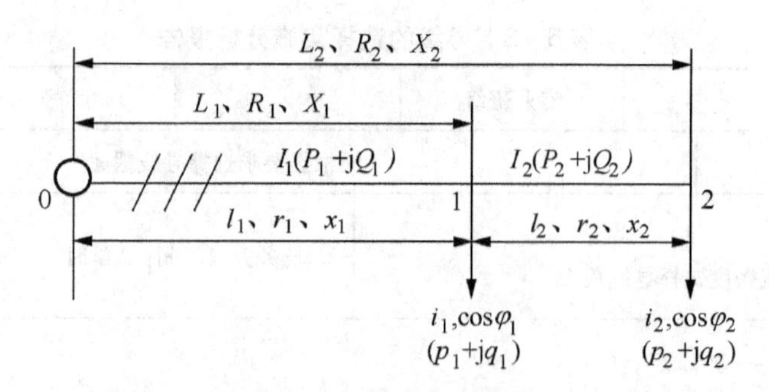

图5-2　带有两个集中负荷的三相线路

在图5-2中，以P_1、Q_1、P_2、Q_2表示各段线路的有功功率和无功功率，p_1、q_1、p_2、q_2表示各个负荷的有功功率和无功功率，l_1、r_1、x_1、l_2、r_2、x_2表示各段线路的长度、电阻和电抗；L_1、R_1、X_1、L_2、R_2、X_2为线路首端至各负荷点的长度、电阻和电抗。

线路总的电压损耗为

$$\Delta U=\frac{p_1R_1+p_2R_2+q_1X_1+q_2X_2}{U_N}=\frac{\sum(pR+qX)}{U_N}\quad(5-10)$$

对于"无感"线路，即线路的感抗可省略不计或线路负荷的$\cos\varphi\approx1$，则线路的电压损耗为

$$\Delta U=\sum(pR)/U_N\quad(5-11)$$

如果是"均一无感"的线路，即不仅线路的感抗可省略不计或线路负荷的$\cos\varphi\approx1$，而且全线采用同一型号规格的导线，则其电压损耗为

$$\Delta U=\sum(pL)/(\gamma AU_N)=\sum M/(\gamma AU_N)\quad(5-12)$$

线路电压损耗的百分值为

$$\Delta U\%=\frac{\Delta U}{U_N}\times100\%\quad(5-13)$$

式中，γ为导线的电导率；A为导线的截面；L为线路首端至负荷p的长度；$\sum M$为线路的所有有功功率矩之和。

对于"均一无感"的线路，其电压损耗的百分值为

$$\Delta U\%=100\sum M/(\gamma AU_N^2)=\sum M/(CA)\quad(5-14)$$

式中，C是计算系数，见表5-4。

表5－4　计算系数 C

线路类型	线路额定电压/V	计算系数 $C/(\mathrm{kW \cdot m \cdot mm^{-2}})$	
		铝导线	铜导线
三相四线或三相三线	220/380	46.2	16.5
两相三线		20.5	34.0
单相或直流	220	7.74	12.8
	110	1.94	3.21
注：表中 C 值是在导线工作温度为50℃、功率矩 M 的单位为 kW·m、导线截面单位为 $\mathrm{mm^2}$ 时的数值。			

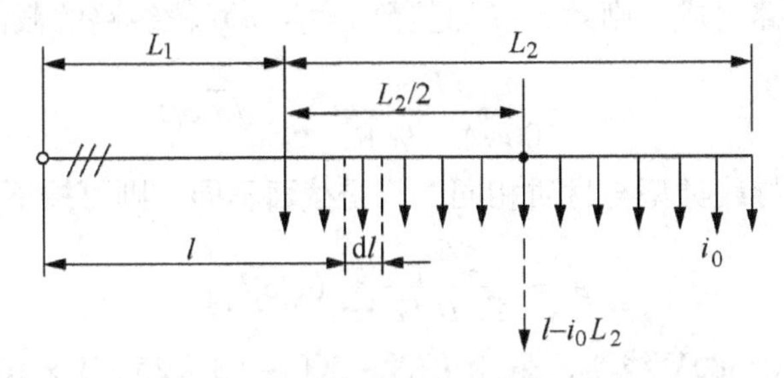

图5－3　均匀分布负荷线路的电压损失计算

2. **均匀分布负荷的三相线路电压损耗的计算**

如图5－3所示，对于均匀分布负荷的线路、单位长度线路上的负荷电流为 i_0 和均匀分布负荷产生的电压损耗，相当于全部负荷集中在线路的中点时的电压损耗，因此可用下式计算其电压损耗：

$$\Delta U = \sqrt{3} i_0 L_2 R_0 (L_1 + L_2/2) = \sqrt{3} I R_0 (L_1 + L_2/2) \tag{5-15}$$

式中，$I = i_0 L_2$，为与均匀分布负荷等效的集中负荷；R_0 为导线单位长度的电阻值，单位为 Ω/km；L_2 为均匀分布负荷线路的长度，单位为 km。

二、按允许电压损耗选择、校验导线截面

按允许电压损耗选择导线截面分两种情况：一是各段线路截面相同，二是各段线路截面不同。

1. **各段线路截面相同时按允许电压损耗选择、校验导线截面**

一般情况下，当供电线路较短时常采用统一截面的导线。可直接采用公式（5－13）来计算线路的实际电压损耗百分值 $\Delta U\%$，然后根据允许电压损耗 $\Delta U_{al}\%$ 来校验其导线截面是否满足电压损耗的条件，即

$$\Delta U\% \geqslant \Delta U_{al}\% \tag{5-16}$$

如果是“均一无感”线路，还可以根据式（5－9），在已知线路的允许电压损耗 $\Delta U_{al}\%$ 条件下，计算该导线的截面，即

$$A = \frac{\sum M}{C \Delta U_{al}\%} \tag{5-17}$$

上式常用于照明线路导线截面的选择。据此计算截面即可选出相应的标准截面，再校

验发热条件和机械强度。

2. 各段线路截面不同时按允许电压损耗选择、校验导线截面

当供电线路较长，为尽可能节约有色金属，常将线路依据负荷大小的不同而采用截面不同的几段。由前面的分析可知，影响导线截面的主要因素是导线的电阻值（同种类型不同截面的导线电抗值变化不大）。因此在确定各段导线截面时，首先用线路的平均电抗 X_0（根据导线类型）计算各段线路由无功负荷引起的电压损耗；其次依据全线允许电压损耗确定有功负荷及电阻引起的电压损耗（$\Delta U_p\% = \Delta U_{al}\% — \Delta U_q\%$）；最后根据有色金属消耗最少的原则，逐级确定每段线路的截面。这种方法比较繁琐，故这里只给出各段线路截面的计算公式，有兴趣的读者可自己查阅相关手册。

设全线由 n 段线路组成，则第 j（j 为整数 $1 \leqslant j \leqslant n$）段线路的截面由下式确定：

$$A = \frac{\sqrt{P_j}}{100\gamma \Delta U_p\% U_N^2} \sum(\sqrt{p_j} L_j) \tag{5-18}$$

如果各段线路的导线类型与材质相同，只是截面不同，则可按下式计算：

$$A = \frac{\sqrt{P_j}}{C \Delta U_p\%} \sum(\sqrt{p_j} L_j) \tag{5-19}$$

[例 5-4] 某 220/380V 线路，采用 BLX-500-(3×25+1×16) 的橡皮绝缘导线明敷，在距线路首端 50m 处，接有 7kW 的电阻性负荷，在末端（线路全长 75m）接有 28kW 的电阻性负荷。试计算全线路的电压损耗百分值。

解： 查表 5-2 得 $C = 46.2\text{kW} \cdot \text{m/mm}^2$

而
$$\sum M = 7\text{kW} \times 50\text{m} + 28\text{kW} \times 75\text{m} = 2\,450\text{kW} \cdot \text{m}$$

因此
$$\Delta U\% = \sum M / CA = \frac{2\,450}{(46.2 \times 25)} \approx 212\%$$

【任务实施】

导线截面的选择实施分析报告见表 5-5。

表 5-5　导线截面的选择实施分析报告

<table>
<tr><td>姓名</td><td></td><td>专业班级</td><td></td><td>学号</td><td></td></tr>
<tr><td colspan="2">任务内容及名称</td><td colspan="4">根据要求选择导线截面</td></tr>
<tr><td colspan="3">1. 任务实施目的：
学会根据要求选择导线截面</td><td colspan="3">2. 任务完成时间：2 学时</td></tr>
<tr><td colspan="6">3. 任务实施内容及方法步骤：
总结根据发热条件、经济电流密度和电压损耗条件选择导线截面的步骤和方法</td></tr>
<tr><td colspan="6">4. 选择及校验分析：</td></tr>
<tr><td colspan="6">指导教师评语（成绩）：
年　月　日</td></tr>
</table>

【任务总结】

本任务介绍了电压损耗的概念和计算方法，并详细介绍了如何根据电压损耗来选择导线和电缆截面，通过本任务的学习，能根据电压损耗来选择导线和电缆的截面。

【项目评价】

根据所填表格内容进行评议，并填写项目评价表，见表5-6。

表5-6　项目评价表

评定人/任务	任务评议	等　级	评定签名
自己评			
同学评			
指导老师评			
综合评定等级			

思考题

1. 导线通电后其温升将如何变化？其热平衡关系如何？断续负荷与持续负荷的温升变化有何区别？对各种导线或电缆为什么都规定有一定的允许温度？各是多少？

2. 导线和电缆的允许电流是怎样确定的？不同材料、不同截面的导线或电缆怎样决定其允许电流？按允许发热条件怎样选取导线或电缆的截面？

3. 选择熔件额定电流应遵循哪些条件？为何考虑该条件？熔件额定电流与导线或电缆的允许电流应怎样配合才能起到保护作用？

4. 何为电压降、电压损失以及电压偏移？他们之间有何关系？为什么要限制电压损失在一定范围以内？影响电压损失的主要因素是什么？

5. 怎样计算线路电阻与感抗？当已知导线材料、截面和其布置方法时，在实际工作中又应怎样决定其电阻与感抗？两者与截面各有何关系？哪些线路的感抗可以略去不计？

6. 如何计算线路电压损失？各计算式是怎样得出的？分支树式网路应怎样计算？为什么均匀分布的负荷可以看成作用在中间一点的集中负荷来计算电压损失？

7. 按允许电压损失怎样选择导线截面？为什么在一般情况下要先设 x_0？如果线路只供给有功功率，又应怎样按 ΔU_y 选择导线截面？最后是否还必须校验其实际电压损失？按允许电压损失选择导线截面多运用于何种线路？

8. 本章所述导线截面各种选择方法都适用于哪些线路？

习题

5-1　今有10kV铝芯纸绝缘三芯电缆三根，每根截面为50mm^2，并排直接埋入土壤，土壤温度为+10℃，热阻系数为120，并排之间的距离为100mm。根据附表试查出其允许电流值。

5-2　某车间用铝芯BLX型绝缘导线明敷设供电给生产机械的电动机，导线截面为16mm^2，车间内空气温度为+30℃。试求其允许电流值。

5-3　从车间某控制站引出一条明敷设干线到一个动力配电箱。由该动力配电箱引出四条穿入铁管的支线给四台电动机供电，其中两台绕线式感应机，每台容量各为14 kW，另两台为鼠笼式感应机，每台容量为 10 kW，其他数据如图 5 -4 所示。所用导线支线为 BLX 型铝芯绝缘线，干线为 BLV 线，车间空气温度为 +30℃，线路电压为 380 V，试选择各导线截面以及所用 RM 10 型熔断器的额定电流。

名　　称	M_1 与 M_2	M_3 与 M_4
形　　式	绕线式	鼠笼式
额定容量/kW	14	10
效　　率	0. 86	0. 87
功率因数	0. 87	0. 83
负荷系数	0. 9	1. 0
启动倍数	2	6

5 -4 现有电压为 10kV 厂区架空线路，选用 LGJ—35 型的钢芯铝线，截面积为 $35mm^2$，几何均距为 1m，线路长度与负荷电流的数据如图 5 -5 所示，试求干线电压损失。

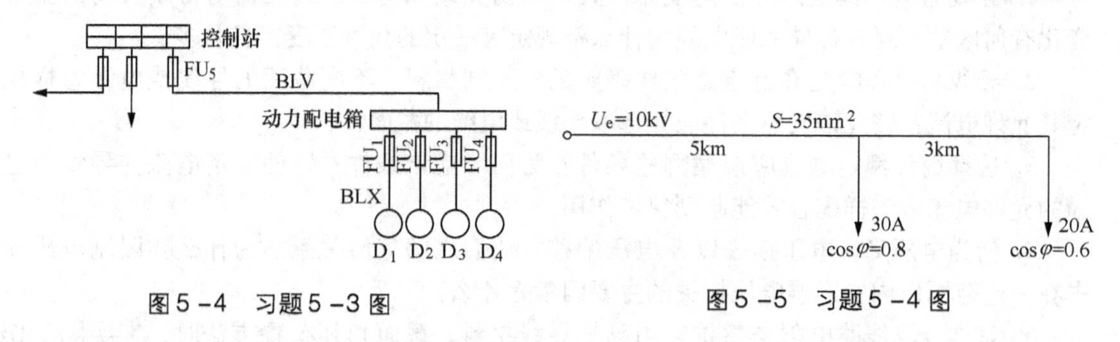

图 5 -4　习题 5 -3 图　　　　图 5 -5　习题 5 -4 图

5 -5 按例 5 -5 所给出的条件，若不知导线截面，给出允许电压损失为 3%。试按允许电压损失选择干线截面。

5 -6 按习题 5 -4 所给出的条件，当已知允许电压损失占额定电压的 5%，试按允许电压损失选择干线截面，并就干线各段截面不同时进行比较。

项目六

短路电流的计算和高压设备的选择

【项目需求】

短路是工业企业供电系统运行时常见的一种故障，电气设备的选择不仅要考虑正常负荷情况，还要考虑短路所引起的后果。同时，短路电流也是保证保护装置可靠动作的重要依据。

【项目工作场景】

工业企业供配电系统中发生短路故障时，短路回路中短路电流要比额定电流大几倍甚至几十倍，温度急剧上升，有可能损坏设备。短路故障点往往有电弧产生，不仅烧坏故障元件，还可能殃及周围设备，短路危害是严重的。本项目分为短路电流计算和高压设备的选择两个任务。

【方案设计】

在认识短路的基础上，学会用标幺值法计算短路电流，进一步知道短路电流的效应。学会高压设备的选择。

【相关知识和技能】

1. 短路电流及其计算。
2. 高压设备的选择。

任务1　短路电流的计算

【任务目标】

1. 了解短路的原因、种类、计算短路电流的目的。
2. 熟悉无限大容量电力系统短路过程的分析过程。
3. 学会短路电流的计算。

【任务分析】

短路是工业企业供电系统运行中常见的故障，为了防止短路及其产生的破坏，需要对供电系统中可能产生的短路电流数值预先进行分析计算，计算结果可以作为选择电气设备及供配电设计的依据。

【知识准备】

一、短路概述

1. 短路的原因

工厂供电系统发生短路，究其原因，主要有以下方面。

（1）电气绝缘损坏。这是发生短路故障的主要原因。绝缘损坏可能是绝缘自然老化而损坏，也可能是机械外力造成设备绝缘受损，另外过电压、直接雷击、设备本身质量差、绝缘不够等都有可能使绝缘损坏。

（2）误操作。没有严格依据操作规程的误操作也将造成短路故障，如倒闸操作时带负荷拉开高压隔离开关；检修后未拆接地线接通断路器，或者误将低压设备接上较高电压电路。

（3）鸟兽害。鸟类及蛇鼠等小动物跨越在裸露的不同电位的导体之间，或者咬坏设备和导线电缆的绝缘，都会造成短路事故。

2. 短路的后果

短路后，由于短路回路阻抗远比正常运行负荷时电路阻抗小得多，因此短路电流往往比正常负荷电流大几十倍甚至几百倍。在现代大型电力系统中，短路电流可高达几万安培或几十万安培。如此大的短路电流将对供电系统造成极大的危害，如下。

（1）短路电流产生很大的电动力并使通过短路电流的导体和电气设备的温度急剧上升而造成极大的破坏力。

（2）使供电电源母线电压骤降，若电压低于额定电压40%以上，持续时间不小于1s，电动机就有可能停止转动，严重影响设备正常运行。

（3）造成停电事故，发生短路后，短路保护装置将动作切除短路，从而使电源终止供电。短路点越靠近电源，短路引起停电范围越大，造成经济损失也越大。

（4）损坏供电系统的稳定性，严重的短路故障产生的电压降低可能引起发电机之间并列运行的破坏，造成系统解列。

（5）单相接地短路可产生电磁干扰，单相接地短时不平衡电流所产生的电磁干扰，将使附近的通信线路、信号系统及电子设备无法正常运行，甚至发生误动作。

由此可见，短路的危害是十分严重的，因此必须尽力设法消除可能引起短路的一切因素。如严格遵守电气设备的运行操作规程；提高设计、安装、检修的质量。选择合理的电气接线图及合理运行方式，使操作简单并杜绝误操作；使变压器和线路分列运行，减少并列回路，从而减小短路电流。另外通过严密的短路电流计算，正确选择电气设备，保证有足够的短路动稳定性和热稳定性；还可以选用可靠的继电保护装置和自动装置，及时切除短路回路，以防止事故扩大。

3. 短路的类型

三相系统中短路的基本类型有三相短路、两相短路、单相短路（单相接地短路）和两相接地短路。如图6-1所示，其中，k表示短路状态，$k^{(3)}$、$k^{(2)}$、$k^{(1)}$分别表示三相短路、两相短路（或两相接地短路）、单相短路。两相接地短路常发生在中性点不接地系统中，两相在同一地点或不同地点同时发生单相接地。在中性点接地系统中单相接地短路将被继电器保护装置迅速切除，因而发生两相接地短路可能性很小。

上述三相短路属对称短路，其他形式的短路均属不对称短路。

运行经验表明，电力系统中发生单相短路的可能性最大，两相短路及两相接地短路次之，三相短路可能性最小。但是三相短路电流最大，造成的危害最为严重。因此电气设备的选择和校验要依据三相短路电流，这样才能确保电气设备在各种短路状态下均能可靠地工作。后面所讲的短路计算也以三相短路为主。

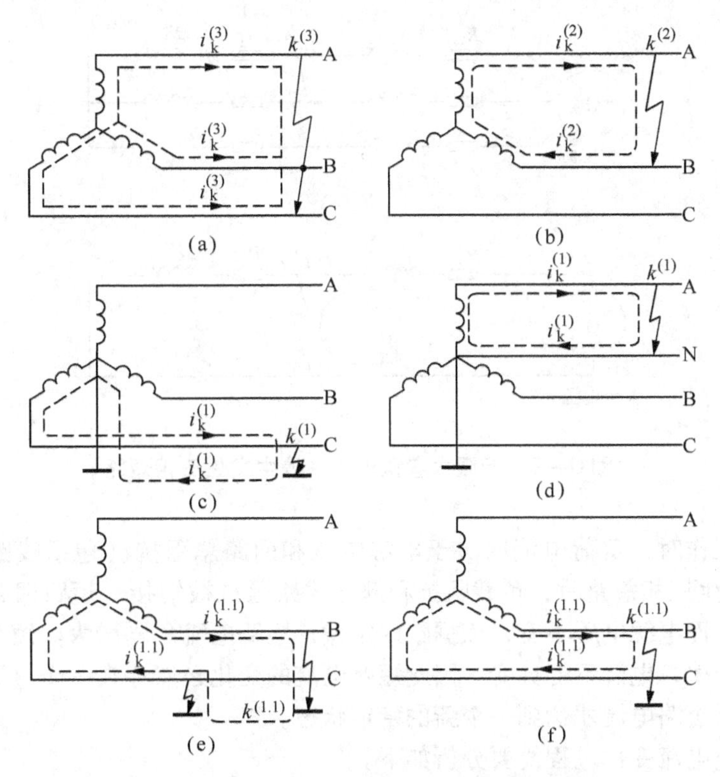

图6－1　短路的形式（虚线表示短路电流的路径）

（a）三相短路；（b）两相短路；（c）单相接地短路；

（d）单相接地短路；（e）、（f）两相接地短路

二、无限大容量电力系统发生三相短路的变化过程

1. 无限大容量电力系统

无限大容量电力系统就是这个系统的容量相对于单个用户（例如工厂）总的用电设备容量大得多，以至于馈电给用户的电路上无论负荷如何变化甚至发生短路时，系统变电站馈电母线上的电压始终保持基本不变。无限大容量电力系统的特点是系统容量无穷大，母线电压恒定，系统阻抗很小。

一般来说，小工厂的负荷容量相对于现代电力系统是很小的，因此在计算中小工厂供电系统的短路电流时，可以认为电力系统是无限大容量。

2. 无限大容量电力系统三相短路过程

图6－2所示为由无限大容量电力系统供电的计算电路图。其中图6－2（a）为三相电路发生三相短路的等效电路图。由于三相短路是一对称短路，因而可用图6－2（b）所示的等效单相电路图表示。

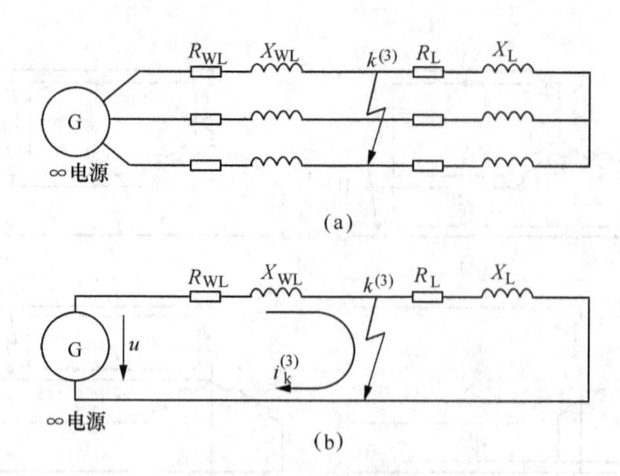

图6-2 无限大容量电力系统中发生三相短路

系统正常工作时，负荷电流取决于电源电压和回路总阻抗（包括线路阻抗和负载阻抗）。当系统发生三相短路时，负载阻抗和部分线路阻抗被短接，短路回路阻抗远比正常回路总阻抗低，而电源电压不变，依据欧姆定律，短路电流急剧增大。短路电路中存在电感，按照楞次定律，电流不能突变，因此短路电流的变化必然存在一个过渡过程，即短路暂态过程，最后短路电流才达到一个新的稳定状态。

下面就短路电流变化过程简要分析如下。

在图6-2（b）中根据基尔霍夫电压定律有下列方程

$$u = U_m \sin(\omega t + \theta) = i_k R + L\frac{di_k}{dt} \tag{6-1}$$

解这个微分方程可得短路电流瞬时值为

$$i_k = \frac{U_m}{Z}\sin(\omega t + \theta - \varphi_k) + Ce^{-\frac{t}{\tau}} = I_{pm}\sin(\omega t + \theta - \varphi_k) + Ce^{-\frac{t}{\tau}} \tag{6-2}$$

式中，I_{pm}——短路电流量正弦周期变化分量的幅值；

U_m——电源相电压幅值；

Z——短路回路总阻抗；

θ——电源相电压初相角；

φ_k——短路电流与电源相电压之间的相位角，由于短路电路中感抗 X_L 远大于电阻 R，所以 φ_k 可近似为90°；

C——常数，其值根据短路初始条件决定；

τ——短路回路的时间常数，$\tau = \frac{L}{R}$。

可以证明，短路前为空载即 $i_{K(0\_)}=0$，短路时电压恰好通过零点即 $\theta=0$，此时短路全电流将达到最大。

$$i_K = I_{pm}\sin(\omega t - 90^{\circ}) + I_{pm}e^{-\frac{t}{\tau}} \tag{6-3}$$

由上述分析可以看出，短路电流的全电流由两部分叠加而成，一部分为呈正弦函数周期性变化的短路电流周期分量 i_p，另一部分为呈指数函数衰减变化的短路电流非周期分量 i_{np}。

$$i_k = i_p + i_{np} \tag{6-4}$$

短路电流周期分量由短路电路的电压和阻抗所决定，在无限大容量系统中，由于电源电压不变，i_p 幅值 I_{pm} 也不变。

短路电流非周期分量主要是由电路中电感的存在而产生，其衰减快慢与电路中的电阻和电感有关，电阻越大，电感越小，i_p 衰减就越快。

图6-3表示无限大容量电力系统发生三相短路时，短路电流为最大相的短路全电流 i_k 和两个分量 i_p 和 i_{np} 的变化曲线。设 $t=0$ 为发生三相短路时，$t=0$ 以前为正常运行状态。

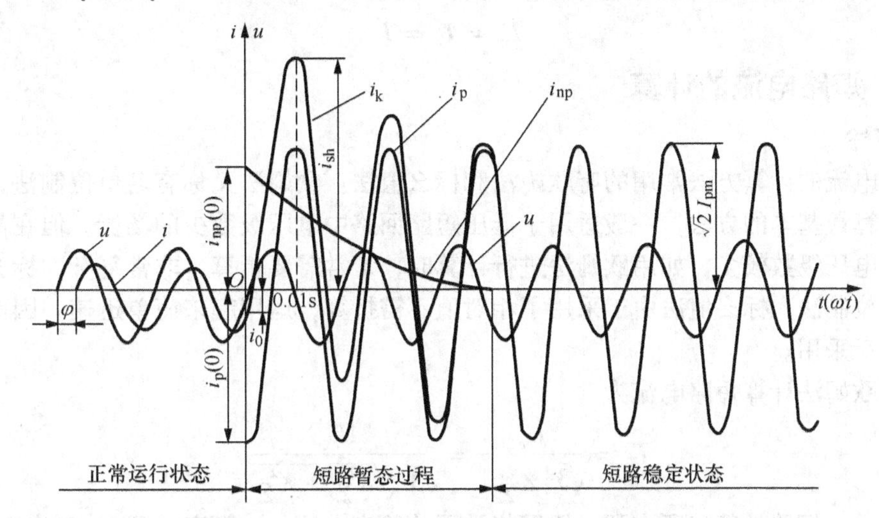

图6-3　无限容量电力系统发生三相短路时短路电流为最大相短路电流变化曲线

3. 短路有关物理量

（1）短路电流次暂态值。在式（6-3）中，当 $t=0$ 时，有

$$i_p(0) = -I_{pm} = -\sqrt{2}I'' \tag{6-5}$$

式中，I'' 称为短路电流次暂态值，即为短路第一个周期的短路周期分量 i_p 的有效值。

（2）短路冲击电流。由图6-3所示短路全电流曲线可以看出，短路后经过半个周期（0.01s）短路全电流瞬时值达到最大值。这一最大的瞬时电流称为短路冲击电流 i_{sh}。

依据式（6-3）所示，当 $t=0.01s$ 时，

$$i_{sh} = \sqrt{2}I''(1 + e^{-\frac{0.01}{\tau}}) = K_{sh}\sqrt{2}I''$$

式中，K_{sh}—短路冲击系数，$K_{sh}=1+e^{-\frac{0.01}{\tau}}$，其中，$1<K_{sh}<2$。

短路全电流 i_k 的最大有效值是短路后第一个周期的短路全电流有效值，也称短路电流有效值，用 I_{sh} 表示。

$$I_{sh} = \sqrt{I_p^2(0.01) + I_{np}^2(0.01)} \approx \sqrt{I''^2 + (\sqrt{2}I''e^{-\frac{0.01}{\tau}})^2} \tag{6-6}$$

或

$$I_{sh} = \sqrt{1+2(K_{sh}-1)^2}I'' \tag{6-7}$$

计算高压电路的短路时，一般可取 $K_{sh} = 1.8$

因此
$$i_{sh} = 2.55I'' \tag{6-8}$$

$$I_{sh} = 1.51I''$$ (6-9)

计算低压电路的短路时，一般可取 $K_{sh} = 1.3$

因此

$$i_{sh} = 1.84I''$$ (6-10)

$$I_{sh} = 1.09I''$$ (6-11)

（3）短路稳态电流。短路稳态电流是短路电流非周期分量衰减完毕以后（一般约经 0.1~0.2s）的短路全电流，用 I_∞ 表示。此时，也是短路电流周期分量有效值 I_k。无限大容量电力系统 I_k 在短路过程中始终恒定不变，因此

$$I_\infty = I_k = I''$$ (6-12)

三、短路电流的计算

1. 概述

短路电流的计算方法常用的有欧姆法和标幺值法。欧姆法又称有名单位制法，也是短路电流计算最基本的方法，一般适用于低压短路回路中电压级数少的场所。但在高压短路回路中，电压级数较多，如用欧姆法进行计算时，常常需要折算，非常复杂。标幺值法又称相对单位制法，标幺值法由于采用了相对值不需折算，运用起来简单迅速。因此工程设计中被广泛采用。

采用欧姆法计算短路电流为

$$I_K = \frac{U_c}{\sqrt{3}|Z_\Sigma|} = \frac{U_c}{\sqrt{3}\sqrt{R_\Sigma^2 + X_\Sigma^2}}$$

式中，U_c——短路计算点所在那一级网络的平均额定电压，比额定电压 U_N 高出5%。

$|Z_\Sigma|$、R_Σ、X_Σ——短路电路的总阻抗、总电阻和总电抗。

2. 采用标幺值法进行三相短路电流的计算

（1）标幺值及其基准。某一物理量的标幺值（A^*）是该物理量的实际值（A）与所选定的基准值（A_d）的比值，即

$$A^* = \frac{A}{A_d}$$ (6-13)

标幺值法计算短路电流，一般是先选定基准容量 S_d 和基准电压 U_d。工程计算通常取 $S_d = 100\text{MV} \cdot \text{A}$。

基准电压的值取发生短路的那一段线路区间的平均电压作为基准电压，即为短路计算点所在那一级网路的平均额定电压 U_c。$U_d = U_c$，U_c 比额定电压 U_N 高出5%。

确定了基准容量和基准电压后，根据三相交流系统中的容量、电压、电流、阻抗的关系，基准电流有以下关系式

$$I_d = \frac{S_d}{\sqrt{3}U_d}$$ (6-14)

基准阻抗有如下关系

$$|Z|_d = \frac{U_d}{\sqrt{3}I_d} = \frac{U_d^2}{S_d}$$ (6-15)

（2）短路回路总阻抗。在计算短路电流时，先应根据供电系统作出计算电路图，根据它对各短路点作出等值电路图，然后利用网路简化规则，将等值电路逐步简化，求出短路

回路总阻抗。根据短路回路总阻抗就可进一步求出短路电流。

在高压电路的短路计算中，短路回路总电抗值（X_Σ）远大于总电阻（R_Σ），可以只计电抗不计电阻。只有当短路回路中 $R_\Sigma > \frac{1}{3}X_\Sigma$ 时，才计入电阻。

用标幺值计算总阻抗，须将短路回路中各元件归算到同一基值条件，才能作成等值电路图，而按网路简化规则求出总阻抗。

图 6－4 所示为几个电压级的电路，图中所标明的电压为各级的平均额定电压（U_{c1}、U_{c2}、U_{c3}），各元件电抗的欧姆值分别对应于所在电压级的平均额定电压，如 X_1 对应于 U_{c1}，X_2 和 X_3 对应于 U_{c2}，X_4 对应于 U_{c3}。

求图 6－4 中点短路电流，将各电抗折算到 U_{c3}。电抗等效核算的条件是元件的功率损耗不变。因此由 $\Delta Q = \frac{U^2}{X}$ 的关系可知元件的电抗值是与电压平方成正比的，电抗 X 由某一电压级 U_c 折算到另一电压级 U_d 时，有

$$X' = \left(\frac{U_d}{U_c}\right)^2 X \tag{6-16}$$

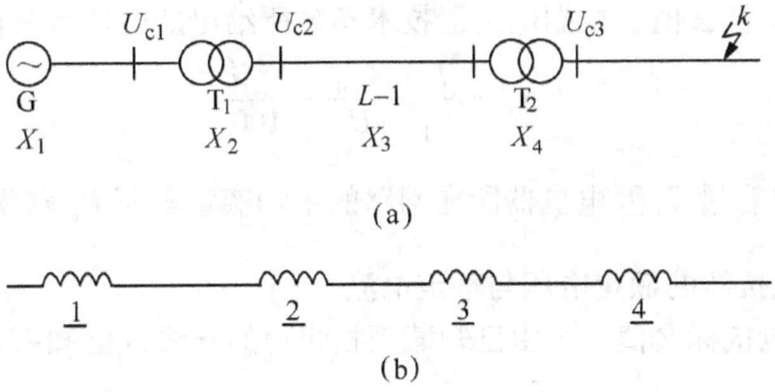

(a)

(b)

图 6－4　计算电路图与等值电路图

（a）计算电路图；（b）等值电路图

由公式（6－16）和图（6－4）得短路点 k 短路回路总阻抗为

$$X_{\Sigma K} = X_1' + X_1' + X_3' + X_4' = \left(\frac{U_{c3}}{U_{c1}}\right)^2 X_1 + \left(\frac{U_{c3}}{U_{c2}}\right)^2 X_2 + \left(\frac{U_{c3}}{U_{c2}}\right)^2 X_3 + X_4 \tag{6-17}$$

取基值功率为 S_d，基准电压 $U_d = U_{c3}$，

则
$$X_d = \frac{S_d}{U_d^2}$$

将式（6－17）两边分别乘以 $\frac{U_d}{U_{c3}}$，则有

$$\frac{S_d}{U_d^2}X_{\Sigma K} = \frac{S_d}{U_{c1}^2}X_1 + \frac{S_d}{U_{c2}^2}X_2 + \frac{S_d}{U_{c2}^2}X_3 + \frac{S_d}{U_{c3}^2}X_4$$

即
$$X_{\Sigma K}^* = X_1^* + X_2^* + X_3^* + X_4^* \tag{6-18}$$

由式（6－18）可以看出，元件的电抗标幺值与所选基值功率以及元件本身所在网路平均额定电压有关，与基值电压（短路计算点所在平均额定电压）无关。在多级电压的高压网路中，计算不同电压级的各短路点的总阻抗时，用标幺值表示可共用一个等值电路

图，可大大简化计算过程。这就是计算高压网路短路电流时工程设计常用的标幺值法的主要原因。

（3）电力系统主要元件电抗标幺值。确定短路回路总电抗标幺值须首先按同一基值求出各主要元件的电抗标幺值。

①电力系统电抗标幺值。对工厂供电系统来说，电源即电力系统电抗值牵涉因素较多，并且缺乏数据不容易准确确定。但是工厂供电系统最大短路容量受电源出口断路器断流容量限制，电力系统的电抗标幺值可以依据出口断路器断流容量进行估算，且计算出的电抗标幺值结果偏小，使计算出的短路电流偏大，对选择电气设备是有利的。

$$X_s^* = X_s/X_d = \frac{U_c^2}{S_{oc}}/\frac{U_d^2}{S_d} = S_d/S_{oc} \tag{6-19}$$

式中，S_{oc}——系统出口断路器的断流容量。

②电力变压器的电抗标幺值。依据变压器技术参数所给出的阻抗电压百分数 $U_k\%$ 近似求得：

$$X_T^* = X_T/X_d = \frac{U_K\%}{100} \cdot \frac{U_c^2}{S_N}/\frac{U_d^2}{S_d} = \frac{U_K\% S_d}{100 S_N} \tag{6-20}$$

③电抗器的电抗标幺值。根据电抗器技术参数所给出的电抗百分值 $X_L\%$ 得

$$X_L^* = \frac{I_c}{I_{NL}} \cdot \frac{U_{NL}}{U_c} \cdot \frac{X_L\%}{100}$$

式中，I_c——由基准容量 S_d 及电抗器所在网路的平均额定电压 U_c 获得 $I_c = \dfrac{S_d}{\sqrt{3}U_c}$；

U_{NL}，I_{NL}——电抗器的额定电压与额定电流。

④电力线路的电抗标幺值。可由已知截面相线距的导线或已知截面和电压的电缆的单位长度的电抗得到

$$X_{WL}^* = X_{WL}/X_d = X_0 l/\frac{U_d^2}{S_d} = X_0 l S_d/U_c^2 \tag{6-21}$$

式中，X_0——导线或电缆的单位长度电抗，查有关设计手册或产品标本，LJ 铝绞线及 LGJ 钢芯铝绞线的 X_0 可查附表 6－1，户内明敷及穿管的绝缘导线（BLX、BLV）的 X_0 可查附表 6－2。

如果线路的结构数据未知，则可以取导线和电缆电抗平均值，6～10kV 电力线路、架空线路单位长度电抗平均值 X_0 取 0.38Ω/km。电缆线路单位长度电抗平均值 X_0 取 0.08Ω/km。

（4）采用标幺值法计算三相短路电流。在忽略短路回路电阻的前提下，无限大容量电力系统三相短路电流周期分量的有效值为

$$I_K^{(3)} = \frac{U_c}{\sqrt{3}X_\Sigma} \tag{6-22}$$

根据标幺值定义，三相短路电流周期分量有效值的标幺值为

$$I_K^{(3)} = \frac{I_K}{I_d} = \frac{U_c/\sqrt{3}X_\Sigma}{U_d/\sqrt{3}X_d} = \frac{X_\Sigma}{X_d} = \frac{1}{X_\Sigma^*} \tag{6-23}$$

由此在设定基准容量、基准电压得出基准电流的条件下，三相短路电流周期分量有效

值采用标幺值法可表示如下：

$$I_{K}^{(3)}=I_{K}^{*}\cdot I_{d}=\frac{I_{d}}{X_{\Sigma}^{*}} \tag{6-24}$$

求出 $I_{K}^{(3)}$ 后，就可利用前面公式求出 $I''^{(3)}$、$I_{\infty}^{(3)}$、$i_{sh}^{(3)}$ 和 $I_{sh}^{(3)}$，三相短路容量可由下式求出

$$S_{K}^{(3)}=\sqrt{3}U_{c}I_{K}^{(3)}=\sqrt{3}U_{c}\frac{I_{d}}{X_{\Sigma}^{*}}=\frac{S_{d}}{X_{\Sigma}^{*}} \tag{6-25}$$

（5）标幺值法短路计算的步骤和示例。

按标幺值法进行短路计算的步骤大致如下：

（1）绘制短路计算电路图，并根据短路计算目的确定短路计算点。

（2）确定标幺值的基准，取 $S_{d}=100\text{MV}\cdot\text{A}$，$U_{d}=U_{c}$（有几个电压级就取几个 U_{c}），求出所有基准电压下的 I_{d}。

（3）计算短路电路中所有主要元件的电抗标幺值。

（4）绘出短路电路的等效电路图，用分子标明元件序号或代号，分母用来表明元件的电抗标幺值，在等效电路图上标出所有短路计算点。

（5）分别简化各短路计算点电路，求出总电抗标幺值。

（6）计算短路点的三相短路电流周期分量有效值 $I_{K}^{(3)}$。

（7）计算短路点其他短路电流 $I''^{(3)}$、$I_{\infty}^{(3)}$、$i_{sh}^{(3)}$ 和 $I_{sh}^{(3)}$ 以及短路点的三相短路容量 $S_{K}^{(3)}$。

［例 6－1］某供电系统如图 6－5 所示。无限大容量电力系统出口断路器 QF 的断流容量为 300MV · A，工厂变电所装有两台并列运行的 SL7—800/10 型电力变压器。试用标幺值法计算该变电所 10 kV 母线上 k—1 点短路和 380V 母线 k—2 点短路的三相短路电流和短路容量。

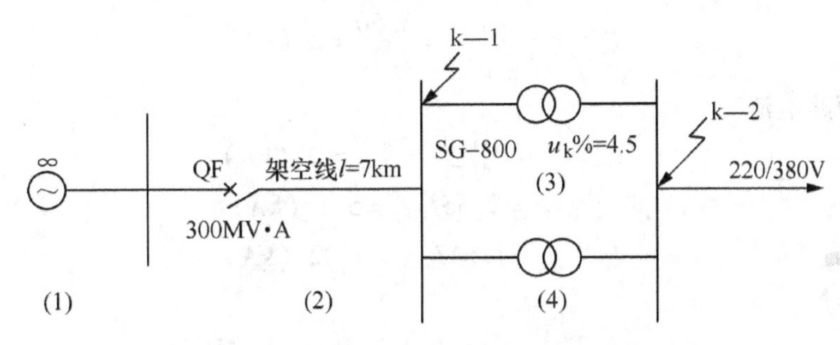

图 6－5　例 6－1 的短路计算电路图

解：

（1）确定标幺值的基准如下。

取 $S_{d}=100\text{MV}\cdot\text{A}$，$U_{d1}=U_{c1}=10.5\text{kV}$，$U_{d2}=U_{c2}=0.4\text{kV}$

则

$$I_{d1}=\frac{S_{d}}{\sqrt{3}U_{d1}}=\frac{100\text{MV}\cdot\text{A}}{\sqrt{3}\times10.5\text{kV}}\approx5.50\text{kA}$$

$$I_{d2}=\frac{S_{d}}{\sqrt{3}U_{d2}}=\frac{100\text{MV}\cdot\text{A}}{\sqrt{3}\times0.4\text{kV}}\approx144\text{kA}$$

（2）计算短路电路中各主要元件电抗标幺值如下。

①电力系统的电抗标幺值为

$$X_1^* = \frac{S_d}{S_{oc}} = \frac{100}{300} \approx 0.333$$

②架空线路的电抗标幺值（X_0 取架空线路的平均值 0.38Ω/km）为

$$X_2^* = X_0 l S_d / U_{c1}^2 = \frac{0.38 \times 7 \times 100}{10.5^2} \approx 2.413$$

③电力变压器的电抗标幺值为

$$X_3^* = X_4^* = \frac{U_k\% S_d}{100 S_N} = \frac{4.5 \times 100}{100 \times 0.8} \approx 5.625$$

（3）绘制短路电路的等效电路图，如图 6－6 所示。

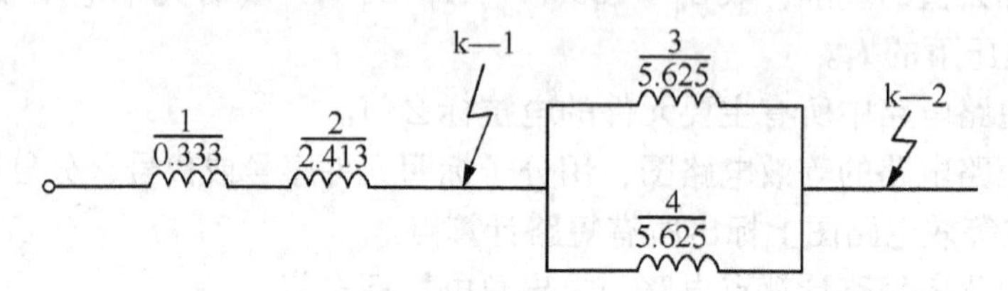

图 6－6　等效电路图

（4）计算 k—1 点的短路电路总电抗标幺值及三相短路电流和短路容量，如下。

①总电抗标幺值为

$$X_{\Sigma(k-1)}^* = X_1^* + X_2^* = 0.333 + 2.413 = 2.75$$

②三相短路电流周期分量有效值

$$I_{k-1}^{(3)} = \frac{I_{d1}}{X_{\Sigma(k-1)}^*} = \frac{5.50}{2.75} = 2\ (\text{kA})$$

③其他短路电流

$$I_{k-1}^{(3)\ (3)} = I_{\infty(k-1)}^{(3)} = I_{k-1}^{(3)} = 2\ (\text{kA})$$

$$i_{sh(k-1)}^{(3)} = 2.55 I_{k-1}'' = 5.1\ (\text{kA})$$

$$I_{sh(k-1)}^{(3)} = 1.51 I_{k-1}'' = 3.02\ (\text{kA})$$

④三相短路容量

$$S_{k-1}^{(3)} = S_d / X_{\Sigma(k-1)}^* = 100/2.75 = 36.4\text{MV} \cdot \text{A}$$

（5）计算 k—2 点的短路电路总电抗标幺值及三相短路电流和短路容量。

①总电抗标幺值为

$$X_{\Sigma(k-2)}^* = X_1^* + X_2^* + X_3^* // X_4^* = \frac{0.333 + 2.413 + 5.625}{2} = 5.559$$

②三相短路电流周期分量有效值为

$$I_{k-2}^{(3)} = \frac{I_{d2}}{X_{\Sigma(k-2)}^*} = \frac{144}{5.559} \approx 26\ (\text{kA})$$

③其他短路电流为

$$I_{k-2}^{(3)} = I_{\infty(k-2)}^{(3)} = I_{k-2}^{(3)} = 26\ (\text{kA})$$

$$i_{sh(k-2)}^{(3)} = 1.84 I''_{k-2} \approx 1.84 \times 26 = 47.8 \text{ (kA)}$$
$$I_{sh(k-2)}^{(3)} = 1.09 I''_{k-2} \approx 1.09 \times 26 = 28.3 \text{ (kA)}$$

④三相短路容量

$$S_{k-2}^{(3)} = S_d / X_{\Sigma(k-2)}^{*} = \frac{100}{5.559} = 18 \text{ (MV·A)}$$

在工程设计中，要列出短路计算表，如表 6－1 所示。

表 6－1　例 6－1 短路计算表

短路计算点	短路电流/kA					短路容量/（MV·A）
	$I_K^{(3)}$	$I''_{(3)}$	$I_\infty^{(3)}$	$i_{sh}^{(3)}$	$I_{sh}^{(3)}$	
k—1	2	2	2	5.1	3.02	36.4
k—2	26	26	26	47.8	28.3	18

3. 两相短路电流的计算

如图 6－7 所示，无限大容量电力系统发生两相短路时电流周期分量有效值为

$$I_K^{(2)} = \frac{U_c}{2|Z_\Sigma|} \tag{6-26}$$

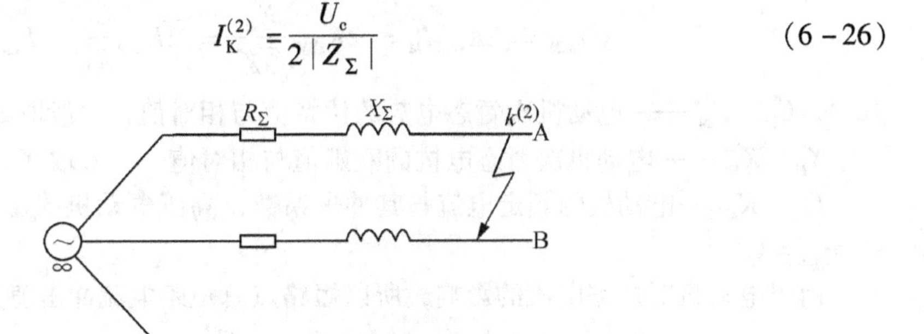

图 6－7　无限大容量系统发生两相短路

而三相短路电流周期分量有效值为

$$I_K^{(3)} = \frac{U_c}{\sqrt{3}|Z_\Sigma|} \tag{6-27}$$

则有关系式

$$I_K^{(2)} = \frac{\sqrt{3}}{2} I_K^{(3)} \tag{6-28}$$

因此无限容量电力系统只要求出三相短路电流后即可用式（6－27）求出两相短路电流。由式（6－28）可明显看出 $I_K^{(3)} > I_K^{(2)}$，故短路电流校验只考虑三相短路。

4. 大型异步电动机对短路电流的影响

电动机在正常运行时从电网吸取功率，将电能转变成机械能时，电动机产生的反电动势小于外加电压。当电动机附近发生短路故障时，电源电压将下降，如果电压下降至电动机所产生的反电动势以下，电动机将和发电机一样向短路点供出电流，电动机则迅速被制动，由它反馈的短路电流也随之很快消失，如图 6－8 所示。

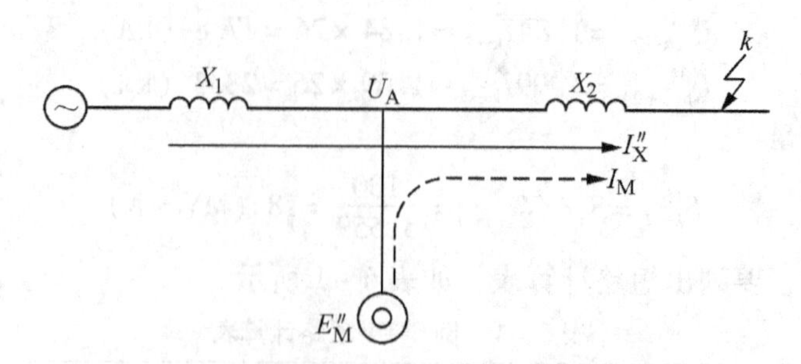

图 6－8　异步电动机向短路点供给短路电流的电路

由图 6－8 可知，电动机与短路点相连的电抗 X_2 越小，电动机对该点短路电流的影响越大。所以当故障点距离电动机很近（一般不超过 5m）且电动机容量或电动机总容量在 100kW 以上，则由电动机向短路点馈送电流。

由于电动机供出的电流衰减很快，因此它只影响短路电流的冲击值，电动机反馈冲击电流为

$$i_{shM}=\sqrt{2}K_{shM}I''_M=\sqrt{2}K_{shM}\frac{E''_M}{\sqrt{3}X''_M}=\sqrt{2}K_{shM}\frac{E''^*_M}{X''^*_M}\cdot I_{NM} \tag{6-29}$$

式中，E''_M、E''^*_M——电动机次暂态电势的伏特值与相对值，一般取 $E''^*_M=0.9$

X''_M、X''^*_M——电动机次暂态电抗的欧姆值与相对值，一般取 $X''^*_M=0.2$

I_{NM}、K_{shM}—电动机的额定电流与其冲击系数，高压电动机 $K_{shM}=1.4\sim1.6$，低压电动机 $K_{shM}=1$。

由于电动机对短路电流的影响，所以短路点总短路电流冲击值为

$$i'_{sh}=i_{sh\cdot M}+i_{sh} \tag{6-30}$$

四、短路电流的力效应和热效应

1. 短路电流的力效应

电气设备及导体流经短路电流时，截流部分受短路电流电动力的影响，将产生大的机械应力，严重者可使设备及导体扭曲变形造成重大损坏。因此在选择有关电气设备、母线和绝缘瓷瓶时须进行短路电流的动稳态性校验。

由《电工基础》可知，空气中两平行导体通过的电流各为 i_1、i_2 时，导体间所产生的电动力为

$$F=\mu_0 i_1 i_2\frac{L}{2\pi a} \tag{6-31}$$

式中，L——平行导体长度；

a——导体轴与轴之间的距离；

μ_0——空气的磁导率，值为 $4\pi\times10^{-7}$，N/A^2。

对于两根平行矩形母线截面周长的尺寸远小于两导体的空间距离式，上式同样适用。

如果三相线路中发生两相短路，则短路冲击电流 $i_{sh}^{(2)}$ 通过两相导体时产生的电动力为最大，即

$$F^{(2)}=\mu_0 i_{sh}^{2(2)}\frac{L}{2\pi a} \tag{6-32}$$

如果三相线路中发生三相短路，则三相短路冲击电流 $i_{sh}^{(3)}$ 在中间相所产生电动力为最大，即

$$F^{(3)}=\frac{\sqrt{3}}{2}\mu_0 i_{sh}^{2(3)}\frac{L}{2\pi a} \tag{6-33}$$

根据三相短路电流与两相短路电流关系式，有

$$i_{sh}^{(2)}=\frac{\sqrt{3}}{2}i_{sh}^{(3)} \tag{6-34}$$

综上所述，有

$$\frac{F^{(2)}}{F^{(3)}}=\frac{\sqrt{3}}{2} \tag{6-35}$$

由此可见，三相线路发生三相短路时，导体所受的电动力比两相短路时所受导体电动力大，因此校验电气和导体的动稳定度时，一般都采用三相短路冲击电流，由式（6-33）三相短路电流产生最大的电动力为

$$F^{(3)}=\sqrt{3}i_{sh}^{2}\frac{L}{a}\times 10^{-7} \tag{6-36}$$

2. 短路电流的热效应

短路电流流过电气设备和载流导体时将产生大量的热，由于短路保护装置动作，短路时间很短（通常不会超过2～3s），短路电流所产生的热来不及向周围介质散热，全部用来使电气设备和载流导体温度急剧升高，严重者将使其绝缘受损。因此选择电气设备和导体时须进行短路的热稳定校验。

图6-9表示短路前后导体的温升变化情况。保证短路热稳定性的要求，要使载流导体短路时最高发热温度不得超过该导体短路时最高允许值。附录表6-3列出了各种导体在正常及短路时的最高允许温度。

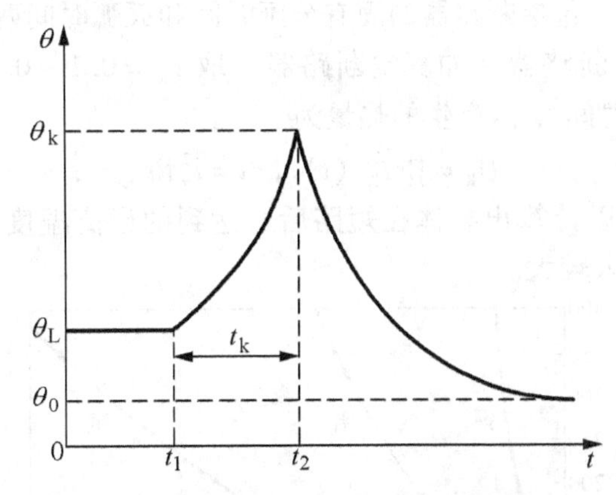

图6-9　短路前后导体的温升变化曲线

θ_L—短路前正常负荷时温度；θ_K—短路后导体最高温度；

θ_0—周围介质温度；t_K—短路时间。

由于短路电流是一个变动的电流，且含有非周期分量，计算其短路期间在导体内产生的热量及达到的最高温度是相当困难的。所以引出一个“短路发热假想时间” t_{ima}，假设

在此时间内用短路稳态电流 I_∞ 通过导体产生的热量恰好与实际短路电流 i_K 或 I_K（t）在实际短路时间 t_K 内通过同一导体产生的热量相等，如图 6－10 所示。短路发热假想时间可用下式近似计算

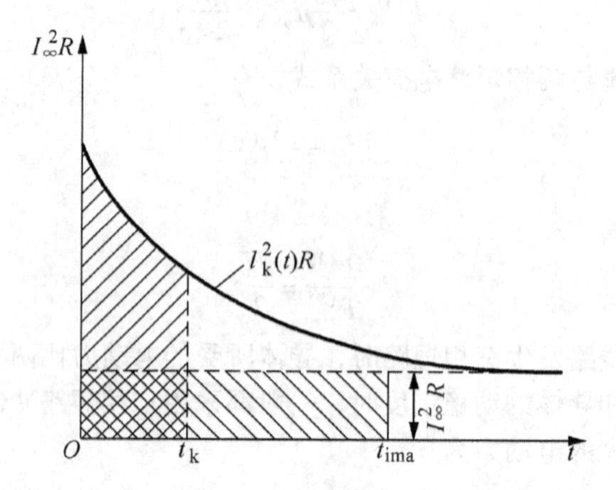

图 6－10　短路产生的热量与短路发热假想时间

$$t_{ima}=t_K+0.05\ (I''/I_\infty)^2\ \mathrm{s} \tag{6-37}$$

在无限大容量系统中发生短路，由于 $I''=I_\infty$ 则

$$t_{ima}=t_K+0.05\mathrm{s} \tag{6-38}$$

当 $t_K>1$ s 时，可以认为

$$t_{ima}=t_K \tag{6-39}$$

短路时间 t_K 为短路保护装置实际最长的动作时间 t_{op} 和断路器的断路时间 t_{oc} 之和，即

$$t_K=t_{op}+t_{oc} \tag{6-40}$$

断路器的断路时间 t_{oc} 包括断路器的固有分闸时间和灭弧时间两部分。对一般高压断路器取 $t_{oc}=0.2$s，对高速断路器（如真空断路器）取 $t_{oc}=0.1\sim0.5$s，因此实际短路电流 I_K（t）通过导体在短路时间 t_K 内产生的热量为

$$Q_K=\int_0^{t_K}I_K^2\ (t)\ R\mathrm{d}t=I_\infty^2Rt_{ima} \tag{6-41}$$

根据式（6－4）可以计算出导体在短路后所达到的最高温度，但是计算过程不仅复杂，而且结果与实际出入较大。

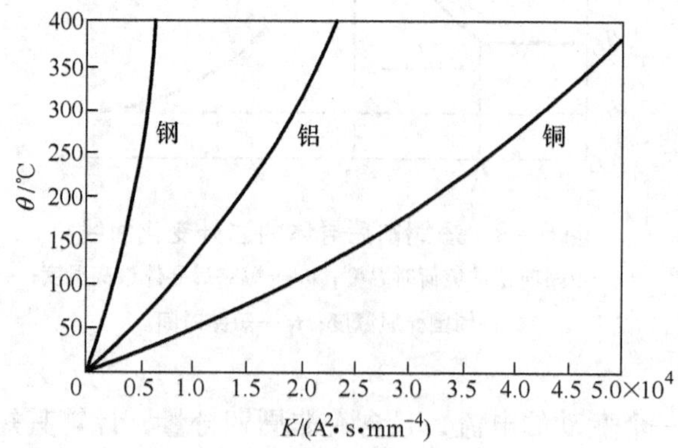

图 6－11　用来确定 θ_K 的曲线

在工程设计中一般利用图 6－11 所示曲线来确定 θ_K，该曲线横坐标用导体加热系数 K 表示，纵坐标表示导体周围介质的温度。

由 θ_L 查 θ_K 的步骤如图 6－12 所示。

（1）从纵坐标轴上找出导体在正常负荷时的温度 θ_L，如果实际温度未知则用附表 6－3 所列的正常最高允许温度；

（2）由 θ_L 向右查得相应曲线上的 a 点，如图 6－12 所示；

（3）由 a 点向下查得横坐标轴上的 K_L；

（4）用下式计算：

$$K_K = K_L + \left(\frac{I_\infty}{A}\right)^2 t_{ima} \tag{6-42}$$

式中，A 为导体的横截面面积，单位为 mm^2，而 I_∞ 的单位为 A，t_{ima} 的单位为 s，K_K 和 K_L 的单位为 $A^2 \cdot s/mm^4$；

（5）从横坐标轴上找出 K_K；

（6）由 K_K 向上查得相应曲线上的 b 点；

（7）由 b 点向左查得纵坐标轴上的 θ_K 值。

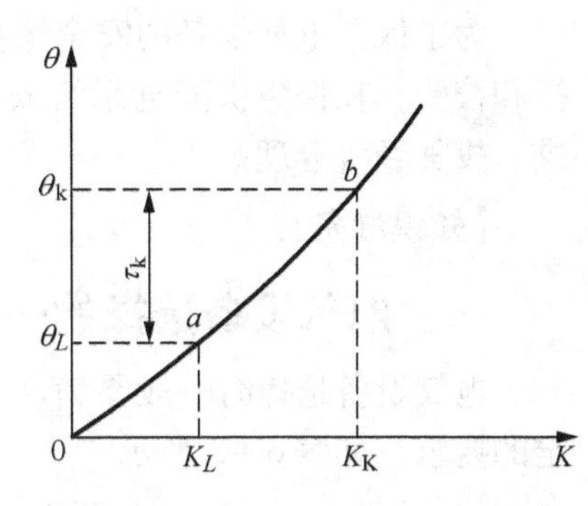

图 6－12　由 θ_L 查 θ_K 的步骤

【任务实施】

计算短路电流实施的分析报告见表 6－2。

表 6－2　计算短路电流实施分析报告

<table>
<tr><td>姓名</td><td></td><td>专业班级</td><td></td><td>学号</td><td></td></tr>
<tr><td colspan="2">任务内容及名称</td><td colspan="4">计算短路电流</td></tr>
<tr><td colspan="3">1. 任务实施目的：
学会计算短路电流</td><td colspan="3">2. 任务完成时间：2 学时</td></tr>
<tr><td colspan="6">3. 任务实施内容及方法步骤：
有一地区变电站通过一长 5 km 的 10 kV 电缆线路供电给某厂一台 SL7—1000 型降压变压器，低压为 380 V。地区变电站出口断路器的断流容量为 500 MV·A，试用标幺值法计算该厂变压器高压侧和低压侧的短路电流 $I_K^{(3)}$、$I''^{(3)}$、$I_\infty^{(3)}$、$i_{sh}^{(3)}$、$I_{sh}^{(3)}$ 及三相短路容量 $S_K^{(3)}$，并列出短路计算表</td></tr>
<tr><td colspan="6">4. 选择及校验分析：</td></tr>
<tr><td colspan="6">指导教师评语（成绩）：
年　月　日</td></tr>
</table>

【任务总结】

本任务首先介绍了电力系统短路故障的基本知识，短路的原因、后果及短路的形式，引入了无限大容量电力系统的概念，在此基础上计算短路电流，着重阐述了在无限大容量电力系统中采用标幺值法进行短路计算，最后讲了短路电流的动稳定性和热稳定性以及它们的校验。通过本任务的学习，能够熟练进行短路电流的计算。

任务2　高压电气设备的选择

【任务目标】

1. 掌握电气设备选择的一般原则。
2. 学会高压电气设备的选择。

【任务分析】

为了保证电气设备的安全运行，按照工业企业供配电系统的要求对导体和设备进行选择和校验，在保障供配电系统安全可靠工作的前提下，力争做到运行维护方便、技术先进、投资经济合理。

【知识准备】

一、电气设备选择的一般原则

电气设备选择时一般要满足正常工作条件，在短路情况下要能满足短路动稳定和热稳定的要求，如表6－3所示。

表6－3　高低压电气设备选择校验项目表

电气设备名称	电压/kV	电流/A	断流能力/kA	短路电流校验	
				动稳定度	热稳定度
高低压熔断器	√	√	√		
高压隔离开关	√	√		√	√
高压负荷开关	√	√	√	√	√
高压断路器	√	√	√	√	√
低压刀开关	√	√	√		
低压负荷开关	√	√	√		
低压断路器	√	√	√		
电流互感器	√	√		√	√
电压互感器	√				
并联电容器	√				
母线		√		√	√
绝缘导线、电缆	√	√			√
支持绝缘	√			√	
套管绝缘	√	√		√	

1. 按正常工作条件选择高压电气设备

（1）电压。电气设备的额定电压 U_{NQ} 应不小于安装地点电网的额定电压 U_N，即

$$U_{NQ} > U_N \tag{6-43}$$

电气设备最大允许工作电压一般可达（110－%～115%）U_{NQ}。

（2）电流。电气设备的额定电流 I_{NQ}应不小于通过设备的最大工作电流 I_{Lmax}（即计算电流 I_{30}）。

电气设备的额定电流是指在规定的环境温度下，电气设备能允许长期通过的电流，通常规定的环境温度最高为40℃，如果安装地点的最高气温 $\theta_0>40℃$，则电气设备的额定电流按下式计算：

$$I_{NQ}^{'}=I_{NQ}\sqrt{\frac{\theta_{al}-\theta_0}{\theta_{al}-40℃}} \tag{6-44}$$

式中，I_{NQ}——环境温度为40℃时电气设备的额定电流；

θ_{al}——电气设备某部件的允许温度，例如高压断路器与隔离开关触头的允许温度为75℃。

当周围环境温度要低于规定值（40℃）1℃时，电气设备的额定电流可比原值增大0.5%，

但总计不能超过20%。

（3）环境。产品制造上根据使用环境的不同分为户内和户外两种环境，户外配电装置考虑了外界各种恶劣环境的影响，不能将户内型用于户外，同时还应考虑防腐蚀、防爆、防尘、防火等要求。

2. 按短路情况进行校验

（1）短路动稳定性校验。电气设备所允许通过的最大极限电流峰值 i_{max}应大于最大可能的短路电流冲击值 i_{sh}，即

$$i_{max}\geqslant i_{sh}\text{或}I_{max}\geqslant I_{sh} \tag{6-45}$$

（2）短路热稳定性校验。电气设备所规定的试验电流 I_t 在规定时间 t 内产生的热量应大于短路电流的稳定电流 I_∞ 在假想时间 t_{ima}内产生的热量

$$I_t^2 t\geqslant I_\infty^2 t_{ima} \tag{6-46}$$

电气设备进行短路动热稳定校验时，须使通过该设备的短路电流为最大，因此短路电流计算时必须正确确定短路计算点和系统运行方案。

二、高压开关电气选择

高压开关电气主要指高压断路器、隔离开关以及负荷开关，选择条件基本相同，如下。

（1）额定电压、电流。

（2）构造和装置类别（户内、户外构造形式）。

（3）短路动稳定性校验。

$$i_{max}\geqslant i_{sh}\text{或}I_{max}\geqslant I_{sh}$$

式中，i_{max}，I_{max}——开关设备极限通过电流峰值有效值。

$$I_t^2 t\geqslant I_\infty^2 t_{ima}$$

式中，I_t，t——开关设备热稳定电流及该电流的实验时间。

（4）切断能力校验。高压隔离开关只作隔离电源用，不允许带负荷操作因此不校验其断流能力。

高压负荷开关能带负荷操作，但不能切断短路电流，因此其断流能力按切断最大可能的过负荷电流来校验，满足条件为

$$I_{oc} \geqslant I_{oLmax} \tag{6-47}$$

式中，I_{oc}——负荷开关的最大分断电流；

I_{oLmax}——负荷开关所在电路的最大可能的过负荷电流，一般取（1.5~3）I_{30}。

高压断路器可直接切断一定的短路电流，其断流能力应满足的条件为

$$I_{oc} \geqslant I_{K}^{(3)} \tag{6-48}$$

或

$$S_{oc} \geqslant S_{K}^{(3)} \tag{6-49}$$

式中，I_{oc}，S_{oc}——断路器最大开断电流和断流容量；

$I_{K}^{(3)}$，$S_{K}^{(3)}$——断路器安装地点的三相短路电流周期分量有效值和三相短路容量。

[例6-2] 试选择例6-1所示工厂变电所的每台变压器的高压侧断路器。已知变压器高压侧的过电流保护动作时间整定为0.5s。

解：根据我国的高压户内少油断路器形式，宜选用全国统一设计并明令推广应用的SN10—10型。由于高压侧

$$I_{30(1)} = 800\text{kV}\cdot\text{A}/(\sqrt{3}\times 10\text{kV}) \approx 46\text{V}$$

因此可初步选SN10—10I/630-300型进行校验，如表6-4所示。

表6-4 例6-2有关数据计算表

序号	安装地点的电气条件		SN-10-10I/630-300型断路器		
	项 目	数 据	项 目	数 据	结论
1	$U_{N(1)}$	10kV	U_N	10kV	合格
2	$I_{30(1)}$	46kV	I_N	630A	合格
3	$I_{k-1}^{(3)}$	2kV	I_{oc}	16kA	合格
4	$I_{sh(k-1)}^{(3)}$	5.1kV	i_{max}	40kA	合格
5	$I_{\infty}^{2(3)}t_{ima}$	$2^2\times(0.5+0.2)=2.8$	$I_2^2\times 2$	$16^2\times 2=512$	合格

三、电流互感器的选择

选择电流互感器应从下列几方面考虑：

1. 额定电压和电流

电流互感器的额定电压不应小于一次绕组所接入线路的额定电压。电流互感器一次额定电流不应小于通过它的工作电流。二次额定电流一般为5A。

2. 装置类别和形式

用于户外的目前多采用瓷绝缘支柱式的LCW。用于户内的多采用LA、LMZ、LFZ等各种浇注式电流互感器。

3. 准确度级

装在发电机、变压器、调相机、所内用电以及引出线等回路中供给电度表用的电流互

感器以及所有用于核算电费电度表的电流互感器，均应选取0.5级。供运行监视估算电能的电度表、发电厂变电所的功率表和电流表使用的电流互感器选取1级。供指示被测值是否存在或大致估算被测值的仪表所使用的电流互感器及一般保护装置用的电流互感器准确度级可选用1级或3级。差动保护装置用的电流互感器应选用0.5级或D级，方向保护可选用0.5级或1级。当电流互感器二次侧接有多个不同类型仪表时，准确度级应按仪表要求最高级次选择。

如果用同一只电流互感器既供测量仪表又供保护装置，应选取具有两个铁心级（两个不同准确度级）的电流互感器。

4. 二次负载或容量

电流互感器工作时为了满足准确度级要求，二次回路所接的实际负载 Z_2 或消耗的实际容量 S_2 不应超过相应准确度级下的额定负载或额定容量，即

$$Z_2 \leqslant Z_{2N} \tag{6-50}$$

或

$$S_2 \leqslant S_{2N} \tag{6-51}$$

Z_2 为互感器二次回路的所有串联的仪表、继电器电流线圈阻抗连接导线阻抗 Z_{wl} 与接头接触电阻 R_{xx} 之和，即

$$Z_2 \approx \sum Z_i + Z_{wl} + R_{xx}$$

式中，Z_i——可由仪表、继电器产品样本查得；

$Z_{wl} \approx R_{wl} = l/(\gamma—A)$，其中 γ 为导线的电导率，铝线 $\gamma_{Al} = 32m/mm^2$，铜线 $\gamma_{Cu} = 53m/mm^2$；

A——导线截面面积（mm^2）；

l——二次回路的计算长度；

R_{xx}——很难准确测定，近似地取为0.1。

电流互感器二次回路的计算长度 l 与互感器接线方式有关。设从互感器到仪表继电器的单向长度为 l_1，则互感器为 γ 形接线时，$l = l_1$；互感器为V形接线时，$l = \sqrt{3}l_1$；互感器为一相式接线时，$l = 2l_1$。电流互感器的二次负荷 S_2 按下式计算有

$$S_2 = I_{2N}^2 Z_2 = I_{2N}^2 \left(\sum Z_i + R_{wl} + R_{xx}\right) \tag{6-52}$$

或

$$S_2 = \sum S_i + I_{2N}^2 \left(R_{wl} + R_{xx}\right) \tag{6-53}$$

式中，S_i——二次回路所串接仪表、继电器电流线圈所消耗的容量。

如果电流互感器不满足准确度级的要求，应该选较大变流比或者较大二次容量的互感器，或者加大二次接线的截面。按规定电流互感器二次接线的铜芯线的线芯截面不得小于 $1.5mm^2$，铝芯线的线芯截面不得小于 $2.5mm^2$。

5. 短路动稳定校验

电流互感器的动稳定度校验依然符合一般原则，但是技术参数中往往以动稳定倍数 K_{es} 来表示，其动稳定校验条件为

$$K_{es} \cdot \sqrt{2}I_{1N} \geqslant i_{sh} \tag{6-54}$$

6. 短路热稳定度的校验

电流互感器的热稳定性校验，满足的条件仍为式（6-46），但在电流互感器产品样本中是以热稳定倍数 K_t 来表示的，其热稳定校验条件为

$$(K_t I_{1N})^2 t \geqslant I_\infty^{(2)} t_{ima} \quad (6-55)$$

或

$$K_i I_{1N} \geqslant I_\infty^{(3)} \sqrt{t_{ima}/t} \quad (6-56)$$

大多数电流互感器的热稳定试验时间取为 1 s，因此热稳定校验公式可改写为

$$K_1'' I_{1N} \geqslant I_\infty^{(3)} \sqrt{t_{ima}} \quad (6-57)$$

如果按短路的动稳定和热稳定校验结果不能满足要求时，应选择额定电流较大一级的电流互感器，以便满足上述稳定性校验条件。

四、电压互感器的选择

电压互感器应根据下列条件选择。

（1）额定电压。电压互感器一次侧的额定电压不应小于线路的额定电压，电压互感器二次侧额定电压一般取为 100 V。

（2）设备形式（户内型或户外型）。

（3）相数（单相或三相）。

（4）准确度级。准确度级的选择与电流互感器一样，供测量仪表和功率方向继电器的选择 0.5 ~1 级；供估计被测数值的仪表和一般电压继电器的电压互感器，准确度级为 3 级。

（5）容量选择。电压互感器二次侧所接测量仪表和继电器的总负荷 S_2 不应超过所要求准确度级下的额定容量 S_{2N}，即

$$S_{2N} \geqslant S_2 \quad (6-58)$$

$$S_2 = \sqrt{(\sum P)^2 + (\sum Q)^2} \quad (6-59)$$

式中，$\sum P = \sum S_u \cos\varphi$ 和 $\sum Q = \sum S_u \sin\varphi$，分别为仪表、继电器电压线圈消耗的总的有功功率和无功功率。

电压互感器不需要进行短路、热稳定的校验。

五、母线与绝缘的选择

母线应根据使用情况按下列条件选择和校验。

（1）形式与材料。一般配电装置母线采用的都是铝母线。35 kV 以下户内且工作电流在 4 000 A 以下时，一般多选用矩形铝母线；4 000 A 以上一般选用管形或槽形母线。

（2）按允许发热条件选择母线截面，即母线的实际允许电流不能小于母线的工作电流。

（3）短路时动稳定校验。一般按短路时所受到的最大应力来校验其动稳定度，满足的条件为

$$\sigma_{al} \geqslant \sigma_C \quad (6-60)$$

式中，σ_{al}——母线材料的最大允许应力，单位为 Pa（帕斯卡），即 N/m^2。硬铜的 $\sigma_{al} \approx$ 137MPa；硬铝 $\sigma_{al} \approx$ 69MPa；

σ_C——母线通过 $i_{sh}^{(3)}$ 时所受到的最大计算应力，$\sigma_C = M/W$。其中，M——母线通过 $i_{sh}^{(3)}$ 时所受到的弯曲力矩（N · m）；

W——母线截面系数，单位为 m^3。

当母线挡数为 1 ~2 时，$M = \frac{F^{(3)} l}{8}$；当挡数多于 2 时，$M = \frac{F^{(3)} l}{10}$，按式（6-36）计算，

l 为母线的挡距，对开关柜（屏）上母线来说，l 即柜（屏）的宽度（m）。

在如图 6－13 所示放置方式时，有

$$W=\frac{b^2h}{6}$$

式中，b——母线截面的水平宽度（m）；

h——母线截面的垂直宽度（m）。

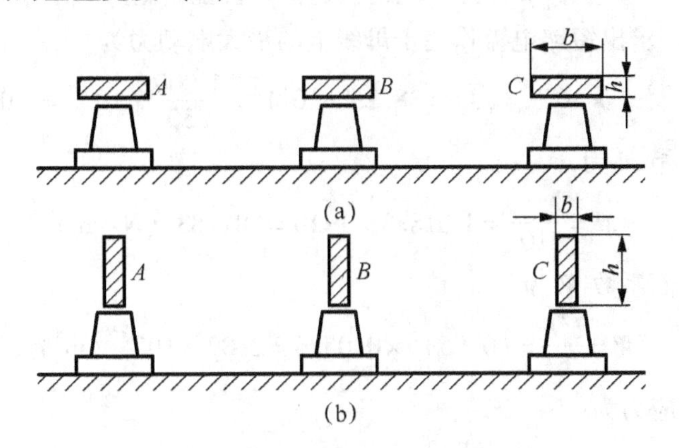

图 6－13　母线在绝缘子上的放置方式

(a) 平放；(b) 竖放

母线所受的力将作用在支持它的绝缘瓷瓶上，在设计时还要考虑到瓷瓶所承受的最大荷重，也就是作用在绝缘瓷瓶上最大的计算力 F_C 不应超过绝缘瓷瓶的允许荷重 F_{al}，即

$$F_C \leqslant F_{al}=0.6F_{max} \tag{6-61}$$

式中，F_{max}——绝缘瓷瓶的破坏荷重，可以从产品样本中查得，常取破坏荷重的 60% 作为允许荷重。

F_C——短路时作用于绝缘子上的计算力。

如母线在绝缘子上为平放［见图 6－13（a）］，则 F_C 按式（6－36）计算，即

$$F_C^{(3)}=F^{(3)}$$

如竖放［见图 6－13（b）］，则

$$F_C^{(3)}=1.4F^{(3)} \tag{6-62}$$

4. 短路时热稳定性校验。母线、绝缘导线和电缆一般可按下式校验，热稳定度为

$$A \geqslant A_{min}=\frac{I_\infty}{C}\sqrt{t_{ima}} \tag{6-63}$$

式中，C——导体的短路热稳定系数（$A\cdot\sqrt{s}/mm^2$），查附录中表 5－5；

A_{min}——导体的最小热稳定截面。

［例 6－3］已知某总降压变电所在最大运行方式下，10 kV 母线上的短路电流为 $I''=I_\infty=I_k^{(3)}=15kA$，继电保护装置的动作时间为 $t_{op}=2.1s$，高压断路器的分闸时间为 0.2s，母线间距离为 a＝250mm，母线平放，支持瓷瓶的跨距为 1m，跨距数大于 2 段，母线的正常工作电流为 600A。试选择矩形铝母线截面及支持瓷瓶。

解:

(1) 母线的选择。

①按允许发热条件选择母线截面，查附录表6-5铝母线截面为50mm×5mm，其允许电流为665A>600A。

②短路动稳定性校验，由式(6-8)得

$$i_{sh}=2.55I''=2.55\times15=38.25\ (\text{kA})$$

由式(6-36)求出短路电流作用于母线上的最大电动力为

$$F_C^{(3)}=\sqrt{3}i_{sh}^{2(3)}\frac{l}{a}\times10^{-7}=\sqrt{3}\times(38.25\times10^3)^2\times\frac{1\ 000}{250}\times10^{-7}=1\ 018.3\ (\text{N})$$

母线的弯曲力矩 M 为

$$M=\frac{F^{(3)}l}{10}=1\ 018.3\times1/10=101.83\ (\text{N}\cdot\text{m})$$

母线平放的截面系数 W 为

$$W=\frac{b^2h}{6}=(0.05)^2\times0.05/6=2.09\times10^{-6}\ (\text{m}^3)$$

则母线的计算应力为

$$\sigma_C=M/W=\frac{101.83}{2.09\times10^{-6}}=48.72\times10^6\text{N}\cdot\text{m}=48.72\ (\text{MPa})$$

因 $\sigma_C=48.72\text{MPa}<\sigma_{al}=69\text{MPa}$，故满足稳定性要求。

③短路热稳定性校验。由式(6-40)求出短路电流假想时间为

$$t_{ima}=t_K=t_{op}+t_{oc}=2.1+0.2=2.3\text{s}$$

根据式(6-63)可得满足热稳定性最小截面为

$$A_{min}=\frac{I_\infty}{C}\sqrt{t_{ima}}=\frac{15\ 000}{95}\times\sqrt{2.3}=239.4\ (\text{mm}^2)$$

选取母线截面为 $A=50\times5=250\text{mm}^2>239.4\text{mm}^2$，满足短路热稳定性要求。

(2) 支持瓷瓶的选择。查附录表6-5，其中ZA-10Y型母线支持瓷瓶破坏荷重为3 675N，则允许荷重为

$$F_{al}=0.6\times3\ 675=2\ 205\ (\text{N})$$

$$F_C=1\ 018.3\ (\text{N})$$

故 $F_{al}>F_C$ 满足要求。

【任务实施】

高压断路器选择实施的分析报告见表6-5。

表6-5　高压断路器的选择分析报告

<table>
<tr><td>姓名</td><td></td><td>专业班级</td><td></td><td>学号</td><td></td></tr>
<tr><td>任务内容及名称</td><td colspan="5">高压设备的选择</td></tr>
<tr><td colspan="3">1. 任务实施目的：
学会选择高压设备</td><td colspan="3">2. 任务完成时间：2 学时</td></tr>
<tr><td colspan="6">3. 任务实施内容及方法步骤：
某厂的有功计算负荷为3 000 kW，功率因数经补偿后达到0.92。该厂6 kV进线上拟安装一台SN10-10型断路器，主保护动作时间为0.9 s，断路器断路时间为0.2 s。该厂高压配电所线上的$I_K^{(3)}=20$ kA，选择该断路器的规格</td></tr>
<tr><td colspan="6">4. 选择及校验分析：</td></tr>
<tr><td colspan="6">指导教师评语（成绩）：
年　月　日</td></tr>
</table>

【任务总结】

本任务首先介绍了电气设备选择的一般原则，接着讲述了高压开关设备、电压互感器、电流互感器及母线的选择步骤，通过本任务的学习，能够学会选择高压电气设备。

【项目评价】

根据短路电流的计算及高压设备的选择、校验分析，进行评价，并填写成绩评议表（见表6-6）。

表6-6　成绩评议表

<table>
<tr><td>评定人/任务</td><td>任务评议</td><td>等　　级</td><td>评定签名</td></tr>
<tr><td>自己评</td><td></td><td></td><td></td></tr>
<tr><td>同学评</td><td></td><td></td><td></td></tr>
<tr><td>指导教师评</td><td></td><td></td><td></td></tr>
<tr><td colspan="4">综合评定等级</td></tr>
</table>

思考题

1. 什么叫无限大容量电力系统？在无限大容量系统中发生短路时，其电流将如何变化？

2. 什么叫短路冲击电流i_{sh}、短路次暂态电流I''和短路稳态电流I_∞？在无限大容量系统中，i_{sh}、I''与I_∞三者之间各有什么关系？

3. 什么叫短路计算的标幺值法？有什么特点？

4. 什么叫短路电流的电动效应？什么叫短路电流的热效应？

5. 对一般开关设备是如何进行选择和校验的？

6. 如何对母线进行选择和校验？

7. 怎样选择电流互感器和电压互感器？

习题

某变电所 380V 侧母线采用 80mm × 10mm 的 LWY 型母线水平平放，两相邻母线轴线间距离为 200m，挡距为 0.9m，挡数大于 2。已知母线短路时，从电力系统来的短路电流 $I_K^{(3)}=18$ kA。该母线上还接有一台 380 kW 的同步电动机，$\cos\varphi=1$ 时，$\eta=95\%$。380 V 母线的短路保护动作时间为 0.4s，低压断路器断路时间为 0.1 s。试校验此母线的动稳定度和热稳定度。

项目七

工业企业供电系统的继电保护

【项目需求】

在电力系统中最常见的故障和不正常的工作状态是断线、短路、接地以及过载。短路的后果是相当严重的，短路电流不仅产生力和热的破坏作用，而且还会引起电压下降，使设备的正常运行遭到破坏，甚至导致破坏电力系统的稳定性运行。过载是一种不正常的工作状态，若长期过载运行，可能使载流导体过热，损坏绝缘，甚至导致严重的短路故障。在中性点不接地系统中，当单相接地时，未接地相对地电压增高$\sqrt{3}$倍，这种不正常的工作状态，往往也是导致短路故障的一个原因。因此在电力系统一旦发生短路故障，必须尽快地将故障元件切离电源，以防故障蔓延，并应及时发现和消除对用户或设备有危害性的不正常工作状态，以保证电气设备运行的可靠性供电。

实践证明，快速切除故障元件是防止设备损坏和事故扩大的最有效的措施。切除故障的速度经常需要小到几秒以至几十分之一秒。当然在这样短的时间内，运行人员还没注意到故障的发生就已将其切除。因此，在高压供电系统中，一般都是采用继电器构成的保护装置。这种装置是由互感器和一个或多个继电器组成的自动装置，统称为继电保护装置。

【项目工作场景】

继电保护装置的任务：一是在系统出现短路等故障时，作用于前方最近的断路器，使之迅速跳闸，切除故障部分，恢复系统其他部分的正常运行，同时发出信号，提醒运行值班人员及时处理故障。二是在系统出现不正常工作状态如过载或故障苗头时，发出报警信号，提醒运行值班人员及时处理，以免发展为故障。

另外，继电保护装置尚可以和供电系统的自动装置，如自动重合闸装置（ARD）、备用电源自动投入装置（APD）等相配合，缩短故障停电时间，从而大大提高供电系统运行的可靠性。

【方案设计】

本项目通过常用继电器的识别、分析线路过电流保护装置、电流速断保护装置、线路接地保护装置和变压器的继电保护的工作原理的学习，可以对工业企业供电系统的继电保护有一个全面的认识。

【相关知识和技能方案设计】

1. 继电保护及继电保护装置的基本知识；
2. 常用继电器的结构和作用；
3. 电力线路继电保护的基本知识；
4. 电力变压器继电保护的基本知识；

5. 电力线路继电保护整定计算；
6. 电力变压器继电保护整定计算。

任务1　常用继电器的识别

【任务目标】

1. 熟悉继电器的实际结构、工作原理和基本特性。
2. 掌握常用继电器的接线方法和调试方法。

【任务分析】

在高压供电系统中，除部分电气设备应用熔断器保护以外，一般都是采用继电器构成的保护装置。掌握工业企业中常用继电器的结构和工作原理是学习工厂供电系统必须掌握的基本知识。

【知识准备】

继电器可分为反应电量和非电量两类。属于反应非电量的有保护变压器的瓦斯继电器（气体继电器）和温度继电器等。

继电器按其应用分，有控制继电器和保护继电器两大类。机床控制电路应用的继电器属控制继电器；供电系统应用的属保护继电器。根据继电器反应电量的性质分，又可分为电流、电压、功率、频率等继电器。按工作原理分，继电器可分为电磁式、感应式、热力式以及晶体管继电器等。按所反应参量变化情况，继电器可分为反应过量的，如过电流、过电压继电器和反应欠量的如低电压继电器。

继电器尚可以按接入被保护回路方法分为一次式和二次式的；也可以按作用于断路器的方法而分为直接作用和间接作用的继电器。

目前企业变电所，一般多采用间接作用的二次式继电器，最常用的继电器有电磁式电流继电器、电压继电器、时间继电器、信号继电器、中间继电器和感应式电流继电器。图7－1表示间接作用的二次式过电流继电器的原理接线图。当电流继电器KA线圈中的电流增大到某一数值时，继电器接点立即闭合，接通跳闸线圈YR的操作电源，靠分闸电磁铁的冲击，使继电器跳闸而切断电路。

一、电磁式继电器

图7－2为电磁式继电器的三种原理结构，每一种结构都由电磁铁1、钢制的可动衔铁片2、接点3和反作用力弹簧4组成。

当电磁铁线圈通过电流I_{KA}时，产生的磁通Φ使钢舌片磁化，因而产生电磁力，有将舌片吸向电磁铁磁极的趋向。

由于将舌片吸向电磁铁的电磁力与空隙中磁通的平方成正比，而磁通在铁心未饱和前又与继电器中电流I_{KA}成正比，若使继电器启动，必须使电磁力超过弹簧和摩擦的反抗力，即当继电器线圈中通过的电流增大到某一数值时所产生的电磁力克服了反抗力时，钢舌片便被吸向磁极，于是接点闭合，使继电器动作。

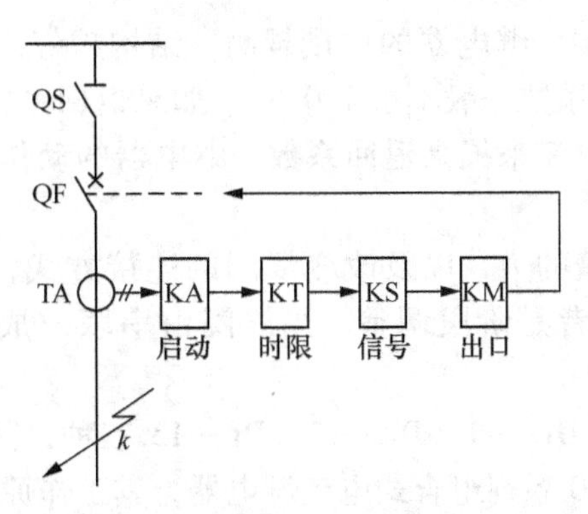

图7－1　间接作用的二次式过电流继电器的原理接线图

KA—电流继电器；KT—时间继电器；KS—信号继电器；KM—中间继电器

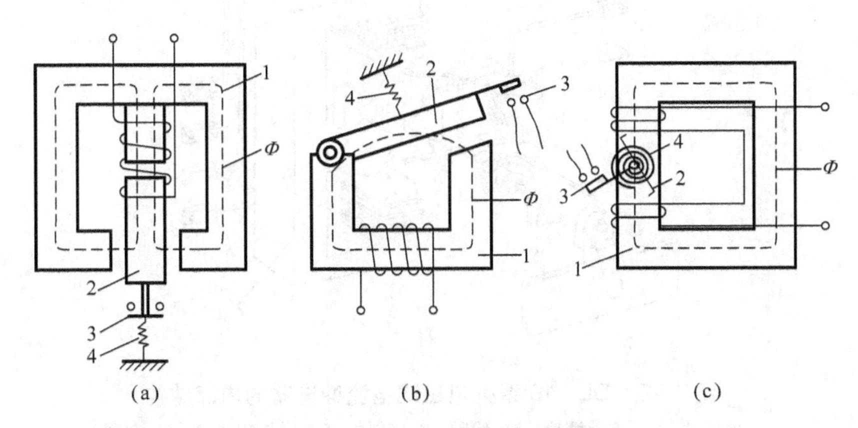

图7－2　电磁式继电器原理图

(a) 螺管线圈式的；(b) 舌门式的；(c) 带Z形舌片式的

1—电磁铁；2—可动衔铁片；3—接点；4—反作用力弹簧

下面分别介绍利用这种电磁原理制成的电流、电压、时间、中间以及信号等继电器的结构。

1. DL—10 **系列电流继电器**

图7－3为DL—10系列电磁式电流继电器的内部结构示意。在C形铁心上绕有匝数较少且相等的两个线圈，线圈可串联或并联接线。在舌片轴上连有涡卷弹簧，涡卷弹簧的外端连在调整杆上。当继电器线圈通以电流 I_{KA}，产生的电磁力克服了反卷弹簧和摩擦力时，继电器钢舌片便被吸向磁极，接点闭合。

使电流继电器动作（接点闭合）的最小电流称为过电流继电器的启动电流，以 I_{op} 表示。

继电器动作后，如果电流减小到某值后，钢舌片靠反卷弹簧的作用返回到原来位置，接点被立即打开。使继电器返回到起始位置的最大电流，称为过流继电器的返回电流，用 I_{re}表示。返回电流与启动电流的比值，称为该继电器的返回系数，用 K_{re}表示，即

$$K_{re}=\frac{I_{re}}{I_{op}} \tag{7-1}$$

返回系数总是小于 1 的，继电器的质量越高，结构越好，则返回系数就越接近于 1。DL—10 系列继电器的返回系数一般不小于 0.85。如果返回系数过低，可增加 Z 形片与磁极间的距离，即增大返回电流来提高返回系数。继电器的动作时间仅为百分之一秒左右，属于瞬时动作的继电器。

借调整杆改变反卷弹簧的力，以及改变线圈的连接方式，可以调整继电器的启动电流。前者是均匀调整，后者是阶段调整，当线圈由串联改成并联时，启动电流可增加一倍。

DL—10 系列继电器有 DL—11、DL—12、DL—13 三种，其内部接线如图 7 - 4 所示。目前尚有 DL—20C，DL—30 系列组合式电流继电器，其工作原理与 DL—10 系列相同，只是对电磁铁和接点系统作了某些改进，体积稍小些。

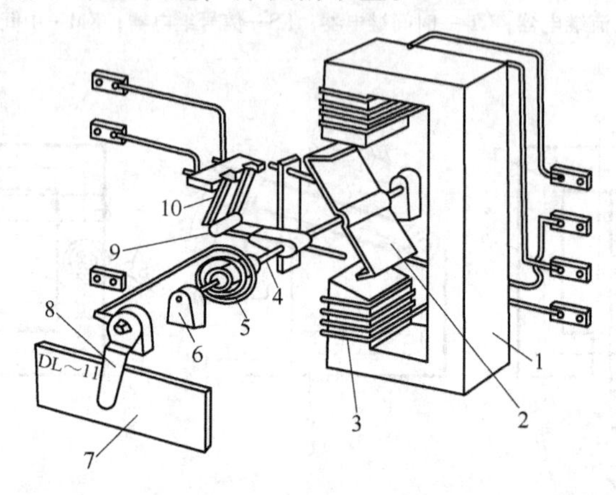

图 7 -3　DL—10 系列电磁式电流继电器的内部结构

1—电磁铁；2—钢舌簧片；3—线圈；4—转轴；5—反作用弹簧；6—轴承；7—标度盘（铭牌）；8—启动电流调节转杆；9—动触点；10—静触点

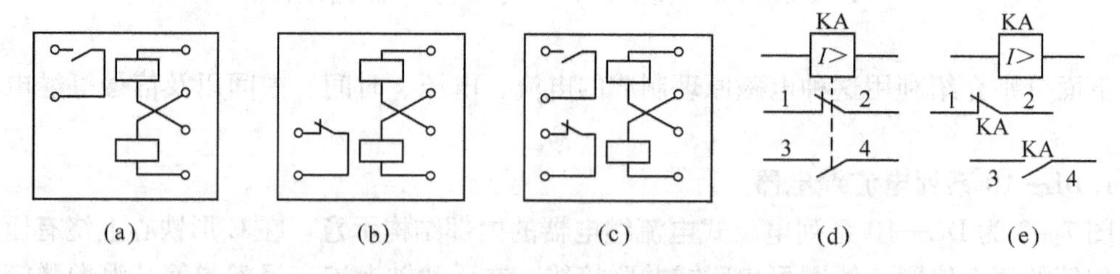

图 7 -4　DL—10 系列电磁式电流继电器的内部接线和图形符号

（a）DL - 11 型接线；（b）DL - 12 型接线；（c）DL - 13 型接线；（d）集中表示的图形符号；（e）分开表示的图形符号

2. DJ—100 系列电压继电器

DJ—100 系列电压继电器的原理及其结构与 DL—10 型电流继电器基本相同，仅 DJ—100 系列线圈的匝数多，阻抗大，反应的参数不同。DJ—100 系列的电压继电器主要有 DJ—111、DJ—121、DJ—131 以及 DJ—112、DJ—122、DJ—132 两类。前一类为过电压继电器，后一类为低电压继电器，其内部接线如图 7 - 3 所示。DJ—131/60C 型尚有外附电阻。目前也有 DY—20C 和 DY—30 系列的组合式电压继电器。过电压继电器的动作电压和返回电压的关系与上述过流继电器的完全相同。

低电压继电器是反应电压降低而动作的。使低电压继电器常闭接点闭合的最大电压为该继电器的启动电压 U_{op}，而返回电压 U_{re} 则为返回到原来位置的最小电压，显然 $U_{re}>U_{op}$。低电压继电器的返回系数

$$K_{re}=\frac{U_{re}}{U_{op}}>1 \quad (一般为1.18) \tag{7-2}$$

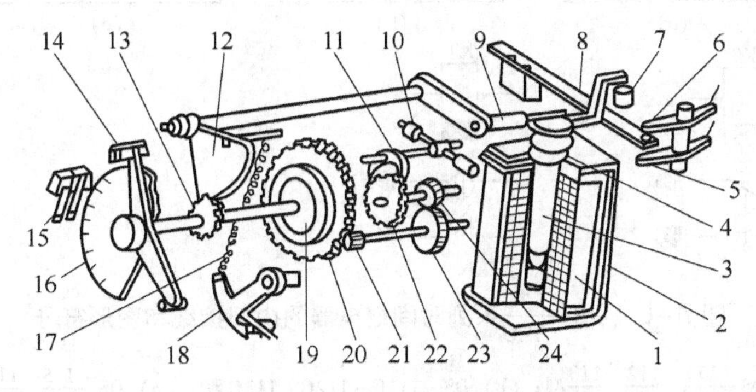

图7-5　DS—110和DS—120系列时间继电器的内部结构示意

1—线圈；2—电磁铁；3—可动铁心；4—返回弹簧；5，6—瞬时转换触点；7—绝缘杆；8—瞬时动触点；9—压杆；10—平衡锤；11—摆动卡板；12—扇形齿轮；13—传动齿轮；14—延时主动触点；15—主静触点；16—标度盘；17—拉引弹簧；18—弹簧拉力调节器；19—摩擦离合器；20—主齿轮；21—小齿轮；22—掣轮；23，24—钟表机构传动齿轮

3. DS—100系列时间继电器

DS—100系列时间继电器为螺管线圈电磁式继电器，其结构中增添了钟表机构，如图7-5所示。当线圈1通有电流时，可动铁心3被吸入，压杆9失去支持，瞬时转换触点6开5合。扇形齿轮12在弹簧17的作用下顺时针转动，延时主动触点14开始转动。但因摩擦离合器19发生作用，使钟表机构与主动接点的主轴耦合在一起，从而控制了它们的旋转角速度。延时主动触点14到达主静触点15的行程时间即为时间继电器的动作时间。

当线圈失电后，在返回弹簧4的作用下，通过压杆9立即使扇形齿轮12复原。此时因摩擦离合器19解离，钟表机构则不起作用。

图7-6为DS—110和DS—120型系列时间继电器的内部结构示意和图形符号。

DS—100型时间继电器有两种，一种为DS—110型，另一种为DS—120型；前者为直流，后者为交流。

为了缩小继电器的尺寸，有的时间继电器线圈不是按长期通电流设计的，而是按短时通电设计的，因此若长期接入电压时，应在继电器启动后，于其线圈回路中串接附加电阻R，如图7-7所示。电阻R在正常情况下，被继电器瞬动常闭接点短接。继电器动作以后，该接点断开将电阻R串接在线圈回路中，用以限制流过继电器的电流。

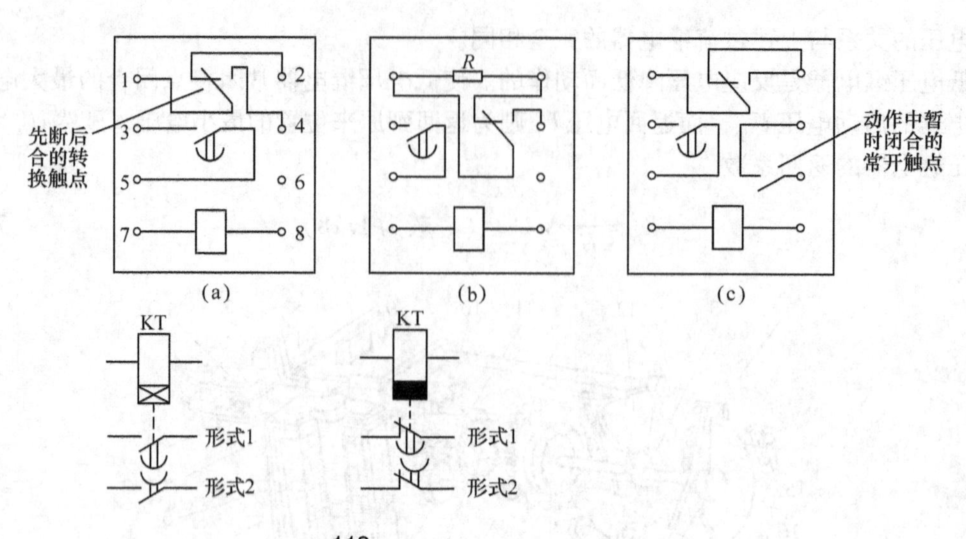

图7-6 DS—$\frac{110}{120}$系列时间继电器的内部接线和图形符号

（a）DS—$\frac{111}{121}$ $\frac{112}{122}$ $\frac{113}{123}$型；（b）DS—111C、112C、113C型；（c）DS—$\frac{115}{125}$ $\frac{116}{126}$型；
（d）带延时闭合触点的时间继电器；（e）带延时断开触点的时间继电器

目前除了上述时间继电器外，尚有组合式DS—20A，DS—30型（直流）和BSJ—1型（交流）以及MS—12、MS—21型（多电路）等时间继电器。

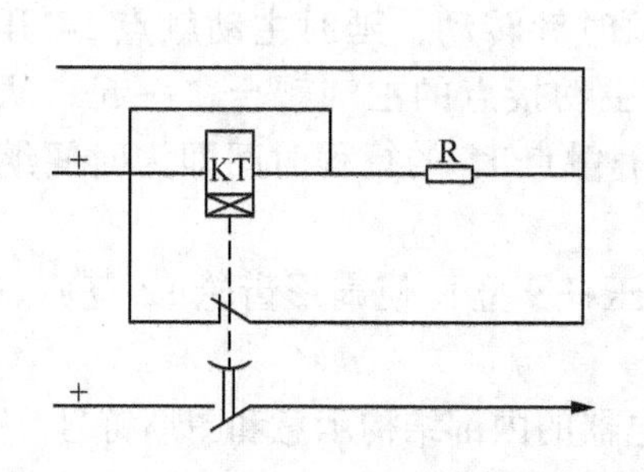

图7-7 时间继电器为保证热稳定性串接附加电阻的接线示意

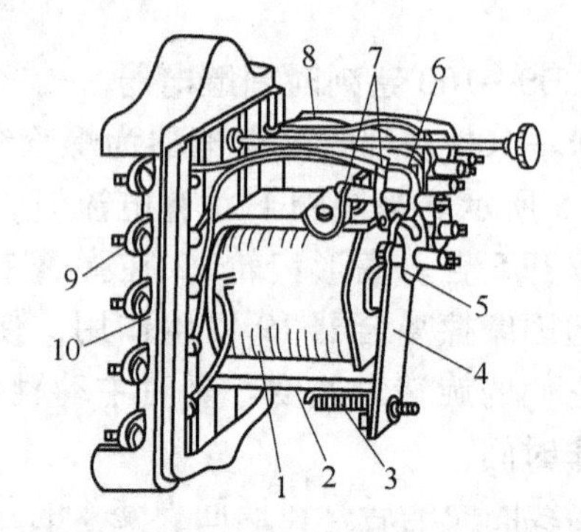

图7-8 DZ—10系列中间继电器的内部结构示意

1—线圈；2—电磁铁；3—弹簧；
4—衔铁；5—动触点；6，7—静触点；
8—连接线；9—接线端子；10—底座

4. DZ—10、DZB—100、DZS—100系列中间继电器（见图7-8）

当前电磁式中间继电器的类型很多，大多数是利用舌门形结构做成。DZ—10系列中间继电器具有四对接点，其动作时间不大于0.05 s，功率消耗不大于7W，接点的开断容量可达110V，5A。DZ—15型中间继电器具有两对常开和两对常闭接点，DZ—16型具有三对常开和一对常闭接点，而DZ—17则具有四对常开接点，如图7-9所示。

在某些情况下，要求中间继电器的接点在闭合或开断时有一些延缓。这种继电器的延时通常靠放置在磁路上的短路线圈来获得。DZS—100 系列的中间继电器就是这种类型的继电器，它具有不小于 0. 06s 的延时。DZS—115、DZS—117 型为延时动作继电器。DZS—127、DZS—136 型为延时电压动作和电流保持动作的继电器（两个绕组）。DZS—145 为延时返回继电器。这些继电器内部接线如图 7 - 10 所示。

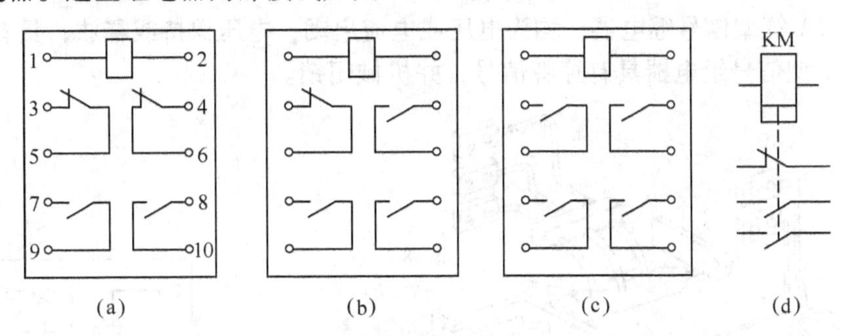

图 7 -9　DZ—10 系列中间继电器的内部接线和图形符号

（a）DZ—15 型；（b）DZ—16 型；（c）DZ—17 型；（d）图形符号

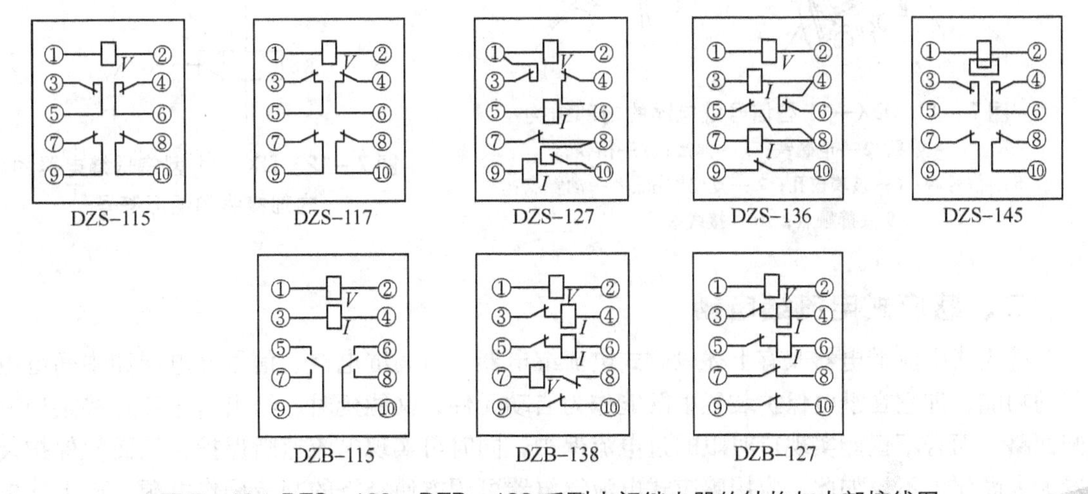

图 7 -10　DZS—100、DZB—100 系列中间继电器的结构与内部接线图

另外，DZB—100 系列的中间继电器有多个动作线圈（图 7 - 10）。如 DZB—115 型有一个电流工作线圈和一个电压保持线圈；DZB—127 和 DZB—138 型均有一个电压工作线圈、两个电流保持线圈，DZB—138 尚有一个阻尼线圈（端子⑦ - ⑧）。DZB—100 系列继电器动作时间不大于 0. 05s。在继电保护中，通常利用中间继电器同时接通许多回路或者利用能承受大容量的接点去操作高压断路器。上述三种系列的组合式中间继电器的型号分别为 DZ—30B、DZB—10B 与 DZS—10B。

5. DX—11 型信号继电器

DX—11 型信号继电器是舌片形快速动作的电磁式继电器。信号继电器分为串联和并联两种，串联的为电流型、并联的为电压型。两者仅线圈阻抗和反应参量不同，都可用于直流操作保护回路中作为动作指示器。信号继电器的内部结构和接线如图 7 - 11 和图 7 - 12 所示。它具有电磁铁和带有公共点的两对常开接点及一个信号牌 5。当继电器线圈通电时，电磁铁的衔铁4被吸持，信号牌5靠自重掉下，信号牌转动的动触点8闭合静触点9。断电后，衔铁4在弹簧3作用下返回原位，但信号牌需用手顺时针方向转动外壳上的旋钮才能返回原位。平时信号牌被衔铁挂住而不会自动掉落。这种电流型信号继电器，消耗的功率为0.5 W，电压型为2 W。目前改进后的产品，尚有DX—20、DX—30以及DXM—2A、DXM—3A等型信号继电器，均为电压或电流启动，电压保持或释放，具有灯光信号，唯有DX—31型信号继电器具有掉牌信号，并机械闭锁。

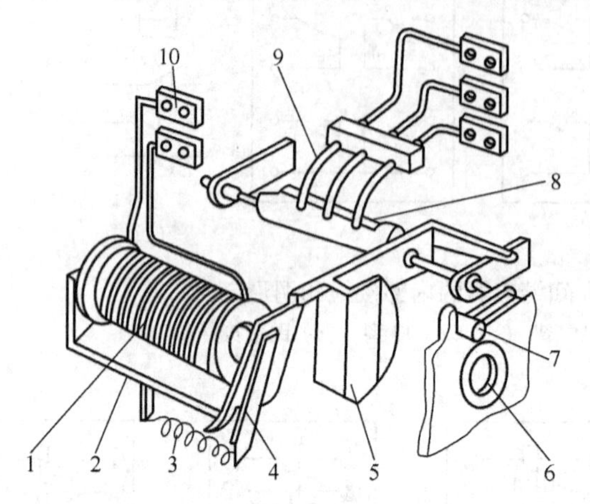

图7－11　DX—11型信号继电器的内部结构

1—线圈；2—电磁铁；3—弹簧；4—衔铁；5—信号牌；6—玻璃窗孔；7—复位旋钮；8—动触点；9—静触点；10—接线端子

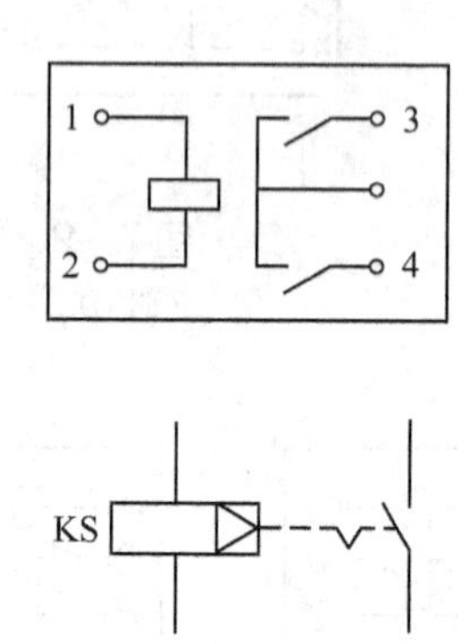

图7－12　DX—11型信号继电器的内部接线和图形符号

二、感应式电流继电器

感应式电流继电器兼有上述电磁式电流继电器、时间继电器、信号继电器和中间继电器的功能，即它在继电保护装置中既能作为启动元件，又能延时、给出信号和直接接通跳闸回路；而且不仅能实现待时限的过电流保护，同时可实现电流速断保护，从而使保护装置大大简化。不仅如此，应用感应式电流继电器可用方便经济的交流操作电源，而上述电磁式继电器一般要采用直流操作电源。因此，在中小型工厂的供电系统中感应式电流继电器的应用最为普遍。

工厂供电系统中常用的GL—$_{20}^{10}$系列感应式电流继电器的内部结构如图7－13所示。

GL—$_{20}^{10}$系列的电流继电器由两组元件构成：一组为感应元件，另一组为电磁元件。感应元件主要包括线圈1、带短路环3的电磁铁2及装在可偏框架6上的转动铝盘4。电磁元件主要包括线圈1、电磁铁2和衔铁15。线圈1和电磁铁2是两组元件共用的。

感应式电流继电器的工作原理如图7－14所示。

当线圈1有电流I_{KA}通过时，电磁铁2在短路环3的作用下就产生两个相位一前一后的磁通Φ_1和Φ_2，穿过铝盘4，这时作用于铝盘上的转动力矩为

$$M1 \propto \Phi_1 \Phi_2 \sin \varphi \tag{7-3}$$

式中，φ——Φ_1与Φ_2之间的相位差，为一常数。

式（7－3）通常称为感应式机构的基本转动力矩方程。

转动力矩 M_1 的方向为从领先磁通 Φ_1 向滞后磁通 Φ_2 的方向，如图 7-14 所示。

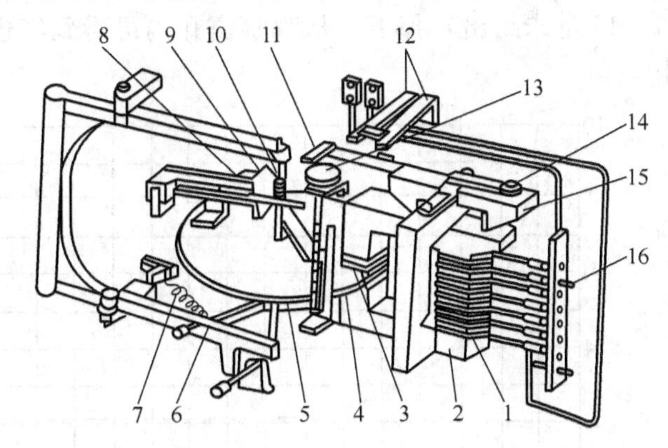

图 7-13　GL—$\frac{10}{20}$感应式电流继电器的内部结构示意

1—线圈；2—电磁铁；3—短路环；4—铝盘；5—钢片；6—铝框架；7—调节弹簧；8—制动永久磁铁；9—扇形齿轮；10—蜗杆；11—扁杆；12—触点；13—时限调节螺；14—速断电流调节螺杆；15—衔铁；16—动作电流调节插销

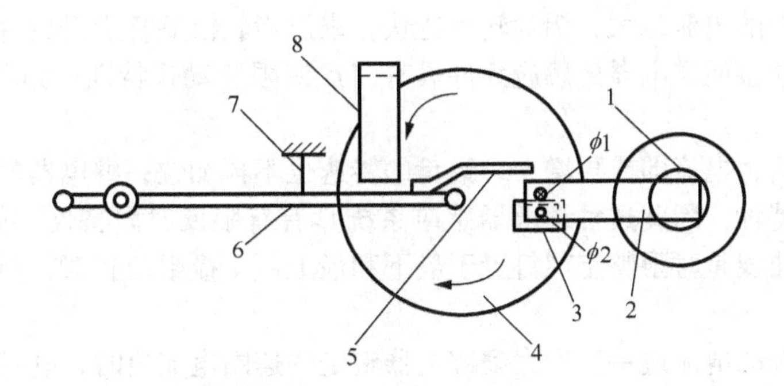

图 7-14　感应式电流继电器的转动力矩 M_1 和制动力矩 M_2

1—线圈；2—电磁铁；3—短路环；4—铝盘；5—钢片；6—铝框架；7—调节弹簧；8—永久磁铁

由于 $\Phi_1 \propto I_{KA}^2$ 且 φ 为常数，因此

$$M1 \propto I_{KA}^2 \qquad (7-4)$$

铝盘在转动力矩 M_1 的作用下转动后，铝盘切割永久磁铁 8 的磁通，而在铝盘上产生涡流，这涡流又与永久磁铁磁通作用，产生一个与 M_1 反向的制动力矩 M_2。由电度表工作原理知，M_2 与铝盘的转速 n 成正比，即

$$M_2 \propto n \qquad (7-5)$$

当铝盘转速 n 增大到某一定值时，M1 = M2，这时铝盘匀速旋转。

铝盘在上述 M_1 和 M_2 的作用下，铝盘受力有使铝框架 6 绕轴顺时针方向偏转的趋势，但因受到调节弹簧 7 的阻力框架不能动作。

当继电器线圈的电流增大到继电器的动作电流值时，铝盘受到的力也增大到可克服弹簧的阻力，这时铝盘带动框架前偏（见图 7-13），使蜗杆 10 与扇形齿轮 9 啮合，这就叫做继电器动作。由于铝盘的转动，扇形齿轮就沿着蜗杆上升，最后使继电器触点12切换，同时使信号牌（图7－13上未绘出）掉下，从观察窗孔内可看到红色或白色的信号指示，表示继电器已经动作。

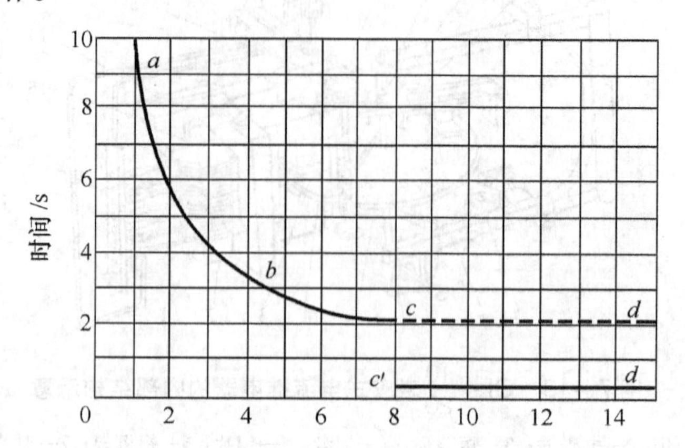

图7－15　感应式电流继电器的动作特性曲线

abcd—感应元件的反时限特性；*c′d′*—电磁元件的速断特性

继电器线圈中的电流越大，铝盘转动越快，扇形齿轮沿蜗杆上升的速度也越快，因此动作时间越短。这说明继电器的感应元件具有“反时限”动作特性，如图7－15所示的曲线*abcd*。

当铁心饱和后，电流即或再增大，铝盘的转速也不再加快，继电器的动作时间便成为定值，即定时限特性。因此这种继电器感应系统具有有限反时限特性，如图7－16所示。图中上、下两条曲线是时限整定螺钉置于最下和最上两个极限位置时，所绘出的时限特性曲线。

当继电器线圈的电流进一步增大到继电器整定的速断电流值时，电磁铁瞬时将衔铁15吸下，使继电器触点12切换，同时也使信号牌掉下，给予动作信号指示。这说明继电器的电磁元件具有“速断”动作特性，如图7－15所示的直线*c′d′*。因此电磁元件也称为速断元件。动作曲线上对应于开始速断时间的动作电流倍数，称为速断电流倍数，即

$$n_{qb}=I_{qb}/I_{op} \tag{7-6}$$

式中，I_{qb}——感应式电流继电器的动作电流；

I_{op}——感应式电流继电器的速断电流，即继电器线圈中使速断元件动作的最小电流。

实际的GL—$\frac{10}{20}$系列感应式电流继电器的速断电流倍数为$n_{qb}=2\sim8$。n_{qb}是利用图7－13中的速断电流调节螺钉14来调节，实际是调节电磁铁2与衔铁15之间的气隙距离。而继电器的动作电流I_{op}则利用插销16来选择插孔位置进行调节，实际是改变线圈1的匝数。GL—$\frac{10}{20}$系列继电器的I_{op}最大只能为10A，而且只能是整数的级进调节。

感应式电流继电器的动作时间，是利用螺杆13来调节的，也就是调节扇形齿轮顶杆行程的起点，而使动作特性曲线上下移动。但请注意，继电器时限调节螺杆的标度尺，是以10倍动作电流的动作时间来刻度的，即标度尺上标示的动作时间，是继电器线圈通过的电流为其动作电流10倍时的动作时间，而继电器的实际动作时间与通过继电器线圈电

流大小有关，需从相应的动作特性曲线上去查得。GL—$\frac{11}{21}\frac{15}{25}$型感应式电流继电器的内部接线和图形符号如图 7 - 17 所示。

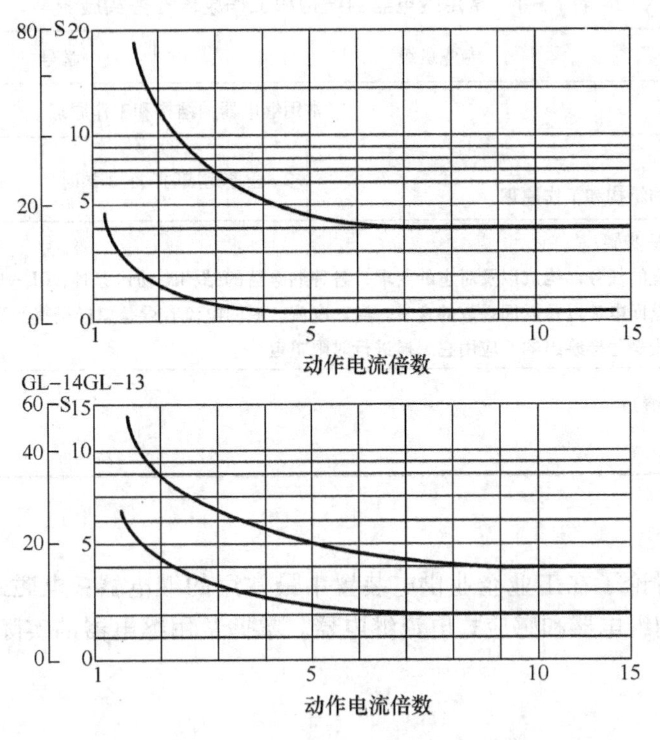

图 7 - 16 GL—$\frac{10}{20}$系列继电器的时限特性曲线

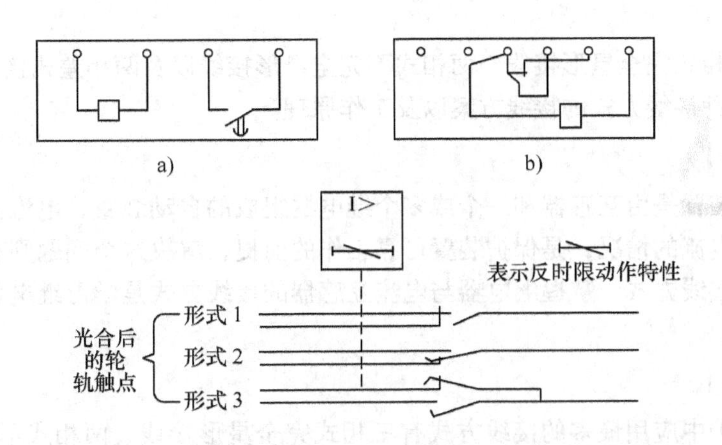

图 7 - 17 GL—$\frac{11}{21}$ $\frac{15}{25}$型电流继电器的内部接线和图形符号

（a）GL—$\frac{11}{21}$型；（b）GL—$\frac{15}{25}$型；（c）图形符号

【任务实施】

常用继电器的结构和工作原理任务实施分析报告见表7－1。

表7－1　常用继电器的结构和工作原理任务实施表

<table>
<tr><td>姓名</td><td></td><td>专业班级</td><td></td><td>学号</td><td></td></tr>
<tr><td colspan="2">任务内容及名称</td><td colspan="4">常用继电器的结构和工作原理</td></tr>
<tr><td colspan="3">1. 任务实施目的：
了解常用继电器的结构和工作原理</td><td colspan="3">2. 任务完成时间：2学时</td></tr>
<tr><td colspan="6">3. 任务实施内容及方法步骤：
试述继电保护装置的任务，构成以及对它的要求，各种继电器的结构、动作原理，DL—10与GL—10两种电流继电器的启动电流与返回电流以及返回系数的含义。启动电流、返回电流有误差怎样调整？GL—10系列继电器铭牌上两条反时限特性曲线是怎样绘出的？应用它怎样进行时限整定？</td></tr>
<tr><td colspan="6">4. 指导教师评语（成绩）：
年　月　日</td></tr>
</table>

【任务总结】

本任务着重讨论了在工业企业供电装置中最常用的继电器：电磁式电流、电压、时间、信号以及中间继电器和感应式电流继电器。掌握常用继电器的实际结构、工作原理、基本特性。

任务2　继电器与电流互感器的接线方式

【任务目标】

1. 掌握三相式完全星形接线、两相式不完全星形接线以及两相差式接线。
2. 理解各种接线方式的接线方案以及工作原理。

【任务分析】

继电保护装置是由互感器和一个或多个继电器组成的自动装置，电流互感器能否正确地反映主电路电流的情况，是保护装置可靠工作的前提，解决这个问题则有赖于继电器和电流互感器的接线方式。掌握继电器与电流互感器的接线方式是学习继电保护装置必须了解的基本知识。

【知识准备】

在电流保护中应用最多的接线方式有三相式完全星形接线、两相式不完全星形接线、两相差式接线以及一相式接线。

一、三相式完全星形接线

三相式完全星形接线，简称为三相式接线，采用三只电流互感器和三只继电器，分别都接成星形并彼此用导线相连，如图7－18（d）所示。

在正常工作和三相短路时，主电路流有三相平衡电流，分别从电流互感器 L_1 端流入，与此相应的二次电流则分别由 K_1 端子流出而流入相应的继电器（K_1 与 L_1 为同极端子）。显然流入继电器的电流等于电流互感器二次绕组的电流。流入中线的电流则为三相二次电流的向量和，理应为零，但由于三只电流互感器特性和误差有某些差异，可能不等于零，称此电流为不平衡电流，以 I_{dsp} 表示。在正常工作时，I_{dsp} 很小可忽略不计，当短路时，由于磁化电流增加，I_{dsp} 将增大，但一般仍可认为

$$\dot{I}_{dsp}=\dot{I}_a+\dot{I}_b+\dot{I}_c\approx 0 \tag{7-7}$$

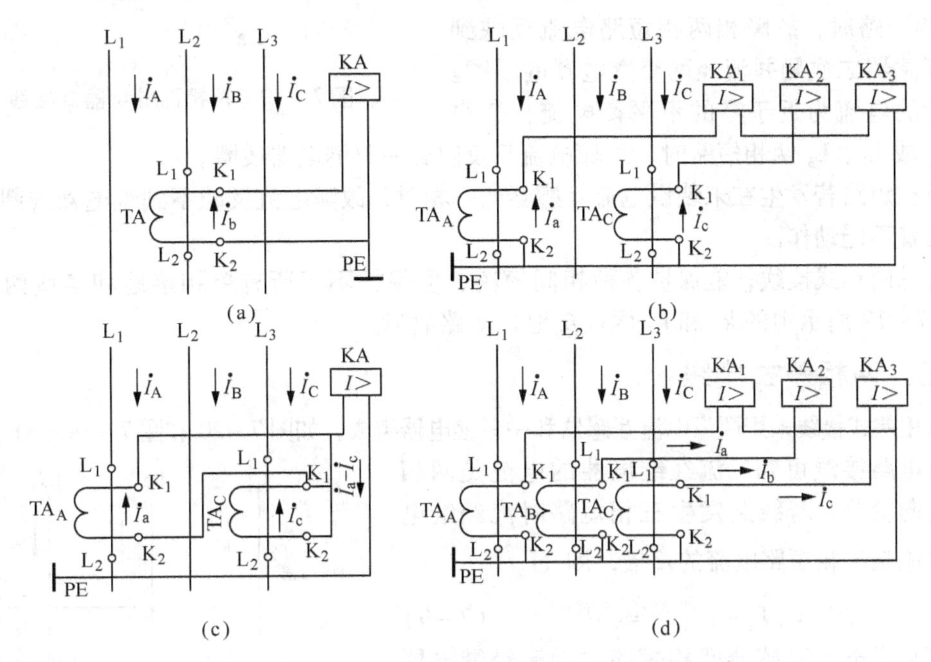

图 7－18　电流互感器的接线方案

（a）一相式；（b）两相 V 形；（c）两相电流差；（d）三相 Y 形

当两相短路时，如 L_1、L_3 相两相短路，主电路的电流 I_A 与 I_C 在任一瞬间都是一来一往，相位恰相反，只有这两相短路电流反映到电流互感器二次侧，而分别流入 KA_1、KA_2 两只继电器。中线的电流为两相故障电流的向量和，即

$$\dot{I}_{dsp}=\dot{I}_a+\dot{I}.c\approx 0$$

单相短路时，一次短路电流只流过故障相，与此相应的二次电流同样只流过接在故障相的继电器，并经中线形成通路。可见三相式接线必须有中线，否则当单相短路时，故障相电流互感器二次负担加大，误差增大，使二次电流不能正确反映一次电流值，这将造成保护装置不能正确地切除单相短路的故障。

从上面讨论结果可看出，三相式接线可以保护各种形式的相间短路和单相接地短路。

二、两相式不完全星形接线

两相式不完全星形接线，简称为两相式接线，它是采用两只电流互感器与两只继电器接成不完全星形接线，如图 7－19 所示。

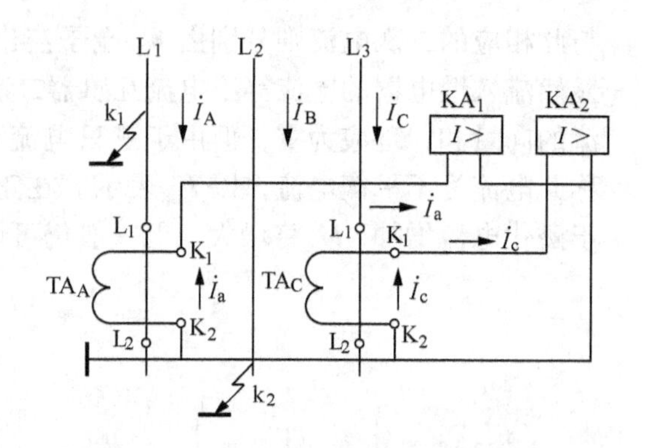

图 7-19　两相两继电器式接线

在正常情况和三相短路时，虽然在主电路中有三相平衡电流，但只有两相反映到二次侧，并分别流过相应的继电器，经公用线组成回路。公用线的电流为两只电流互感器二次电流的向量和，即

$$-\dot{I}_b = \dot{I}a + \dot{I}c \qquad (7-8)$$

两相短路时：①当装有电流互感器 L1、L3 两相短路时，故障相两相短路电流反映到电流互感器二次侧并流经两个继电器的线圈。公用线的电流为近于零的不平衡电流；②当 L_1、L_2 或 L_2、L_3 两相短路时，故障电流只反映到一只继电器线圈。

单相短路若发生在未装设电流互感器的一相时，故障电流反映不到继电器线圈，这时保护装置不能动作。

可见两相式接线，能保护各种相间短路，但保护不了所有单相接地和某些两相接地（如图 7-19 所示中的 k_1 和 k_2 两点接地）短路故障。

三、两相差式接线

两相差式接线采用两只电流互感器和一只继电器组成，如图 7-20 和图 7-18（c）所示。

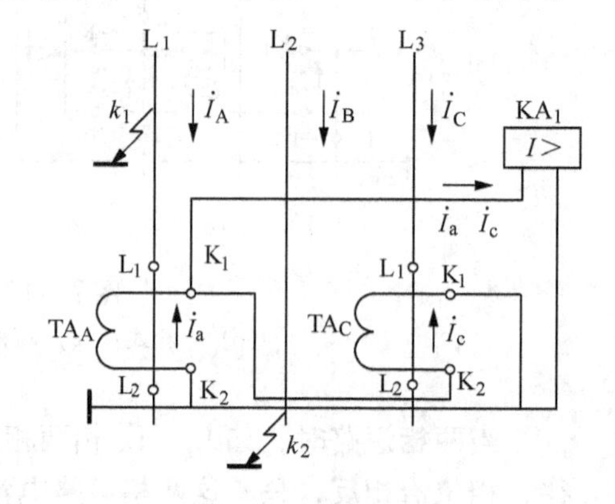

图 7-20　两相差式接线

由电路接线可知，流经继电器的电流是两相电流的向量差，若线路发生三相短路时流经继电器的电流是三相短路电流的$\sqrt{3}$倍，即

$$I_{KA}^{(3)} = |\dot{I}_a - \dot{I}_c|^{(3)} = \sqrt{3}I_a^{(3)} \qquad (7-9)$$

若装设电流互感器两相短路时，流经继电器线圈的电流等于反映到电流互感器二次侧故障电流的两倍，即

$$I_{KA}^{(3)} = |\dot{I}_a - \dot{I}_c|^{(2)} = 2I_a^{(3)} \qquad (7-10)$$

若两相短路，其中只有一相装有电流互感器，因故障相电流远大于正常工作电流，则流经继电器线圈的电流近似等于反映到电流互感器二次侧的故障电流。若未装电流互感器一相发生单相接地或某些情况的两相接地短路（图 7-20 中 K_1 和 K_2 点）时，继电器中不反映故障电流，此时保护装置不动作。可见两相差式接线与两相式接线一样，只能用来保护线路相间短路，不能保护所有单相接地短路和某些两相接地短路。

上述各种接线流入继电器的电流与电流互感器二次绕组的电流关系，可用接线系数 K_W 表示。所谓接线系数，是指流入继电器线圈中的电流 I KA与电流互感器二次绕组中的电流 I_2 之比，即

$$K_W = \frac{I_{KA}}{I_2} \qquad (7-11)$$

在三相式接线和两相式接线中，无论正常工作或某种短路故障，流入继电器中的电流

与电流互感器二次绕组的电流始终相等，所以 $K_W=1$。

在两相差式接线中，正常工作和三相短路时，$K_W^{(3)}=\sqrt{3}$；装电流互感器两相短路时，$K_W^{(2)}=2$；另一相有电流互感器的两相短路时，$K_W^{(2)}=1$。

四、一相式接线

一相式接线采用一只电流互感器和一只电流继电器组成，互感器二次绕组与继电器作串联连接，如图 7-18（a）所示，这种接线方式只用于过负荷保护。一般情况不专设装电流互感器，而是与其他保护装置共用一只互感器。

【任务实施】

继电器和电流互感器的接线方式任务实施分析报告见表 7-2。

表 7-2　继电器和电流互感器的接线方式任务实施表

姓名		专业班级		学号	
任务内容及名称	继电器和电流互感器的接线方式				
1. 任务实施目的：了解继电器和电流互感器的接线方式			2. 任务完成时间：2 学时		
3. 任务实施内容及方法步骤： 试绘出继电器与电流互感器各种接线方式，说明其特点与应用，接线系数的含义以及电流互感器二次负荷值是怎样计算的					
4. 分析报告：					
指导教师评语（成绩）： 年　月　日					

【任务总结】

本任务主要分析了继电器和电流互感器的接线方式。其中三相式接线应用设备多、投资大，但它能保护各种短路故障，因此常用于保护中性点直接接地电力系统。两相式接线较三相式接线设备少，接线简单，投资少，但它不能保护所有单相接地短路故障，因此常用来保护中性点不接地电力系统的相间短路故障，也可以用在有单独接地保护的中性点接地系统中作为相间短路保护。两相差式接线只用一只继电器和两只电流互感器，设备最少，投资小，接线简单，但它对各种相间短路故障的反应能力并不相同，而且保护不了所有的单相接地短路故障，因此这种接线只能用在 10kV 以下的线路中作相间短路保护。

任务 3　电力线路过电流保护装置

【任务目标】

1. 掌握定时限过电流保护装置的组成和工作原理。
2. 掌握反时限过电流保护装置的组成和工作原理。
3. 掌握过电流保护相关参数的整定及校验。

【任务分析】

在电力系统中发生短路时，线路中电流剧增。过电流保护装置就是利用电流剧增的特点，当电流超过事先按最大负荷电流而整定的数值时立即启动的一种保护装置。为了具有选择性，过流保护通常应有一定的时限。按动作的时限特性，过电流保护装置分为定时限过流保护和反时限过流保护。所谓定时限过流保护，是指不管故障电流超过整定值多少，其动作时间总是一定的。若动作时间与故障电流值成反比变化，即故障电流超过整定值越多，动作时间越快，则称为反时限过流保护。如果故障电流超过整定值一定倍数（约为6倍）以后，动作时间不再成反比的关系而趋恒定者，则称为有限反时限过流保护。

【知识准备】

一、定时限过流保护装置的组成与工作原理

定时限过流保护装置通常由测量启动机构（电流继电器）、时限机构（时间继电器）以及出口执行机构（信号与中间继电器）组成。在工业企业供电系统中多采用两相式接线，所用设备的图形符号与其原理接线如图7－21所示。正常运行时，主电路流通工作电流，反映到电流互感器二次侧流入电流继电器KA_1、KA_2的电流值，尚小于电流继电器启动电流的整定值，因而继电器不能启动，时间继电器KT与中间继电器KM均不动作，高压断路器继续处于合闸状态。一旦主电路发生短路产生短路电流，则反映到继电器中的电流超过其整定值，KA_1、KA_2启动，其接点立即闭合接通时间继电器KT，经整定延时后，中间继电器KM动作，由KM接点接通跳闸线圈YR，使高压断路器QF跳闸，将故障线路切离电源。在断路器跳闸之后，短路电流消失，各继电器返回原来状态，而且高压断路器的常开辅助接点QF也随之断开，自动地切断跳闸线圈YR的操作电源，实现短时通电。

图中KS是电流型信号继电器，用以发出保护动作的信号，并给出一个明显的掉牌标志（DX—11型）或灯光指示（DXM—2A型），便于事故分析。KM中间继电器是作为各保护装置共同的出口继电器，其接点容量较大，用以提高时间继电器的接点容量，直接接通高压断路器的YR跳闸线圈回路。

二、反时限过流或有限反时限过流保护装置

它采用感应式GL—$\frac{10}{20}$型系列继电器构成。由于这种继电器本身具有测量启动机构，以及反时限特性的时限机构，而且它的接点容量也较大，因此应用GL—$\frac{10}{20}$型系列继电器时无需再用时间继电器和中间继电器。采用两相差式接线时，其接线图如图7－22所示。正常运行时，主电路电流反映到电流互感器二次侧的数值不足以使继电器KA动作，由KA常闭接点短接跳闸线圈YR（T1—1型脱扣器），YR不跳闸。当主电路发生短路时，电流超过KA的整定值，并经整定延时（故障电流越大，动作时间越短）后，继电器KA的强力转换接点常开接点闭合，常闭接点断开，将电流脱扣器与电流继电器同时串接于电流互感器的二次侧，利用短路电流的能量使脱扣器作用于高压断路器跳闸。

三、启动电流的整定和灵敏度校验

在一端供电的放射式供电系统中，过电流保护装置应装设在每一段线路靠电源侧的始端，而且每段线路各有独立的过流保护装置，如图7－23所示。

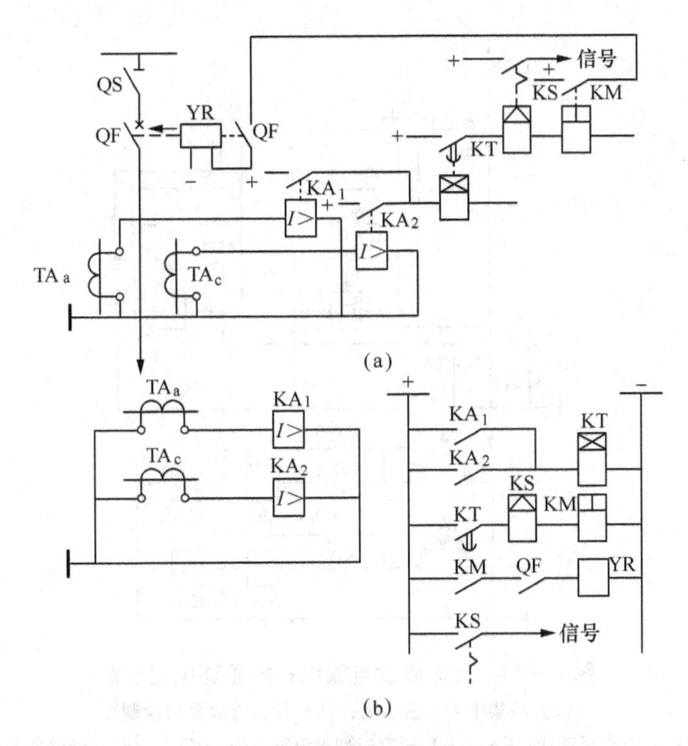

图 7-21　定时限过电流保护的电路原理示意

(a) 归总式；(b) 展开式

QF—高压断路器；TA_a，TA_c—电流互感器；KA_1，KA_2—DL 型电流继电器；

KT—DS 型时间继电器；KS—电流型信号继电器；KM—DZ 型中间继电器；YR—跳闸线圈

过电流保护装置启动电流的整定，必须保证线路中流经最大工作电流时，保护装置不该启动，即使启动之后，一旦电流降回最大工作电流时，也应立即返回。在满足这项要求之下，启动电流的整定值应力求最小。

以图 7-23 为例，当变压器 T_1 短路时，继电保护装置Ⅱ和Ⅲ的启动元件均应动作。保护装置Ⅲ可作为保护装置Ⅱ的后备保护。此时保护装置Ⅱ应该首先使高压断路器 QF_2 跳闸，切除故障；而保护装置Ⅲ则应可靠地返回。在切除故障之后，母线电压恢复正常，所有接在母线上的高压电动机有可能自启动。这时流过保护装置Ⅲ的电流为包括电动机自启动电流在内的最大工作电流 $I_{L\cdot max}$。假如这个电流尚大于保护装置Ⅲ中电流继电器的返回电流 I_{re}，则保护装置Ⅲ将一直继续动作，直到造成无选择地误跳闸。为了防止这种无选择地误动作，保护装置的返回电流 I_P 必须大于包括电动机自启动在内的最大工作电流 $I_{L\cdot max}$，即

$$I_P > I_{L.max}$$

取

$$I_P = K_{rel} \cdot I_{L.max} \tag{7-12}$$

式中，K_{rel}——可靠系数，通常取 $K_{rel} = 1.15 \sim 1.25$。

考虑到

$$K_{re} = I_{re} / I_{op}$$

$$I_{op} = \frac{I_{re}}{K_{re}} = \frac{K_{rel}}{K_{re}} K_W \frac{I_{L.max}}{K_i} \tag{7-13}$$

$$I_{op1} = \frac{I_{op} \cdot K_i}{K_W} \tag{7-14}$$

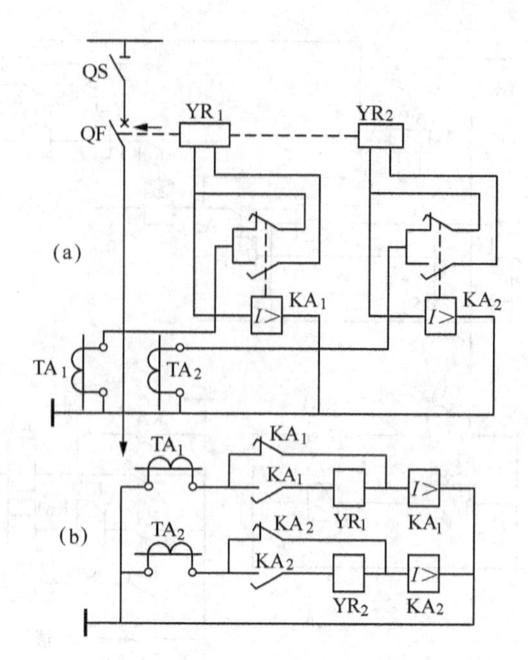

图7－22　反时限过电流保护的原理电路示意

（a）按集中表示法绘制；（b）按分开表示法绘制

TA_1，TA_2—电流互感器；KA_1，KA_2—感应型电流继电器；YR_1，YR_2—断路器跳闸线圈

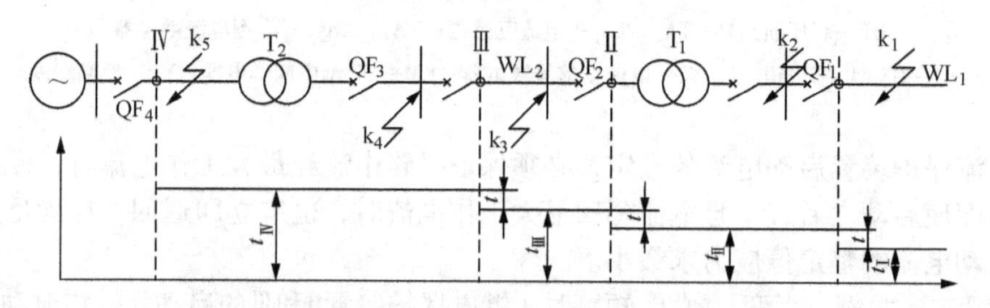

图7－23　单端供电放射式电网的过流保护装置及其按阶梯原则整定的时限特性图

式中，I_{op1}，I_{op}——保护装置一次侧启动电流和二次侧电流继电器的启动电流。式中（7－14）I_{op}取实际整定值；

K_i，K_W——电流互感器的变比和保护装置的接线系数，对三相式和两相式接线可取$K_W=1$；对两相差式接线取$K_W=\sqrt{3}$。

前面已经提到$I_{L\cdot max}$是流经保护装置的最大工作电流。在确定$I_{L\cdot max}$时要考虑到电动机的自启动情况。也就是当自动重合闸装置（ARD）或备用电源自动投入装置（APD）将线路重新接通时，或者电网中短路断开后电压恢复时，具有自启动装置的电动机将取用很大的自启动电流，这个电流可能超过正常工作电流I_L的4～5倍，但它衰减得较快。此外，也应考虑到由于电网正常运行方式的改变，而使工作电流增大。如两回路并行线路，一回路线路断开后，另一回路线路负荷增加近一倍。在具有互为备用的自动投入装置（APD）时，则须计及一条进线断开后，由另一条进线供电时，所引起的负荷增加，在实际计算中如果缺乏具体数据；通常可取 $I_{L.max}=(2\sim3)\ I_L$。

按式（7-13）和式（7-14）整定的启动电流尚应按下式进行灵敏度校验，才能使保护装置具有足够的灵敏性，即

$$S_{p.min}=\frac{I_{k.min}^{(2)}}{I_{op1}^{(3)}}\geqslant 1.2\sim1.5 \tag{7-15}$$

在确定最小灵敏度 $S_{p.min}$ 时，应取表 7-3 中最小的数值；如作为相间保护的两相差式接线，应取 AB 或 BC 两相短路时 $\left(\frac{1}{2}\times\frac{I_k^{(3)}}{I_{op1}^{(3)}}\right)$，两相式或三相式接线均应取 $\frac{\sqrt{3}}{2}\times\frac{I_k^3}{I_{op1}^{(3)}}$，其中 $I_K^{(3)}$ 为系统在最小运行方式下，保护范围末端短路时流经保护装置的三相最小短路电流的稳态值。如果按主保护区末端进行校验时，其最小灵敏度 $S_{p.min}$ 不应小于 1.5，按后备保护区末端进行校验时则应不小于 1.2。

表 7-3　各种接线方式用于线路保护的灵敏度表

接线方式＼短路故障	三相短路	两相短路	
三相式接线	$\frac{I_k^{(3)}}{I_{op1}^{(3)}}$	$\frac{\sqrt{3}}{2}\times\frac{I^{(3)}k}{I^{(3)}op1}$	
两相式接线	$\frac{I_k^{(3)}}{I_{op1}^{(3)}}$	$\frac{\sqrt{3}}{2}\times\frac{I_k^{(3)}}{I_{op1}^{(3)}}$	
两相差式接线	$\frac{I_k^{(3)}}{I_{op1}^{(3)}}$	UW 相间 $\frac{I_k^{(3)}}{I_{op1}^{(3)}}$	UV 或 VW 相间 $\frac{1}{2}\times\frac{I_k^{(3)}}{I_{op1}^{(3)}}$

四、时限整定

从上节中得知，线路发生短路故障时，凡有短路电流流过且临近故障点的保护装置均可能启动。此时必须适当整定时限，来满足选择性的要求，也就是必须使相邻两个过流保护装置的时限具有足够的差值，且靠近电源侧的时限较大。相邻两个时限差值通常称为时限阶段，用 Δt 表示。以图 7-23 为例，各保护装置的时限可分别用下式表示，则

$$t_{\mathrm{II}}=t_{\mathrm{I}}+\Delta t$$

$$t_{\mathrm{III}}=t_{\mathrm{II}}+\Delta t$$

$$\Delta t=t_{\mathrm{III}}-t_{\mathrm{II}}=t_{\mathrm{II}}-t_{\mathrm{I}} \tag{7-16}$$

显然按这种整定原则，越靠近电源侧，其时限越长，如同阶梯一样，如图 7-23 所示，因此这种整定原则常称为阶梯原则。

如果已知最末端（负载侧）过流保护装置的动作时限（通常是瞬时的，0.1s 以下）以及时限阶段 Δt 值，即可按阶梯原则决定出各级保护装置的时限值。

为保证动作的选择性，必须使 Δt 足够大。以相邻两个保护装置为例，如图 7-23 所示中的 k2 点发生短路时，保护装置Ⅱ在短路电流流通的时间内处于启动状态。考虑到保护装置Ⅱ可能延迟动作的误差，断路器 QF_2 的断路时间即跳闸时间，保护装置Ⅲ可能提早动作的误差，以及一定的储备余量（一般取 0.1～0.15s），则得保护装置Ⅲ的时限一般为

0.35～0.6s，通常取 $\Delta t=0.5s$。至于由感应式继电器构成的具有反时限特性保护装置，在短路电流切除后由于惯性影响，继电器圆盘可能继续转动，因此该种保护装置的时限阶段尚应加上继电器惯性动作的误差时间 t_{GWw}，约0.1s，则 $\Delta t \approx 0.45 \sim 0.7s$，常取 $\Delta t=0.6s$。

反时限过电流保护的动作时间，由于GL型电流继电器的时限调节机构是按10倍动作电流的动作时间来标度的，而实际通过继电器的电流一般不会恰恰为动作电流的10倍，因此必须根据继电器的动作特性曲线（图7－16）来整定。

假设图7－24（a）所示线路中，前一级保护 KA_1 的10倍动作电流动作时间已经整定为 t_1，现在要求整定后一级保护 KA_2 的10倍动作电流的动作时间 t_2，整定计算的步骤如下（参看图7－24、图7－25）。

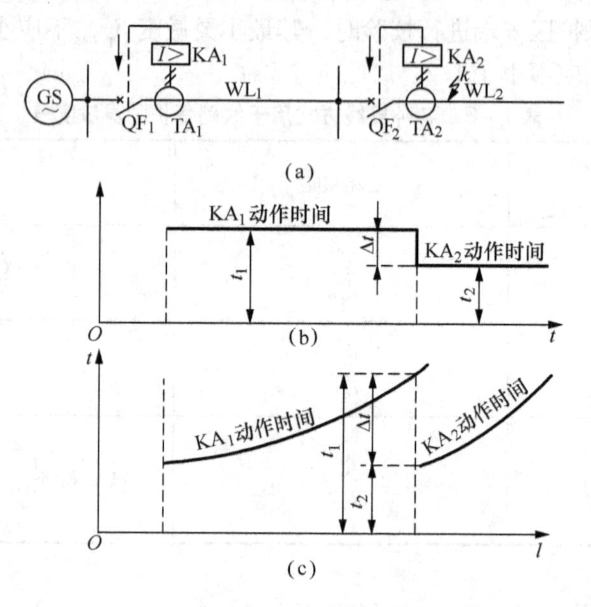

图7－24　线路过电流保护整定说明图

（a）电路；（b）定时限过电流保护的动作时限曲线；（c）反时限过电流保护的动作时限曲线

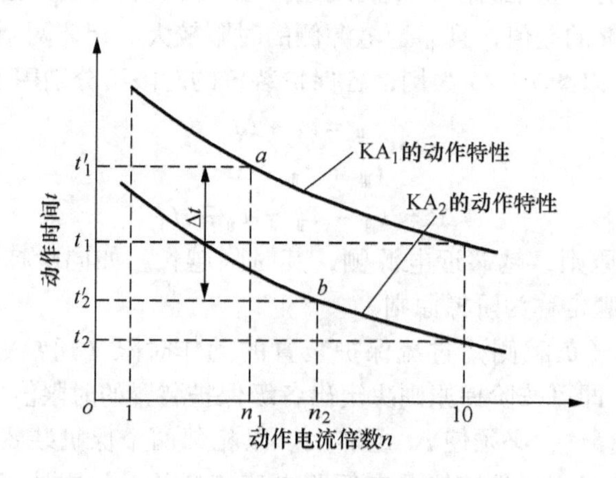

图7－25　反时限过电流保护的动作时间整定

（1）计算 WL_2 首（WL_1 末端）k 点三相短路电流 I_k 反映到 KA_1 中的电流值为

$$I'_{k(1)}=I_kK_w\ (1)\ /K_{i(1)}$$

式中，$K_{w(1)}$——KA_1 与 TA_1 的接线系数；

$K_{i(1)}$——TA_1 的变流比。

（2）计算 $I'_{k(1)}$ 对 KA_1 的动作电流倍数为

$$n_1=I'_{k(1)}/I_{op(1)}$$

式中，$I_{op(1)}$—KA_1 的动作电流（已整定）。

（3）根据 n_1 从 KA_1 整定的 10 倍动作电流的动作时间 t_1 的曲线上找到 a 点，则其纵坐标 t'_1 即 KA_1 的实际动作时间。

（4）计算 KA_2 的实际动作时间 $t'_2=t'_1-\Delta t=t'_1-0.6s$。

（5）计算 WL_2 首端三相短路电流 I_k 反映到 KA_2 中的电流值为

$$I'_{k(2)}=I_kK_{w(2)}/K_{i(2)}$$

式中，$K_{w(2)}$ - KA_2 与 TA_2 的接线系数

$K_{i(2)}$——TA_2 的变流比。

（6）计算 $I'_{k(2)}$ 对 KA_2 的动作电流倍数为

$$n_2=I'_{k(2)}/I_{op(2)}$$

式中，$I'_{k(2)}$——KA_2 的动作电流（已整定）。

（7）根据 n_2 与 KA_2 的实际动作时间 t'_2，从 KA_2 的动作特性曲线的坐标图上找到其坐标点 b 点，则此 b 点所在曲线的 10 倍动作电流的动作时间 t_2 即为所求。如果 b 点在两条曲线之间，则只能从上下两条曲线来粗略地估计其 10 倍动作电流的动作时间。

五、低电压闭锁的过电流保护

如图 7－26 所示的保护电路，低电压继电器 KV 通过电压互感器 TV 接于母线上，而 KV 的常闭触点则串入电流继电器 KA 的常开触点与中间继电器 KM 的线圈回路中。

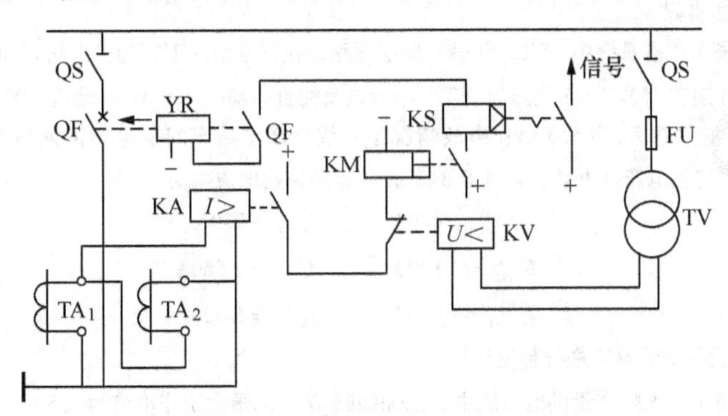

图 7－26　过电流保护电路

在供电系统正常运行时，母线电压接近于额定电压，因此 KV 的常闭触点是断开的。由于 KV 的常闭触点与 KA 的常开触点串联，所以这时 KA 即使由于线路过负荷而误动作，其常开触点闭合，也不致造成断路器 QF 误跳闸。正因为如此，凡有低电压继电器闭锁的这种过电流保护装置的动作电流也不必按躲过线路最大负荷电流 $I_{L\,max}$ 来整定，而只需按躲

过线路正常的计算电流 I_{30} 来整定。当然保护装置的返回电流也应躲过计算电流 I_{30}。故此时过电流保护的动作电流的整定计算公式为

$$I_{op}=\frac{K_{rel}\cdot K_{w}}{K_{re}\cdot K_{i}}\cdot I_{30} \quad (7-17)$$

式中，各系数的取值与式（7－13）相同。

上述低电压继电器的动作电压则按躲过母线正常最低工作电压 Umin 来整定，当然其返回电压也应躲过 U_{min}。也就是低电压继电器在 U_{min} 时才动作。因此低电压继电器的动作电压的整定计算公式为

$$U_{op}=\frac{U_{min}}{K_{rel}\cdot K_{re}\cdot K_{u}}\approx (0.6\sim0.7)\frac{U_{N}}{K_{u}} \quad (7-18)$$

式中，U_{min}——母线最低工作电压，取（0.85～0.95）U_N；

U_N——线路额定电压；

K_{rel}——保护装置的可靠系数，可取 1.2；

K_{re}——低电压继电器的返回系数，可取 1.15；

K_u——电压互感器的变比。

【任务实施】

电力线路过电流保护装置参数整定计算任务实施分析报告见表 7－4。

表 7－4　电力线路过电流保护装置参数整定计算任务实施分析报告

<table>
<tr><td>姓名</td><td></td><td>专业班级</td><td></td><td>学号</td><td></td></tr>
<tr><td colspan="2">任务内容及名称</td><td colspan="4">电力线路过电流保护装置参数整定计算</td></tr>
<tr><td colspan="3">1. 任务实施目的：
学会电力线路过电流保护装置参数整定计算</td><td colspan="3">2. 任务完成时间：2 学时</td></tr>
<tr><td colspan="6">3. 任务实施内容及方法步骤：
（1）在图 7－23 所示供电系统中，WL_2 为 6kV 架空线路，在正常情况下，为供电给车间变电所分列运行的两段母线之一，每段母线各接有 750kV·A 变压器（T）一台以及能自启动的 260kW 电动机（M）一台，电动机的功率因数为 0.8，自启动电流倍数 K_{st} 为 5.3 倍；事故情况下，线路供电给车间变电所的两段母线总的重要负荷约占 70%。网络数据由无限容量电源供电并折算到 6.3kV 时各点的短路电流值为
$I''^{(3)}_{k1min}=480A$　　$I''^{(3)}_{k2min}=930A$
$I''^{(3)}_{k3max}=2\,840A$　　$I''^{(3)}_{k3min}=2\,660A$
$I''^{(3)}_{k4max}=7\,650A$　　$I''^{(3)}_{k4min}=6\,520A$
试就线路 WL_2 装设保护装置Ⅲ进行整定计算。
（2）在图 7－26 所示的无限容量供电系统中，已知线路 WL_1 的最大工作电流为 298A，k_2 与 k_1 点的短路电流分别为 $I^{(3)}_{k2}=1\,627A$ 和 $I^{(3)}_{k1}=7\,000A$，保护装置Ⅱ在 k_2 短路时动作时限为 0.6s。拟在线路 WL_1 的首端装设有限反时限过电流保护装置Ⅰ，所用的电流互感器为两相差式接线，电流比为 400/5，试进行整定计算</td></tr>
<tr><td colspan="6">4. 计算分析报告：</td></tr>
<tr><td colspan="6">指导教师评语（成绩）：
年　月　日</td></tr>
</table>

【任务总结】

对于3~66kV供电线路作为线路的相间短路保护和带时限的过电流保护，按其动作时限特性分为定时限过电流保护和反时限过电流保护两种。与定时限过电流保护相比：反时限过电流保护所用继电器数量大为减少，而且可同时实现电流速断保护，加上可采用交流操作，因此简单经济，投资大大减少，因此它在中小企业供电系统中得到广泛应用。其缺点有：动作时间的整定比较麻烦，而且误差较大，当短路电流较小时，其动作时间可能很长，从而延长了故障动作时间。

任务4　线路电流速断保护装置

【任务目标】

1. 掌握电流速断保护的电路原理以及整定计算方法。
2. 理解电流速断保护和过电流保护的优缺点。
3. 掌握线路电流速断保护装置启动电流整定及灵敏度的校验。

【任务分析】

过电流保护的启动电流是按躲过最大工作电流整定的，其保护范围常常延伸到下一段线路甚至更远。为了获得选择性，保护的动作时间必须按阶梯原则进行整定。这样，越靠近电源的保护，动作时间越长。为了克服这一缺点，同时又能保证动作的选择性，可以采取提高启动电流整定值的办法，即将启动电流按躲过被保护线路末端短路时最大可能的短路电流来整定，使保护装置在本线路以外发生短路时不动作，因而在时间上无须再与下段线路配合。这种按线路末端最大短路电流整定其启动电流，以保证有选择性地动作，即为电流速断保护。

【知识准备】

电流速断保护的启动电流按被保护线路末端最大短路电流整定，使保护范围限制在线路的一定区段上，其动作时间与下段线路相配合，就可以做成瞬时动作的保护，即无时限或瞬时电流速断保护。电流速断保护只有启动机构和出口执行机构，没有时间继电器。它的动作时间仅取决于电流继电器和中间继电器本身的动作时间。为避免当雷电流通过避雷器向大地放电时引起保护装置误动作，通常需选取带延时（0.06~0.08s）动作的中间继电器。

在单电源放射式电网中，电流速断保护装置安装在引出线的始端，如图7－27所示。在最大运行方式下线路上任一点（X_{Σ}^{*}）发生三相短路时，通过速断保护装置的短路电流为$I_k^{\prime\prime(3)}=\dfrac{I_{\mathrm{d}}}{X_{\Sigma}^{*}}$。当短路点从线路末端k3点逐渐移向线路始端时，即$X_{\Sigma}^{*}$逐渐减少，短路电流随之增大。图7－28中，曲线表示当短路点沿线路移动时，在系统最大运行方式下三相短路电流变化曲线，$I_{\mathrm{k}}=f\left(X_{\Sigma}^{*}\right)$。

为了保证选择性，电流速断保护装置当本段线路出现最大短路电流时应动作，故电流速断保护装置的启动电流一般可按下式计算

$$I_{qb}=\frac{K_{rel}\cdot K_{w}}{K_{i}}\cdot I''^{(3)}_{k.max} \tag{7-19}$$

式中，K_{rel}——可靠系数，考虑到计算与整定的误差以及短路电流中非周期分量对保护的影响，当选用DL—10系列电流继电器时取 $K_k=1.2\sim1.3$，采用GL—10系列继电器时取 $K_k=1.4\sim1.5$；

$I''^{(3)}_{k.max}$——在最大运行方式下，被保护线路末端短路时，流经速断保护装置的三相最大短路电流的次暂态值。

保护装置一次侧启动电流则为

$$I_{qb1}=\frac{I_{qb}\cdot Ki}{K_{w}} \tag{7-20}$$

式中，I_{qb}——取实际整定值。

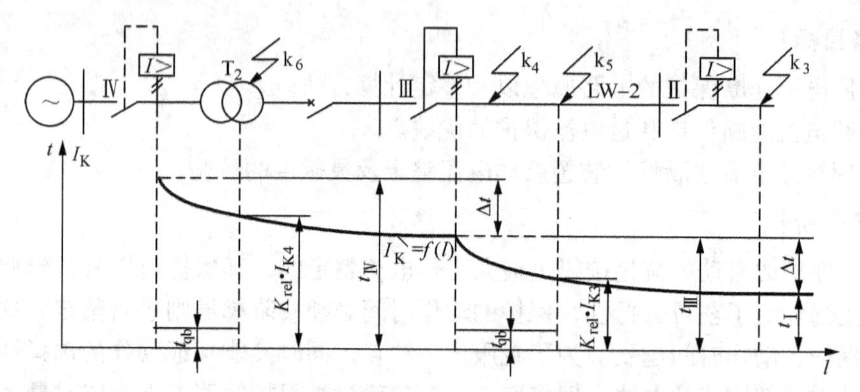

图7-27　电流速断保护整定的原理示意

由于电流速断保护的动作电流躲过了线路末端的最大短路电流，因此在靠近末端的一段线路上发生的不一定是最大的短路电流（例如两相短路电流）时，电流速断保护装置就不可能动作，也就是电流速断保护实际上不能保护线路的全长。这种保护装置不能保护的区域，就称为“死区”如图7-28所示。

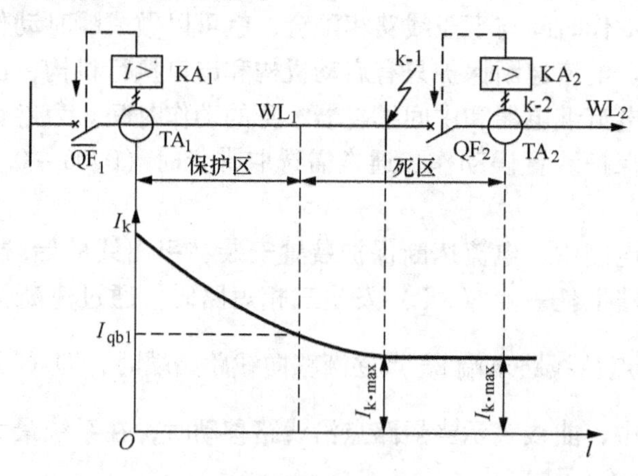

图7-28　线路电流速断保护的保护区和死区

级保护应躲过的最大短路电流；I_{qb1}—前一级保护整定的一次速断电流。

为了弥补死区得不到保护的缺陷，所以凡是装设电流速断保护的线路，都必须配备带时限的过电流保护，如图 7－29 所示。

过电流保护的动作时间又要符合前面说的“阶梯原则”，以保证选择性，如图 7－27 所示。

在电流速断的保护区内，速断保护为主保护，过电流保护为后备保护；而在电流速断保护的死区内，过电流保护则为基本保护。

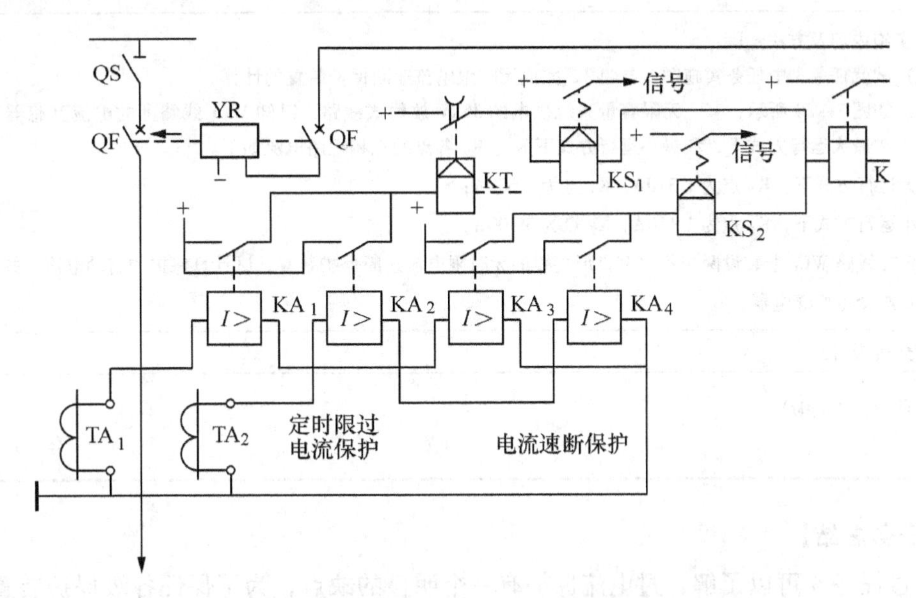

图 7－29　线路的定时限过电流保护和电流速断保护电路示意

电流速断保护的灵敏度是按被保护线路始端短路时，流经保护装置安装处的最小两相短路电流进行灵敏度校验，即在确定最小灵敏度时和过流保护一样，应取表 7－3 中最小的数值，只不过所对应 $I''^{(2)}_{k.min}$ 的值应取 $I''^{(3)}_{k}$（最小运行方式下，保护装置安装处（被保护线路始端）短路时，流经保护装置最小的三相短路电流次暂态值）。

【任务实施】

电力线路电流速断保护装置参数整定计算任务实施计算分析报告见表 7－5。

表7-5 电力线路电流速断保护装置参数整定计算分析报告

<table>
<tr><td>姓名</td><td></td><td>专业班级</td><td></td><td>学号</td><td></td></tr>
<tr><td colspan="2">任务内容及名称</td><td colspan="4">电力线路电流速断保护装置参数整定计算</td></tr>
<tr><td colspan="3">1. 任务实施目的：
学会电力线路电流速断保护装置参数整定计算。</td><td colspan="3">2. 任务完成时间：2学时</td></tr>
<tr><td colspan="6">3. 任务实施内容及方法步骤：
（1）试就任务3中任务实施题1与题2，完成无时限电流速断保护装置的计算。
（2）如图7-28所示，有一无限容量系统供电的35kV放射式线路，已知WL1线路上的电流互感器变比选为300/5 s；在最大运行方式下，和最小运行方式下 K_1、K_2 各点的三相短路电流如下。
最大运行方式下，K_1 点为1 310A，K_2 点为4 600A；
最小运行方式下，K_1 点为1 150A，K_2 点为3 100A；
拟定在线路 WL_1 上装设两相不完全星形接线的无时限电流速断保护装置，试计算保护的启动电流，并校验其灵敏度以及选择主要继电器。</td></tr>
<tr><td colspan="6">4. 计算分析报告：</td></tr>
<tr><td colspan="6">指导教师评语（成绩）：
年 月 日</td></tr>
</table>

【任务总结】

通过任务4可以了解，过电流保护有一个明显的缺点，为了保证各级保护装置动作的选择性，势必出现越靠近电源的保护装置，其整定动作时限越长，靠近电源短路电流就越大，因此危害更加严重。因此根据GB50062—1992规定，在过电流保护动作时间超过0.5～0.7s时，应装设瞬时动作的电流速断保护装置。

由电流速断保护的整定计算公式可知，电流速断保护不能保护本段线路的全长，这种保护装置不能保护的区域，称为“死区”，因此电流速断保护必须与带时限过电流保护配合使用，过电流保护的动作时间应比电流速断保护至少长一个时间级差 $\Delta t = 0.5 \sim 0.7$ s，而且须符合前后过电流保护动作时间的“阶梯原则”，以保证选择性。

任务5 电力线路接地保护装置

【任务目标】

1. 掌握交流电网绝缘监察装置。
2. 掌握小接地电流系统的接地保护装置。

【任务分析】

在小电流接地的电力系统中，如发生单相接地故障时，只有很小的接地电容电流，而各线间电压仍保持原来的对称关系，用电设备（三相的）可以照常工作。但由于非故障相对地电压升高为原对地电压的 $\sqrt{3}$ 倍，时间一久有可能使绝缘击穿而导致相间接地短路。因此，在这种电网中必须装设专用的绝缘监察装置或接地保护，以便当系统发生单相接地故障时，发出一定的报警信号，在允许工作时间内找出接地故障相和故障线段。

【知识准备】

一、交流电网绝缘监察装置

绝缘监察装置是装设在小电流接地系统中用以监视该系统相对地的绝缘状况。工厂的6～10kV高压系统属小电流接地系统，绝缘监察装置通常装设在6～10 kV母线上，可采用3个单三绕组电压互感器和三只电压表接成如图7－30所示的电路。在接成Y_0的基本二次绕组，接有三只电压表，系统正常运行时，每只电压表均指示相电压；但系统发生一相接地时，则对应相的电压表指零，而另两只电压读数升高到线电压值（比正常时的读数升高$\sqrt{3}$倍）。接成开口三角形的辅助二次绕组，则构成零序电压过滤器，供电给监察绝缘的电压继电器。在系统正常运行时，三角形的开口电压接近于零（3个互差120°的相电压叠加为零），继电器不动作；但当系统发生一相接地时，由于接地相对地电压为零，其他两相对地电压升高$\sqrt{3}$倍，且它们之间相位差为60°电角度，于是三角形开口处出现近100V的电压加到继电器，使电压继电器立即动作（电压继电器一般整定为15～25V），发出报警的灯光信号音响信号（预告信号）。

注意：三相三芯柱式的电压互感器不能用来监察绝缘。因为系统一相接地时，电压互感器的各相一次绕组将出现零序电压，从而在互感器铁心内产生零序磁通。由于零序磁通不可能在三芯柱的互感器铁心内闭合，而只能经周围气隙或铁壳闭合。由于这些零序磁通不可能与互感器的各二次绕组交链，因此在各二次绕组内不能感应出零序电压，从而无法反映一次系统的单相接地故障。如果互感器采用五芯柱铁心，则零序磁通可经两个边柱闭合，这样零序磁通也能与二次绕组交链，可在二次绕组内感应出零序电压，从而可实现系统对地绝缘的监察。

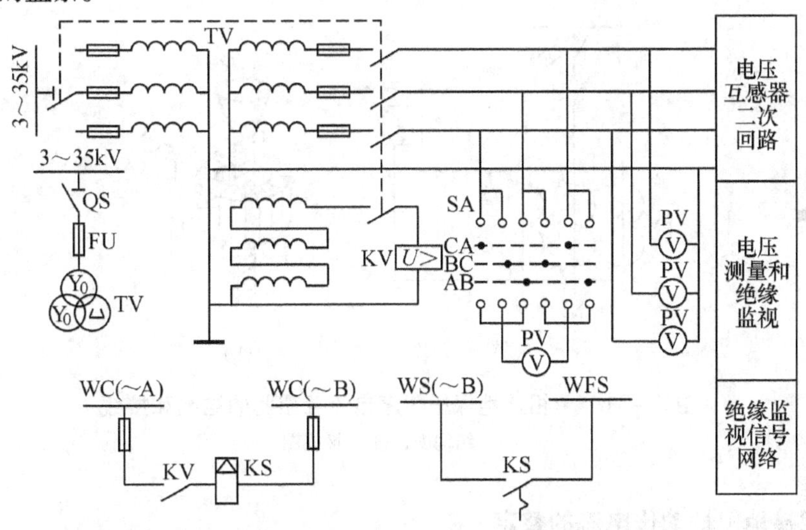

图7－30　6～10kV母线的绝缘监察装置及电压测量电路

TV—电压互感器（连接）；QS—高压隔离开关及其辅助触点；SA—电压转换开关；PV—电压表；KV—电压断电器；KS—信号继电器；WC—控制小母线；WS—信号小母线；WFS—预报信号小母线

二、小接地电流系统的接地保护装置

1. 单相接地保护的组成和原理

单相接地保护利用单相接地故障所产生的零序电流使保护装置动作，发出报警信号。因此单相接地保护也称零序电流保护。

单相接地保护必须通过零序电流互感器将一次电路发生单相接地时所产生的零序电流反映到二次侧的电流继电器中去，如图 7－31 所示。单相接地保护的原理说明如图 7－32 所示。图 7－32 所示供电系统中，其母线上接有三路出线 WL_1、WL_2 和 WL_3，每路出线上都装设有零序电流互感器 TAN。现假设 WL_1 的 U 相发生接地故障。这时系统的 U 相处于“地”电位，因此所有的出线的 U 相均无对地电容电流。其他两相（V、W 相）的电容电流 $I_1 \sim I_6$ 的分布和流向如图 7－32 所示。从图上可以看出，WL_1 的故障芯线（U 相）流过的所有电容电流 $I_1 \sim I_6$，恰好与其他完好芯线（V、W 相）以及电缆外皮流过的电容电流 $I_1 \sim I_6$ 反向，所以它们不可能在零序电流互感器 TAN_1 的铁心中产生磁通。但是穿过 TAN_1 的电缆头接地线上流过的电容电流 $I_3 \sim I_6$（由其他正常线路 WL_2、WL_3 而来的不平衡电流）将在 TAN_1 的铁心中产生磁通，从而在其二次侧产生电流，使继电器 KA 动作，并发出信号。

由此可见，这种单相接地保护装置能够较灵敏地监察小电流接地系统的对地绝缘，而且从各条线路的接地保护信号可以具体判断发生单相接地故障的线路，因此这种保护装置适用于高压线路较多的大中型工厂供电系统。

这里必须强调指出：电缆头的接地线必须穿过零序电流互感器的铁心，否则零序电流（不平衡电流）不穿过零序电流互感器的铁心，保护就不会动作。

关于架空线的单相接地保护，可采用 3 个相的电流互感器同极性并联所组成的零序电流过滤器。但一般工厂的高压线路不长，很少装设。

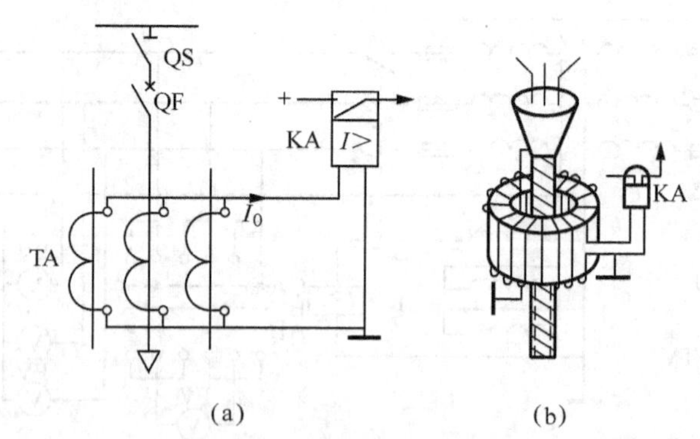

图 7－31　单相接地保护零序电流互感器的结构和接线

（a）结构图；（b）接线图

2. 单相接地保护动作电流的整定

由图 7－32，当供电系统中某一线路（如 WL_1）发生单相接地故障时，其他线路（如 WL_2、WL_3）上也会出现不平衡的电容电流。但这些线路（如 WL_2、WL_3）本身是正常的，因此其接地保护装置不应该动作。为此，单相接地保护的动作电流 I_{op}（E）应该躲过在其他线路上发生单相接地时而在本线路上引起的电容电流，即单相接地保护动作电流的整定

计算公式为

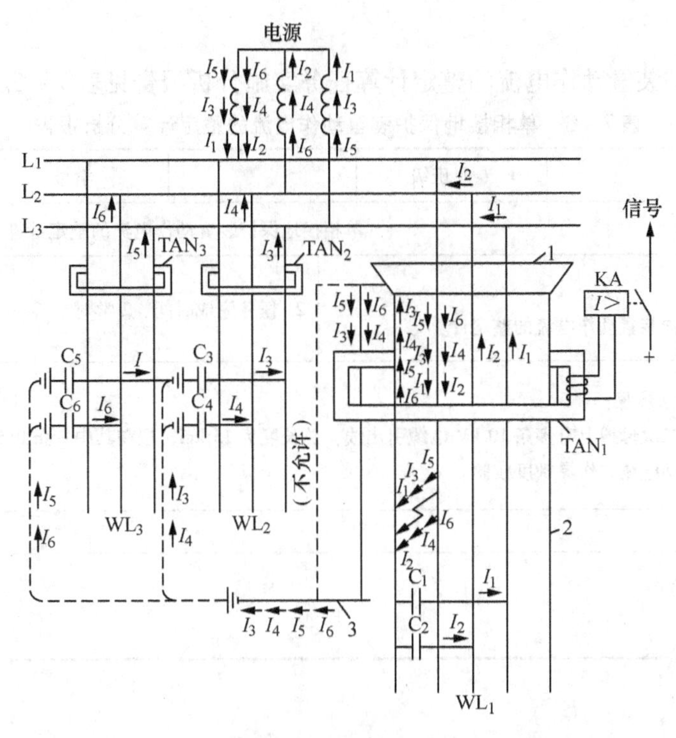

图 7－32　单相接地时的接地电容电流的分布

$$I_{op(E)}=\frac{K_{rel}}{K_i}I_c \tag{7-21}$$

式中，I_c——其他线路发生单相接地时，在整定保护的线路上产生的电容电流，可按 $I_c=\frac{U_N\ (l_{0h}+35l_{cab})}{350}$计算，式中线路长度 l_{0h}或 l_{cab}应采用本身线路的长度（km），U_N 为系统的额定电压；

K_i——零序电流互感器的变流比；

K_{rel}——可靠系数。保护装置不带时限时，取 4～5，以躲过本身线路发生两相短路时所出现的不平衡电流；保护装置带时限时，取 1.5～2，这时接地保护的动作时间应比相间短路的过电流保护的动作时间大一个 Δt，以保证选择性。

3. 单相接地保护的灵敏度

单相接地保护的灵敏度，应按被保护线路末端发生单相接地故障时流过电缆头接地线的不平衡电容电流作为最小故障电流来检验，而这一电容电流为与被保护线路有电联系的总电网电容电流 $I_{c\Sigma}$ 与该线路本身的电容电流 I_c 之差。$I_c\Sigma$ 仍按上述 I_c 公式计算，只是式中 l_{0h}为同一电压 U_N 的具有电联系的架空线路总长度（km），l_{cab}为同一电压 U_N 的具有电联系的电缆线路总长度（km）。而计算 I_c 只取本身线路的长度（l_{0h}或 l_{cab}）。因此单相接地保护的灵敏度必须满足的条件为

$$S_p=\frac{I_{c\Sigma}-I_c}{K_iI_{op(E)}}\geqslant 1.25 \tag{7-22}$$

式中，K_i——零序电流互感器的变流比。

【任务实施】

单相接地保护装置动作电流的整定计算任务实施分析报告见表7-6。

表7-6 单相接地保护装置动作电流的整定计算分析报告

<table>
<tr><td>姓名</td><td></td><td>专业班级</td><td></td><td>学号</td><td></td></tr>
<tr><td colspan="2">任务内容及名称</td><td colspan="4">单相接地保护装置动作电流的整定计算</td></tr>
<tr><td colspan="3">1. 任务实施目的：
学会单相接地保护装置动作电流的整定计算</td><td colspan="3">2. 任务完成时间：2学时</td></tr>
<tr><td colspan="6">3. 任务实施内容及方法步骤：
某总降压变电所二次母线上有多条10 kV电缆引出线，总长度为15 km，拟在其中一条0.5 km引出线上装设单独接地保护。试求启动电流并作灵敏度校验。</td></tr>
<tr><td colspan="6">4. 计算分析报告：</td></tr>
<tr><td colspan="6">指导教师评语（成绩）：
年　月　日</td></tr>
</table>

【任务总结】

交流电网绝缘监察装置结构简单，能给出故障信号，但是没有选择性，难以找到故障线路。值班人员根据信号和电压表指示可以知道发生了接地故障和故障的类别，但不能判断哪一条线路发生了接地故障。因此，这种装置一般用于出线不太多并且允许短时停电的供电系统中。而单相接地保护装置能够较灵敏地监察小接地电流系统的对地绝缘，而且从各条线路的接地保护信号可以准确地判断出发生单相接地故障的线路，它适用于高压出线较多的供电系统。

任务6　电力变压器的继电保护

【任务目标】

1. 了解供配电系统中电力变压器的继电保护类型和配置。
2. 掌握变压器继电保护电路原理及整定方法。
3. 掌握变压器继电保护相关参数的整定。

【任务分析】

对于高压侧为6~10 kV的车间变电所及小型工厂变电所的主变压器来说，通常装设有过电流保护和电流速断保护。如过电流保护的动作时间不大于0.5s，可不装设电流速断保护。容量在800 kV·A及以上的油浸式变压器（如安装在车间内部，则容量在400 kV·A及以上时），还需装设气体继电器保护（又称瓦斯继电保护）。如两台并联运行的变压器容量（单台）在400 kV·A及以上，以及虽为单台运行但又作为备用电源用的变压器有可能过负荷时，还需装设过负荷保护，但过负荷保护只作用于信号，而其他保护一般作用于跳闸。对于高压侧为35 kV及以上的工厂总降压变电所主变压器来说，一般也装设过电流保护，电流速断保护和气体继电保护。在有可能过负荷时，也装设过负荷保护。但是如果单台运行的变压器容量10 000 kV·A及以上，两台并列运行的变压器容量（单台）在6 300kV·A及以上时，则要求装设差动保护来取代电流速断保护。

【知识准备】

一、保护装置的接线方式及低压侧单相短路保护

1. 保护装置的接线方式

对于6~10 kV/0.4kV，采用Y/Y_{n0}连接组的降压变压器，其保护装置的接线方式，有两相两继电器式和两相一继电器式两种。

（1）两相两继电器式接线（图7-33）。这种接线适于作相间短路保护和过负荷保护，而且由于它属于相电流接线，接线系数为1，因此无论何种相间短路，保护的灵敏度都是相同的，但是变压器低压侧发生单相短路，情况就不同了。如果是装设有电流互感器的那一相A相或C相）所对应的低压相发生单相短路，继电器的电流反映的是整个单相短路电流，这当然是符合要求的。但是如果是未装有电流互感器的那一相（B相）所对应的低压相（B相）发生单相短路，由下面的分析可知，继电器的电流仅仅反映单相短路电流的1/3，这就达不到保护灵敏度的要求，因此这种接线不适宜作低压侧单相短路保护。图7-33（a）是未装电流互感器的B相所对应的低压侧B相发生单相短路时短路电流的分布情况。

$\dot{I}_k^{(1)}=\dot{I}_B$分解为正序$\dot{I}_{B_1}=\dot{I}_B/3$，负序$\dot{I}_{B_2}=\dot{I}_B/3$和零序$\dot{I}_{B_0}=\dot{I}_B/3$。由此可绘出变压器低压侧各相电流的正序、负序和零序相量图，如图7-33（b）所示。

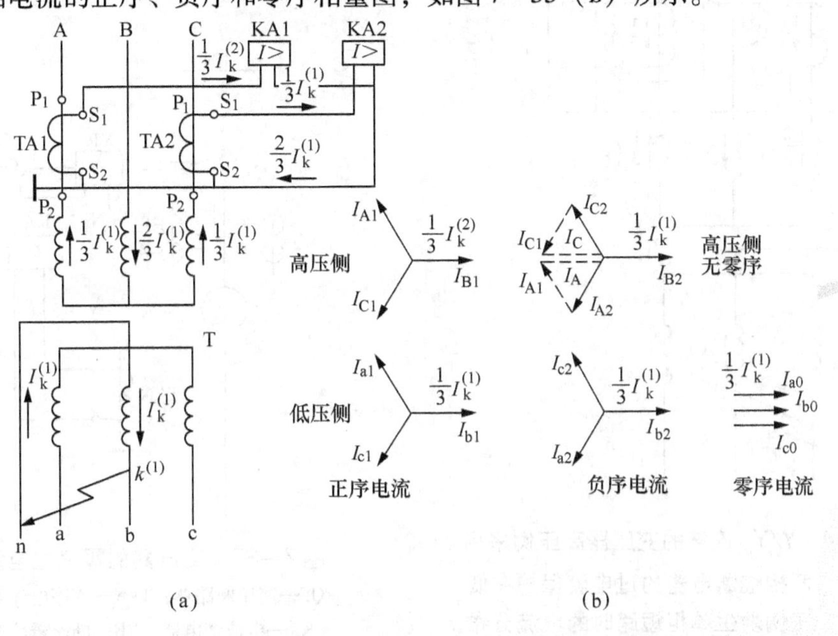

图7-33　Y/Y_{n0}连接的变压器高压侧采用两相两继电器的过电流保护（在低压侧发生单相短路时）

（a）电流分布；（b）电流相量分解（设变压器的电压比和互感器的变流比均为1）

低压侧的正序电流和负序电流通过三相三芯柱变压器都要感应到高压侧去；但低压侧根据《电工基础》所讲的对称分量分析法，可将低压侧 B 相的单相短路电流的零序电流 $\dot{I}_{a0}$、$\dot{I}_{b0}$、$\dot{I}_{c0}$都是相同的，其零序磁通在三相三芯柱变压器铁心中不可能闭合，因而也不能与高压绕组铰链，因此变压器高压侧无零序分量。所以高压侧各相电流就只有正序和负序的叠加，如图 7－33（b）所示。

由以上分析可知，当低压侧 b 相（对应的高压侧 B 相未装电流互感器）发生单相短路时，这种两相两继电器接线的继电器中只反映 1/3 的单相短路电流，因此灵敏度过低，不适宜作低压侧单相短路保护。

（2）两相一继电器式（两相电流差式）接线（图 7－34）。这种接线也适于作相间短路保护和过负荷保护，但对不同相短路保护灵敏度不同，这是不够理想的。然而由于这种接线只用一个继电器，比较经济，因此有的小容量变压器也有采用这种接线的。

值得注意的是，采用这种接线时，如果未装电流互感器的那一相对应的低压相（b 相）发生单相短路，由图 7－34 可知，继电器中根本无电流通过，因此这种接线更不能用作低压侧的单相短路保护。

2. 变压器低压侧的单相短路保护

为了弥补上述变压器过电流保护的两种接线方式不适宜低压侧单相短路保护的缺点，可采取下列措施之一。

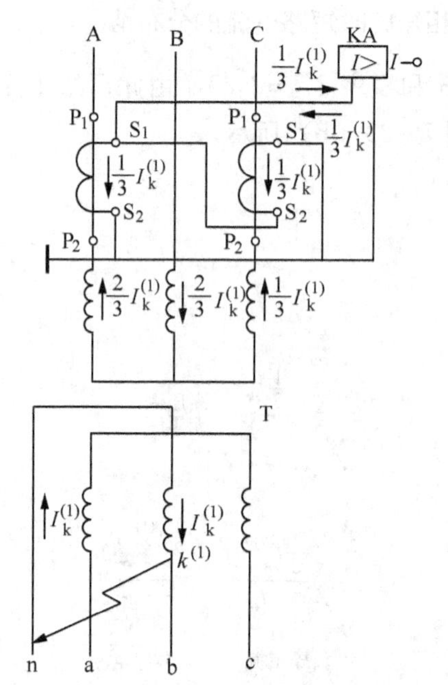

图 7－34　Y/Y_{n0} 连接的变压器高压侧采用两相继断电器的过电流保护在低压侧发生单相短路时的电流分布

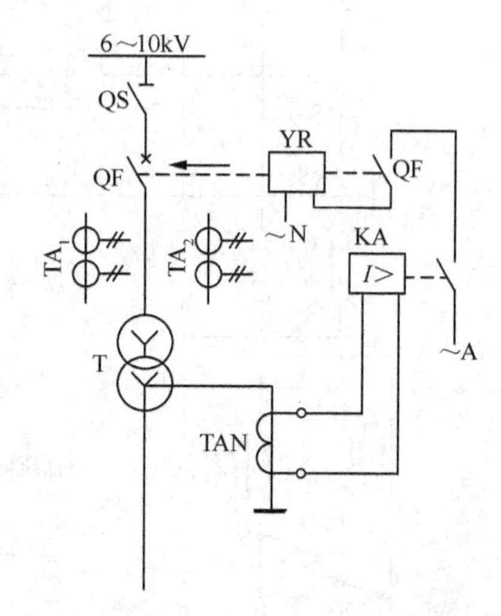

图 7－35　变压器的零序过电流保护

QF—高压断路器；TAN—零序电流互感器；KA—电流继电器；YR—断路器跳闸线圈

（1）低压侧装设三相均带过流脱扣器的低压断路器，这种低压断路器，不仅可以作低压侧的主开关，操作方便，且便于实现自动投入，提高供电可靠性，而且可用来保护低压侧的相间短路和单相短路。这种措施在工厂和车间变电所中得到最为广泛的应用。

（2）低压侧三相装设熔断器保护，这同样可用保护变压器低压侧的相间短路和单相短路，但熔断器熔断后更换熔体要耽误一定时间，所以供电可靠性较差。这种措施可适宜供不重要负荷的小容量变压器。

（3）在变压器低压侧中性点引出线上装设零序过电流保护，如图7-35所示。这种零序过电流保护的动作电流 I_{op}（0）按躲过变压器低压侧最大不平衡电流来整定，其整定计算的公式为

$$I_{op}(0) = \frac{K_{rel} \cdot K_{dsq}}{K_i} I_{2N \cdot T} \tag{7-23}$$

式中，$I_{2N \cdot T}$——变压器的额定二次电流；

K_{dsq}——不平衡系数，一般取0.25；

K_{rel}——可靠系数，一般取1.2～1.3；

K_i——零序电流互感器的变流比。

零序过电流保护的动作时间一般取0.5～0.7s。

零序过电流保护的灵敏度，按低压干线末端最小单相短路电流 $I_{k2 \cdot min}^{(1)}$ 来验，即

$$S_P = \frac{I_{k2 \cdot min}^{(1)}}{K_{ilop(0)}} = \frac{I_{k2 \cdot min}^{(1)}}{I_{op1(0)}} \tag{7-24}$$

对架空线，$S_p \geq 1.5$；对电缆线，$S_p \geq 1.25$。

这一措施，保护灵敏度较高，但欠经济，一般工厂较少应用。

（4）改两相两继电器为两相三继电器，第三只继电器接于公共线上，此继电器的电流比其他两继电器电流增大了一倍。因此使原来两相两继电器接线对低压单相短路保护的灵敏度也提高了一倍。

二、变压器的过电流保护、电流速断保护和过负荷保护

1. 变压器的过电流保护

无论采用电流继电器还是脱扣器，也无论是定时限还是反时限，变压器过电流保护的组成和原理，与电力线路的过电流保护完全相同。变压器过电流保护的动作电流整定计算公式，也与电力线路的过电流保护完全相同。变压器过电流保护的动作电流整定计算公式，也与电力线路过电流保护基本相同，只是式（7-13）中的 $I_{L \cdot max}$ 应取为（1.5～3）$I_{1N \cdot T}$，这里的 $I_{1N \cdot T}$ 为变压器的额定一次电流。变压器过电流保护的动作时间，也按“阶梯原则”整定。但对车间变电所来说，由于它属电力系统的终端变电所，因此其动作时间可整定为最小值0.5 s。

变压器过电流保护的灵敏度，按变压器低压侧母线在系统最小运行方式时发生两相短路（换算到高压侧的电流值）来检验。其灵敏度的要求也与线路过电流保护相同。即 $S_p \geq 1.5$，个别情况（如后备保护范围末端发生短路时）可以取 $S_p \geq 1.2$。各种接线方式用于变压器保护的灵敏度计算公式，如表7-7所示。

从表7-7中可以看出，Y/Y接线变压器各种接线的过流保护装置最小灵敏度和线路过流保护的计算公式完全相同，即三相式和两相式不完全星形接线的最小灵敏度为 $\frac{\sqrt{3}}{2} \times$

$\frac{I_k^{(3)}}{I_{op1}^{(3)}}$，而两相差式接线为$\frac{1}{2}\times\frac{I_k^{(3)}}{I_{op1}^{(3)}}$。但Y/Δ接线变压器的过流保护则不同，当采用两相式两只电流继电器时，其最小灵敏度为$\frac{1}{2}\times\frac{I_k^{(3)}}{I_{op1}^{(3)}}$；即不能用两相差式接线作为Y/Δ变压器的相间过流保护；而三相式和两相式三只继电器的接线最小灵敏度均为$\frac{I_k^{(3)}}{I_{op1}^{(3)}}$。上述各灵敏度计算式中的$I_k^{(3)}$，均应取系统在最小运行方式下，变压器二次母线上短路时，流经安装保护装置处的最小三相短路电流的稳态值。$I_{op1}^{(3)}$均为串流继电器的实际整定启动电流反映到保护装置一次侧（主回路）的电流值。

表 7－7　各种接线方式用于变压器保护的灵敏度表

接线方式	Y/Y$_0$接线变压器在Y$_0$侧发生短路		Y/d$_{11}$接线变压器在 d 侧发生短路	
	短路种类	灵敏度	短路种类	灵敏度
两相式	$k^{(3)}$ $k^{(2)}$	1 $\frac{\sqrt{3}}{2}\ \frac{I_k^{(3)}}{I_{op1}^{(3)}}$	$k^{(3)}$ k_{UW}^2 k_{UV}^2、k_{VW}^2	1 1 $\frac{1}{2}\ \frac{I_k^{(3)}}{I_{op1}^{(3)}}$
两相差式	$k^{(3)}$　k_{UW}^2 k_{UV}^2、k_{VW}^2	1 1 $\frac{1}{2}\ \frac{I_k^{(3)}}{I_{op1}^{(3)}}$	$k^{(3)}$ k_{UW}^2 k_{UV}^2、k_{VW}^2	1 $\frac{\sqrt{3}}{2}$ 0　$\frac{I_k^{(3)}}{I_{op1}^{(3)}}$
三只继电器两相式	$k^{(3)}$ $k^{(2)}$	1 $\frac{\sqrt{3}}{2}\ \frac{I_k^{(3)}}{I_{op1}^{(3)}}$	$k^{(3)}$ $k^{(2)}$	1 1　$\frac{I_k^{(3)}}{I_{op1}^{(3)}}$
三相式	$k^{(3)}$ $k^{(2)}$	1 $\frac{\sqrt{3}}{2}\ \frac{I_k^{(3)}}{I_{op1}^{(3)}}$	$k^{(3)}$ $k^{(2)}$	1 1　$\frac{I_k^{(3)}}{I_{op1}^{(3)}}$

2. 变压器的电流速断保护

变压器电流速断保护的组成、原理，与电力线路的电流速断保护完全相同。

变压器的电流速断保护动作电流（速断电流）的整定计算公式，也与电力线路的电流速断保护基本相同，只是式（7－19）中的$I_{k\cdot max}^{(3)}$应取低压母线三相短路电流周期分量有效值换算到高压侧的电流值，即变压器电流速断保护的动作电流按躲过低压母线最大三相短路电流来整定。

变压器电流速断保护的灵敏度，按变压器高压侧（保护装置安装处）在系统最小运行方式时发生两相短路的短路电流$I_k^{(2)}$来校验，要求$S_p \geqslant 2$。灵敏度计算式如表 7－2 所示。

变压器的电流速断保护，与电力线路的电流速断保护一样，也有死区。弥补死区的措施，也是配备带时限的过电流保护。

考虑到变压器在空载投入或突然恢复电压时将出现一个冲击性的激磁涌流，因此为避免速断保护误动作，可在速断保护整定后，将变压器空载试投若干次，以检查速断保护是否误动作。根据经验，当速断保护的一次动作电流比变压器额定一次电流大 2～3 倍时，速断保护一般能躲过励磁涌流，不会误动作。若知速断保护安装处 $I''^{(3)}_{k\cdot min}$ 时，可用 I_{qb1} 值校验其灵敏度 S_p。

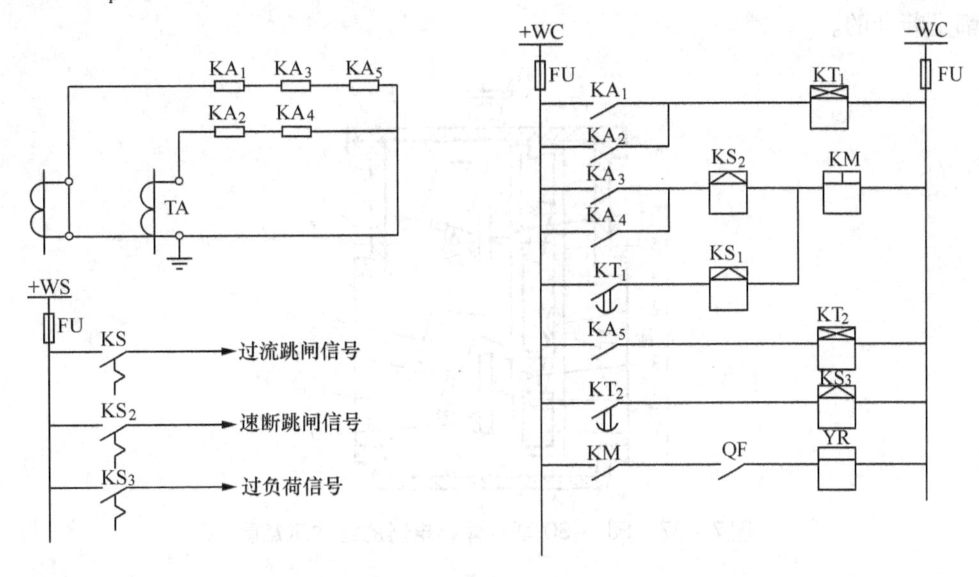

图 7－36　变压器的定时限过电流保护，电流速断保护和过负荷保护电路示意

3. 变压器的过负荷保护

前面说过，变压器的过负荷保护只在变压器确有过负荷可能的情况下才予装设。由于变压器的过负荷是三相对称的，因此过负荷保护只需用一个电流继电器接在高压侧某一相的电流互感器二次侧。在过负荷时，电流继电器动作，再经过时间继电器给予一定延时，最后接通信号继电器发出报警信号。

过负荷保护的动作电流按躲过变压器额定一次电流来整定，其整定计算公式为

$$I_{op(01)} = (1.2 \sim 1.25)\ I_{1N\cdot T}/K_i \qquad (7-25)$$

式中，K_i——电流互感器的变流比。

过负荷保护动作时间一般取 10～15 s。

图 7－36 为变压器定时限过电流保护，电流速断保护和过负荷保护的综合电路，全部继电器均为电磁式。

三、变压器的气体继电保护

气体继电保护又称瓦斯保护，是保护油浸式电力变压器内部故障的一种基本的保护装置。在油浸式电力变压器的油箱内发生短路故障时，由于绝缘油和其他绝缘材料要受热分解而产生气体，因此利用可反映气体变化情况的气体继电器（又称瓦斯继电器）来做变压器内部故障的保护。

1. 气体继电器的结构和工作原理

气体继电器主要有浮筒式和开口杯式两种结构。现在一般采用开口杯式。图 7－37 为 FJ3—80 型开口杯式气体继电器的结构示意。气体继电器装设在变压器油箱与油枕之间的联通管上，如图 7－38 所示。为了使油箱内产生的气体能够顺畅地通过气体继电器排往油

枕，变压器安装时对地平面应取1% ~1.5%的倾斜度；变压器制造时，联通管对变压器油箱顶盖已有2% ~4%的倾斜度。在变压器正常运行时，气体继电器的容器内包括上下油杯中都是充满油的，油杯因其平衡锤的作用而升高，如图7－39（a）所示，它的上下两对触点都是断开的。

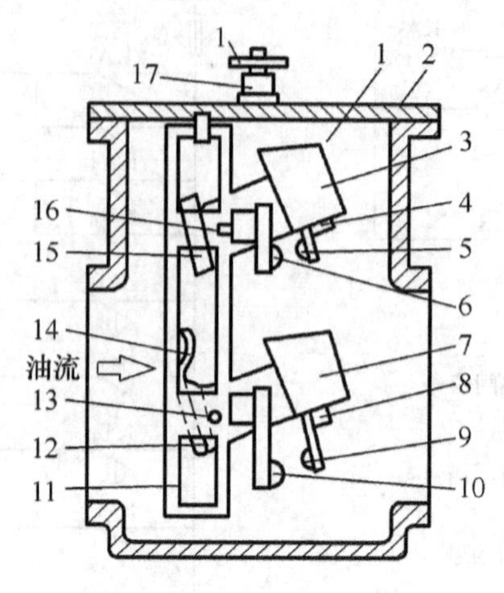

图7－37　FJ_3－80型气体继电器的结构示意图

1—容器；2—盖板；3—上油杯；4，8—永久磁铁；5—上动触点；6—上静触点；
7—下油杯；9—下动触点；10—下静触点；11—支架；12—下油杯平衡锤；13—下油杯转轴；
14—挡板；15—上油杯平衡锤；16—上油杯转轴；17—放气阀

当变压器油箱内部发生轻微故障时，由故障产生的少量气体慢慢升起，沿着联通管进入气体继电器容器，并由继电器的结构示意图上而下地排除其中的油，使油面下降，上油杯因其中盛有残余的油致使其力矩大于另一端平衡锤的力矩而降落，如图7－41（b）所示，从而使上触点接通变电所控制室的信号回路，发出音响信号和灯光信号。这通常称为“轻瓦斯动作”（轻气体动作）。

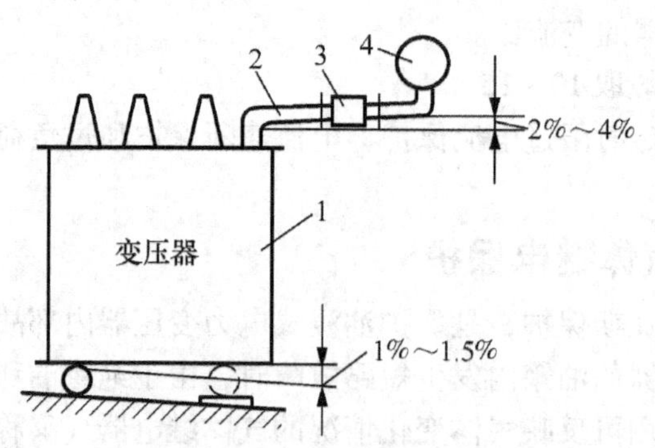

图7－38　气体继电器在变压器上的安装示意
1—变压器油箱；2—联通管；3—气体继电器；4—油枕

当变压器油箱内部发生严重故障时，由故障产生的大量气体带动油流迅猛地从联通管通过气体继电器进入油枕。通过气体继电器时，油气流冲击挡板，使下油杯降落，如图

7-41（c）所示。从而使下触点接通跳闸回路（经中间继电器），使断路器跳闸，同时通过信号继电器发出音响和灯光信号。这通常称为“重瓦斯动作”（重气体动作）。如果变压器油箱漏油，使得气体继电器内的油也慢慢流尽，如图7-39（d）所示，先是上油杯降落，发出报警信号，最后下油杯降落，使断路器跳闸，切除变压器。

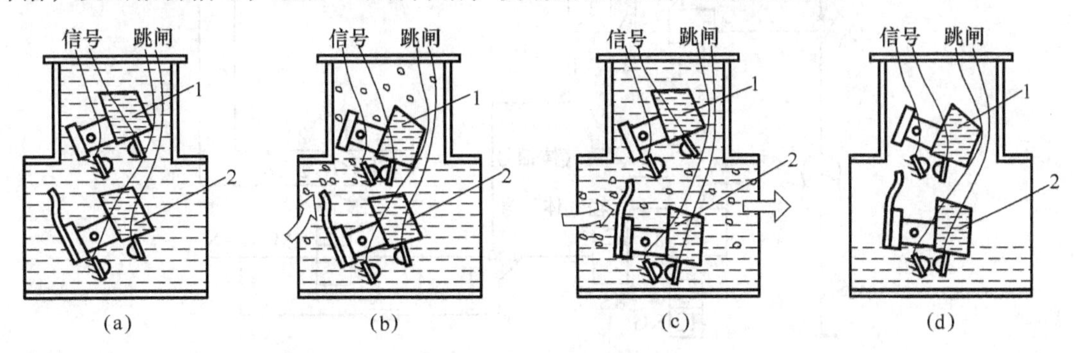

图7-39　气体继电器动作说明

（a）正常时；（b）轻微故障时（轻气体动作）；（c）严重故障时（重气体动作）；（d）严重漏油时

1—上开口油杯；2—下开口油杯

2. 变压器气体继电保护的接线

图7-40和图7-41为变压器气体继电保护的原理电路图（交流操作电源）。当变压器内部发生轻微故障时，气体继电器KG的上触点1~2闭合，作用报警信号，当变压器内部发生严重故障时，KG的下触点3~4闭合，通常是中间继电器KM作用于断路器QF的跳闸机构YR，同时通过信号继电器KS发出跳闸信号，但KG的下触点3~4闭合，也可利用连接件XB切换位置，串接限流电阻R，只给报警信号。由于气体继电器KG的下触点3~4在发生严重故障时可能有“抖动”（接触不稳定）现象，因此为使断路器足够可靠地跳闸，特利用中间继电器KM的上触点1~2作“自保持”触点。只要KG的下触点一闭合，KM就动作，并借其上触点1~2和断路器辅助接点3~4的闭合而自保持动作状态，KG的下触点3~4闭合后就使断路器QF跳闸。断路器QF跳闸后，其辅助接点$QF_{1\sim2}$断开跳闸回路，$QF_{3\sim4}$则断开中间继电器KM的自保持回路，使中间继电器返回。若使用直流操作电源时，其原理电路图相同，只是将图7-40和图7-41中的A端改为接直流控制小母线WC的“+”极，N端接“-”极，KS继电器，KM和操作机构（YR）选用直流型的。

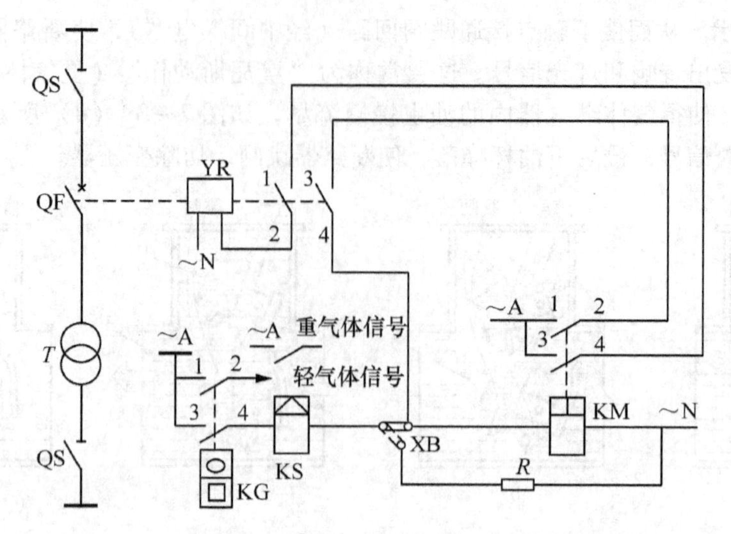

图 7-40　变压器气体继电保护的原理电路图

T—电力变压器；KG—气体继电器；KS—信号继电器；
KM—中间继电器；QF—继路器；XB—连接片；YR—跳闸线圈

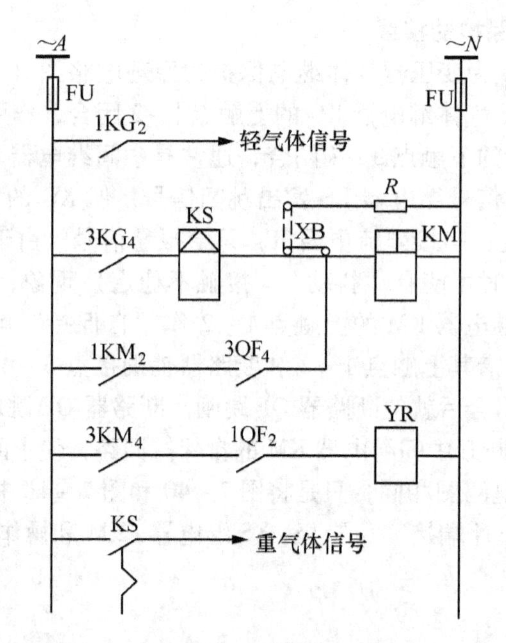

图 7-41　变压器气体继电保护的原理电路示意（分开表示法）

3. 变压器气体继电保护动作后的故障分析

变压器的气体继电保护装置动作后，可由蓄积于气体继电器内的气体的物理化学性质来分析和判断故障的原因及处理要求，如表 7-8 所示。

表7-8　气体继电器动作后的气体分析和处理要求

气体性质	故障原因	处理要求
无色、无臭、不可燃	油箱内含有空气	允许继续运行
灰白色、有剧臭、可燃	纸质绝缘烧毁	应立即停电检修
黄色、难燃	木质绝缘烧毁	应立即停电检修
深灰色或黑色、易燃	油内闪络、油质炭化	应分析油样、必要时停电检修

四、变压器差动保护

电流速断用以保护变压器虽然动作迅速、构造简单，但它不能保护整个变压器，且反映内部故障不够灵敏。因此，当大容量（2 000kV·A以上）变压器用电流速断保护的灵敏度不能满足要求时，以及并联运行的6 300kV·A或单独运行的10 000kV·A及其以上的变压器，则应装设差动保护作为快速动作的主保护。变压器差动保护主要用来保护变压器内部相间短路，单相接地（指大接地电流系统中的变压器而言）以及变压器外部引入、引出线的短路。

1. 变压器差动保护的工作原理

变压器差动保护的原理接线如图7-42所示。

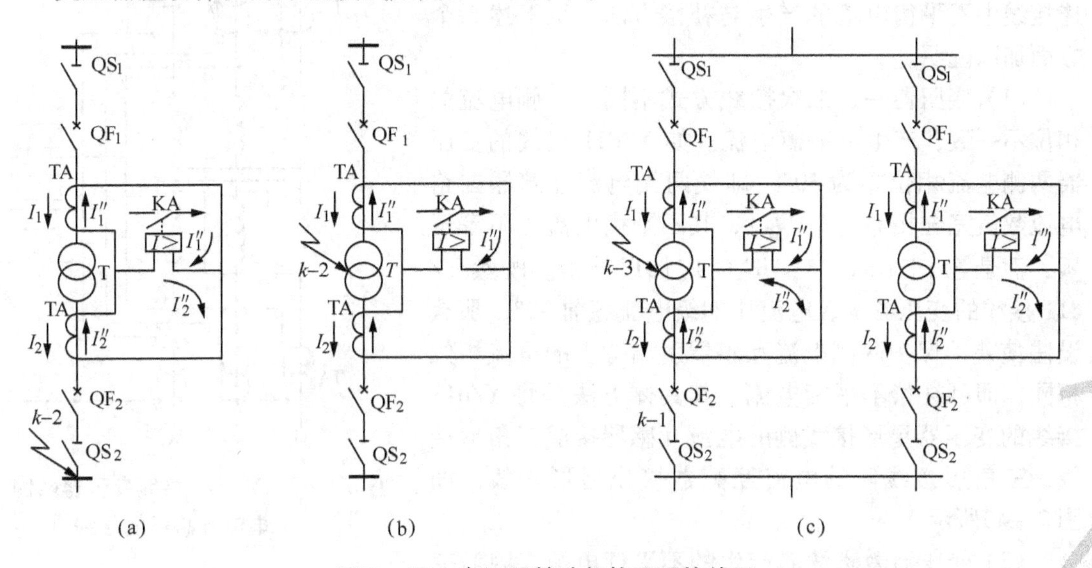

图7-42　变压器差动保护原理接线图

在变压器原副路两侧均装设电流互感器，它们的二次线圈首尾相连，差动继电器接在两个电流臂之间。由电路可知，差动继电器中流过的电流为两个电流互感器二次侧电流差值，如图7-42（a）所示，即不平衡电流

$$I_{dsq}=I_{KA}$$

$$I_{KA}=I_1''-I_2''$$

如果差动继电器启动电流大于此不平衡电流，则差动继电器不动作。

当变压器单独运行时，在两个电流互感器之间即差动保护范围之内，如 k—2 点发生短路，如图 7－42（b）所示，流过差动继电器的电流为

$$I_{KA}=I_1''$$

此电流若大于继电器的启动电流，则差动继电器动作，并经过中间继电器使继路器 QF_1 和 QF_2 同时跳闸，将故障变压器切离电源。如果两台变压器并列运行，其中一台 T_1 发生故障，如图 7－42（c）所示，则流经差动继电器 KA 的电流为

$$I_{KA}=I_1''+I_2''$$

此电流若大于启动电流，继电器动作，并将 QF_1 和 QF_2 同时断开，使故障变压器 T_1 退出工作，但对变压器 T_2 来说，k—3 短路系保护区以外故障，其差动继电器中流过的电流仅为不平衡电流，因而并不动作。所以，当多台变压器并列运行时，差动保护完全可以满足选择性要求。

除了上述穿越性短路差动保护不应该动作外，在变压器空载投入或电压消失后又突然恢复而流入激磁涌流时，以及电流互感器二次断线时，差动保护也不应动作。因此，差动保护的启动电流必须大于最大的不平衡电流。如不平衡电流较大，势必影响差动保护的灵敏度。为了提高差动保护的灵敏度，必须设法降低最大不平衡电流值的影响。

2. 不平衡电流的产生与补偿方法

现就变压器差动保护所用原副级电流互感器二次连接线中不平衡电流的产生与补偿方法，从下述 5 个方面加以说明。

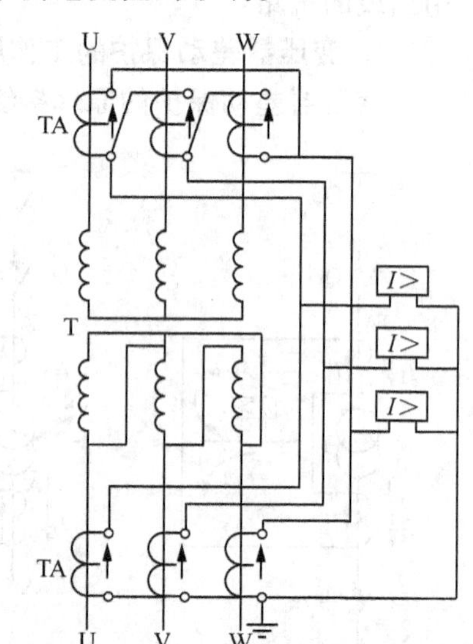

图 7－43　Y/d11 接线变压器两侧电流互感器的接线

（1）变压器一、二次接线方式不同，两侧电流的相位不一致，产生不平衡电流。如 Y/d11 接线的变压器两侧电流相位差为 30°，即使两侧电流互感器副路电流数值完全相等（$I_1''=I_2''$），其不平衡电流也不等于零，而是等于 $2I_1''\sin 15^\circ$。这时应加以补偿。既然 Y/d11 接线的变压器次级电流比初级电流超前 30°，那么设法使差动保护两侧电流互感器引出臂上的电流相位相同，即可补偿不平衡电流。其具体方法是将 Y/d11 接线的变压器星形接线侧的电流互感器接成三角形接线，三角形接线侧的电流互感器接成星形接线，如图 7－43所示。

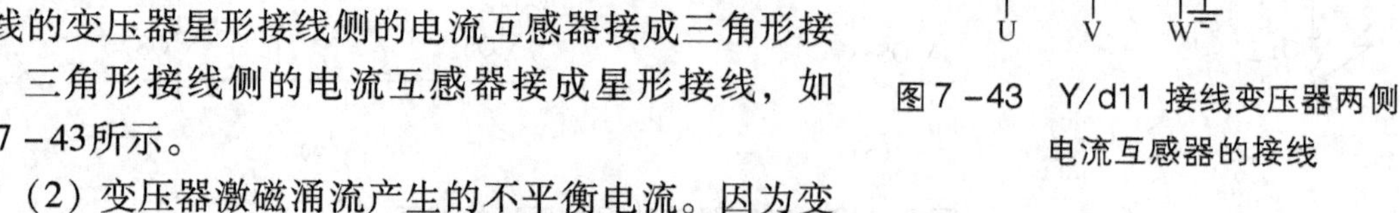

（2）变压器激磁涌流产生的不平衡电流。因为变压器原副绕组是磁的耦合，且变压器的激磁电流仅流经电源侧的原绕组，反映到电流互感器的二次差动回路中不能被平衡，而产生不平衡电流。在正常运行时，变压器的激磁电流很小，一般不超过额定电流的2%～5%。在外部短路时，电压显著降低，激磁电流也随之减小，其影响就更小。但是当变压器空载投入或外部故障切除后电压突然恢复时，在原绕组中可能出现数值很大的激磁涌流。这是因为在正常稳定工作情况下，铁心中的磁通滞后于外加电压 90°。如果空载合闸时，正好赶在电压瞬时值由负的趋近为零的瞬间，则铁心中应该具有磁通为负的最大值 $-\Phi_m$，可是铁心中的磁通不能突变，因而将引起一个幅值为正非周期分量的磁通（$+\Phi_m$）。于是经过半个周

期以后，铁心中的总磁通则达到 $2\Phi_m$。如果铁心中尚有剩磁通，则总磁通将为 $2\Phi_m$ 与剩磁通之和。此时变压器的铁心严重饱和，激磁电流将急剧增大，此电流即所谓变压器的激磁涌流，其初始值最大可达额定电流的6～8倍，且含有大量的非周期分量和高次谐波分量，但衰减得也很快。有的约经十几个周波即可衰减到稳态的正常值。

激磁涌流的大小和衰减时间与外加电压的相位、铁心中剩磁的大小和方向、电源容量、回路的阻抗以及变压器和铁心特性等均有关系。如果合闸时正赶在电压瞬时值为最大时，就不会出现激磁涌流，只有正常时的激磁电流。对三相变压器来说，无论在任何瞬间合闸，至少有两相要出现程度不同的激磁涌流。依据试验数据的分析，得知激磁涌流的特点为：①含有大量非周期分量，占50%～60%，以致激磁涌流偏向时间轴的一侧；②含有大量高次谐波，且以二次谐波为主，占30%～40%以上；③波形之间有较大的间断角，可达80°以上。

在变压器差动保护中，根据激磁涌流的特点，应设法避开激磁涌流产生不平衡电流的影响，其常见的方法如下。

①根据激磁涌流偏于时间轴一侧的特点，通常采用带速饱和铁心的专用差动继电器，例如具有短路线圈或制动线圈的BCH—2或BCH—4型继电器等。这类继电器避开激磁涌流的作用，在于非对称波的激磁涌流流入继电器差动线圈（一次线圈）可使铁心迅速饱和。在铁心中引起的磁感应强度的变化很小，于是二次绕组中产生的感应电动势也很小，不足以使继电器动作。

②利用二次谐波制动原理躲开激磁涌流，以二次谐波作为制动分量，防止变压器空载投入时保护装置发生误动作，同时再配置外部穿越短路时的制动作用，可构成性能可靠，接线简单的变压器晶体管差动保护装置。

③按比较波形间断角来鉴别内部故障和激磁涌流的差动保护。

（3）变压器变比不是一，变压器两侧所装电流互感器的变比势必不同且又不易配合而产生不平衡电流。

在图7－43中为使差动回路中的不平衡电流等于零，两侧电流互感器流入连接臂的电流必须相等，在正常运行时应等于二次额定电流5A，则按下式可求出电流互感器的变比。变压器星形接线侧按三角形接线的电流互感器的变比为

$$K_{i\Delta}=\frac{I_{TY}}{5}\times\sqrt{3} \tag{7-26}$$

变压器三角形接线侧按星形接线的电流互感器的变比为

$$K_{iY}=\frac{I_{T\Delta}}{5} \tag{7-27}$$

式中，I_{TY}、$I_{T\Delta}$——变压器星形侧和三角形侧在相应额定电压下的额定电流。

按上述计算值，选择相邻较大的标准变比，这样，在正常运行时电流互感器二次电流不会超过5A。必须指出，由于选择生产厂家所生产的标准变比的电流互感器，其变比不同于计算值，势必在差动回路中仍将出现不平衡电流值。这个不平衡电流在变压器外部短路时其值还会更大。这种不平衡电流可以采用补偿变压器加以补偿，使之不流入差动继电器；或者采用带平衡绕组的差动继电器，适当选择平衡绕组的匝数，使之在正常运行或外部短路时，速饱和铁心内的合成磁势为零而避开不平衡电流的影响，此即国内外所用的磁

平衡方法。在选取平衡绕组的整定匝数时，并不能保证与实际计算匝数完全一致，因而这个不平衡电流的影响尚不能完全被消除，还会剩下一个不大的不平衡电流，以 I_{dsq3} 表示。

（4）变压器两侧电压不同，所选取的两侧电流互感器形式和特性也不相同，从而引起不平衡电流。变压器两侧电流互感器的形式和特性不同，其饱和特性也不一致。当发生外部穿越性短路时，两侧电流互感器的饱和倍数不相同，势必将产生较大的不平衡电流，这是不可避免的且又无法进行补偿。这个不平衡电流以 I_{dsq1} 表示。

（5）变压器改变分接头时而引起不平衡电流。在运行过程中，为了调压而改变它的分接头，变压器的变比发生变更，这时变压器两侧电流的比值也随之而改变，破坏了原来电流的平衡关系，而产生不平衡电流，这也是无法消除的。这个不平衡电流以 I_{dsq2} 表示。

从以上分析可见，前两项所产生的不平衡电流，可借助电流互感器的接线和采用带速饱和铁心的差动继电器加以消除，后三项所产生的不平衡电流是无法消除的，其总和为

$$I_{dsq}=I_{dsq1}+I_{dsq2}+I_{dsq3} \tag{7-28}$$

此不平衡电流值随外部穿越性短路电流的增大而增大，其最大值取决于变压器二次母线上最大的短路电流。

【任务实施】

变压器继电保护相关参数的整定计算任务实施分析报告见表 7－9。

表 7－9　变压器继电保护相关参数的整定计算分析报告

姓名		专业班级		学号	
任务内容及名称	变压器继电保护相关参数的整定计算				
1. 任务实施目的： 学会变压器继电保护相关参数的整定计算			2. 任务完成时间：2 学时		
3. 任务实施内容及方法步骤： 某车间变电所装有一台 10/0.4kV，1 000kV·A 的电力变压器一台。已知变压器低压母线三相短路电流 $I_k^{(3)}$ = 13KA，高压侧继电保护用电流互感器变比为 100/5A，继电器采用 GL—25 型，接成两相两继电器式，试整定该继电器的反时限过电流保护的动作电流、动作时间及电流速断保护的速断电流倍数。					
4. 计算分析报告：					
指导教师评语（成绩）： 年　月　日					

【任务总结】

6～10 kV 车间变电所主变压器，通常装设带时限的过电流保护。如过电流保护的动作时限大于 0.5～0.7 s，则应配备电流速断保护。容量在 800 kV·A 及以上的油浸式变压器和 400 kV·A 及以上的油浸式变压器，按规定应装设瓦斯保护。容量在 400kV·A 以上的变压器，当数台并列运行或单台运行并作为其他负荷的备用电源时，应根据可能过负荷的情况装设过负荷保护。过负荷保护和轻瓦斯保护时，动作于信号，而其他保护包括重瓦斯保护，一般均动作于跳闸。

对于高压侧为35kV及以上的工厂总降压变电所主变来说，也应装设过电流保护、电流速断保护和瓦斯保护；在有可能过负荷时，也需装设过负荷保护。但单台运行变压器容量在10 000 kV·A及以上或并列运行的变压器容量在6 300 kV·A及以上的，应装设纵联差动保护。对6 300 k·VA及以下单独运行的重要变压器，或当电流速断保护的灵敏度不能满足要求时，也应装设纵联差动保护。

无论采用电流继电器还是脱扣器，也无论是定时限还是反时限，变压器过电流保护的组成、原理与线路过电流保护的组成、原理完全相同。只是在具体整定计算时，稍有不同。

【项目评价】

根据任务实施情况进行综合评议，并填写成绩评议表（见表7－10）。

表7－10　成绩评议表

评定人/任务	操作评议	等级	评定签名
自评			
同学互评			
教师评价			
综合评定等级			

思考题

1. 掌握线路过流保护的构成、接线、工作原理与动作过程，以及启动电流与动作时限的整定计算和灵敏度校验，并画出定时限与反时限过流保护的时限配合特性曲线，进而分析两种时限特性曲线的特点。

2. 电流速断与过流保护有何区别？说明瞬时速断的构成、工作原理、启动电流的整定与灵敏度校验，与定时限或反时限配合使用的目的，并绘出电流保护的接线图以及其时限配合曲线。

3. 明确接地保护装置的构成、零序电流互感器的结构与其工作原理、绘出交流电网绝缘监察装置与构成单独接地保护装置的接线图并进行整定计算。

4. 掌握变压器的过流、过负荷以及速断保护装置的构成、工作原理，绘出接线图并整定其启动电流与动作时限和进行灵敏度校验。

5. 试述变压器瓦斯保护的工作原理和瓦斯继电器的结构。

6. 掌握变压器差动保护的构成、工作原理、不平衡电流的产生及其对变压器差动保护的影响。如何消除或降低不平衡电流的影响？

习题

7－1　某总降由无限容量系统供电的60 kV线路，在其首端装设定时限过流保护和速断保护，选用DL—11型电流继电器。已知线路的最大工作电流$I_{L.max}=200A$，电流互感器变比300/5，且为两相式接线，其过流保护的动作时限为1.7 s。线路首端处的三相短路电流$I_{k2.max}=3\ 900A$，$I_{k2.min}=3\ 250A$；线路末端处的三相短路电流$I_{k1.max}=1\ 350A$，$I_{k1.min}=1\ 200A$。试计算过流和速断保护的启动电流、校验灵敏度及其上一级定时限保护的动作时限。

7－2　某车间装有一台三相电力变压器，其额定数据为：容量为750 kV · A，电压6/0.4kV,电流72/1 082A，$U_{d\%}=5.5$，变压器接线为Y/Y0，0.4kV侧中点直接接地。拟定在6kV侧装设保护相间短路的带时限过电流保护装置，在0.4 kV的中线上装设单相接地保护。

已知系统的三相短路容量为$S_D'=75$MV · A，变压器最大负荷电流为$I_{L\max}=I_{N.T}$，自启动系统$K_{2q}=2$。试求所用电流互感器的变比，保护装置的一次侧与二次侧的启动电流以及相间保护的灵敏度。

7－3　某车间变电所中有一台Y/Y0接线的750 kV · A变压器，电压为6/0.4kV，变压器二次侧为干线制。干线采用80mm×8mm铝母线，长度为60m，中性线采用80mm×8mm扁钢。

已知数据：变压器一次侧三相短路电流$I_{k6}^{(3)}=9\ 160$A，变压器二次侧三相短路归算到6 kV侧的电流$I_{k0.4}^{(3)}=1\ 250$A，干线末端单相短路电流$I_{k0.4}^{(1)}=2\ 280$A，归算到6 kV为152A。变压器最大负荷电流$I_{L\max}=120$A（6kV侧）。拟选用GL—$\frac{11}{10}$型继电器兼作过电流和速断保护，装设另一只GL—$\frac{11}{10}$型的继电器和变比为300/5的电流互感器构成接地保护，并动作于二次侧自动开关。试进行整定计算。

7－4　某企业总降压变电所有两台同容量为3 200 kV · A的变压器并列运行，且由无限容量系统供电，其他参数为：额定电压35±5%/6.3kV，额定电流52.8/293A，$U_d\%=7$，变压器为Y/Δ—11接线，二次侧母线短路流经变压器一次侧的最大短路电流为604A，5kV侧最小两相短路电流为1 283A。试选择保护装置及所用设备，并进行整定计算，画出原理接线图。

项 目 八

工厂变电所二次回路和自动装置

【项目需求】

在变电所中为了安全供电，对主电路需要进行监测、控制和保护，因此在变电所中除了主电路的电力设备外，还应装设一些辅助设备，如测量仪表，控制和信号设备以及继电保护和自动装置等。这些辅助设备统称为二次设备，二次设备互相之间的联线则称为二次接线或二次回路。常用的二次回路有控制回路、合闸回路、信号回路、测量回路、保护回路以及自动装置回路等。

【项目工作场景】

二次回路的作用是对电气一次系统进行控制、测量和计量、监视和保护，对于一次系统发生故障时，根据故障时电气量的变化而切除故障的电气设备，对一次系统不正常运行时，发出相应的信号，让值班人员进行检查处理。

【方案设计】

本项目通过分析变电所的高压断路器控制回路、信号控制回路、直流系统的绝缘监察装置、备用电源自动投入装置、自动重合闸装置的工作原理，让同学们对工厂变电所二次回路和自动装置有基本的认识。

【相关知识和技能方案设计】

1. 操作电源的基本知识。
2. 断路器控制回路的读图及控制原理。
3. 中央信号回路的读图及工作原理。
4. 备用电源自动投入装置的工作原理。
5. 自动重合闸装置的结构和工作原理。
6. 会自动重合闸的接线。
7. 会备用电源自动投入装置的接线。

任务 1　变电所的自用电与操作电源

【任务目标】

理解二次回路操作电源的工作原理。

【任务分析】

二次回路中控制、合闸、信号、继电保护和自动装置等所用的电源称为操作电源。二次回路操作电源，分直流和交流两大类。直流操作电源有由蓄电池组供电的电源和由整流装置供电的电源两种。交流操作电源由所用（站用）变压器供电的和仪用互感器供电的两种。

【知识准备】

一、变电所的自用电源

为了提供可靠的操作电源和对变电所用电负荷供电，变电所中必须有可靠的自用电源（简称自用电或所用电）。自用电的负荷主要有：蓄电池组的充电设备或整流操作电源、采暖通风、变压器冷却设备油泵、水泵、风扇、油处理设备、检修用电设备以及照明等。为了获得可靠的所内自用电源，一般至少应有两个独立电源，其中之一最好是与本所没有直接联系的电源（如变电所附近独立的低压网路）。若没有这种条件，可以把另外一台35/0.4kV的所内用变压器接在35kV电源进线断路器外侧，如图8-1（a）所示。当1号所用变压器停电可自动转换到由2号所用变压器供电，这是因为低压0.4kV的变压器都是Y/Y0—12接线，而主变压器是Y/△—11接线，所以按图8-1（a）接线的两台所用变压器二次电压有相位差，不能并联运行。因此采用一台运行，一台备用。故障时，将备用电源自动投入运行，其控制回路如图8-1（c）所示。

正常运行时，1号所用变压器投入工作，2号所用变压器处于备用。因为正常时1号所用变压器有电，KM动作，断开接触器2KM的吸合线圈，使2号所用变压器处于备用，同时KM常开触点和2KM的常闭触点接通1KM的吸合线圈，使1号所用变压器投入工作。当1号所用变压器停电，则自动转换由2号所用变压器供电，同时发出信号通知值班人员。

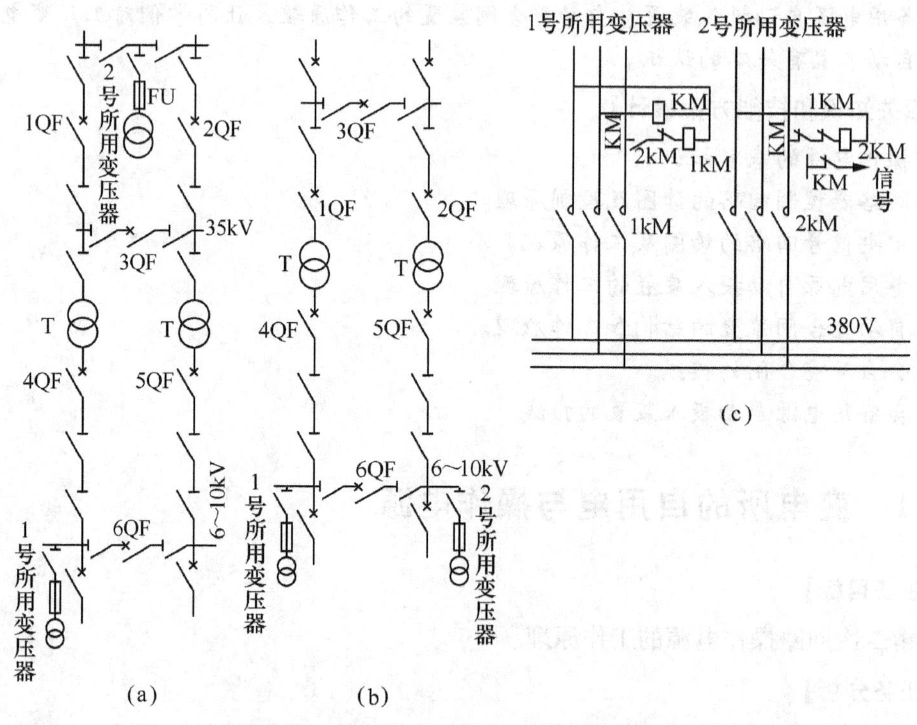

图8-1 变电所自用电交流部分接线示意

如果变电所有两条以上进线并为分列运行，也可以采用图 8－1（b）所示互为备用方式。除一台运行另一台作备用外，也可以将两台所用变压器分别接至不同整流器组。正常时同时运行，一旦有一台故障时，靠自动合闸装置将其负荷转由另一台供电。由于变电所自用电变压器用电负荷较小，所用电变压器容量多选为 10～200kV·A，中小型变电所选择 30kV·A 以下的变压器已足够，并可设置在高压开关柜内，无须另设所内变压器室。

二、由蓄电池组供电的直流操作电源

蓄电池组可以把化学能转化为电能使用，即放电；也可以把电能转化为化学能储存起来，即充电。充入放出的均为直流电。蓄电池主要有铅酸蓄电池和镉镍蓄电池两种。

1. 铅酸蓄电池

铅酸蓄电池，由二氧化铅（PbO_2）的正极板、铅（Pb）的负极板和密度为 1.2～1.3g/cm^3 的稀硫酸（$H2SO_4$）电解液组成，容器多为玻璃。

铅酸蓄电池的额定端电压（单个）为 2V。但是蓄电池充电终了时，其端电压可达 2.7V。而放电后，其端电压可降到 1.95V。为获得 220V 的操作电源，需蓄电池的总个数为 $n=230/1.95=118$ 个。考虑到充电终了时端电压的升高，因此长期接入操作电源母线的基本个数 $n_1=230/2.7=88$ 个，$n_2=n-n_1=30$ 个蓄电池用于调节保证母线电压基本稳定，接于专门的调节开关上。

采用铅酸蓄电池组操作电源，不受供电系统运行情况的影响，工作可靠。但由于充电时要排出氢和氧的混合气体，有爆炸危险，而且随着气体带出硫酸蒸气，有强腐蚀性，对人身健康和设备安全都有很大影响。因此铅酸蓄电池组一般要求单独装设在一房间内，而且要考虑防腐防爆，即使使用防酸隔爆式铅酸蓄电池，但按 GB50055—93《通用用电设备配电设计规范》规定，仍宜单设一房间内，从而投资很大。现在一般工厂供电系统中不予采用。

2. 镉镍蓄电池

镉镍蓄电池的正极板为氢氧化镍或三氧化二镍（Ni_2O_3）的活性物，负极板为镉（Cd），电解液为氢氧化钾或氢氧化钠等碱溶液。它在放电和充电时，电解液并未参与反应，它只起传导电流作用，因此在放电和充电过程中，电解液的密度不会改变。镉镍蓄电池的额定电压（单个）为 1.2V。充电终了时电压可达 1.75V。

采用镉镍蓄电池组作操作电源，除不受供电系统运行情况的影响，工作可靠外，还有大电流放电性能好，比功率大，机械强度高，使用寿命长，腐蚀性小，无需专用房间等优点，从而大大降低投资，因此在工厂供电系统中应用比较普遍。

三、由整流装置供电的直流操作电源

本节重点介绍硅整流电容储能式直流电源。

如果单独采用硅整流器来做直流操作电源，则交流供电系统电压降低或电压消失时，将严重影响直流的二次系统的正常工作，因此除采用硅整流装置带蓄电池组外，也宜采用有电容储能的硅整流电源，在交流供电系统正常运行时，通过硅整流器供给直流操作电源，同时通过电容器储能；在交流供电系统电压降低或电压消失时，由储能电容器对继电器和跳闸线圈放电，使其正常工作。

图 8－2 是一种硅整流电容储能式直流操作电源系统的接线示意。为了保证直流操作

电源的可靠性，采用两个交流电源和两台硅整流器。硅整流器 U_1 主要用作断路器合闸电源，并可向控制回路供电。硅整流器 U_2 的容量较小，仅向控制回路供电，逆止元件 VD_1 和 VD_2 的主要作用：一是当直流电源电压因交流供电系统电压降低而降低时，使储能电容器 C_1、C_2 所储能量仅用于补偿自身所在的保护回路，而不向其他元件放电；二是限制 C_1、C_2 向各断路器控制回路中的信号灯和重合闸继电器等放电，以保证其所供的继电保护和跳闸线圈可靠动作。逆止元件 VD_3 和限流电阻 R 接在两组直流母线之间，使直流合闸母线 WO 只向控制小母线 WC 供电，防止断路器合闸时硅整流器 U_2 向合闸母线供电。R 用来限制控制回路短路时通过 VD_3 的电流，以免 VD_3 烧毁。储能电容器 C_1 用于对 6～10kV 馈线的保护和跳闸回路供电，而储能电容器 C_2 供电给主变压器的保护和跳闸回路。这是为了防止当 6～10kV 馈出线故障时保护装置虽然动作，但断路器操作机构可能失灵，拒绝跳闸，跳闸线圈长期接通，电容器能量耗尽，使上级后备保护（如变压器的过流保护）无法动作，造成事故扩大。储能电容器多采用比容量大的电解电容器，其容量应能保证继电保护和跳闸线圈回路可靠地动作。

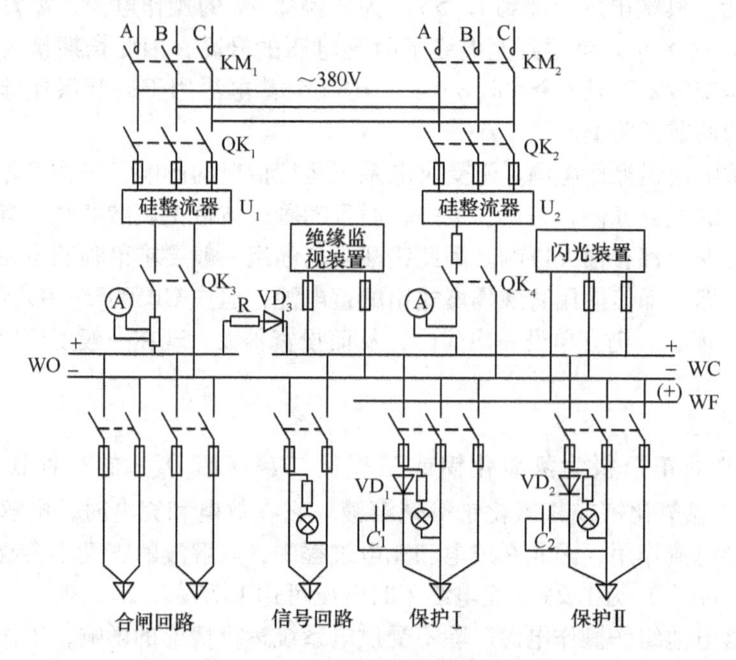

图 8－2　硅整流电容储能直流系统原理图

四、交流操作电源

对采用交流操作的断路器，应采用交流操作电源，相应地，所有保护继电器、控制设备、信号装置及其他二次元件均采用交流形式。这种电源可分电流源和电压源两种。电流源取自电流互感器，主要供电给继电保护和跳闸回路。电压源取自于变配电所的所用变压器或电压互感器，通常前者作为正常工作电源，后者因其容量小，只作为保护油浸式变压器内部故障的瓦斯保护的交流操作电源。采用交流操作电源时，必须注意选取适当的操作机构。目前厂家生产的适用于交流操作的有操手型（CS）、操弹型（CT）以及液压型（CY）电动机操作机构（CJ）。在操手型操作机构中最多可装设 3 只脱扣器，在操弹

CT2—XG 型中最多可装 6 只脱扣器，在 CT1、CT6—X、CT7 及 CT8 型中最多可装设 4 只脱扣器，视需要而定。根据对跳闸线圈（脱扣器）供电方式的不同，可归纳成下列几种交流操作的类型，其原理接线如图 8-3 所示。

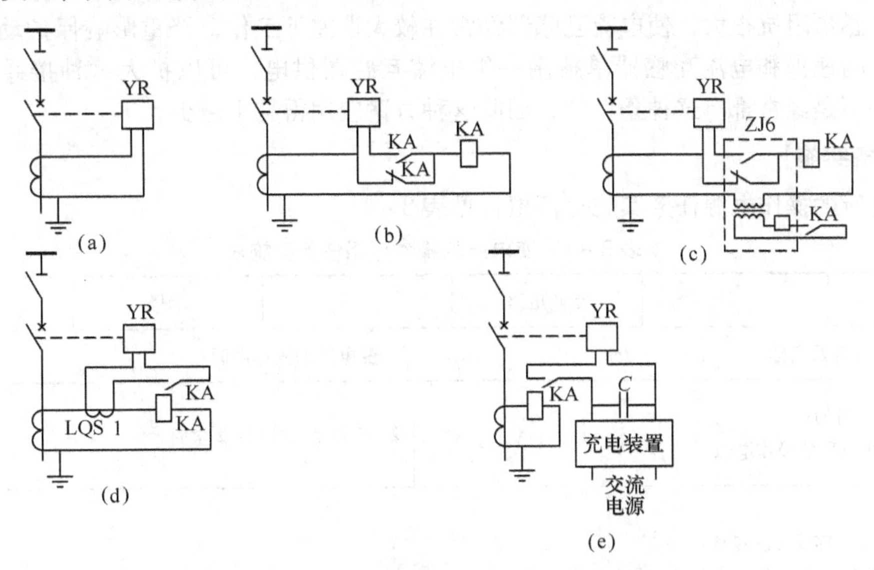

图 8-3　交流操作的几种原理接线示意

（1）由直动式脱扣器去跳闸，如图 8-3（a）所示。

（2）由感应式 GL—$\frac{15}{16}$型继电器将脱扣器“去分流跳闸”式，如图 8-3（b）所示。

（3）由 ZJ6 型中间继电器转换接点将脱扣器“去分流跳闸”式，如图 8-3（c）所示。

（4）由中间速饱和变流器 LQS—1 向脱扣器供电，如图 8-3（d）所示。

（5）由充电电容器向跳闸线圈供电，如图 8-3（e）所示。

直动式脱扣器通常装在断路器交流操作机构中，有瞬动过电流、延时过电流以及低电压脱扣器等三种，由电流互感器和电压互感器供电。当系统故障时，直动式脱扣器动作将断路器跳闸。直动式脱扣器构成的保护简单，不需要任何附加设备，但电流互感器二次负担加大，灵敏度较低，故仅用于单侧电源辐射式线路和小容量降压变压器的保护。

去分流方式也是由电流互感器向跳闸线圈供电，如图 8-3（b）、（c）所示。正常运行时，跳闸线圈被继电器常闭接点短接。当发生故障后，继电器动作使接点切换，将跳闸线圈接入电流互感器二次侧，利用短路电流的能量使断路器跳闸。GL—$\frac{15}{16}$型继电器和 ZJ6 型中间继电器的切换接点能在电流互感器二次侧阻抗不大于 4.5Ω，电流不大于 150A 时断开分流，并接入跳闸线圈。去分流方式可以构成比较复杂的保护，灵敏度比直动式继电器高，是交流操作中比较优越、应用较广的方案。

用电容器供电的方式与前述电容补偿不同，电容器是分散装设的，各元件由单独电容器供电，如图 8-3（e）所示；正常时由充电装置充电。电容器供电方式只用在无短路电流或短路电流较小的保护装置中，如瓦斯保护、接地保护等。

采用中间速饱和电流互感器的方案也是由电流互感器供电的，如图 8－3（d）所示。中间速饱和电流互感器可以把跳闸回路中的电流限制在 7～12A 范围内，因而可以用一般电流继电器的接点来接通跳闸线圈回路。这种方式灵敏度较低，处于二次开路的中间速饱和电流互感器阻抗很大，使电流互感器经常在较大误差下工作，严重影响保护动作的可靠性。将中间速饱和电流互感器单独用一组电流互感器供电，可以扩大这种接线的运用范围，但并不是经常都有这种条件的，因此这种方案应用得越来越少。

【任务实施】

变电所的操作电源任务实施分析报告见表 8－1。

表 8－1　变电所的操作电源任务实施表

姓名		专业班级		学号	
任务内容及名称	变电所的操作电源				
1. 任务实施目的： 了解变电所的操作电源			2. 任务完成时间：2 学时		
3. 任务实施内容及方法步骤： 当前操作电源有哪几种类型？交流操作有哪些方式？就图 8－3（b）、（c）试分析采用去分流方式动作原理					
4. 分析报告：					
指导教师评语（成绩）： 年　月　日					

【任务总结】

操作电源是变电所中给各种控制、信号、保护、自动、远动装置等供配电的电源。操作电源应十分可靠，应保证在正常和故障情况下都不间断供电。除一些小型变（配）电所采用交流操作电源外，一般变电所均采用直流操作电源。

任务 2　高压断路器的控制回路

【任务目标】

1. 掌握断路器控制回路的工作原理和电路的功能特点。
2. 掌握常用万能转换开关的使用方法。

【任务分析】

高压断路器经常安装在露天（户外型）或高压配电装置室内（户内型），它的触头接在高压主电路中，控制其分合闸，实际上是对高压供电线路切断和接通的控制。高断路器的分合闸是靠其所带的操作机构动作来实现的。除了 CS 型手动操作机构可就地合闸外，对其他各种形式的操作机构可在控制室内集中控制。因此对高压断路器的控制，就其控制地点来分，有就地控制和集中控制两种；而集中控制多半是在控制室内通过控制开关（或称操作开关）发出命令到几百米以内的高压断路器所附带的操作机构使其进行分合闸。操作机构随高压断路器安装在一起，集中控制的操作开关则安装在控制室内的控制屏上。两者之间的电气接线则称为操作线路或控制回路。

【知识准备】

下面仅就集中控制按对象分别操作的有关问题及其接线加以介绍。

集中控制按对象分别操作所用的操作开关分为按钮控制开关和键型转动控制开关两种。目前变电所多用 LW 型转动控制开关。这种开关类别很多，其中一种是手柄式，它具有一个固定位置和两个操作位置能自动返回原位并有保持触头的，如 LW5—15B4800 系列，其节点数的多少由需要决定。图 8－4 所示的为 LW_5—15B4814/4 型控制开关的接点状态，顺时针扭动表示手控合闸，反时针扭动表示手控分闸。当松开手柄后均能自动复归原位，故有两种原位，可根据色标牌的红（合闸）、绿（分闸）色来区别。在展开图（按分开式表示法）上常于接点处用四条竖线表示手柄位置状态，即合、分闸和两种原位。有的竖线上尚有黑点用以表示手柄处于该位置状态时其接点是接通的。除用此种表示方法外，也有用接点闭合表的方法，在表中以“×”表示接点闭合。另一种就是在大型电厂或变电所中，目前广泛采用的手柄式控制开关，它具有两个固定位置和两个操作位置且能自动复位。图 8－5 表示 LW_2—Z—1a、4、6a、40、20、20/F8 型控制开关手柄和接点状态表。手柄状态实际上有六种位置，其接点闭合状态也随之有所不同。接点的位置状态除用闭合表表示外，也可以应用六条竖线上涂黑点的方法表示其闭合状态，如图 8－5 所示。高压断路器的控制回路视操作机构和对其基本要求而定。下面就电磁型操作机构对控制回路的基本要求和实施措施加以介绍。

LW_5-15B4814/4 型 控制开关		具有4个位置自复零位的位置状态				4个位置状态以四条竖线表示。画“•”处表示该接点闭合状态
		手控分闸 扳向左45°	松手后自复零位		手控分闸 扳向右45°	
			分闸后零位	合闸后零位		
手柄状态						分　分后　合后　合
接点位置状态	①┘└┘└②	×	—	—	—	①　②
	③┘└┘└④	—	—	—	×	③　④
	⑤┘└┘└⑥	×	×	—	—	⑤　⑥
	⑦┘└┘└⑧	×	×	—	—	⑦　⑧
	⑨┘└┘└⑩	—	—	×	×	⑨　⑩
	⑪┘└┘└⑫	—	—	×	×	⑪　⑫
	⑬┘└┘└⑭	—	—	×	×	⑬　⑭
	⑮┘└┘└⑯	—	×	×	—	⑮　⑯

图 8－4　LW_5—15B4814/4 型控制开关的接点状态

（1）由于操作机构的合闸线圈所需要的电流很大，如 CD10 型的电磁式操作机构需 196/98A，这样大的电流不允许由控制开关的触头直接通断。因此合闸线圈回路多由合闸接触器 KO 的触头来通断，并应由单独的电源即由合闸母线 WO 供电，而合闸接触器的线圈 KO 则由控制开关 SA 直接控制，如图 8－6（a）所示（合闸线圈 YO）。

（2）高压断路器的控制回路应既能手控操作，又能自动操作。为了满足手控操作，在合闸接触器 KO 线圈回路中，应串接控制开关扭向合闸位置闭合的接点。当采用 LW_5—15B4814/4 型控制开关时，如图 8－6 所示中的 SA3—4；在跳闸线圈 YR 回路中应串接控制开关扳向分闸位置闭合的节点 SA_{1-2}，并将保护装置执行元件的接点并接在控制开关手控分闸的接点 SA_{1-2}上，这样就可以实现自动跳闸，如图 8－6（a）所示。

手柄和触点盒型式		F-8	1a		4		6a		40			20			
触点号			1-3	2-4	5-8	6-7	9-10	9-12	10-11	13-14	14-15	13-16	17-19	17-18	18-20
位置	跳后（TD）	←	—	×	—	—	—	—	×	—	×	—	—	—	×
	预合（PC）	↑	×	—	—	—	×	—	—	×	—	—	—	×	—
	合闸（C）	↗	—	—	×	—	—	×	—	—	—	×	×	—	—
	合后（CD）	↑	×	—	—	—	×	—	—	—	—	—	×	—	—
	预跳（PT）	←	—	×	—	—	—	—	×	×	—	—	—	×	—
	跳闸（T）	↙	—	—	—	×	—	—	×	—	×	—	—	—	×

图 8－5　表示 LW_2—Z—1a、4、6a、40、20/F8 控制开关触点表

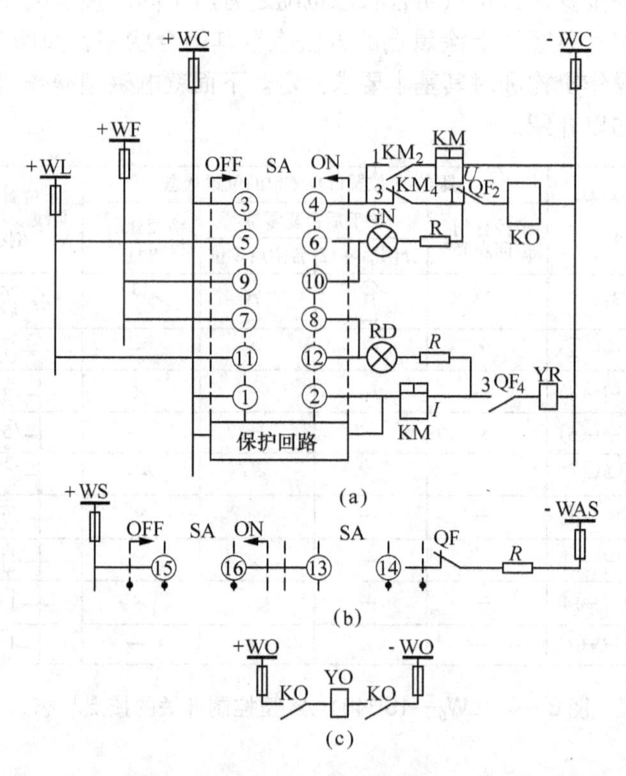

图 8－6　高压断路器采用 CD 型操作机构和 LW_5 型控制开关的典型控制回路

（3）操作机构的分合闸线圈都是按短时通电设计的，因此要求控制开关发出命令，操

作机构完成任务后，应使脉冲命令立即自动解除，即线圈中的电流应自动中断。为此必须在合闸接触器 KO 线圈回路中和跳闸线圈 YR 回路中，分别串接断路器操作机构的常闭和常开辅助接点 QF_{1-2} 和 QF_{3-4}，如图 8-6（a）所示。

（4）当手控合闸时，如果电力线路上存在故障，继电保护装置动作，使断路器跳闸线圈得电，自动跳闸。若运行人员尚未松开控制开关手柄或控制开关接点 SA_{3-4} 焊接，于是又发出合闸命令，就会使断路器多次重复分合闸动作，这样极易损坏断路器：为了避免这样多次跳动，应有防跳闭锁装置。由于操作机构结构不同，所采取的防跳闭锁装置也不一样，例如 CD_5、CD_{10} 型电磁操作机构本身有机械"防跳"装置，因此无须再在控制线路中增加防跳措施。CD_5、CD_{6G}、CD8 等型电磁操作机构没有机械防跳装置，但它的跳闸线圈带有常开与常闭的辅助接点（见图 8-7），需将其常闭接点 YR_{1-2} 串接在合闸接触器线圈 KO 回路中。当断路器跳闸时，自动断开接触器线圈 KO 回路，并将 YR_{3-4} 常开接点接跳闸线圈进行自锁，如图 8-7 所示。

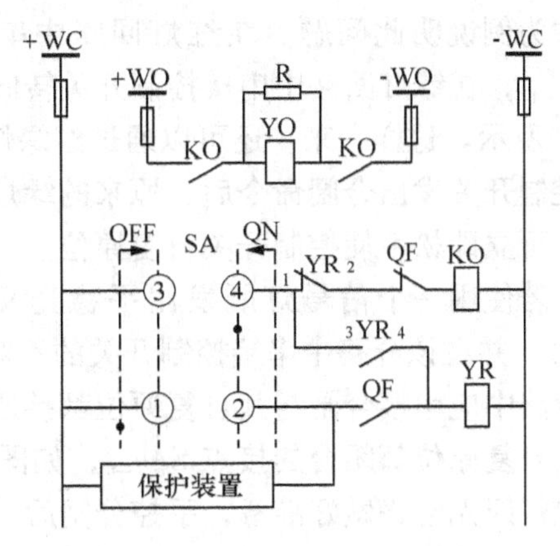

图 8-7　CD_5、CD_6、CD_8 型操作机构的防跳接线示意

当接通 SA_{3-4} 时，通过辅助接点 YR_{1-2} 使断路器合闸。如果保护装置动作，使跳闸线圈 YR 得电。在断路器跳闸的同时，其辅助接点 YR_{1-2} 断开，YR_{3-4} 闭合。这时即使 SA_{3-4} 接通合闸脉冲继续存在，也不致使断路器再次合闸，因为合闸脉冲通过辅助接点 YR_{3-4} 使跳闸线圈 YR 继续得电自保持，直至合闸命令脉冲解除即 SA_{3-4} 断开为止。

另一种防跳措施是采用具有两个线圈的中间继电器即防跳继电器 KM 所组成的防跳控制回路，如图 8-6 所示。防跳继电器中有两个线圈，一个为电流线圈，另一个为电压线圈，任何一个得电都可以动作。当手控合闸时，控制开关节点 SA_{3-4} 闭合，使断路器合闸，若保护装置动作，在断路器跳闸的同时，防跳继电器 KM 的电流线圈得电，其节点 KM_{1-2} 闭合，KM_{3-4} 断开。如果 SA_{3-4} 仍处于接通，则 KM 的电压线圈通过已闭合的 KM_{1-2} 自保持，接点 KM_{3-4} 断开合闸接触器线圈 KO 回路，使断路器不致再次合闸。只有 SA_{3-4} 断开，KM 电压线圈断电后，线路才恢复原来状态。此种防跳回路，多用于既无机械防跳措施也无跳闸线圈辅助接点的操作机构中，如 CD_{12} 和 CD_{13G} 型操作机构及液压、弹簧等操作机构。

（5）高压断路器究竟是处于何种位置（分闸或合闸）状态，在控制室内应有位置状态信号加以显示。为此在控制盘上于控制开关两侧装设红绿灯来表示断路器位置状态，让红灯亮表示断路器合闸状态，绿灯亮表示分闸状态。所以红灯回路中应串接断路器操作机构的常开辅助接点，在绿灯回路中则应串接常闭辅助接点，同时为了防止信号灯两端相触造成控制电源短路引起误动作，尚应在信号灯回路中串接附加电阻 R，如图 8-6（a）所示。

既然用红灯亮表示断路器合闸状态以示主电路处于送电状态，绿灯亮表示分闸状态以示切断主电路，还应进一步区别高压断路器的动作究竟是手动还是自动。因此控制回路中还要求对自动操作的位置状态应有明显的状态表示信号，以便区别自动或手动。在实际中通常采取红灯 RD 一亮一暗闪光表示自动合闸，绿灯 GN 闪光则表示自动跳闸，而红绿灯平稳发光则表示手控操作的位置状态。要想使红绿灯平稳发光只表示手控操作时断路器的位置状态，必须在红绿信号灯回路串接控制开关接点。以下均以 LW_5—15B4814/4 型控制开关为例说明此问题。在红灯回路中串接控制开关转向合闸及自复原位都闭合的接点 SA_{11-12}，在绿灯回路中串接控制开关转向分闸及自复原位都闭合的接点 SA_{5-6}，如图 8－6（a）所示。这样一来，还可以通过红绿灯光信号监察操作机构执行命令的情况。例如，扭动控制开关发出合闸命令后，原来的绿灯熄灭，继而红灯亮，则说明断路器已正确执行命令，可立即松手使控制开关自复原位。

若使用一个信号灯既发出平稳光又发出闪光，必须另有一分路接向闪光电源 WF（＋），并在该分路中串接控制开关的不对应接点，为发出闪光信号做好准备。即在绿灯闪光分路中应串接合闸与其自复原位都接通的接点 SA_{9-10}，在红灯闪光分路中则应串接分闸与其自复原位都闭合的接点 SA_{7-8}，如图 8－6（a）所示。这样手控合闸后，为自动跳闸时绿灯闪光电路做好准备，手控分闸后，为自动合闸时红灯闪光做好准备，而且当手动控制时又可使闪光退出工作。

获得闪光电源的方法较多，可利用一只闪光继电器 KF 的充放电获得闪光电源，并送到各控制屏闪光母线 WF（＋）上，目前生产的闪光继电器有 DX—3—220 型，其接线和内部结构如图 8－8 所示。当信号灯闪光分路（图中虚线框内部分）接通或试验按钮 SA 接通时，闪光继电器加以直流电压后，首先经过内附电阻 R 给电容器 C 充电，充到一定电压后，继电器线圈 K 动作，常闭接点 K_1 断开，电容器 C 向继电器线圈 K 放电。一旦放电完了线圈 K 释放，接点 K_1 重新闭合使电容器又开始充电，这样继电器 K 接点就处于断开—接通—断开—接通不断重复的过程。如果断路器自动跳闸后其操作机构的常闭辅助接点 QF_{1-2}闭合，绿灯闪光回路接通［见图 8－6（a）与图 8－8］：

$$+WC \rightarrow KF_{1-2} \rightarrow WF(+) \rightarrow SA_{9-10} \rightarrow GN \rightarrow R \rightarrow QF_{1-2} \rightarrow -WC$$

此时绿灯 GN 因分压低而不亮，但闪光继电器 KF_{1-2}得电，经电容器 C 充电时间后，闪光继电器动作，常闭接点 K_1 断开，常开接点 K_2 闭合，绿灯亮。待电容器放电后，K 释放凡接点释放绿灯变暗，同时 K_1 闭合电容器 C 又开始充电，使线圈 K 再次得电，继续重复亮灭闪光过程。只有当控制开关 SA 手柄扭向相应的分闸及其零位时，绿灯闪光才终止而发出平稳的绿光。应该指出，并非每台断路器都有一套闪光装置，而是在一个变电所中各断路器共用一套闪光电源，所有闪光回路都接在公用的闪光母线 WF（＋）上。若断路器没有自动合闸操作时，则不必设置红灯闪光分路［如图 8－6（a）中用虚线连接 SA7—8 电路］。

（6）为经济起见，从控制室到操作机构之间的控制导线或电缆根数应最少，且控制回路应力求简单、可靠、既经济又能满足技术上的要求。如图 8－6（a）所示中断路器操作机构常闭辅助接点 QF_{1-2}既是用以自动中断合闸命令脉冲，又是串接在绿灯 GN 回路控制绿灯亮表示断路器处于分闸状态，同样 QF_{3-4}既用以自动中断跳闸命令脉冲又串接在红灯 RD 回路中控制红灯亮表示断路器

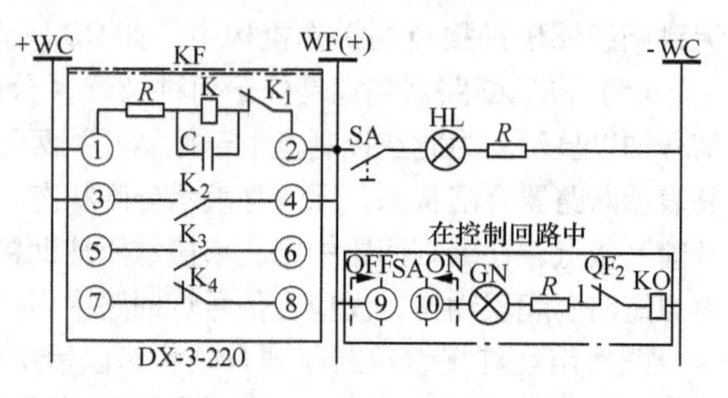

图 8－8　变电所闪光电源装置接线图

处于合闸状态。

（7）为保证控制回路可靠地工作，应有监视操作电源及监视下次即将工作的回路是否完好的环节。操作电源的有无主要取决于熔断器，当熔断器熔断时，即失去操作电源。只要能监视熔断器的状态即可监视操作电源。通常借用红绿灯可作为监视装置而无须再设其他设备，因为不管位置状态如何；总会有一盏信号灯亮，如图 8 - 6（a）所示。

从上述分合闸回路和红绿灯回路中看出，合闸接触器线圈 KO 回路和绿灯回路都串有断路器操作机构的常闭辅助接点 QF_{1-2}，而跳闸线圈 YR 回路和红灯回路又都串有常开辅助接点 QF_{3-4}，其接线如图 8 - 6 所示。这样，当断路器跳闸后绿灯亮除表示断路器处于分闸状态外，还可以监视下次即将工作的合闸接触器线圈回路的完好性。当断路器合闸后，红灯亮除表示断路器处于合闸状态外，还说明跳闸线圈回路是完好的。

尚须指出，在这种灯光监视的控制回路中，信号灯附加电阻 R 的阻值选择要适当，使通过信号灯并经由分、合闸回路的电流不致引起断路器误动作又要保证信号灯有一定的亮度。通常取信号灯回路中的电流不超过分、合闸所需电流的十分之一。

（8）每台断路器的控制回路中尚应有事故分闸音响信号发送电路。要求它只在手控合闸后自动跳闸时将正电源 + WS 送到事故音响母线（WAS）上，如图 8 - 6（b）、图 8 - 9 及图 8 - 10（c）所示。

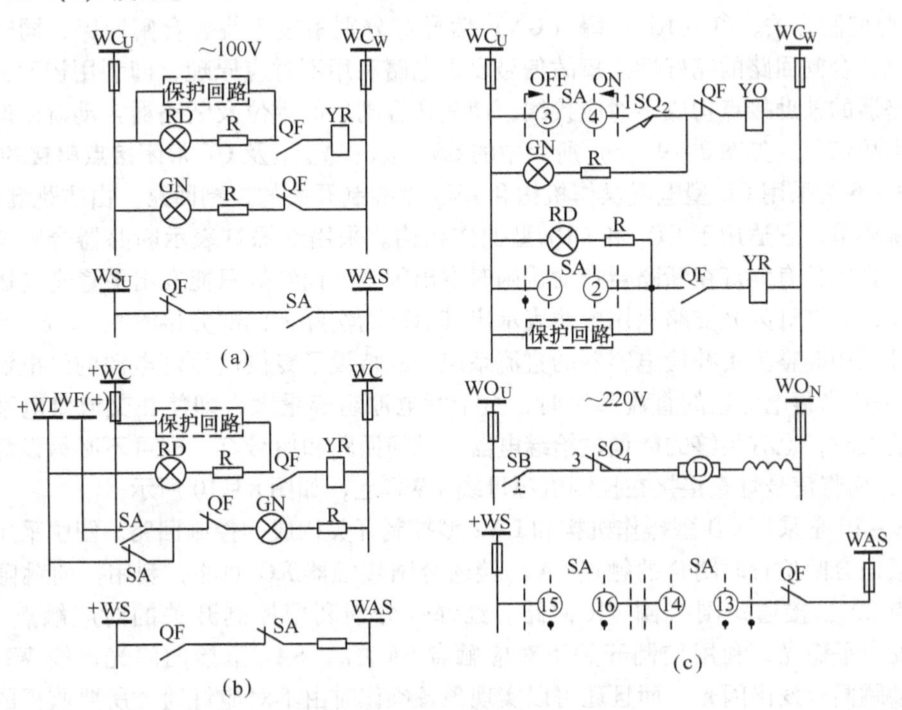

图 8 - 9　CS_2 型 CT_7 型弹簧操作机构的控制回路

（a）交流操作电源；（b）直流操作电源；（c）CT_7 型弹簧操作机构的控制回路

图 8 - 9（a）、（b）系采用 CS_2 型操作机构典型控制回路，（a）图为交流操作电源，（b）图为直流操作电源，它们只能就地手动合闸。图中事故音响发送电路，由 QF 的常闭辅助接点和手动操作机构的常开辅助接点 SA 串联构成。当 CS_2 手柄处于合闸后的位置时，

SA闭合为自动跳闸发出事故信号做准备；当扳动手柄跳闸时SA随之断开，解除事故信号。在直流操作电源的控制回路图8－9（b）中，不同交流操作之处在于绿灯GN采用了不对应接线。当事故跳闸时，GN还可以通过SA的常开辅助接点接向WF（＋）小母线，发出闪光以表示事故跳闸。当操作手柄扳回跳闸位置后，其常开辅助接点SA断开，绿灯闪光停止，同时SA常闭接点接通使绿灯GN变成平稳光。

图8－9（b）这种直流控制回路，适用于操作电源采用硅整流带电容补偿的直流系统。为了减少故障时补偿电容器能量过多消耗，而将回路内的指示灯不接在控制电源＋WC上，而专设另外的信号灯电源母线＋WL。

图8－9（c）是采用CT_7型弹簧操作机构的控制回路。弹簧操作机构CT_7是利用预储能的合闸弹簧释放能量使断路器进行合闸。合闸弹簧由电动机带动，多为交直流两用电动机，功率很小（用于110kV的断路器不超过2kW，用于10kV以下断路器的只有几百瓦）。目前在工业企业内应用较多的是CT8型，控制回路与图8－9（c）相同，它采用单相交直流两用串激电动机，额定功率为450W。只有弹簧释放能量以后，其常闭辅助接点SQ_{3-4}才闭合，此时按下SB按钮方能接通电动机，使弹簧再储能。当储能完了时，常闭接点SQ_{3-4}自动断开，切断电动机回路。同时常开接点SQ_{1-2}闭合，为手控合闸做好准备，保证在弹簧储能完毕时才能合闸，因此这种控制回路无须防跳装置。在其控制回路中可采用LW_5或LW_2型控制开关，红（RD）绿（GN）信号灯分别串接于跳、合闸回路，同时监视熔断器及跳、合闸回路的完好性。事故信号发送电路利用不对应原理，即利用控制开关的接点和断路器的辅助接点构成不对应接线，使其在合闸后的零位及断路器自动跳闸时将正电源送至事故信号，如图8－9（c）所示中的SA_{15-16}、SA_{14-13}及QF常闭接点串接的电路。

图8－6为采用CD型电磁操作机构和LW_5型控制开关的控制回路。由防跳继电器KM构成防跳环节，它适用于CD_{13}和CD_{12}型操作机构。采用红绿灯表示断路器合闸与分闸位置状态，其中只有绿灯在断路器自动跳闸时发出闪光，而红灯只能发出平稳光（因无自动合闸操作，故红灯闪光支路只用虚线表示出其原理而实际无此部分接线）。图8－6适用于操作电源采用硅整流带补偿电容器的直流系统，故特设了专供信号灯电源的灯电源母线＋WL，若采用带蓄电池组的直流系统时，由于蓄电池组容量大，即使在交流供电系统电压降低或消失时，也有足够的能量供给继电器、跳闸回路和信号灯，则可不必另设灯电源母线＋WL，而将信号灯直接接在控制电源母线＋WC上，如图8－10所示。

图8－10是采用CD型操作机构和LW2型控制开关构成的控制回路。图中采用控制开关手柄扳向合闸位置时闭合的触点SA_{5-8}接通合闸接触器KO回路，利用扳向跳闸位置闭合的触点SA_{6-7}接通跳闸线圈YR回路。红绿灯分别利用控制开关的对应触点SA_{16-13}、SA_{11-10}发出平稳光，利用控制开关不对应触点SA_{14-15}、SA_{11-10}接向闪光母线WF（＋），实现自动跳闸时发出闪光。而且还可以实现预备操作时由不对应灯通过所要监视的回路发出闪光以示电路的完好性。例如高压断路器原来处于合闸送电，要使其断开停止送电，可将控制开关原来处于垂直的手柄逆时针转动到水平状态，即扳向预跳位置，此时红灯通过控制开关已闭合的触点SA_{14-13}接到闪光母线WF（＋），发出闪光，以示跳闸回路完好。继之再把控制开关逆时针转动45°，即扳向跳闸位置，此时触点SA_{6-7}闭合，使跳闸线圈直接得电去跳闸。跳闸后断路器操作机构的常开辅助触点QF_{3-4}断开，红灯熄灭，常闭辅助触点QF_{1-2}闭合绿灯通过控制开关的触点SA_{11-10}发出平稳光，以示手控跳闸。当松手后控

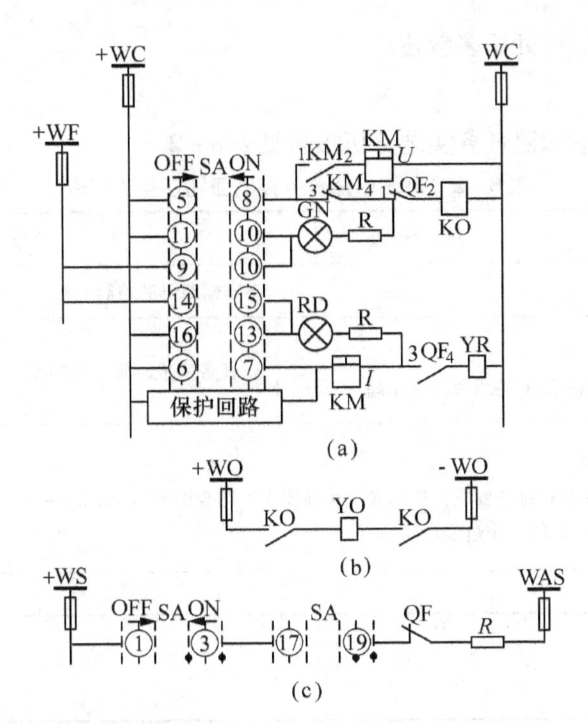

图8－10　高压断路器采用CD型操作机构和LW_2型控制开关构成的控制回路

制开关手柄自复跳后位置，与预跳状态相似，但手柄所联动的触点状态则不相同，如触点SA_{11-10}仍维持闭合使绿灯继续发平稳光，触点SA_{6-7}断开跳闸脉冲，触点SA_{14-13}断开，SA_{14-15}接通，为高压断路器自动合闸后红灯发出闪光做准备。如果手控合闸，应将控制开关手柄从跳后位置顺时针转动到垂直状态，即扳到预合位置，此时绿灯通过控制开关触点SA_{9-10}接向闪光母线WF（+）而发闪光，以示合闸接触器KO线圈回路完好。继之再把控制开关手柄顺时针转动45°到合闸位置，触点SA_{5-8}接通送出合闸命令，高压断路器合闸后，其操作机构常闭辅助接点QF_{1-2}断开使绿灯熄灭，常开辅助接点QF_{3-4}闭合，红灯通过对应触点SA_{16-13}发出平稳光。当松手后控制开关手柄自复到合闸后位置，与预合状态一样。但此时触点SA_{16-13}仍保持闭合，红灯维持平稳光，触点SA_{9-10}仍闭合为自动跳闸绿灯发出闪光做好准备。假如由于保护装置动作，保护回路接通使高压断路器自动跳闸，其常闭辅助接点QF_{1-2}闭合，使绿灯通过触点SA_{9-10}接向闪光母线WF（+）发出闪光，以示自动跳闸。当已判认该断路器自动跳闸之后，可将控制开关手柄扳向对应于跳闸和跳后位置，即可使绿灯撤除闪光而转向平稳的绿光。

图8－6（b）为事故信号发送电路，采用控制开关的触点SA_{15-16}与SA_{13-14}两对串联，以使控制开关手柄自复位到合闸后位置后获得接通的电路，与常闭辅助接点QF及电阻R串接后，将正信号电源+WS送向事故音响母线WAS，接通事故音响信号装置发出事故音响信号。图8－10（c）所示的事故信号发送电路构成及原理与图8－6（b）电路相同，仅区别于采用的是LW_2型控制开关触点SA_{1-3}和SA_{17-19}两对串联。

另外，为了避免误操作和人身伤亡，尚须采取一些连锁措施，如防止带电分、合闸隔离开关，防止误入带电间隔，防止跑错间位误分合高压断路器，防止带电挂地线，防止带地线误合闸。实现这五防的具体措施较多，有的从控制回路中采取措施，有的从高压开关柜的结构上加以解决，此处不多叙述。

【任务实施】

高压断路器的控制回路任务实施分析报告见表 8－2。

表 8－2　高压断路器的控制回路任务实施表

<table>
<tr><td>姓名</td><td></td><td>专业班级</td><td></td><td>学号</td><td></td></tr>
<tr><td colspan="2">任务内容及名称</td><td colspan="4">高压断路器的控制回路</td></tr>
<tr><td colspan="3">1. 任务实施目的：
理解高压断路器的控制回路的接线及工作原理</td><td colspan="3">2. 任务完成时间：2 学时</td></tr>
<tr><td colspan="6">3. 任务实施内容及方法步骤：
对高压断路器的控制回路有哪些要求？如何实现各项要求？结合图 8－6 和图 8－10，控制回路试说明各环节、各元件的作用。试画出图 8－8 的工作过程时间图</td></tr>
<tr><td colspan="6">4. 分析报告：</td></tr>
<tr><td colspan="6">指导教师评语（成绩）：
年　月　日</td></tr>
</table>

【任务总结】

断路器的控制方式可分为远方控制和就地控制。远方控制就是操作人员在主控室或单元控制室内对断路器进行分、合闸控制；就地控制就是在断路器附近对断路器进行分合闸控制。断路器控制回路就是控制（操作）断路器分、合闸的回路。断路器控制回路的直接控制对象为断路器的操动（作）机构。操动机构主要有电磁操动机构（CD）、弹簧操动机构（CT）、液压操动机构（CY）。电磁操动机构只能采用直流操作电源，弹簧储能操作机构和手力操动机构可交直流两用，但一般采用交流操作电源。

任务 3　变电所的信号装置

【任务目标】

1. 掌握故障信号回路的接线及工作原理。
2. 掌握预告信号回路的接线及工作原理。

【任务分析】

在变电所或发电厂中都装有各种信号设备，用来表示各设备的状态，并引起运行人员的注意，以便及时处理所发生的一切不正常现象。一般将信号设备集中装在控制盘上，根据用途可分为状态指示信号、故障（事故）信号、警告（预告）信号三种。

【知识准备】

一、状态指示信号

在控制盘上操作开关和模拟母线附近，一般都装有高压断路器分合闸位置状态指示信号，使运行人员能清楚了解位于远处的开关设备处于何种位置状态。此种信号称为状态指示信号或简称为状态信号。

高压断路器的状态指示信号已在前节讲过，它是利用红绿灯来表示断路器合闸或分闸位置状态的。

二、故障信号

当发生故障时，断路器由保护装置控制自动跳闸，此时发出的信号即为故障信号，也称为事故信号。对事故信号的要求是：在任一断路器事故跳闸时，能瞬时发出音响信号，并在控制屏上或配电装置上有表示事故跳闸的具体断路器位置的灯光指示信号。前节所述的闪光信号即为一种灯光事故信号。仅有闪光信号可能尚不足以引起运行人员的注意，尤其在大型变电所中操作盘很多，盘面信号灯也多，不易察觉。因此常在变电所中另装设一套共用的事故音响信号，例如，采用电笛（蜂鸣器）作为所有断路器自动跳闸的公用事故音响信号。它应能手动复归或自动复归。这样就可以通过事故音响信号，使运行人员引起注意，再通过闪光故障信号既可辨别出由于故障自动跳闸的断路器，还可以根据光字牌或信号继电器的掉牌辨别出故障性质。

当事故音响信号发声后，运行人员首先应使它停止，即首先撤出事故音响信号；在判清故障跳闸的断路器之后，再撤除灯光故障信号。

中央事故信号装置按操作电源分，有直流操作和交流操作两类。按事故信号的动作特征分，有中央复归式不能重复动作和中央复归式能重复动作两种。小型变电所的断路器数量少，同时发生故障跳闸的机会也少，因此一般宜采用中央复归式不重复动作方式。但断路器数量较多且电气接线较复杂的大型变电所（如总降压变电所），则可采用中央复归式能重复动作的方式。

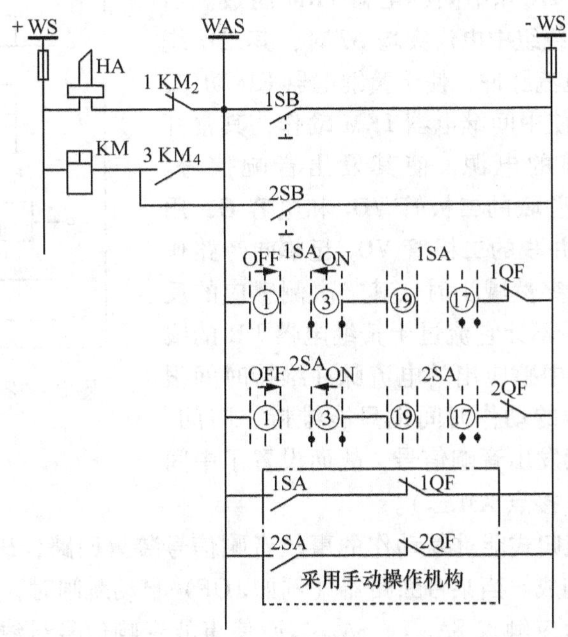

图8－11　中央复归式不能重复动作的事故音响信号回路

图 8－11 是不能重复动作的中央复归式事故音响信号装置回路图。图 8－11 中采用的控制开关为 LW_2 型，其触点图表如图 8－5 所示。当任一台断路器自动跳闸后，断路器的事故分闸音响信号发送电路中断路器操作机构的辅助接点 1QF 立即闭合，通过与其不对应接线的控制开关接点 SA_{1-3} 和 SA_{19-17} 接通事故音响信号母线 WAS 和信号电源母线 －WS，由于中间继电器 KM 的常闭接点 KM_{1-2} 处于闭合状态，所以电笛 HA 电源接通发出音响信号。在值班员得知事故音响信号后，可按 2SB 按钮，中间继电器 KM 线圈接通电源而动作，其常闭接点 KM_{1-2} 断开即可解除事故音响信号。但控制屏上断路器的闪信号（绿灯 GN）却继续保留着。图中 1SB 为音响信号试验按钮。

这种信号装置不能重复动作，即第一台断路器 1QF 自动跳闸后，值班员虽已解除事故音响信号，但控制屏上的闪光信号依然存在。假设这时又有一台断路器自动跳闸，如 2QF，事故音响信号将不会动作，因为中间继电器触点 KM_{3-4} 通过仍处于合闸后位置的控制开关 1SA（事故音响信号发送电路）将 KM 线圈自保持，KM_{1-2} 是断开的，所以音响信号不会重复动作。只有在第一个断路器的控制开关 1SA 将手柄扳至对应的“跳闸后”位置时，KM 自保持电路切断而释放，KM_{1-2} 闭合，另一台断路器自动跳闸时才会发出事故音响信号。

图 8－11 中虚线框内电路是表示在采用手动操作机构（CS 型）时的事故音响信号电路接线情况，其原理在前节已叙述过。

断路较多的大型变电所或发电厂，几台断路器发生同时跳闸的机会较多，因此要求事故音响信号能重复动作。为实现能重复动作的信号，目前广泛采用冲击继电器（又称信号脉冲继电器）ZC—23 型冲击继电器原理接线如图 8－12 所示。

ZC—23 型冲击继电器主要有执行元件——干簧继电器 KR、脉冲变流器 TA 和中间继电器 1KM 组成。当脉冲变流器 TA 的一次绕组中电流突增 ΔI 时，其二次绕组中感应出暂短尖峰电流脉冲，使干簧继电器 KR 动作，KR 的常开触点闭合，使中间继电器 1KM 动作，其常开触点闭合而接通电笛的电源，使其发出音响信号。图 8－12中 TA 一次侧并联的二极管 VD_1 和电容 C，用于抗干扰；TA 二次侧并联的二极管 VD_2 起单向旁路作用，当 TA 的一次电流突然减小时，其二次侧感应的反向电流经 VD_2 而旁路，不让它流过干簧继电器 KR 的线圈。由于 TA 二次绕组中感应出的电流脉冲维持时间很短，故干簧继电器 KR 的动作时间也只能维持一瞬间，为了使音响元件能持续发出音响信号，故而设置了中间继电器的自保持环节（接点 KM_{1-2}）。

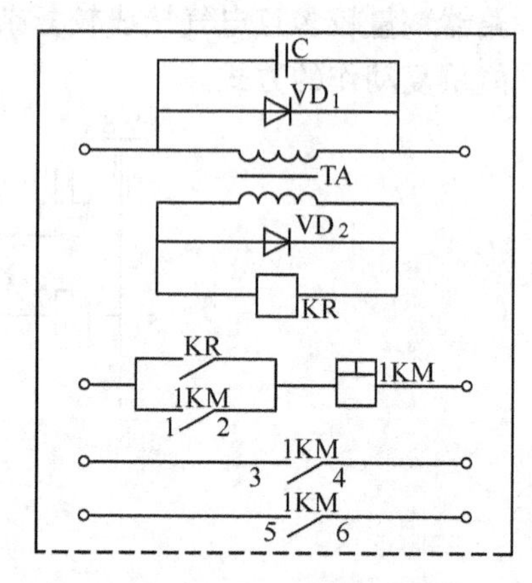

图 8－12　ZC—23 型冲击继电器内部接线

图 8－13 是中央复归式能重复动作的事故音响信号装置回路，该信号装置采用 ZC—23 型冲击继电器 KU 构成。当某台断路器（例如 1QF）自动跳闸时，其常闭辅助触点 1QF 闭合，与控制开关不对应触点 SA_{1-3}、SA_{19-17} 而使事故音响信号母线 WAS 与信号母线 －WS 接通，从而使脉冲变流器 TA 的一次电流突增，将持续增量电流变为二次感应出的暂短脉冲电流，使干簧继电器 KR 动作。KR 的常开触点闭合，使中间继电器 1KM 动作，其

常开触点 $1KM_{1-2}$ 闭合使 1KM 自保持；其常开触点 $1KM_{3-4}$ 闭合，使电笛 HA 发出音响信号；其常开触点 $1KM_{5-6}$ 闭合，启动时间继电器 KT。KT 经整定的时限后，其触点闭合，接通中间继电器 2KM，其常闭触点断开，解除了 1KM 的自保持，1KM 释放，其常开触点 $1KM_{3-4}$ 断开，自动解除 HA 的音响信号。冲击继电器 KU 又恢复原始状态。当第二台断路器相继事故跳闸时，第二个事故音响信号发送回路（如 $2SA_{1-3}$→$2SA_{19-17}$→2QF→R 支路）被接通，冲击继电器 KU 的脉冲变流器 TA 一次绕组内电流在原来的基础上再流入一个增量电流，KU、KR、1KM 又重复上述动作，使电笛 HA 第二次发出音响信号，并因 KT、2KM 动作而使音响信号解除，又使 KU 恢复原始状态。因此这种装置为“重复动作”的音响信号装置。为了使 TA 一次侧获得定值的增量电流 ΔI，必须在每个事故音响信号发送电路中串接电阻 R，各信号电路中的 R 值相等，其阻值由冲击继电器所需电流增量值及信号母线电压而定。例如，若冲击继电器电流增量值需 0. 16A，信号母线电压 220V 时，R 值为 1320Ω。

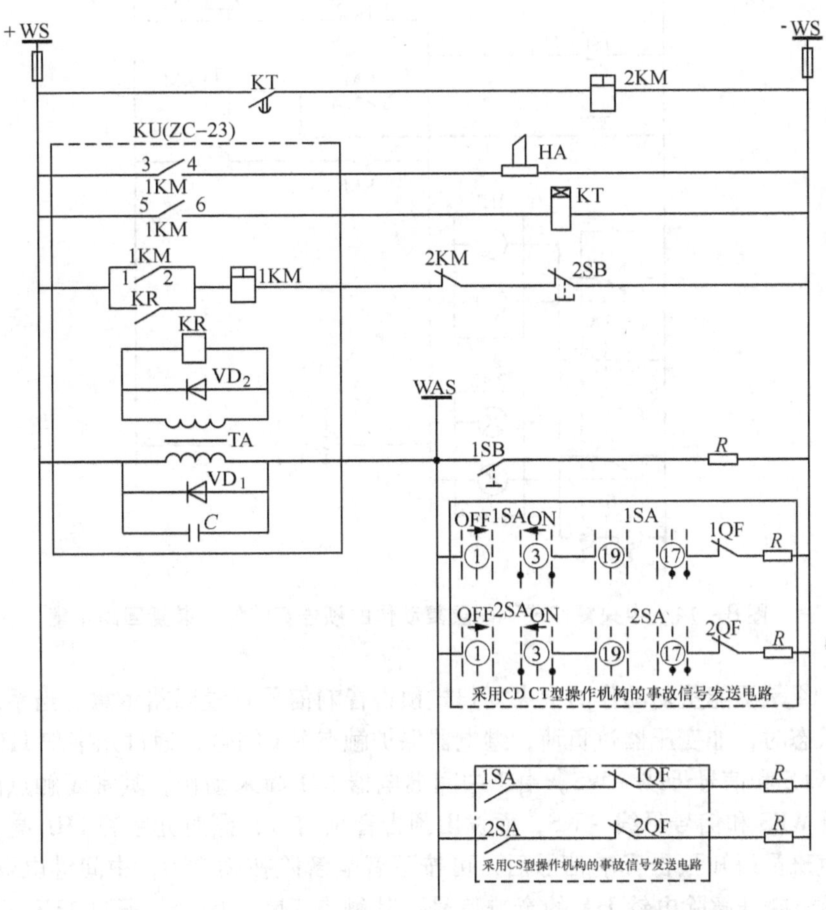

图 8－13　中央复归式能重复动作的事故音响信号装置回路

图 8－13 中列举了采用 CD 型、CT 型和 CS 型操作机构时事故音响信号发送电路的结构情况，图中 1SB 为音响试验按钮，2SB 为事故音响信号手动复归按钮。

三、预告信号

预告信号也称为警告信号，是用来将一切不正常工作状态，如变压器过负荷、温度过高、轻瓦斯，小接地电流系统一相接地等，及时通知工作人员引起注意的一种信号。对预告信号装置的要求是：当供电系统中发生不正常工作状态但不需要立即跳闸的情况时，应及时发出音响信号，并有显示故障性质和地点的指示信号（光字牌指示）。预告信号也有音响和灯光两种信号。音响信号通常采用电铃，应能自动或手动复归，灯光信号多为光字显示即光字牌，前者以引起工作人员注意，后者指出不正常工作状态的元件和性质。

预告信号装置也有直流操作的和交流操作的两种，同样有中央复归式不能重复动作的和中央复归式能重复动作的两种。全变电所共用一套预告音响信号装置。

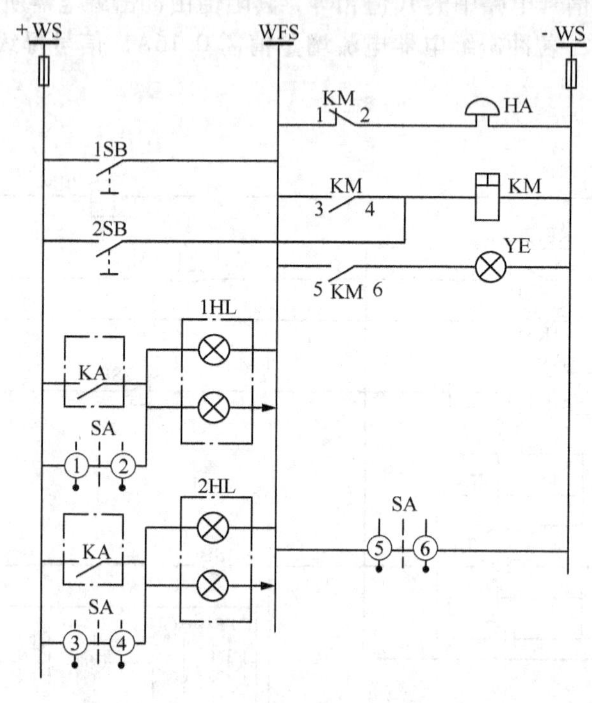

图 8-14　中央复归式不能重复动作的预告音响信号装置回路示意

图 8-14 是不能重复动作的中央复归式预告音响信号装置回路示意。当系统中发生不正常工作状态时，如变压器过负荷，继电器保护触点 KA 闭合，通过光字牌 1HL 接通预告信号母线 WFS 和信号母线 +WS。由于中间继电器 KM 尚未动作，其常闭触点闭合，使电铃 HA 接通 WFS 和信号母线 -WS，而发出预告音响信号，同时光字牌 1HL 亮，做出灯光指示。在值班员得知预告音响信号后，可按下音响解除按钮 2SB，中间继电器 KM 动作，其触点 KM_{1-2} 断开解除电铃 HA 的音响信号；其触点 KM_{3-4} 闭合，通过 1HL 回路自保持；其触点 KM_{5-6} 闭合，黄色信号灯 YE 亮，提醒工作人员发生了不正常工作状态而且尚未消除。当不正常工作状态消除后，继电保护返回，触点 KA 断开，光字牌 1HL 的灯光和黄色信号灯 YE 也同时熄灭。但在前一个不正常工作状态尚未消除时，如果出现另一个不正常工作状态，由于中间继电器 KM 尚处于自保持状态，KM_{1-2} 断开，切断了电铃 HA 回路，故 HA 不会再次动作。

图8－14中1SB是音响试验按钮。转换开关SA是光字牌灯泡检查开关，平时SA的手柄置中间位，其触点都处于断开状态。检查时将SA手柄扳向左或右45°，其触点都闭合，将回路$+WS\rightarrow\frac{SA_{1-2}}{SA_{3-4}}\rightarrow HL\rightarrow WFS\rightarrow SA_{5-6}\rightarrow -WS$接通，所有光字牌灯泡都亮，表示光字显示完好。

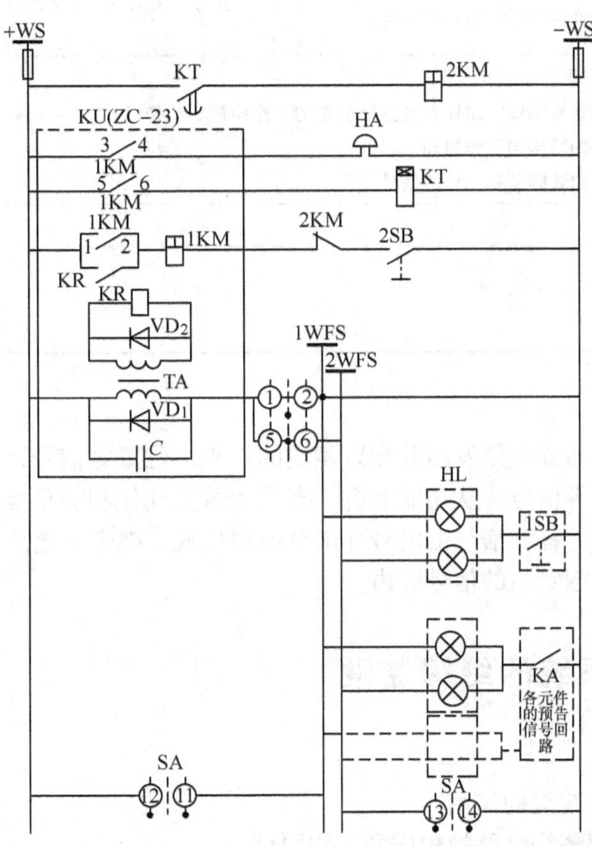

图8－15　中央复归式能重复动作的预告音响信号回路接线示意

图8－15是中央复归式能重复动作的预告音响信号回路接线示意。其工作原理与图8－13的能重复动作事故信号回路相似。不同之处在于每个信号脉冲回路内串联的电阻代之以光字显示的两个并联灯泡，并作灯光指示信号。同时还增加了转换开关SA供检查光字显示的灯泡之用，为便于检查，将预告信号母线分设为1WFS和2WFS两条。正常工作时，SA手柄置于中间位，接点SA_{1-2}和SA_{5-6}接通，使冲击继电器KU和预告信号母线1WFS和2WFS接通。检查时将SA手柄向左或向右扳动45°，其触点SA_{1-2}、SA_{5-6}断开，而接点SA_{12-11}和SA_{13-14}闭合，接通光字牌灯泡电源，使所有的光字牌灯泡全亮，以示光字显示完好。

【任务实施】

变电所的信号装置任务实施分析报告见表8－3。

表 8-3　变电所的信号装置任务实施表

姓名		专业班级		学号	
任务内容及名称	变电所的信号装置				
1. 任务实施目的： 理解信号装置的控制回路的接线及工作原理			2. 任务完成时间：2 学时		
3. 任务实施内容及方法步骤： （1）变电所的信号装置有哪些？试述各种信号装置的工作原理、动作过程。 （2）试述冲击继电器的结构与工作原理。 （3）如何实现中央复归式能重复动作的信号装置					
4. 分析报告：					
指导教师评语（成绩）： 年　月　日					

【任务总结】

事故信号由蜂鸣器或电笛发出并配以相应的灯光、位置等信号，预告信号用电铃发出音响信号并配以灯光等信号。从功能上讲，有不能重复动作和能重复动作的事故、预告音响信号，能重复动作的音响信号由信号冲击继电器构成。整个变电所只有一套中央信号系统，通常安装在主控制室内的信号屏内。

任务 4　直流系统的绝缘监察

【任务目标】

1. 了解绝缘监视装置的作用。
2. 掌握绝缘监视装置电路的构成和工作原理。

【任务分析】

采用直流系统作为操作电源时，一旦系统中发生两点接地，可能造成严重后果。例如断路器跳闸线圈或保护装置出口继电器接地，倘若再伴随其他一点接地，断路器将发生误跳闸。为了防止这种误动作，必须装设连续工作的且足够灵敏的绝缘监察装置，以便发现系统中某点接地或绝缘降低。当 220V 直流系统中任何一极的绝缘电阻下降到 15～20kΩ 时，其绝缘监察装置就应发出灯光和音响预告信号。

【知识准备】

一般最简单绝缘监察装置是采用两只或一只电压表，如图 8-16 接线。当只采用一只电压表监察绝缘状态时，可将转换开关 SA 分别接到不同母线上，如图 8-16（a）所示。绝缘良好时电压表指针为零。如果一极绝缘损坏，电压表接于未损坏极时则有指示值。当采用两只电压表时，如图 8-16（b）。在正常情况下，两者均指示母线电压的一半。某极完全接地时该极的电压表指示零，另一只电压表指示母线电压。若非完全接地，则故障极电压表读数小于母线电压的一半，另一电压表读数则大于母线电压的一半。这两种接线的缺点是电路内一极接地时，如图 8 - 16（c）中的 k 点，若通过电压表的电流大于中间继电器 KM 的动作电流时，可能造成误动作，因此要求电压表的内阻应为高阻值；另一缺点是不能反映绝缘电阻降低的情况。

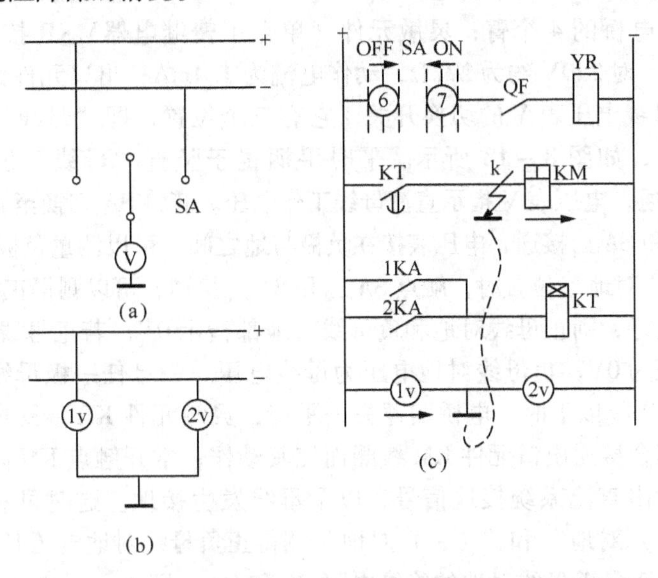

图 8 - 16　用电压表监察直流回路的绝缘状态的接线图

目前实际使用的几种直流绝缘监察装置多是利用接地漏电流构成的实际装置，其接线如图 8 - 17 所示。其中图 8 - 17（a）是利用两只 DX—11 型信号继电器 1KS、2KS 和两个 5 000Ω 的电阻与正负极对地绝缘电阻构成电桥式电路。正常时两极对地绝缘电阻相同，继电器中电流也一样但达不到动作值，继电器 1KS、2KS 都不动作，双向指示毫安表指示零。当正极接地时，继电器 1KS 中电流减小，2KS 中电流增大而动作，其接点闭合接通预告音响信号及正极接地光字牌；毫安表中电流由下向上流，指针向负值刻度方向偏转。当负极接地时，继电器 1KS 动作，其接点闭合接通预告音响信号及负极接地光字牌；毫安表中电流由上向下流，指针向正值刻度方向偏转。适当调节电阻 R_1 和 R_2，可使正常情况下继电器中电流小于动作值。图 8 - 17（b）是采用一只 DX—11/0. 05 型的信号继电器 KS 串接在双向毫安表的电路中，其工作原理和图 8 - 7（a）基本相同。若任一极发生接地时，均由 KS 动作送出预告信号。不同的是预告信号光字牌只显示出直流系统接地，并不能显示是哪一极接地，可通过毫安表的指向或按下按钮 1SB 和 2SB 判断出哪一极接地。

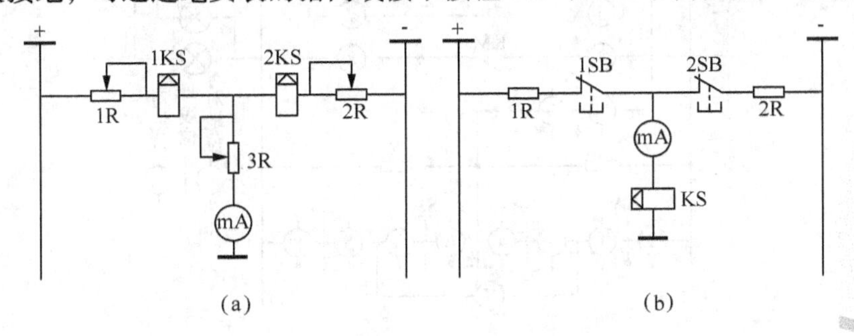

图 8 - 17　直流系统绝缘监察装置接线图

目前在变电所广泛采用的另一种绝缘监察装置，它是由直流绝缘监视继电器（ZJJ—1A 型）、切换开关 SA 和电压表 V 组成，如图 8－18 所示。图中虚线框内为 ZJJ—1A 型直流绝缘监视继电器，其中两个平衡电阻 $R_1 = R_2 = 1\ 000\Omega$，与直流系统正负极对地绝缘电阻 $R+$ 和 $R-$ 组成电桥的 4 个臂；灵敏元件（单管干簧继电器）KR 接于电桥对角线上；KR 线圈电阻较大，对 220V 约为 27kΩ，动作电流为 1.4mA；出口元件为密封中间继电器 KM。图中 SA 为母线电压表 V 的切换开关，它有三个位置，即“母线”、“（+）对地”和“（－）对地”，如图 8－18 所示。平时手柄置于竖直“母线”位置，触点 SA_{1-2}、SA_{5-8} 和 SA_{11-19} 接通，电压表 V 指示直流母线工作电压。若将 SA 切换至“（－）对地”位置时，触点 SA_{5-8} 和 SA_{1-4} 接通，电压表接在负极与地之间，可以测量负极对地电压 U－0 当 SA 切换到“（+）对地”位置时，触点 SA_{1-2} 和 SA_{5-6} 接通，可以测得正极对地电压 U－0。若两极对地绝缘良好，则正母线对地和负母线对地都指示 0V；若正母线发生金属性接地，则正母线对地电压为 0V，负母线对地电压为母线电压。一旦任一极母线接地或对地绝缘电阻下降到 15～20kΩ 以下时，电桥四臂失去平衡，灵敏元件 KR 线圈内有电流并超过其动作值，其接点闭合接通出口元件 KM 线圈而使其动作，常开触点 KM 闭合接通预告音响信号和光字牌，发出直流系统接地信号，以示母线发生接地。这时可利用切换开关 SA，分别切换至“（+）对地”和“（－）对地”测得正负母线对地电压 U+ 和 U－并可利用下列计算方法求出正负极母线对地的绝缘电阻 R_+ 和 R_-，即

$$R_+ = \left(\frac{U_M - U_+}{U_-} - 1\right)R_V \tag{8-1}$$

$$R_- = \left(\frac{U_M - U_-}{U_+} - 1\right)R_V \tag{8-2}$$

式中，U_M——直流母线电压；

R_V——电压表本身的内阻；

上述绝缘监察装置的缺点是：当正负极绝缘电阻均等下降时，不能及时发出预告信号。

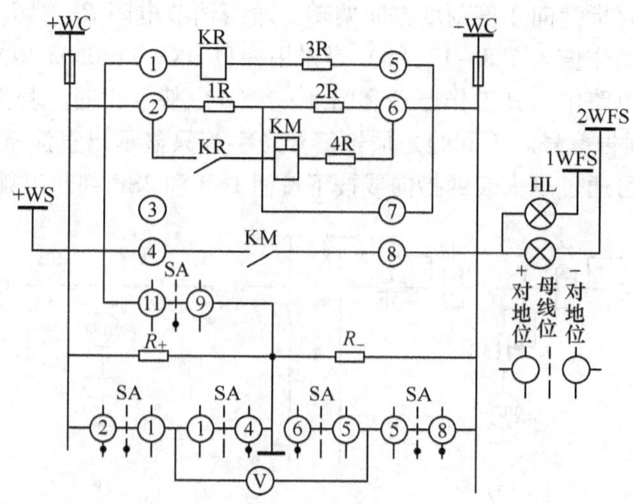

图 8－18　直流系统绝缘监视装置接线示意

【任务实施】

直流系统的绝缘监察装置任务实施分析报告见表 8－4。

表 8－4　直流系统的绝缘监察装置任务实施表

<table>
<tr><td>姓名</td><td></td><td>专业班级</td><td></td><td>学号</td><td></td></tr>
<tr><td colspan="2">任务内容及名称</td><td colspan="4">直流系统的绝缘监察装置</td></tr>
<tr><td colspan="3">1. 任务实施目的：
理解直流系统的绝缘监察装置控制回路的接线及工作原理</td><td colspan="3">2. 任务完成时间：2 学时</td></tr>
<tr><td colspan="6">3. 任务实施内容及方法步骤：
试述直流系统绝缘监察的目的，常用典型设备及其线路接线、工作原理和动作过程</td></tr>
<tr><td colspan="6">4. 分析报告：</td></tr>
<tr><td colspan="6">指导教师评语（成绩）：
年　月　日</td></tr>
</table>

【任务总结】

绝缘监视装置用于小接地电流系统中，以便及时发现单相接地故障，设法处理，以免发展为两相接地，造成停电事故。

任务 5　备用电源自动投入装置

【任务目标】

1. 熟悉 APD 装置的基本要求。
2. 掌握备用电路的接线方法和工作原理。

【任务分析】

在要求供电可靠性较高的变配电所中，通常设有两路及以上的电源进线（在车间变电所低压侧，一般也设有与相邻车间变电所相连的低压联络线）。当正常工作的主要电气设备发生故障时，如电力变压器或线路等由其相应的继电保护装置将它从供电系统中切离电源。如果在作为备用电源的线路上装设备用电源自动投入装置（简称 APD，汉语拼音缩写为 BZT），则在工作电源线路突然断电时，利用失压保护装置使该线路的断路器跳闸，而备用电源线路的断路器则在 APD 作用下迅速合闸，使备用电源投入运行，从而大大提高供电可靠性，保证对用户的不间断供电。通常它多用于具有一级负荷的变配电所；具有二级负荷的重要变配电所在技术经济上合理时也可以采用 APD 装置。如果与电动机自启动配合使用，其效果更大。

【知识准备】

在工业企业变电所中备用电源自动投入装置多应用在备用线路、备用变压器以及母线分段断路器上，其主电路类型很多，但最常见的如图 8－19 所示。图 8－19（a）为正常时由工作电源供电，当 k—1 点发生故障 QF_1 跳闸后，QF_2 迅速自动合闸。图 8－19（b）和图 8－19（c）为互为备用线路或变压器的主电路图。若两者之一如 k—1 点发生故障时，或因其他原因使 QF_1 和 QF_3 跳闸。则母线联络断路器 QF_5 靠自动投入装置（APD）迅速合闸，使另一线路或变压器担负全部重要负荷的继续供电任务，因此互为备用的线路或变压器的容量必须满足全部重要的一级负荷的需要。

构成自动投入装置的线路图依其工作条件的不同可能有所不同，但它必须满足下列基本要求：

（1）工作母线上的电压，不管因何种原因（如发生故障或被错误的断开）消失时，都应使自动投入装置迅速动作。

（2）备用电源必须在工作电源已经断开，且备用电源应有足够高的电压时，方允许接通，后一个条件是保证电动机自启动所必需的条件。

（3）备用电源自动投入装置的动作时间应尽量缩短，以利于电动机自启动和缩短终止供电的时间。

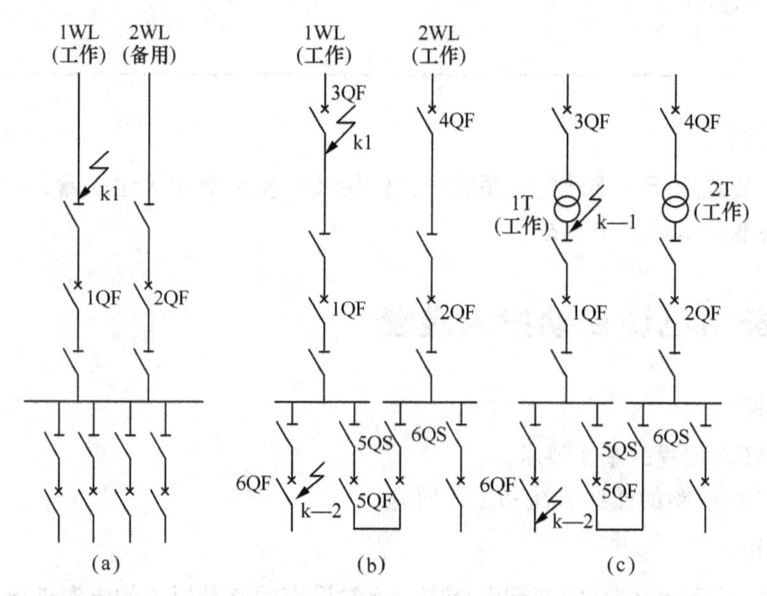

图 8－19　备用电源自动投入装置的主电路图

（4）备用电源自动投入装置只允许动作一次，以免把备用电源投入到持续性故障上造成高压断路器多次重复投入。

（5）当电压互感器的任一个熔断器熔断时，低电压启动元件不应误动作。

为了满足前三项基本要求，同时为了防止两个不准并联的电源接在一起，在备用电源的断路器或母联断路器的合闸线圈回路中应串接工作电源断路器的常闭辅助接点，如图 8－20所示。图 8－20（a）是单独的备用电源［如图 8－19（a）的主电路类型］断路器合闸接触器回路接线，图 8－20（b）是互为备用的备用电源［如图 8－19（b）、（c）的主电路类型］断路器合闸接触器回路接线。

工作进线除了按系统情况装设必要的保护装置外，一般还应装设带时限的欠压保护，以便实现 APD 装置的启动环节。如工作母线上电压消失，而备用电源母线段上又保持有足够高电压时，由欠压保护启动才使 APD 装置投入工作。因此监视工作母线电压的欠压保护装置的启动电压通常整定工作电压的 25%，而监视备用电源的电压继电器的整定值，则应按母线最低允许工作电压来考虑，一般不应低于额定电压的 70%。欠电压保护的时限应比该母线段以及上一级变电所母线段上各引出线保护装置的时限最大者大一个时限阶段，这是因为当引出线上发生故障时，如图 8－19（b）、（c）所示，k—2 点短路应由引出线上的断路器 6QF 切除故障，而不应由欠电压保护动作使 1QF 跳闸。

为满足第四项要求，应有防止多次合闸的防跳装置，即在备用电源的断路器或母联断路器上装设瞬时动作的过流保护，其启动电流通常整定在最大负荷电流的 2.5 倍左右，只要能躲开母线在自启动时的最大工作电流即可。一旦合闸成功则应立即撤除该过流保护。本节重点介绍 1 000V 以上网路的 APD 装置。

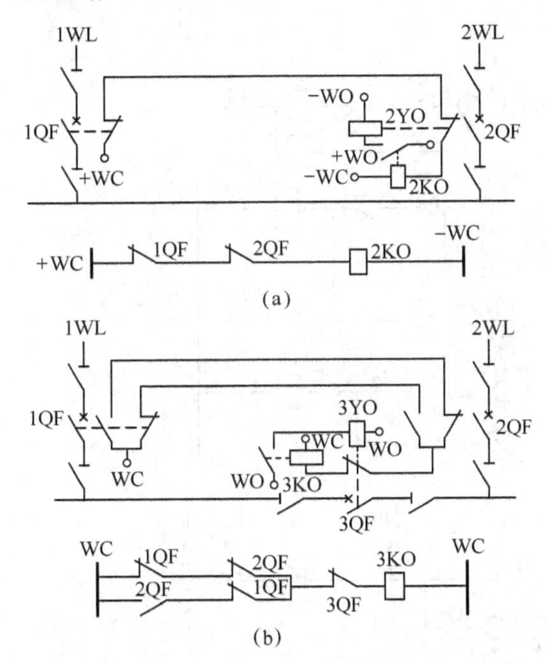

图 8－20　备用断路器合闸接触器线路图回路接线

一、备用进线采用 CT8 型操作机构的 APD 装置

1 000V 以上网路装设备用电源自动投入装置（APD）的断路器采用弹簧式操作机构（如 CT8 型）者，适用于交流操作电源或仅有小容量直流跳闸电源的变电所中。图 8－21 为适用于备用进线、断路器采用 CT8 型弹簧式操作机构、交流操作的 APD 装置原理接线图。工作进线采用 CSZ 型手动操作机构，在备用线路上增设了去分流方式过电流保护，如图 8－21（b）所示。交流操作电源由电压互感器 2TV 供电。

采用电压继电器 1KV、2KV 作为 APD 装置的低电压启动元件。为了防止电压互感器的熔断器之一熔断时发生误动作，故采用两个继电器，并将其常闭接点串联。低电压继电器的启动电压整定在额定电压的 25%，这样当上级变电所（如企业总降压变电所）其他引出线电抗器后发生短路时，不致引起误动作。而在备用电源投入后接在母线上的电动机自启动时低电压继电器能可靠地返回。

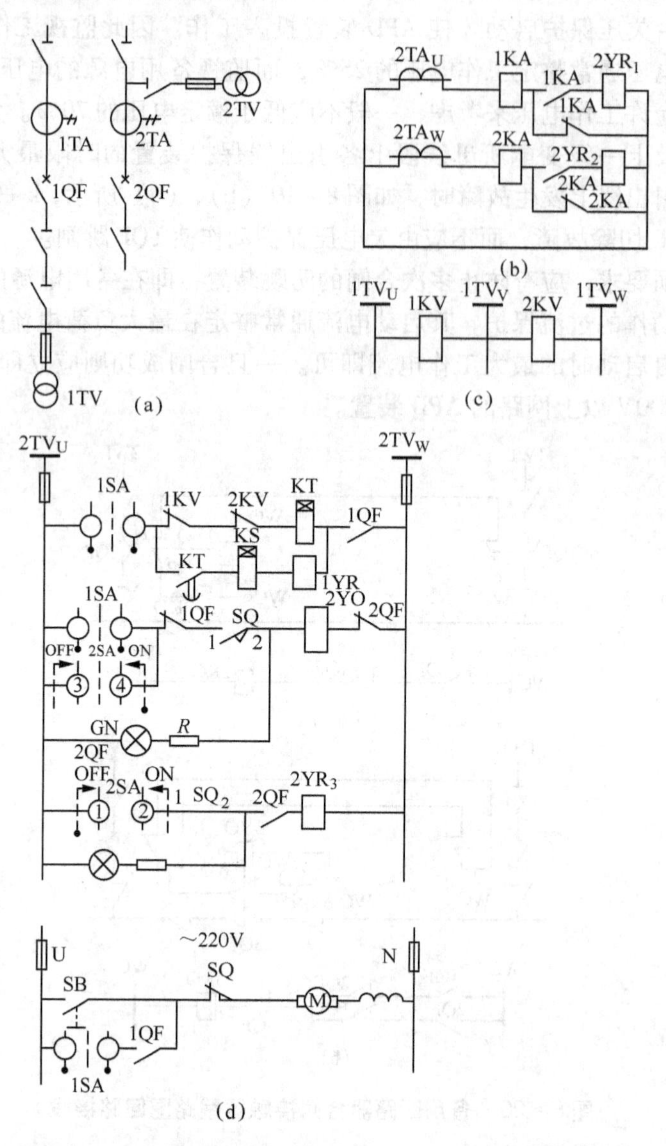

图 8-21　备用进线采用 CT8 型操作机构的 APD 装置原理接线示意

时间继电器 KT 的整定时限较本变电所馈出线的短路保护最长的时限大一个时限阶段（0.5s），避免因馈电线短路而误动作。若上级供电变电所引出线未装电抗器时，时间继电器 KT 的时限还应大于上级变电所引出线短路保护最大的时限。这样显然会大大延长 APD 的动作时间，因此在变电所引出线上常装设速断保护装置。如果电源侧装有自动重合闸（ARD）或备用电源自动合闸（APD）装置时，时间继电器 KT 的整定时限还应大于电源侧的 APD 或 ARD 的动作时间，以免引起不必要的误动作。APD 动作后储能电动机 M 不能自动再接通，也就无法给弹簧储能，故保证只动作一次。图 8-21（c）中位置开关接点 SQ_{1-2} 在弹簧储能完毕后闭合，保证 2QF 能自动合闸，合闸后弹簧能量释放 SQ_{1-2} 断开，防止 2QF 连续多次合闸；位置开关接点 SQ_{3-4} 在弹簧能量释放后闭合，为再次使弹簧储能做准备，在储能完毕时断开电动机 M。转换开关 1SA 控制 APD 装置的投入与解除。

二、母线分段开关 APD 装置

1 000V 以上的有一、二级负荷的大中型变配电所，一般有两个独立电源或两个独立电源点供电，其 6～10kV 母线接线多为单母线分段接线，在正常情况下，两段母线都在工作。为使两台变压器（变电所）或两条电源线路（配电所）互为备用，保证供电的不间断，通常在母线分段断路器装设自动投入装置（APD），正常时母线分段断路器处于分闸状态，两段母线分列运行 [如图 8－19（b）、（c）所示]。这类变电所中一般都有大容量直流操作电源，如硅整流装置带蓄电池组的直流系统，所以断路器的操作机构多选用 CD 型电磁式。

图 8－22 为母线分段断路器采用 CD 型电磁式操作机构两电源互为备用的 APD 装置原理接线图。图中也是采用带时限的低电压启动方式，所不同的是每段母线上的两个电压继电器一个反映母线失压，即 1KV（3KV），另一个则作为监察备用电源电压之用，即 2KV（4KV）。从图中可以看出，只有备用电源电压足够高时，低电压启动环节才会起作用。为防止电压互感器熔断器之一熔断而引起 APD 误动作，将 1KV 和 2KV 或 3KV 和 4KV 的常闭接点串联。继电器 1KV 和 3KV 的启动电压整定在网路额定电压的 25%，继电器 2KV 和 4KV 的整定值则根据母线最低允许工作电压来考虑，一般整定在额定电压的 70%。

闭锁继电器 KM 用以保证 APD 只动作一次，还可以由它自动撤除母线上的瞬时过流保护，通常采用能延时返回的中间继电器（YZJ1—2 型或 JT3—20/1 型中间继电器）。隔离开关 5QS 和 6QS 在平时均处于合闸位置，做好自动合闸的准备；两条进线平时分列供电，其高压断路器 1QF 与 2QF 均处于合闸状态，由它们的常开辅助接点接通 KM 的线圈，因此闭锁继电器 KM 平时经常接电。当任一个进线高压断路器跳闸之后，1QF 或 2QF 的常开辅助接点断开，继电器 KM 失电，其常开延时释放的接点在未断开之前，使合闸回路：＋WC→1QF（2QF）或 2QF（1QF）→ KM 延时释放常开接点→3KM 常闭接点→3QF 常闭接点→3KO 接通，使 3QF 自动合闸，合闸后红灯 3RD 发出闪光。KM 延时释放常开接点断开后，即切断了上述合闸回路，保证 APD 只动作一次。KM 继电器的延时释放时间，可根据母线分段断路器 3QF 可靠合闸的条件来选择，即

$$t_{KM} \geqslant t_{Y0} + t_0 \tag{8-3}$$

式中，t_{Y0}——断路器合闸时间，包括操作机构动作时间，s；

t_0——储备时间，取 0.2～0.3s。

继电器 KM 的常开接点还起到当自动合闸成功后，自动撤除分段断路器 3QF 的瞬动过电流保护的作用。瞬时过电流保护是由电流继电器 1KA 和 2KA 与电流互感器 TA 接成两相式接线构成。如果母线故障，APD 动作自动投入 3QF 后，在闭锁继电器 KM 的常开延时释放接点尚未断开之前，电流继电器 1KA 和 2KA 就会瞬时动作，立即切断母线分段断路器 3QF，以免影响另一母线正常工作。假如闭锁继电器的接点尚未释放仍处于闭合，则由它使 3KM 的电压线圈通电自锁，直到 KM 继电器的接点释放断开，才去掉 3KM 的自锁，从而保证只合闸一次。若不是母线故障，自动投入成功后，由闭锁继电器 KM 的常开接点切

断瞬动过电流保护的执行回路。

如上所述，采用带时限低电压启动方式，其动作时限应大于本变电所馈出线的短路保护最长的时限。因此在某些场合，APD 的动作时间过长不能满足电动机自启动的要求。因此有采用“带电流闭锁的低电压启动方式”，当馈出线短路故障引起母线电压下降时，将 1QF 或 2QF 的低电压跳闸回路，即 APD 装置的启动环节闭锁，而不使 APD 动作。若电源侧发生低电压时，则不经 1KT 或 2KT 的延时（可取消此环节）而立即断开 1QF 或 2QF 而自动投入 3QF。

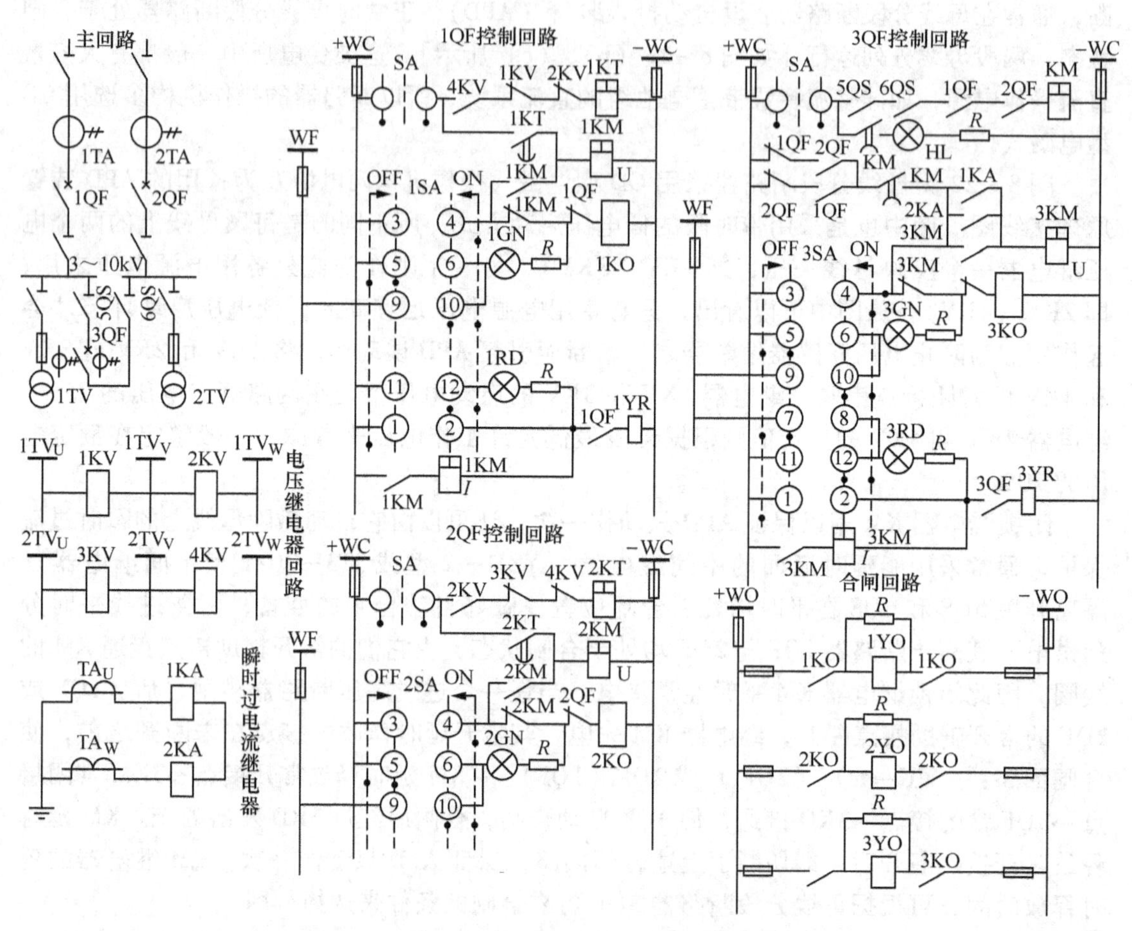

图 8-22　母线分段开关 APD 装置原理接线图

当变电所的负荷主要为同步电动机时，在电源断开后，电动机进入发电制动状态，在阻力矩作用下很快失步，但母线电压下降得很缓慢，因而大大延长了 APD 的动作时间。为了加速 APD 的动作，可增加“低频启动元件”，即低周波继电器，用以监视母线电压频率的变化。当母线频率降低到整定值时，频率继电器接点立即闭合，从而短接了 1KV 和 2KV 或 3KV 和 4KV 串接的常闭接点，而使 1KT 或 2KT 动作，启动 APD 装置。但这种方法虽不再使低电压继电器因母线电压下降缓慢而延缓了动作时间，但 1KT 或 2KT 的动作时间却仍然存在，使 APD 的动作时间仍是较长。为了进一步加速 APD 的动作，减小断电时间，在 APD 的启动回路中也可以采用低频启动和电流闭锁的混合方式，一旦电源电压或母线频率下降到整定值时，低频启动环节或电流闭锁环节瞬时使 APD 启动，从而大大缩短了 APD 的动作时间。

【任务实施】

备用电源自动投入装置任务实施分析报告见表 8－5。

表 8－5　备用电源自动投入装置任务实施表

姓名		专业班级		学号	
任务内容及名称	备用电源自动投入装置				
1. 任务实施目的： 理解备用电源自动投入装置工作原理			2. 任务完成时间：2 学时		
3. 任务实施内容及方法步骤： 对备用电源自动投入装置（APD）有哪些要求？试述 APD 装置的类型与构成，并分析其典型线路。就各种线路图说明各环节、各元件的作用					
4. 分析报告：					
指导教师评语（成绩）： 年　月　日					

【任务总结】

由于备用电源自动投入装置在提高供电可靠性方面作用显著，装置本身接线简单、可靠性高、造价低。所以在发电厂、变电站及工矿企业中得到了广泛的应用。

任务 6　自动重合闸装置

【任务目标】

掌握电气一次重合闸电路原理和要求。

【任务分析】

电力线路上多数的短路故障是由大气过电压、投上外物、经鸟类碰撞以及导线摆动相互碰撞等引起的。运行经验证明，架空线路上的短路大部分是暂时性的，因而靠保护装置迅速切除故障后，故障点电压消失，其绝缘常常会自行恢复。因此当绝缘恢复之后，仍可以将高压断路器重新投入，继续送电。

为了使断开的线路能够重新继续供电，广泛采用一种使断开的断路器自动再投入的装置，这种装置称为自动重合闸装置，简称 ARD 装置，汉语拼音缩写为 ZCH。

【知识准备】

自动重合闸装置按重合的方法有机械式和电气式两种，机械式 ARD 是采用弹簧式操作机构，适用于交流操作或只有直流跳闸电源而无合闸电源的小容量变电所中。电气式的 ARD 通常采用电磁式操作机构，用于大容量直流操作电源的大容量变电所中。按重合闸的次数分为一次式重合、二次式重合及三次式重合。运行经验证明，ARD 的重合成功率随其重合次数的增多而减少。架空线路一次重合成功率占 60% ~90%，二次重合占 15% 左右，三次重合占 3%。多次重合闸装置较复杂，且多次重合的使用还要受到断路器断流容量降低限制，因此在工业企业供电中一般只采用一次式重合闸装置。按照启动方法有不对应启动式和保护启动式；按照复归原位的方式有手动复归式和自动复归式。除遥控变电所外，应优先采用控制开关位置和断路器位置不对应的原理来启动 ARD，它比采用保护装置启动方式简单，无须保证 ARD 可靠启动的特殊措施。偶然把断路器断开的情况下能保证 ARD 自启动。除了有值班人员的 10kV 以下线路可采用手动复归式 ARD 外，其他情况的 ARD 下一次动作准备都是自动复归的。按照它和保护装置的配合，有重合闸前加速保护动作和重合闸后加速保护动作。所谓前加速，是指持续故障时头一次跳闸的时限小于第二次跳闸的时限；而后加速则是第二次跳闸的时限小于第一次跳闸的时限。当线路的保护带有时限时，应尽可能实现 ARD 后加速，这样可以减轻故障的危害。

必须指出，当采用 ARD 时，高压断路器的工作条件变得严重，须按降低的断流容量来使用。断流容量降低到多少与断路器形式、开断电流大小及无电流间隔时间等因素有关，一般降低到 80% 左右。如果采用 SN10—10 Ⅰ、Ⅱ、Ⅲ型少油断路器，则能保证一次快速重合闸无须降低断流容量，无电流间隔时间为 0.5s。在用熔断器保护的 3 ~10kV 线路上，自动重合闸可以借用能自动重合的跌落式熔断器来实现。该型熔断器能实现一次快速自动合闸，重合时间约为 0.4s。

当前应用较多的是电气式的自动重合闸装置。一种是利用 DCH—1（DH—2A）型自动重合闸继电器实现一次动作的自动重合闸装置；另一种是组合插键式重合闸装置，目前也有用晶体管电路组成的自动合闸装置。无论哪一种，对它们的构成应满足下列要求。

（1）当用控制开关断开断路器时，ARD 不应动作，但当保护装置动作跳开断路器时，在故障点充分去游离后，应重新投入工作。

（2）当用控制开关使断路器投入故障线路而被保护装置断开时，ARD 不应动作。

（3）自动重合闸的次数应严格符合规定，当重合闸失败后，必须自动解除动作。

（4）当自动重合闸的继电器及其他元件的回路内发生不良情况时（例如继电器接点被卡住），应具有防止多次重合于故障线路上的环节。

下面介绍由 DCH—1（DH—2A）型重合闸继电器构成的一次式自动重合闸装置。图 8 -20为采用 DCH—1（DH—2A）型自动重合闸继电器 KAR 组成的 ARD 接线图。属于不对应启动、一次重合、自动复归以及后加速保护动作的 ARD 接线。图中虚线框内为重合闸继电器 KAR，其中作为执行元件的中间继电器 KM 具有两个线圈，一个是电流线圈 KM（I），另一个是电压线圈 KM（U），两者中任一个有电均可使入点切换。时间继电器 KT 的延时范围为 0.25 ~3.5s，用以保证绝缘恢复所需要的 ARD 启动时间，实际应用时一般整定为 0.8 ~1s；电容器 C 的电容量为 8μF，利用其放电能量使执行元件 KM 动作。实现自动重合闸；由它还可以保证 ARD 只动作一次。充电电阻 4R 为 3.4MΩ，用以限制充电电压达到使 KM 执行元件动作电压时所需要的时间（为 15 ~25s）。放电电阻 6R 为 500Ω。信号灯的降压电阻 17R 为 2kΩ。5R 为 4kΩ，用作时限元件 KT 长期接入时降低电压提高热稳定性。

控制开关 1SA 采用 LWZ 型，其触点位置状态如图 8 -5 所示。转换开关 2SA 用以控制重合闸继电器的投入与撤出。

图8-23所示ARD是利用串接于时限元件KT线圈回路内的断路器操作机构常闭辅助接点QF_{1-2}来启动的。在正常时，高压断路器处于合闸状态，转换开关接点2SA与控制开关接点$1SA_{21-23}$均处于接通，但断路器常闭辅助接点QF_{1-2}并未闭合，时间继电器KT不能启动。而电容器C经4R处于充电状态，为自动重合闸做好准备。

当断路器由于保护装置动作自动跳闸后，其常闭辅助接点QF_{1-2}闭合，时间继电器KT被接通，其常开接点KT_{1-2}马上断开，接入电阻5R，以便长时间接电，并经整定时间（0.8~1s）后，其常开延时接点KT_{3-4}闭合，电容器C通过中间继电器KM的电压线圈放电，使KM动作，接通合闸回路为

+WC→1SA21—23→2SA→KAR8→KAR10→KAR2→KM_{3-4}→KM_{5-6}→KM（I）→KAR1→KS→XB→$1KM_{3-4}$→QF_{3-4}→KO→-WC

断路器重合闸。在合闸过程中KM利用其电流线圈KM（I）自保持直至合闸完了。如果是暂时性故障，则合闸成功，所有继电器自动复归到原来位置。而电容器C又开始恢复充电状态，经一段时间（15~25s）后，达到稳定电压，为第二次重合闸做好准备。

断路器跳闸由于是持续故障时，则重合闸是不成功的。因为重合闸之后，主电路继续流有故障电流，保护装置就会立即动作使断路器再次跳闸。如果持续性故障发生在速断保护区以外，断路器第二次跳闸则是加速的，即后加速动作。因为ARD启动后KM动作，在接通合闸回路的同时，其接点KM_{7-8}闭合也使加速继电器2KM得电，其延时断开的常开接点$2KM_{1-2}$立即去跳闸。在断路器第二次跳闸后，虽然时间继电器能重新启动，但执行元件KM则不能动作，因为这时电容器的充电电压是不会达到使KM动作所需要的电压的。即使持续时间再长，由于KT的延时接点KT_{3-4}闭合后将KM（V）线圈与电阻4R（3.4MΩ）串联，使电容器C的充电电压也只能是KM（V）线圈的分压值［（KM（V）线圈内阻2 100Ω)］，约几伏，从而保证了ARD只动作一次。

当手控使断路器跳闸时，控制开关接点$1SA_{6-7}$闭合，跳闸线圈YR得电，断路器跳闸；同时控制开关接点$1SA_{21-23}$也断开切断了KAR的正电源，接点$1SA_{4-2}$闭合，使电容器经6R迅速放电，重合闸不能动作。

当断路器自动跳闸后又不准自动重合闸时，如低周波减载动作，应通过ARD闭锁回路将接点$1SA_{4-2}$短接使电容器处于放电状态，就会使ARD退出工作。

当手控合闸于故障线路时，$1SA_{5-8}$闭合使合闸接触器KO得电，断路器进行合闸。合闸后由于线路上存在着持续性故障，主电路流有故障电流，势必引起保护装置动作。若故障点处于速断保护区以外，则定时限过流保护启动机构3KA、4KA动作，但不等时限机构1KT动作完了，就会经过接点$2KM_{1-2}$使4KM动作，立即去跳闸，这是因为在手控合闸时，控制开关事先处于预合位置，接点$1SA_{21-22}$闭合，接通加速继电器2KM，其接点已处于闭合状态，为加速动作做了准备。在手控合闸的同时，控制开关接点$1SA_{21-23}$虽然也闭合，开始为电容器C充电，但由于充电时间需15~25s，这时来不及充好电就被时间继电器的接点KT_{3-4}短接，执行元件的电压线圈KM（V）得不到足够的电压，重合闸就不会动作。可见图8-23的ARD装置当手控合闸于故障线路时，能够保证重合闸装置不动作，而且能加速使断路器跳闸。

为了防止重合闸执行元件KM接点粘住而引起断路器多次重合闸，图中采用了防跳继

电器1KM，同时接点KM_{3-4}、KM_{5-6}串接的方式，以防止多次重合闸。图中按钮SB可供接地探索用，即在小接地电流系统中为了查找接地点分别断开引出线时，可按下SB按钮使断路器跳闸，然后再自动重合闸。

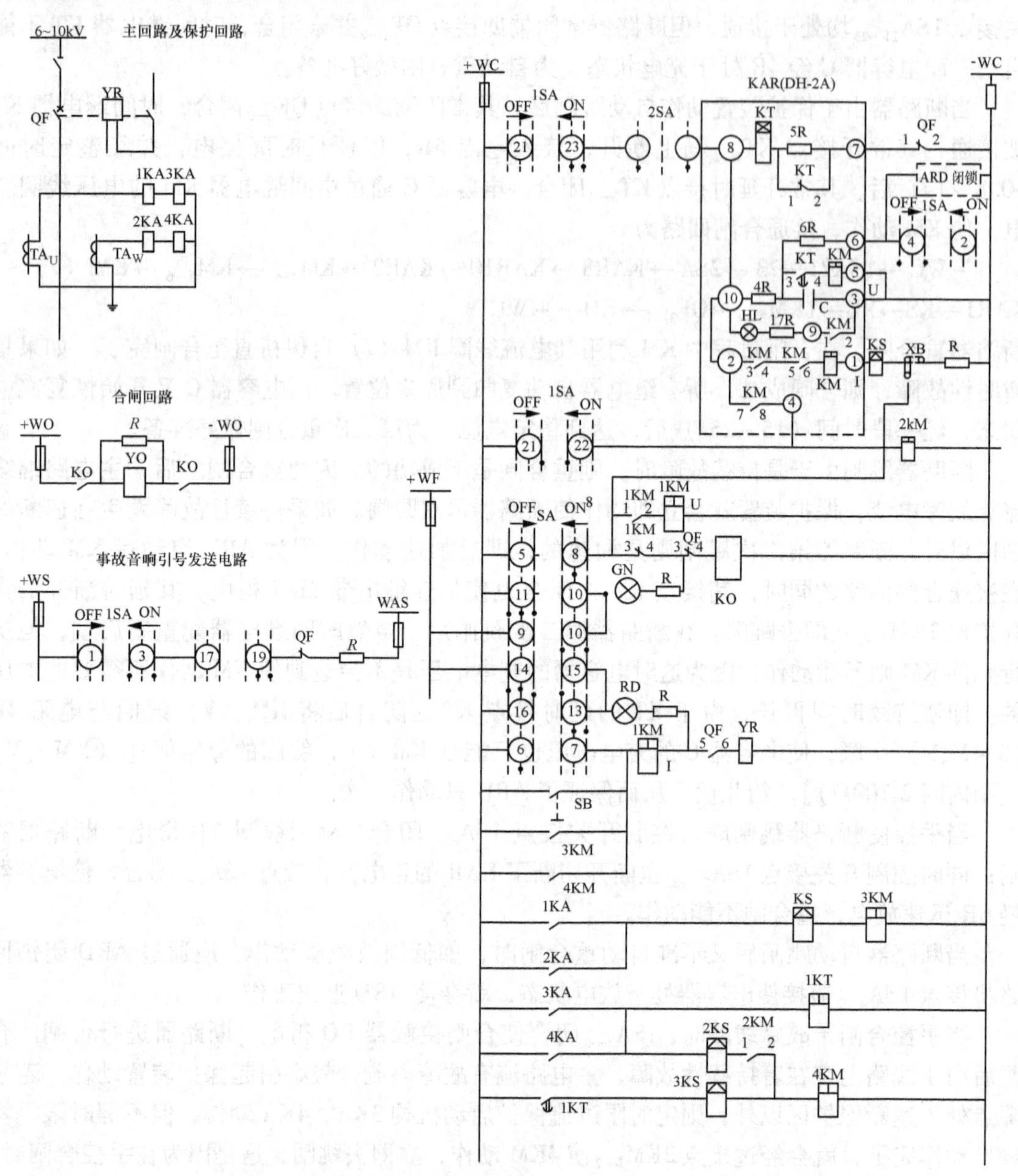

图8-23　用DCH—1（DH—2A）继电器构成的一次式自动重合闸接线图

为了减少用户停电时间和减轻电动机自启动，ARD的动作时限最长不应超过0.75～0.9s，故将启动回路中时限元件KT的时限整定为0.8～1 s是足够的。为了保证断路器重合到持续故障上再度跳开时不致引起多次重合闸，以及当重合成功后保证准备好下次重合闸，ARD的返回时间需8～10s，而此时间则由电容器的充电时间（15～25s）来保证。当重合于持续故障线路时，为保证加速断路器跳闸，加速继电器2KM选用复归时间为0.3～

0.4s 的中间继电器即可。

【任务实施】

自动重合闸装置任务实施分析报告见表8-6。

表8-6　自动重合闸装置任务实施表

姓名		专业班级		学号	
任务内容及名称	自动重合闸装置				
1. 任务实施目的： 理解自动重合闸装置工作原理			2. 任务完成时间：2 学时		
3. 任务实施内容及方法步骤： 对自动重合闸装置（ARD）有哪些要求？试述图8-23线路所示的电气一次式重合闸装置工作原理、动作过程。说明自动重合闸后加速的动作过程。说明电阻4R和电容器C的作用					
4. 分析报告：					
指导教师评语（成绩）： 年　月　日					

【任务总结】

自动重合闸装置是在线路发生短路故障时，断路器跳闸后进行的重新合闸，能提高线路供电的可靠性，主要用于架空线路。自动重合闸装置有机械式和电气式两种，机械式适用于弹簧操作机构的断路器，电气式适用于电磁操作机构的断路器。工厂变电所中一般采用一次重合闸。

【项目评价】

根据任务实施情况进行综合评议，并填写成绩评议表（见表8-7）。

表8-7　成绩评议表

评定人/任务	操作评议	等级	评定签名
自评			
同学互评			
教师评价			
综合评定等级			

思考题

8-1　工厂变配所二次回路按功能分有哪几部分？各部分的作用是什么？

8-2　操作电源有哪几种？直流操作电源有哪几种？各有什么特点？

8-3　断路器的控制开关有哪六个操作位置？简述断路器手动合闸、跳闸的操作过程。

8-4　事故音响信号和预告音响信号的声响有何区别？

8-5　对备用电源自动投入装置（APD）有哪些要求？

8-6　对自动重合闸装置（ARD）有哪些要求？

项目九

防雷与接地

【项目需求】

供配电系统防雷保护和接地装置是安全供配电的重要设施之一。雷和闪电是常见的自然现象，但电气设备或高层构筑物遭受雷击（或雷电感应）往往会受到极大的破坏。因此，研究雷电过电压的产生规律并加以防护，对供电系统正常运行具有十分重要的意义。

【项目工作场景】

防雷，是指通过组成拦截、疏导最后泄放入地的一体化系统方式以防止由直击雷或雷电电磁脉冲对系统内部设备造成损害的防护技术。接地为防止触电或保护设备的安全，把电力电信等设备的金属底盘或外壳接上地线；利用大地作电流回路接地线。在电力系统中，将设备和用电装置的中性点、外壳或支架与接地装置用导体作良好的电气连接叫做接地。接地时为了保证电工设备正常工作和人身安全而采取的一种用电安全措施。接地通过金属导线与接地装置连接来实现。

【方案设计】

本项目详细讲述各配电系统对人体及设备所采取的安全保护措施。根据 IEC 标准，可以设置三道防线。即防直接触电的措施、防间接触电的措施和防触电死亡的措施。本项目学习防雷接地的基本概念，重点介绍接地的分类及各种防雷装置和防雷措施。

【相关知识和技能方案设计】

1. 掌握防雷设计和接地保护的基本知识。
2. 掌握触电预防与触电急救常识。
3. 能进行防雷设计和接地保护接地电阻进行测量和计算。

任务 1　雷电过电压与防雷设备

【任务目标】

1. 了解过电压的类型及其产生的原因。
2. 了解雷电的形成及雷电的变化特点。
3. 掌握防雷设备并会计算防雷设备的保护范围。

【任务分析】

过电压是电气设备或线路上出现的超过正常工作要求威胁其电气绝缘的电压。出现内部过电压或者雷电过电压都会对电力线路或者用电设备造成很大的损害。通过本任务的学习，了解过电压和防雷的基本知识，然后根据给出的要求判断出防雷设备的保护范围并会设备防雷措施。

【知识准备】

供配电系统防雷保护和接地装置是安全供配电的重要设施之一。本章主要围绕供电系统内电气设备的防雷保护和接地装置的作用，对过电压和雷电的有关概念，常用的防雷保护装置和防雷措施以及接地装置的概念和接地电阻的计算进行逐一介绍。

雷和闪电是常见的自然现象，它极易造成电气设备或高层构筑物损坏，因此，研究雷电过电压的产生规律并加以防护，对供电系统正常运行具有十分重要的意义。

一、雷的形成及危害

1. 过电压及分类

供配电系统在正常运行时，电气设备的绝缘都处于电网的额定电压作用之下。但是由于某种原因，供配电系统中某些部分的电压可能升高，甚至会大大超过正常状态下的数值，这种在电气设备上或线路上出现的超过正常工作要求的电压称为过电压。

过电压按其发生的原因可分为两大类，即内部过电压和雷电过电压。

（1）内部过电压。内部过电压是由于电网内部能量的转化或网路参数变化引起的电压升高。

内部过电压又分为操作过电压和弧光接地过电压。例如断路器的切与合、负荷剧变、单相接地的短路故障都可能引起内部过电压。由于过电压的能量来自电网本身，所以过电压的幅值和电网工频电压幅值成正比，但一般不会超过系统正常运行时额定电压的 3 ~ 3.5 倍。

（2）雷电过电压（由于引起这种过电压的能量来源于外界，故又称外部过电压）。雷电过电压是指由于电力系统内的设备或构筑物遭受雷击或雷电感应而产生的过电压。雷电过电压的根本原因，是雷云对地放电引起的。

2. 雷电的形成及有关概念

（1）雷电的形成。雷雨季节里，地面湿气受热上升，与高空中的冷空气相遇，凝结成水滴，形成积云。形成积云的水滴受空气中强烈气流的吹袭，分裂为大小不同的水滴，这些水滴在气流的强烈摩擦和碰撞，形成带正、负不同电荷的雷云。当带电的雷云块临近地面时，由于静电感应，大地感应出与雷云极性相反的电荷，两者组成了一个巨大的“电容器”。

电荷在雷云中分布是不均匀的，当云中电荷密集处的电场强度达到 25 ~ 30kV/cm 时就会击穿周围的空气，使附近空气电离形成导电通道。电荷就沿着这个通道由电荷密集中心向地面发展，称先导放电。当先导放电进展到离地面 100 ~ 300m 时，大地上与雷云异极性的电荷与雷云中的电荷产生强烈中和而产生极大的电流（这一电流称为雷电流），并伴随着雷鸣与闪电，这就是主放电阶段。（有时空中带有异号电荷的两雷云也发生类似现象）主放电存在时间极短，为 50 ~ 100μs，但雷电流可达数千安或数百千安。当主放电结束后云中的剩余电荷沿着主放电通道继续流向大地，这一阶段称余辉放电，该电流不大，时间在 0.03 ~ 0.15s。

（2）雷电流的特征。雷电流的特征是用雷电流波形来表示的，如图 9 - 1 所示。雷电流的幅值变化范围很大，一般为数十或数百千安。雷电流的幅值大都是在第一次闪击时出现，达到最大值的时间为 1 ~ 4μs。

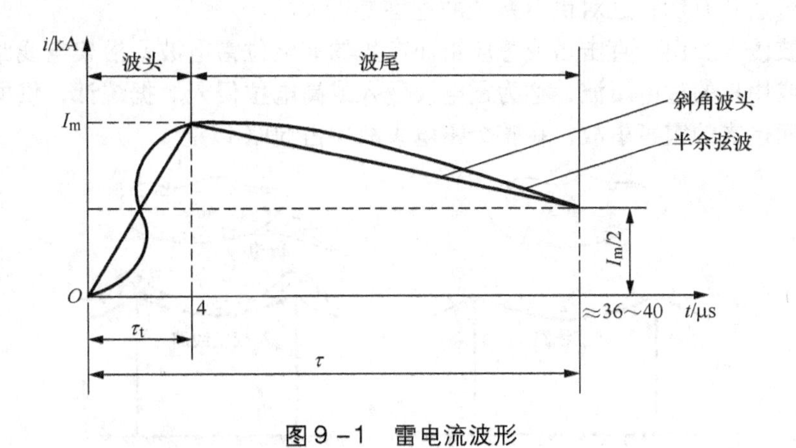

图 9 -1　雷电流波形

雷电流的幅值可用磁钢记录器测量。

波头指雷电流在幅值以前的一段波形。

波尾指从幅值起衰减到 $I_m/2$ 的一段波形。

雷电流的陡度，用波头部分增长的速度来表示，即陡度可用电花仪组成的陡度仪测量。从波形图中我们可以看出，雷电流是一个幅值很大、陡度很高的冲击波电流。对电气设备绝缘来说，a 越大，由上可知，产生的过电压越高，对绝缘破坏越严重。目前我国在防雷设计中计算陡度时一般取 2. 6μs。

年平均雷暴日数 T_d，雷电的大小与多少和气象条件有关。为了统计雷电的活动频繁度，一般采用雷暴日为单位。在一天内只要听见雷声或看见雷闪就算一个雷暴日。年平均雷暴日数 T_d 是指当地气象台站统计的多年雷暴日的年平均值。$T_d \leqslant 15$ 的地区为少雷区，$T_d \geqslant 40$ 的地区为多雷区。T_d 值越大的地区，防雷设计的标准相应越高，防雷措施越应加强。根据人们现在的认识，雷电活动的分布如下：

①热而潮的地区比冷而干燥的地区雷电多。

②雷电的频率是山区大于平原，平原大于沙漠，陆地大于湖海。

③雷电高峰月大都在 7、8 月，活动时间又都在 14 ~ 22 点。各地区极大值、极小值多数出现在相同年份。

（3）雷电过电压的基本形式。雷电过电压的基本形式有三种：

①直击雷过电压。雷云直接击中电气设备、线路或构筑物，强大的雷电流通过该物体的阻抗泄入大地，在该物体上产生较高的电压降，称为直击雷过电压。雷电流通过被击物体时，将产生有破坏作用的热效应和机械效应。

②感应过电压。线路附近发生对地雷击时，在架空线的三相导线上出现的很高过电压称为感应过电压。

下面以雷云向线路附近地面放电为例，阐述感应过电压的产生。图 9 -2 表示架空线路上产生静电感应电压的情形。当雷云出现在架空线路上方时，线路上由于感应面积聚了大量的束缚电荷，束缚电荷被释放，如图 9 -2（a）所示。在雷云的电荷线路附近地面放电后，线路上的束缚电荷被释放形成的自由电荷，向线路两端行进，形成很高的过电压波，如图9－2（b）所示。高压线路上的感应过电压，可高达几十万伏，低压线路上的感应过电压也可达几万伏，这对供电系统的危害是很大的。

③雷电波侵入。由于直击雷或感应雷而产生的高电位雷电波，沿架空线路或金属管道侵入变电所或用户的过电压波，称为雷电波侵入或高电位侵入。据统计，供电系统中由于雷电波侵入而造成的雷害事故，在整个雷电事故中占50%以上。

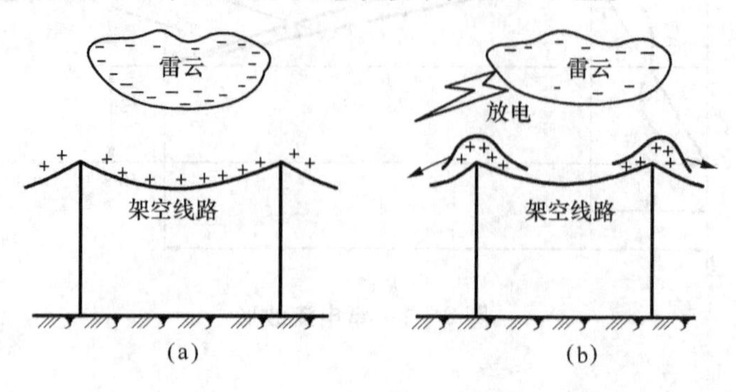

图9－2　架空线路上的感应过电压

（a）雷云在线路上方时，线路上感应产生束缚电荷；（b）雷云消失后，自由电荷在线路上形成过电压波

3. **雷电的危害**

雷电的破坏作用主要是雷电流引起的。它对电气设备的危害，主要表现在以下几个方面：

（1）雷电的热效应。雷电流通过导体时产生大量的热能，此热能会使金属熔化，从而烧断导线和电气设备并引起火灾或爆炸。

（2）雷电的机械效应。雷电流产生的点动力，可摧毁电气设备、杆塔和建筑物，伤害人和牲畜。

（3）雷电的闪络放电。烧坏绝缘子、断路器跳闸、线路停电或引起火灾。

（4）雷电的电磁效应，产生过电压，击穿电气绝缘，甚至引起火灾和爆炸，造成人身伤亡。

二、防雷设备及其保护范围

防雷设备分避雷针、避雷线和避雷器三种，具体表述如下。

1. **避雷针**

（1）避雷针的作用及组成。避雷针的作用是：吸引雷，并将雷电流通过避雷针安全泄入大地，从而保护避雷针附近电力设备和建筑物免受直击雷的危害。

避雷针由接闪器（针头）、接地引下线和接地体（接地电极）三部分组成。

接闪器（针头）：为直径不小于16m，长 $L=1\sim2$m 的钢棒，或为截面 S 不小于 $35mm^2$ 的镀锌钢绞线（避雷导线）。它们架设在一定高度起引雷作用。

接地引下线：是接闪器与接地体之间的连接线。由它将雷电流安全导入埋于地下的接地体。因而接地体引下线应保证在强大的雷电流通过时不熔化。一般用直径不小于8～12mm的圆钢，或截面不小于4 mm×12mm的扁钢。当用钢筋混凝土杆、钢结构作支承物时，可利用钢筋作接地引下线。

接地体：埋于地下与土壤直接接触的金属物体；它的电阻值很小，一般不大于10Ω，因而更有效地将雷电流泄入大地。

接地体分人工接地体和自然接地体两种。人工接地体是指为电力系统运行的需要而人为地埋在地下的扁钢、角钢、钢管等金属物；自然接地体是指已存在的建筑物的钢结构和钢盘、行车的钢轧、埋在地下的金属管道（可燃液体和可燃可爆气体的管道除外）以及铺设于地下而数量不少于两根的电缆金属外皮等。

人工接地体的装设：人工接地体有垂直埋设和水平埋设两种基本结构，具体如图9－3所示。

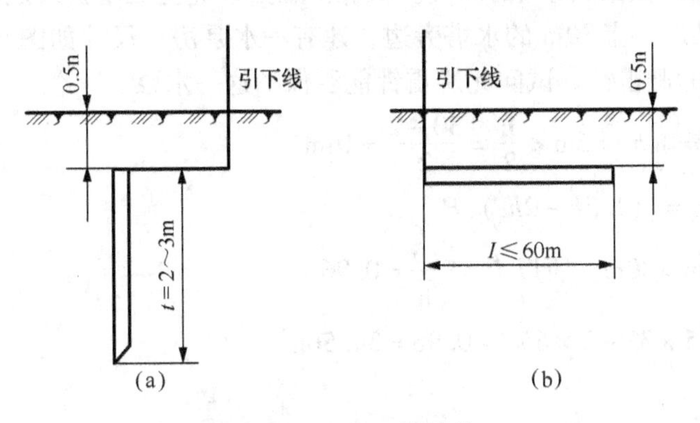

图9－3 人工接地体

（a）垂直埋设的棒形接地体；（b）水平埋设的带形接地体

最常用的垂直人工接地体为直径50mm，长2.5m的镀锌钢管。直径小于50mm的钢管，打入地下时易弯曲；而直径大于50mm，钢材消耗量增加，投资太大；钢管大于2.5m时，不易打入地内，而小于2.5m时，流散电阻增大，也可用50mm×50mm× 5mm的角钢。埋入地下的垂直接地体上端距地面大于0.5m，接地体之间的距离不小于5m。

水平铺设的接地体常用长度为5～20m的圆钢或角钢水平埋在地面下0.5～1m的坑内。

接地体按其布置方式分为外引式和环路式两种。外引式就是将接地体引出户外某处打入地下。环路式就是将接地体围绕电气设备或建筑物四周打入地下。环路式接地装置如图9－4所示。

（2）避雷针的保护范围。避雷针是防止电气设备和建筑物遭受直接雷击的有效装置。但被保护物必须处在避雷针的保护范围之内，反之则不能得到安全保护。

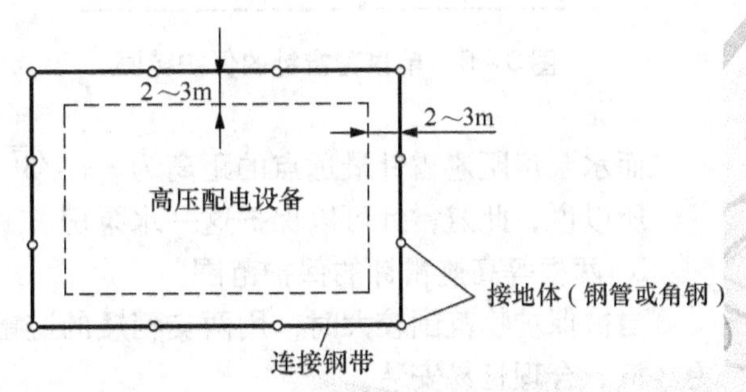

图9－4 多只接地体环路式布置示意图

a. 单根避雷针的保护范围

单根避雷针的保护范围是以避雷针为轴的折线圆锥体内，如图9－5所示。折线确定的方法是：A点为避雷针顶点，过A点向下做与避雷针成45°的斜线，在斜线上取点C，C点的高度及距避雷针的距离都等于避雷针高的一半，在地面上取距避雷为 1.5h 的点 B，连接 A、C、B 即为保护范围的折线。该折线表明当避雷针高为 h 时，避雷针在地面上的保护半径 $r=1.5h$，空间是一个折线圆锥形。若被保护物的高度为 h_x 水平面上的保护半径 r_x 可按下列公式计算：

$$\begin{cases}\text{当 } h_x \geqslant h/2 \text{ 时，} r_x = (h-h_x)P \\ \text{当 } h_x \leqslant h/2 \text{ 时，} r_x = (1.5h-2h_x)P\end{cases} \tag{9-1}$$

P 是避雷针太高时保护半径不成正比而应减少的系数（或写成：P 是由运行经验确定的修正系数）。

被保护物的高度系指最高点的高度。被保护物必须完全处于折线之内才能确保安全。

例题 9－1　某厂一座 30m 的水塔旁边，建有一水泵房，尺寸如图 9－6 所示。水塔上面装有一根 2m 高的避雷针。试问此避雷针能否保护这一水泵。

解： 从图 9－6 中得知 $h_x=6\text{m}<\frac{h}{2}=\frac{30+2}{2}=16\text{m}$

所以 $r_x=(1.5h-2h_x)P$

又因为 $h=32\text{m}>30\text{m}$，所以 $P=\frac{5.5}{\sqrt{h}}=0.96$

所以 $r_x=(1.5\times32-2\times6)\times0.96=34.56\text{m}$

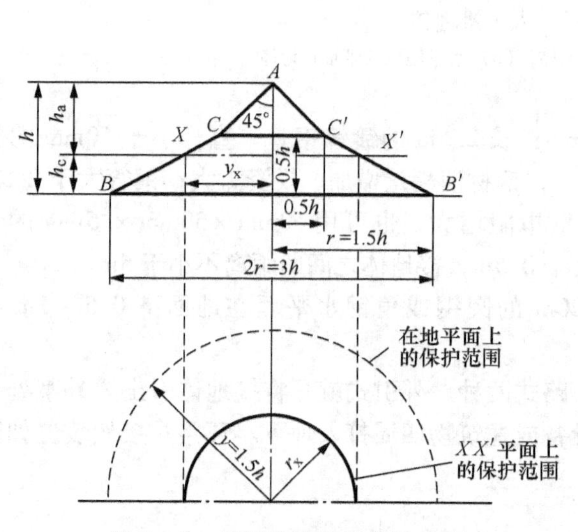

图 9－5　单根避雷针的保护范围

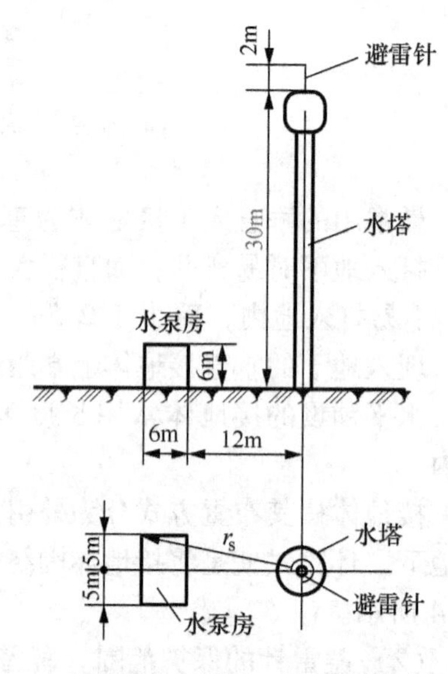

图 9－6　例 9－1 示意图

而水泵房距避雷针最远点的距离为 $r=\sqrt{5^2+(6+12)^2}=18.7m<r_x$

所以说，此避雷针可以保护这一水泵房。

b. 两根等高避雷针的保护范围

当被保护物范围较大时，用两支稍矮的避雷针进行联合保护往往比很高的单根避雷针更经济、合理且易安装。

如图 9－7 所示，利用两根等高的避雷针进行联合保护时，首先根据保护物的长、宽、高以及避雷针理想的安装位置等情况，初步确定两根避雷针之间的距离为 a，然后按 $a<$

$7h_aP$ 条件初选 h_a（h_a 是避雷针高出被保护物的高度，称为避雷针的有效高度）。确定好之后，再按照下列方法进行两针联合保护范围的计算：

（1）两针外侧的保护范围按单根避雷针确定：计算公式同式（9-1）。

（2）两针之间保护范围最小截面的确定：按公式 $h_0=h-a/7P$，来确定两针之间保护范围上部边缘最低点 O；也就是说再假设一根避雷针的高度为 h_0，该假设避雷针在地面上一侧的保护宽度 $b=1.5h_0$，但其空间保护外限为一通过 O 点的屏蔽直线（如图 9-7 中的右上角截面图）。两针之间在 h_x 水平面上一侧的最小保护宽度 b_x 按下式确定

$$b_x=1.5\ (h_0-h_x) \tag{9-2}$$

但必须注意当 $a=7h_aP$ 时，$b_x=0$，即再增大两针间的距离就不能构成联合保护范围了。一般规定两针间的距离与针高之比 $a/h\leqslant5$。

两根不等高避雷针的保护范围可查阅有关设计手册。

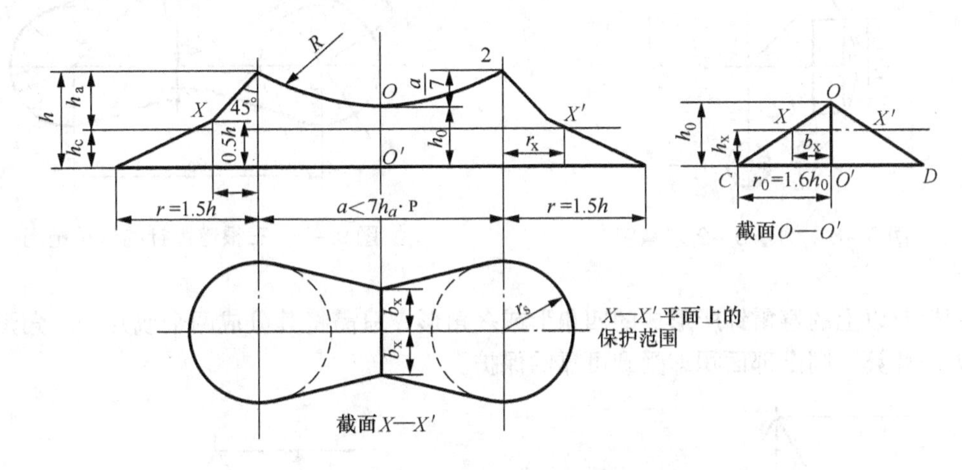

图 9-7　两根等高避雷针保护范围

例题 9-2　如图 9-8 所示，欲在相距 105m 的两根避雷针之间的地段内修一高 6m，长 12m，宽 4m 的建筑物，该建筑物距两针轴线距离为 4m，问两根避雷针能否保护这一建筑物？（该题中 a 与 h_a 实际已选定）

解：因为 $h_0=h-a/7P=105\text{m}$

$$\text{所以：}h_0=30-105/7\times1=15\text{m}$$

又因为建筑物的高度为 6m，求出 6m 的水平面上的一侧最小保护宽度 b_x：

$$b_x=1.5\ (h_0-h_x)\ =1.5\times\ (15-6)\ =14.1\text{m}$$

而建筑物在 $h_x=6\text{m}$ 水平面上的最远点的距离是：

$$R=\sqrt{(7+4)^2+6^2}=12.52<14.4\text{m}$$

由此可见，这两根避雷针可以保护这一建筑物。

企业的总降压变电所户外设备较多，往往一根两支避雷针不能保护所有的设备，必须装设三根或四根避雷针进行联合保护，才能保护变电所的全部设备，这种保护方式在工业企业变电所采用得较多。

三根等高避避雷针的保护范围如图 9-9 所示。

三根避雷针所形成的三角形外侧的保护范围均按照单根避雷针的方法进行计算，相邻各对避雷针之间的 $b_x>0$ 时，则全部面积即可受到保护。四根等避雷针的保护范围如图 9－10所示。

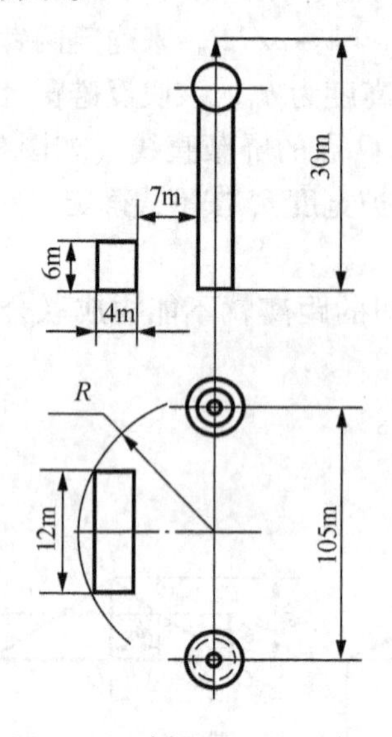

图9－8　例题9－2示意图

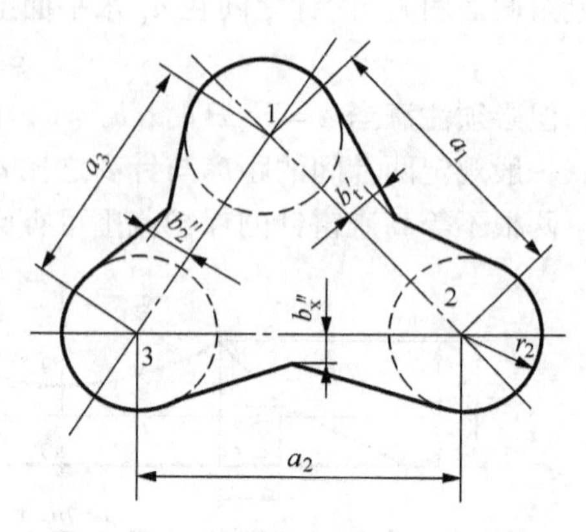

图9－9　三根避雷针的保护范围

四根及以上的避雷针所形成的四角形或多角形，只需将其分成两个或几个三角形，按上述方法计算，则全部面积即受到可靠的保护。

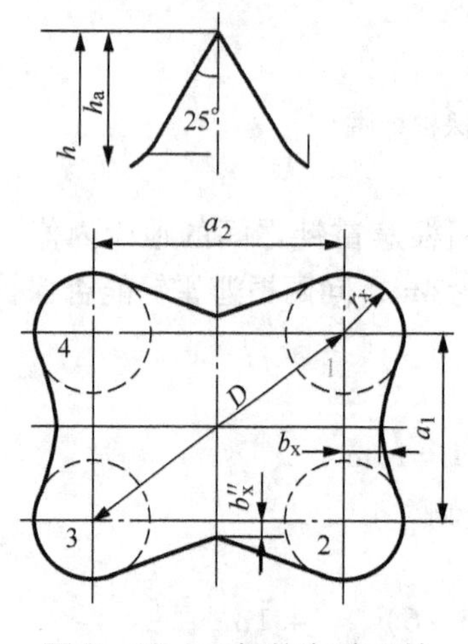

图9－10　四根等高避雷针

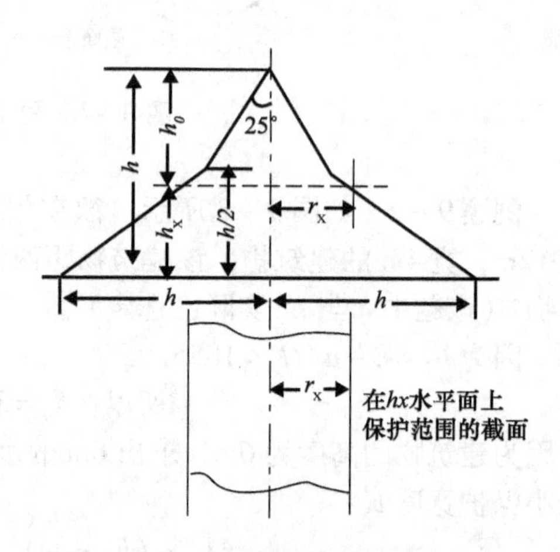

图9－11　单根避雷线的保护范围

2. 避雷线及保护范围

避雷线是防止架空线路遭受雷击的有效的防雷设备。它是由悬挂在被保护线路上方的钢绞线、按地引下线和接地体组成的。

（1）单根避雷线的保护范围，单根避雷线的保护范围如图 9－11 所示。

它的作图方法是：由避雷线向下作与铅垂线成25°的斜面，到离地面 $h/2$ 为止，在 $h/$

2 处转折，延伸到地面上离避雷线水平距离为 h 的平面，即构成屋脊式保护空间。被保护物高度为 h_x 的水平面上，避雷线每侧保护范围的宽度可按下列公式计算：

$$\begin{cases} 当\ h_x \geqslant h/2\ 时，r_x = 0.47\ (h - h_x)\ P \\ 当\ h_x < h/2\ 时，r_x = 0.47\ (h - 1.53h_x)\ P \end{cases} \tag{9-3}$$

在此水平面上避雷线端部的保护半径也与公式（9－3）确定。由图 9－5 和图 9－11 比较，可见避雷线在地面上的一侧的保护宽度为 h 而避雷针为 $1.5h$，即避雷线的宽度小些，所以避雷针吸引雷电先导放电本领比避雷线大些。

所以避雷针吸引雷电先导放电的本领比避雷线大些。

（2）双根平行等高避雷线联合保护范围如图 9－12 所示。避雷线外侧的保护范围按单线方法确定，两线内侧的保护范围的横截面，由通过两避雷线及保护范围上部边缘最低点 O 的圆弧来确定，O 点的最高点应按下式计算

$$h_0 = h - a/4P \tag{9-4}$$

避雷线的保护角如图 9－13 所示。

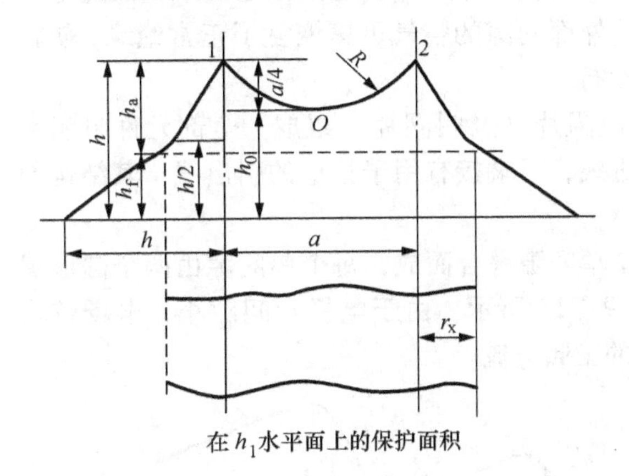

图 9－12　两平行等高避雷线的联合保护

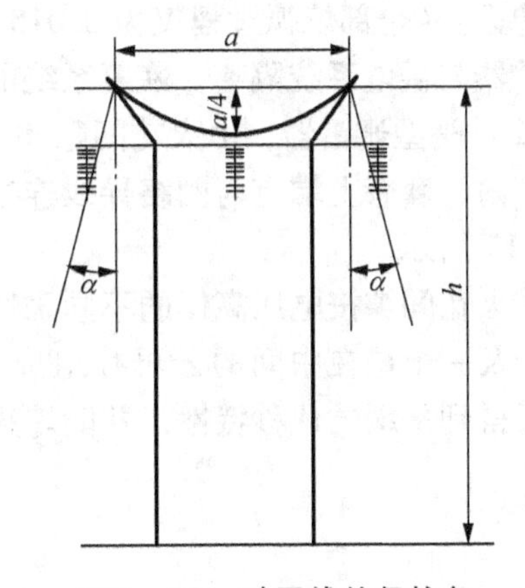

图 9－13　避雷线的保护角

3. 避雷器

所有电气设备的绝缘都具有一定的耐压能力，一般均不低于工频线电压的 3.5 ~7 倍。如果施加的电压超过这个范围将发生绝缘击穿或闪络爬弧，使电气设备损坏。如果在电气设备上并联一种保护设备，且令它的放电电压低于设备绝缘的耐压值，当过电压侵袭时，首先使保护设备立即对地放电，从而使被保护的电气设备的绝缘免受过电压的破坏；当过电压消失后，保护设备又能自动恢复到起始状态。这种设备即为通常所说的避雷器，是为防止雷电过电压和内部过电压而设置的。避雷器根据放电后恢复到起始状态过程的熄弧方法不同，分为管型避雷器和阀型避雷器。

（1）管型避雷器（排气式避雷器）由内部火花间隙 S_1 和外部火花间隙 S_2 串联而成的，如图 9－14 所示。

内部火花间隙设在纤维管 1 内，纤维管内的棒形电极 2 用接地支座及螺母 4 固定住，而另一端的环形电极 3 经过外部火花间隙连接在网路导线上，环形电极的端面留有开口 5。外部间隙的作用是保证正常时使避雷器与网路导线隔离，用以避免纤维管受潮漏电。外部间隙可根据网路额定电压调节。当由网路侵入的电压波幅值超过管型避雷器的击穿电压

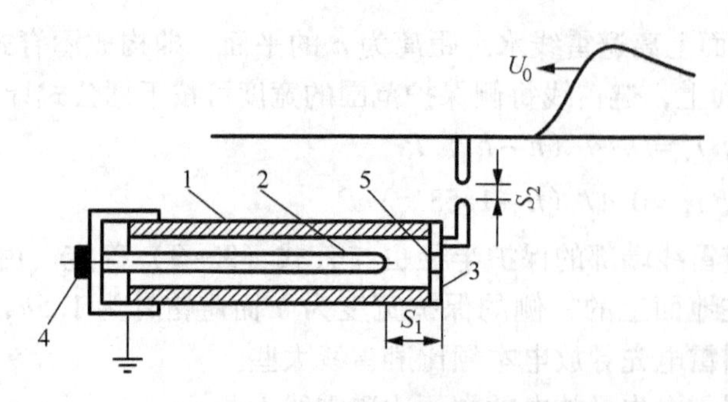

图 9－14　管型避雷器结构示意图

1—纤维管；2—棒形电极；3—环形电极；4—螺母；5—环形电极端面开口

时，内外间隙同时被击穿放电，强大的雷电流通过接地体泄入大地。同时内间隙放电电弧使管内温度迅速升高，管内纤维质分解出大量气体，由于管子容积很小，使得气体压力很大，因而由环形电极端的开口孔喷出，形成强烈的纵吹作用，使电弧在电流第一次过零时就能熄灭。（全部熄弧过程仅为 0.015s）之后外部间隙的空气迅速恢复了正常绝缘，使管型避雷器与供电系统隔离，恢复系统的正常运行。

（2）阀型避雷器，由火花间隙和非线性电阻片（又叫阀片）组成。全部元件封闭在瓷套管内，套管上端有与网络导线连接的引进线，下端接有用于接地的引出线，其结构如图 9－15 所示。

①火花间隙按电压高低的不同采用若干个单间隙叠合而成，每个单间隙由两个圆形黄铜电极及一个垫在中间的云母片组成，如图 9－15 所示。由于电极片间隙小，电场较均匀，可得到平缓的伏秒特性，并能熄灭 80A 的工频电流。

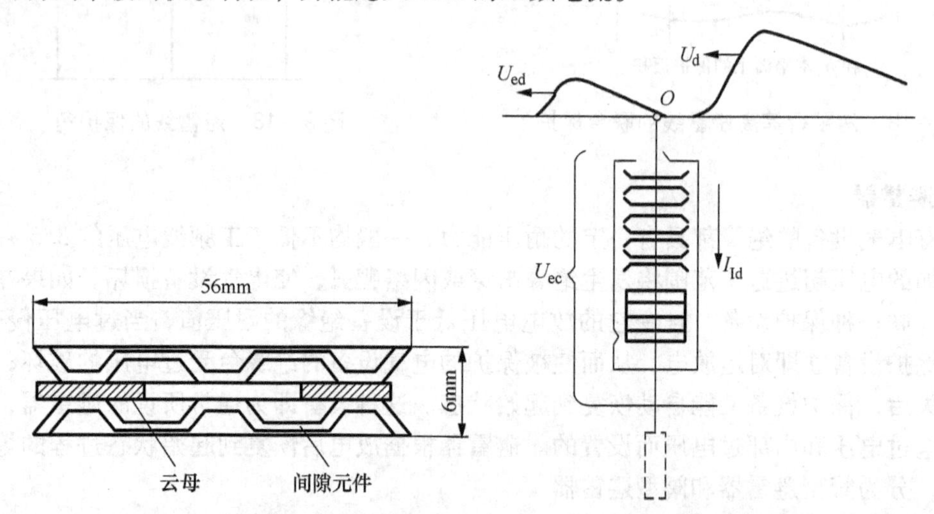

图 9－15　阀型避雷器单位火花间隙　　图 9－16　阀型避雷器的工作示意图

②非线性电阻片是用金刚砂细粒（70%）、水玻璃（20%）和石墨（10%），在一定高温下焙烧压制而成。这非线性电阻片的特点是：通过的电流越大，其电阻越小，通过的电流越小，其电阻越大。因而在通过较大电流时不会使残压过高，又对较小的工频电流加以限制，这样主电压为火花间隙切断工频电流创造了条件。阀型避雷器的工作原理如

图 9－16所示。

如有一雷电冲击波 U_0 沿导线向设置在有避雷器的 O 点侵入时，火花间隙被击穿放电，强大的雷电波直接加在阀性电阻盘上，这时该电阻值变小，大量的雷电流通过它迅速泄入大地。当过电压一消失线路上恢复工频电压时，阀片呈现很大的电阻，使火花间隙的绝缘迅速恢复而切断工频电流，从而保证线路恢复正常运行。但必须注意此时雷电流通过阀片时形成的压降 U_{cy} 称为残压，这残压要加在被保护设备上。因此残压不能超过设备绝缘允许的耐压值，否则设备绝缘仍要被击穿。

（3）保护间隙。保护间隙是最简单的防雷装置，结构如图 9－18 所示，是由镀锌圆钢为原料的两个电极构成。一个电极接线路，一个电极接地。正常运行时间隙对地绝缘，当雷击时，间隙被击穿，将雷电流泄入大地。此时为防止间隙被外物（如鸟、树枝）短接而造成的不应有的接地故障，通常在接地引下线中串联有辅助间隙以保安全运行，保护间隙多用于线路上，由于它灭弧能力小，保护性能差，所以除加上辅助间隙外，凡装有保护间隙的线路一般都装设 ARD 与之配合，以提高供电可靠性。

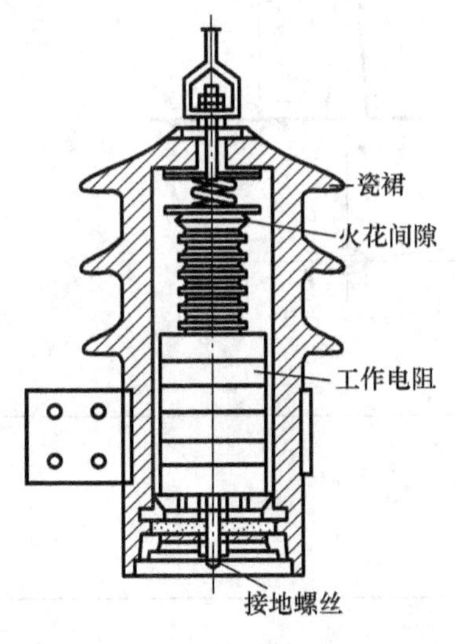

9－17　FS－6 型阀型避雷器

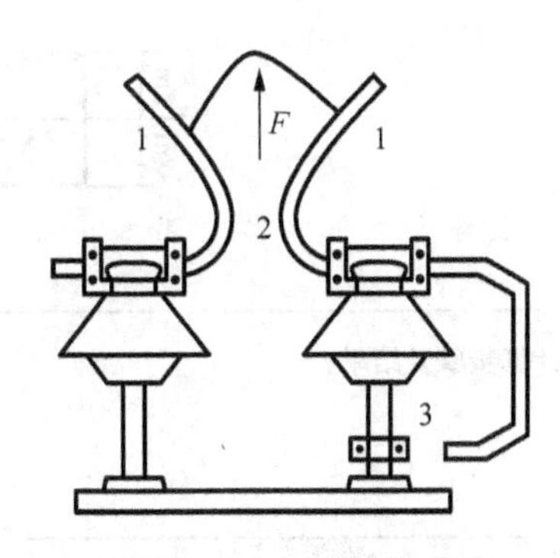

图 9－18　保护间隙

1—ø6～ø12mm 的圆钢；2—主间隙；3—辅助间隙

（4）避雷器的选择。阀型避雷器分为普通型和磁吹型两大类。普通型有 FS 和 FZ 两种系列。FS—6 型阀型避雷器如图 9－17 所示。

这种避雷器结构简单，电气性能稍差，一般只保护 10kV 以下小容量配电装置。FZ 系列在火花间隙上并联有电阻，这样使串联的火花间隙上电压分布较均匀，电气性能更好，它主要用来保护 35kV 及以上中等和大容量的变电所设备。磁吹型为 FCD 系列，采用了拉长电弧磁吹间隙，容易灭弧。该避雷器通流能力更大，它主要用来保护旋转电机等绝缘差的设备。FCZ 系列采用磁吹火花间隙和大直径的阀片。其通流能力非常大，故用来保护变电所的高压设备。

【任务实施】

计算避雷针的保护范围的分析报告见表 9－1。

表9－1　避雷针的保护范围计算

姓名		专业班级		学号	
任务内容及名称	计算避雷针的保护范围				
1. 任务实施目的： 掌握避雷针的保护范围的计算		2. 任务完成时间：4学时			
3. 任务实施内容及方法步骤： （1）任务描述：某厂在一座30米高的水塔旁建有一锅炉房（三类建筑物），尺寸如图所示，水塔上面装有一个3米高的避雷针，问此避雷针能否保护这一锅炉房？ （2）避雷针与水塔的实际位置图： 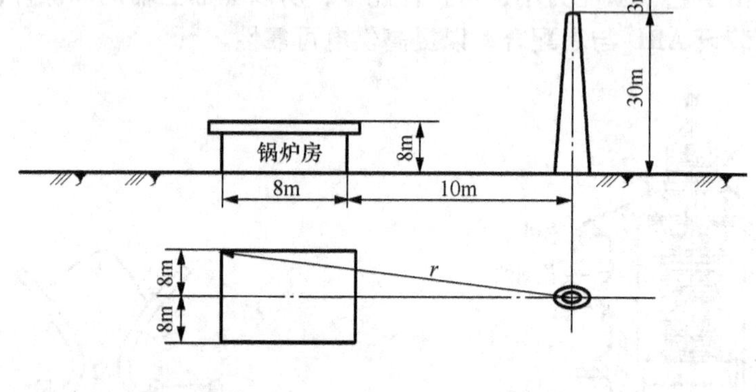 					
4. 写出计算步骤及结果：					
指导教师评语（成绩）： 年　月　日					

【任务总结】

通过本任务的学习，了解过电压和雷电的有关概念及常用的防雷设备和防雷措施。学会避雷设备保护范围的计算。学习中要树立安全意识，清楚电流对人体的作用和掌握触电现场急救处理。

任务2　防雷措施

【任务目标】

1. 掌握变配电所的防雷措施。
2. 掌握架空线路的防雷措施。

【任务分析】

过电压是指电气设备或线路上出现的超过正常工作要求并威胁其电气绝缘的电压。过电压按其发生的原因分为内部过电压和雷电过电压，雷电过电压又称为大气过电压。它是由于电气设备或建筑物受到直接雷击或雷电感应而产生的过电压。雷电过电压产生的雷电冲击波，其幅值可达10^8，电流幅值可达几千安，危害相当大。因此采取有效合理的预防措施来防止雷电过电压，意义非常重大。本任务学习变配电所的防雷措施和架空线路的防雷措施，并根据实际的供电系统选择合适的防雷措施及设备。

【知识准备】

工厂供电系统的防雷保护，主要是指工厂变配电所和架空线路要有可靠的防雷措施。下面分别介绍变配电所和架空线路防雷措施。

1. 变配电所的防雷措施

变配电所是用电单位的电力枢纽，一旦遭雷击将造成设备损坏，大面积停电，甚至影响电力系统正常运行并危及人身安全，后果十分严重。因此对变配电所必须采取完善的防雷措施。这里所说的变配电所的防雷主要是对直击雷的防护和对由线路侵入的过电压防护。

1）装设避雷针

变配电所安装避雷针是用来防护变配电所、建筑物及户外电气设备，使之免遭直接雷击。如果变配电所处在附近高大建筑物上的避雷针保护范围以内，或变配电所本身为室内型时，不必再考虑直击雷的防护。但必须注意：这些避雷针除有单独的接地装置外还应与被保护物之间保持一定的空间距离，如图9－19所示，以免当避雷针上落雷时，雷电流沿引下线入地时所产生的高电压对被保护物产生反击现象。这个距离是根据空气的耐压强度和雷击时，避雷针通过的雷电流产生电场，对周围物体产生的影响来确定的，并以S_0表示。工程上取安全空气距离S_0为不论是避雷针或避雷线，空气间的距离一般不允许小于5m。

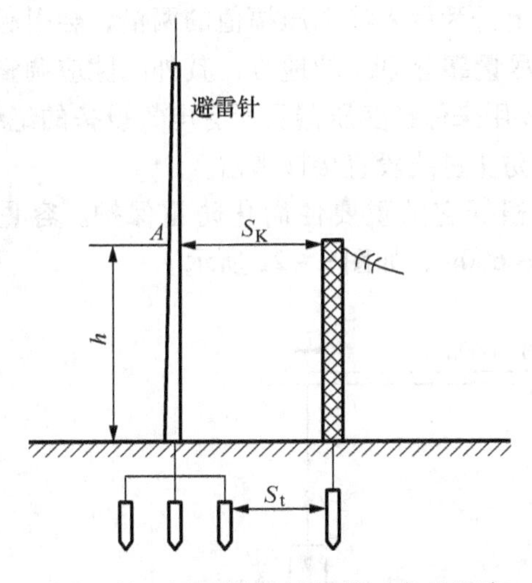

图9－19　避雷针与被保护对象的距离

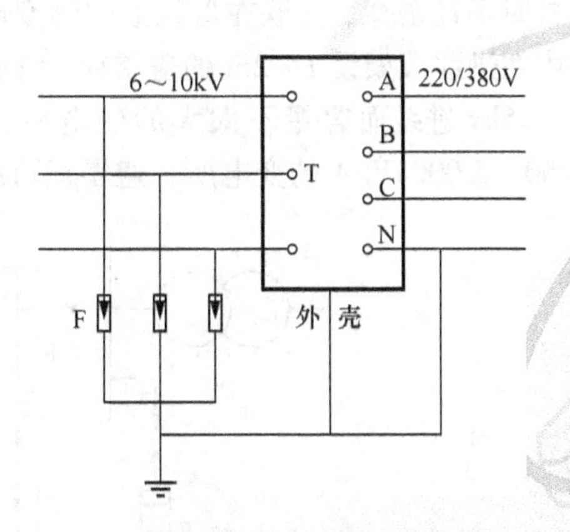

图9－20　电力变压器的防雷保护及其接地系统

T—电力变压器；F—阀型避雷器

（1）独立避雷针及其接地体不应设在人员经常出入的地方，一般要求离开人行道 3m 以上，否则应采取均压措施。

（2）35kV 以下变配电所的避雷针不宜装在变压器的门形架、配电装置构架及房顶上；60kV 以上变电所的电气设备绝缘水平较强，不易造成反击穿，允许装在门形架或房顶上。

（3）严禁在避雷针的构架上架设照明线、通信线，以保证人身和弱电设备的安全。

2）装设避雷器

为了保护变电所的设备免遭沿线设备侵入的雷电流的破坏，还应在线路的某点装设避雷器。

（1）高压侧装设阀型避雷器，用来保护变压器。为此要求避雷器应尽量靠近变压器安装，其接地线应与变压器低压侧接地中性点及金属外壳连在一起接地，如图 9－20 所示。

（2）35～110kV 变电所架空进线的保护方案如图 9－21 所示。

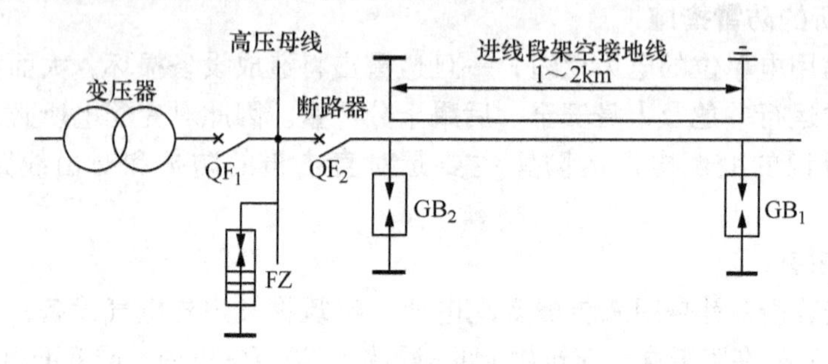

图 9－21　35～110kV 变电站进线保护标准方案

在进线的 1～2km 处装设一组管型避雷器 GB_1，用以限制从进线段外侵入的冲击波幅值，其工频接地电阻应在 10Ω 以下。对铁塔或钢筋混凝土电杆铁横担线路可不设 GB_1。但在进线入口处应装设管型避雷器 GB_2 用来保护断路 QF_2 免受雷电冲击波的破坏。因为 QF_2 可能处于开路状态，侵入波在开路末端的电压将上升为侵入波电压幅值的两倍，会引起触头间或对地闪络，烧坏断路器触头。GB_2 应装在尽量靠近 QF_2 的地方，其外间隙应调整在正常时不被击穿。并联在母线上的阀型避雷器 FZ 用来保护变压器及所有电气设备的绝缘。图中在进线段架设 1～2m 的避雷线，它的作用是防止进线段直接被雷击。

35kv 进线而容量不太大的变电所，还可以根据它的重要性简化防雷保护。容量在 3 150～5 000kV. A 的变电所，避雷线可缩为 500～600m，如图 9－22 所示。

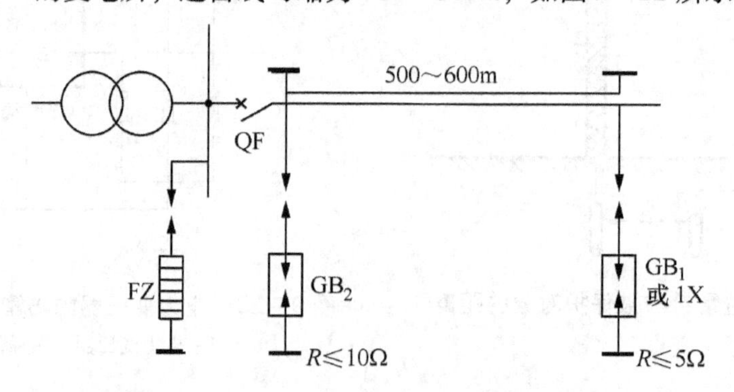

图 9－22　3 150kV. A 以下 35kV 变电所进线保护接线

容量在 1 000kV · A 以下变电所可用更为简化的保护接线，如图 9 - 23 所示。对于 3 ~ 10kV 工厂变电所常用图 9 - 24 接线进行防雷保护。

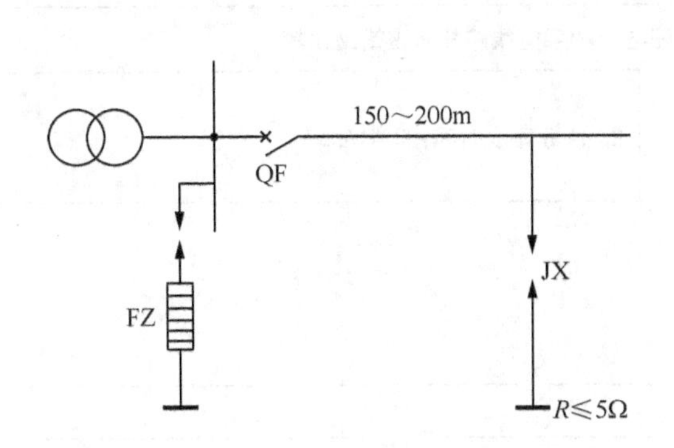

图 9 - 23　1000kV. A 及以下 35kV 变电所简化保护接线

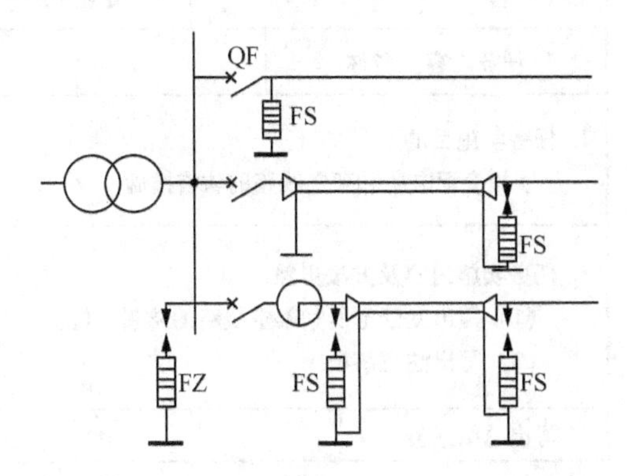

图 9 - 24　3 ~ 10kV 变电所雷电侵入波的保护接线

2. 架空线路的防雷措施

装有铁横担的钢筋水泥杆线路，遭雷击会发生绝缘子击穿和烧断事故。在多雷区单独架设的低压线路很容易遭到雷击，所以必须考虑线路的防雷保护措施。

（1）装设避雷线，避雷线是很有效的防雷措施。但是它的造价太高，只有 63kV 及以上的架空线路需沿全线装设避雷线。35kV 的架空线路一般只在经过人口稠密区或进出变电所的一段线路上装设避雷线，而 10kV 及以下线路上一般不装设避雷线。

（2）提高线路本身的绝缘水平或在薄弱点装避雷器。例如采用木横担、瓷横担，或采用高一级绝缘子，或顶相用针式绝缘子而下面两相用悬式绝缘子，以提高 10kV 架空线路的防雷水平。

（3）利用三角排列的顶线兼作防雷保护线。由于 3 ~ 10kV 线路通常是中性点不接地系统，可在顶相绝缘子上装设保护间隙。在雷击时，顶线的保护间隙首先被击穿，对地泄放雷电流，从而保护了下面的两相导线，也不会引起短路故障。

（4）配电线路上的柱上断路器和负荷开关，应装设 FS 型避雷器。对于经常开路运行而把电气设备又带有电压的柱上断路器或隔离开关的两侧，均装设阀型避雷器，避雷器的接地和柱上断路金属外壳连接起来共同接地，其接地电阻应不大于 10Ω。

（5）采用自动重合闸装置以减少雷击线路绝缘子时的闪络事故，并能缩短停电时间。线路上因雷击放电而产生的短路是由电弧引起的。断路器跳闸后，电弧即自行熄灭。如采用一次 ARD，使开关经 0.5s 或更长一点时间自动重合闸，电弧通常不会复燃，从而能及时恢复供电。

（6）对于重要用户，宜在低压线路进入室内前 50m 处安装一组低压避雷器，入室后再装组低压避雷器。

【任务实施】

变配电所和架空线路防雷措施比较分析报告见表 9 - 2。

表9-2 变配电所和架空线路防雷措施比较

<table>
<tr><td>姓名</td><td></td><td>专业班级</td><td></td><td>学号</td><td></td></tr>
<tr><td colspan="2">任务内容及名称</td><td colspan="4">变配电所和架空线路的防雷措施比较</td></tr>
<tr><td colspan="3">1. 任务实施目的：
掌握变配电所和架空线路的防雷措施</td><td colspan="3">2. 任务完成时间：2学时</td></tr>
<tr><td colspan="6">3. 任务实施内容及方法步骤：
（1）写出变配电所和架空线路的防雷措施。
（2）写出注意事项。</td></tr>
<tr><td colspan="6">4. 写出总结报告：</td></tr>
<tr><td colspan="6">指导教师评语（成绩）：
年 月 日</td></tr>
</table>

【任务总结】

本任务的学习，让学生掌握变配电所和架空线路的防雷措施有哪些，并能根据实际的要求选择合适的防雷措施。

任务3 接地与接零

【任务目标】

1. 掌握触电的概念及触电的预防。

2. 掌握接地的概念、接地装置的组成以及接地装置的散流效应的定义。

3. 掌握接地电压、接触电压和跨步电压的定义，理解保护接地与保护接零的定义及区别。

【任务分析】

电气系统的任何部分与大地间作良好的电气连接，叫做接地。如果用电设备接地不好，或一相与外壳接触，工作人员如果接触到带电体，就可能发生触电事故。所以选择合适的接地装置，以及接地方式，对人身安全的保障有着巨大的意义。本任务主要介绍触电、接地的概念以及接地的方式。

【知识准备】

一、触电和影响触电后果的因素

1. 触电

当前企业生产中广泛使用各种电气设备，如果不了解各种电气安全使用规则，极易造成触电事故。触电不外乎是人身直接接触及或距设备的距离小于安全距离所致。在小接地电流系中，若一相碰壳，平时不带电的设备外壳就会带电，当人触及外壳时，人就触及相与地之间，这时轻者电伤，重者死亡，这是极危险的。

2. 影响触电后果的因素

（1）流经人体电流的大小。流经人体的电流越大，触电危害性越大。当工频电流达30～50mA时，就会使人难以摆脱带电导体，电流达到100mA时足以使人致命。所以我国规定：触电时间不超过1s时，30mA为安全电压，即30mA·s。

（2）人体电阻的大小。人体电阻主要取决于皮肤的电阻，而皮肤的电阻与皮肤表面的干湿洁污有关。计算时可取1 700Ω。（由50V/30mA得出）。

（3）加于人体上电压的大小。作用到人体的电压越高，人体电阻越低，通过人体的电流越大，越易使人死亡。根据环境条件不同，我国规定安全电压为：

①在没有高度危险的环境中最高安全电压不得超过50V。如使用的手持式电动工具等。

②一般要求安全的场所，其安全电压取36V。例如金属构架内及多导电粉尘、潮湿的场所。

③某些人体可能偶然触及的带电体的安全电压为12V。

（4）电流作用人体的时间。即使是安全电流，流经人体的持续时间长，也会使人发热出汗，人体电阻下降，电流升高造成死亡。

（5）电流流经人体的路径。多数的触电是经过人体的局部，人可以自动摆脱。而电流流经心脏是极其危险的。因为触电致死的主要原因是由于触电电流流经人体时引起心室颤动，造成心脏停止跳动的。此外，触电后果与触电者当时的情绪、健康状况、电源的频率、环境等多种因素有关。

二、接地装置

1. 接地的定义

把电气设备的某部分用接地线与接地体的连接，称为接地。

2. 接地装置的组成

接地装置是由接地体和接地线组成的。（接地体的有关知识已述）接地线是指电气设备与接地体相连接的金属导体（正常情况不通过电流）。接地线采用25mm×4mm的扁钢或直径为16mm圆钢。接地线分为干线和直线，如图9－4所示。

3. 接地装置的散流效应

为使分析问题简单，现设接地体半径为r的半球体，如图9－25所示，并认为接地体周围的土质均匀，即土壤电阻率ρ是恒定值。当接地故障电流经接地体入地时，电流I_E将从半球体表面均匀地散流出去。此时取距半球体球心为x处厚为d_x的半球面，其土壤的电阻为

$$dR_E = \rho.\ d_x/2\pi X^2,\ \Omega$$

故土壤全部散流范围的电阻式

$$dR_E = \int_x^\infty dR_x = \rho/2\pi.\ \int_r^\infty d_x/X^2 = \rho/2\pi r$$

对地电阻则为

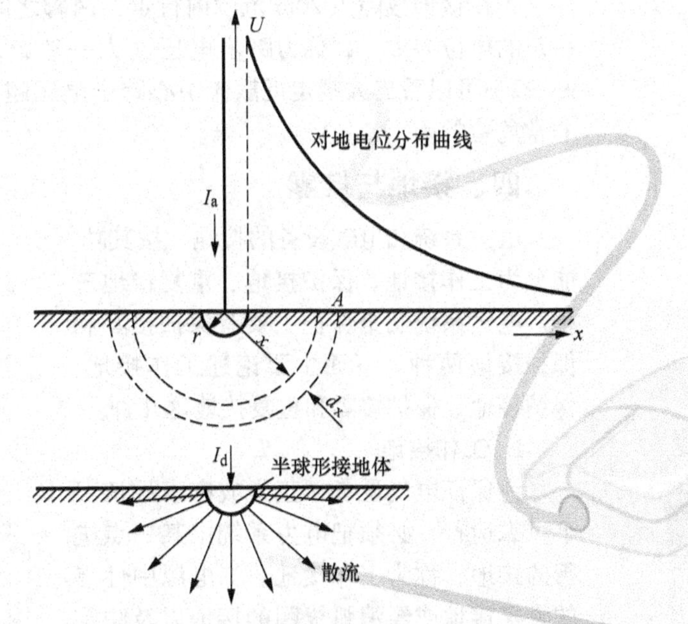

图9－25　接地体的散流现象及对地电压的分布曲线

$$U_E = I_E R_E = I_E \cdot \rho / 2\pi r, \ V$$

可见接地电阻与土壤电阻率成正比，与接地体的半径成反比。从式中也可以看出，离接地体越近地表面电位越高，离得越远其电位越低。如图 9－25 中（对地电位分布）曲线所示。

三、接地电压、接触电压及跨步电压

1. 接地电压

当电气设备的某相绝缘损坏，或某相与电气设备的金属外壳相碰时，电流通过与外壳所连接的接地体向大地作半球散开（这一电流称接地电流）。当接地电流流过散流电阻时，在流散范围以外（20m 以外）各点的电位已近于零，通常将该点称为“地”。这里我们把电气设备的接地部分（如接地外壳、接地线、接地体等）与零电位之间的电位差称为接地电压。有时也称为接地部分的对地电压，用 U_E 表示。如图 9－26 的 U_E。

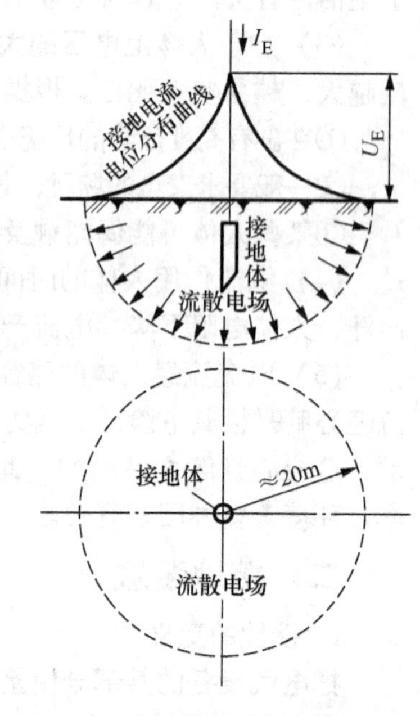

图 9－26　零电位、接地电压

2. 接触电压

人站在发生接地故障的电气设备旁边，手触及设备的外露可导电部分，人所接触的两点（如手与脚）之间所呈现的电位差即称接触电压，如图 9－27 所示。

从图 9－27 可看出，越接近接地体中心电压分布曲线越陡，人距离接地体越远，其接触时触电电压就越高，对人体就越危险，最大可达接地电压。

3. 跨步电压

人在接地故障点 20m 范围内行走，两脚之间就呈现出一定的电位差 U_{siep}，称为跨步电压（人一般跨步为 0.8m，牛的跨步在 1m 以上）。从图 9－27中可以看出人越走近散流中心跨步电压越大。同样，若跨步电压超过安全电压也是非常危险的。

四、接地与接零

电力系统和电气设备的接地，按其功能分为工作接地、保护接地、重复接地三种。电气系统安全保护主要有保护接零和保护接地两种，下面主要论述工作接地、保护接地、保护接零和重复接地这几种。

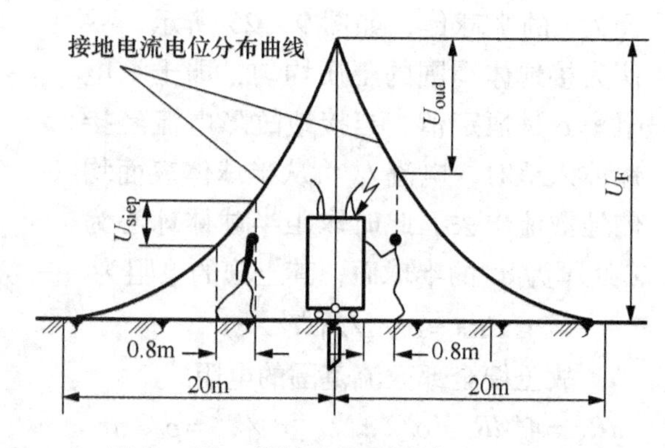

图 9－27　接触电阻和跨步电压

1. 工作接地

为保证电气设备在正常或有事故情况下可靠运行，必须把电力系统中某一点进行的接地，称为工作接地。如电源中性点的直接接地或经消弧线圈的接地以及防雷设备的直接接地等。各种工作接地都有各自的功能。例如电源中性点的直接接地，能在运行中维持三相系统中相线对地电位不变；电源中性点经消弧线圈的接地，能在单相接地时消除接地点的断续电弧，防止系统出现过电压。至于防雷设备的接地，其功能更是显而易见的，不接地就不能实现对地泄放雷电流。

2. 保护接地

为了保障人身安全，防止间接触电而将电气设备在正常情况下不带电的外露可导电部分与大地作电气连接，称为保护接地。在三相中性点不接地系统中，电网各相对地是绝缘的。若电网中的电气设备没有采用保护接地，如图 9－28 所示，当设备的一相绝缘损坏而漏电时，设备外壳上将长期存在一定电压，当人体触及电气设备外壳时，电流就会经过人体和线路对地电容形成回路，发生触电危险。

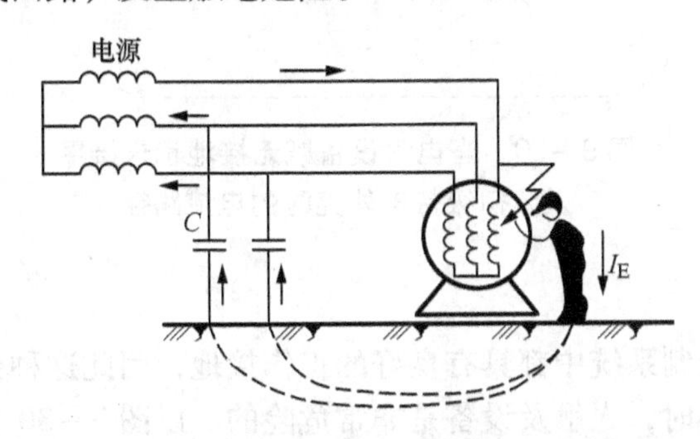

图 9－28　未采用保护接地时触及故障设备外壳的电流路径

为了避免这种触电的危险，应尽量降低人体所能触到的接触电压。为此，应将电气设备的金属外壳与接地体连接，即采取接地，如图 9－29 所示。由于电气设备的外壳与大地相连接，当发生碰壳故障时，碰壳的接地电流则沿着接地体和人体两条通路流过。

把接地电阻和人体电阻分别定为 R_E 和 R_r，在一般情况下，R_E 在 4～10Ω，人体的电阻远大于接地体电阻，故流过人体的电流是流经接地体电流的千分之几。如果限制 R_E 在适当范围内就能保障人身的安全。所以在三相中性点不接地系统中，接地保护的作用就是减轻或避免触电危险。

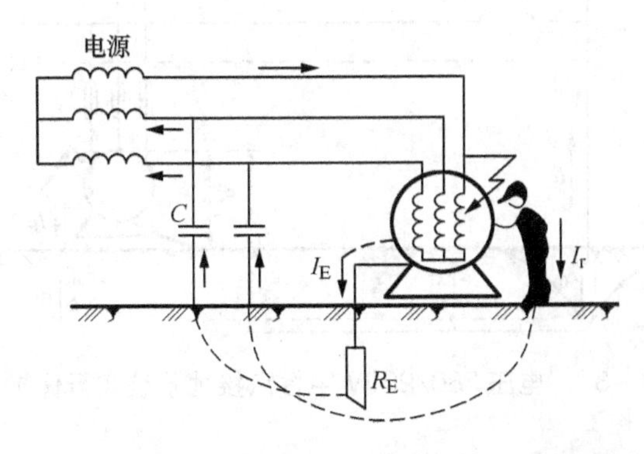

图 9－29　采用保护接地时触及故障设备外壳的电流路径

3. 保护接零

在 220/380V 三相四线制系统中的电气设备，为减少触电危险，采用保护接零，将电气设备正常不带电的金属外壳与系统的零线相连接称为保护接零。在中性点接地系统中，保护接零优于保护接地。

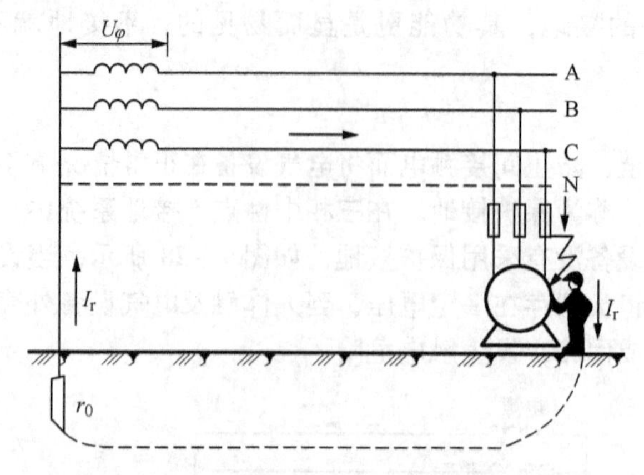

图9－30　当电气设备既无接地也未接零
人体初级带电外壳时的电流路径

我们知道三相四线制系统中都具有良好的工作接地，因此这种系统中电气设备如果不采取保护，当绝缘损坏时，人触及设备是非常危险的。以图9－30为例，当电气设备发生单相碰壳时，由于外壳既未接地也未接零，这时有接地电流流过人体，其值：

$$I_r = U_\varphi / (R_r + r_0) \tag{9-5}$$

R_r为人体电阻，取$R_r = 1\,700\Omega$则$I_r = 0.13A = 130mA$，此电流对人体是十分危险的。

假如电气设备外壳实行保护接地如图9－31所示，当电气设备发生单相碰壳时，其接地短路电流为：

$$I_E = U_\varphi / (R_E + r_0) \tag{9-6}$$

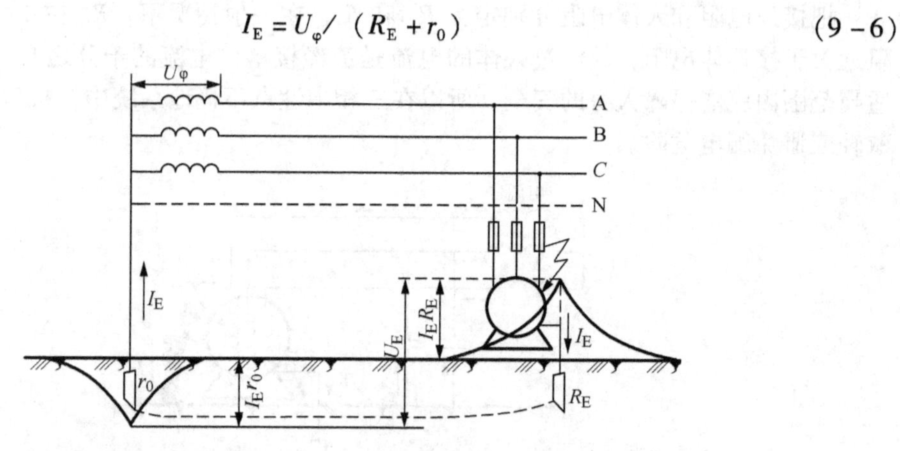

图9－31　电压380/220V中性点接地系统实行保护措施

在1 000V以下的中性点直接接地系统中，一般要求$r_0 = R_E = 4\Omega$时，$I_E = 220/(4+4) = 27.5A$要想使线路及其设备能够及时受到保护，就必须使此短路电流大于自动开关整定电流的1.25倍，或大于熔断器额定电流的3倍。但27.5A的电流仅能保证断开整定电流不超过27.5/1.25 =22A的自动开关以及额定电流不超过27.5/3 =9.16A的熔断器。如果电气设备稍大，其额定值大于上述值时，保护装置可能不动作。这时在设备的外壳上将长期存在对地电压。其值为：

$$U_E = I_E \cdot R_E = U_\varphi R_E / (R_E + r_0) = \frac{1}{2} U_\varphi = 110\text{V} \qquad (9-7)$$

可见，其值远高于最高允许电压50V，仍具有较大的触电危险，也是不安全的。若要减小此电压值，就要减小电气设备保护接地的接地电阻，埋设更多的接地体，这种投资太大，而且在土壤电阻率较大的地区是很难实现的。

因此，为了使保护装置快速而可靠动作，减少触电机会，目前在中性点直接接地的220V/380V系统中，必须采用保护接零，如图9－32所示。做了保护接零的电气设备发生碰壳短路时，短路电流经外壳和零线构成闭合回路。由于相线和零线的电阻很小，所以短路电流很大，在一般情况下，短路电流都能使保护装置快速动作，将故障设备断开，以防人身触电。

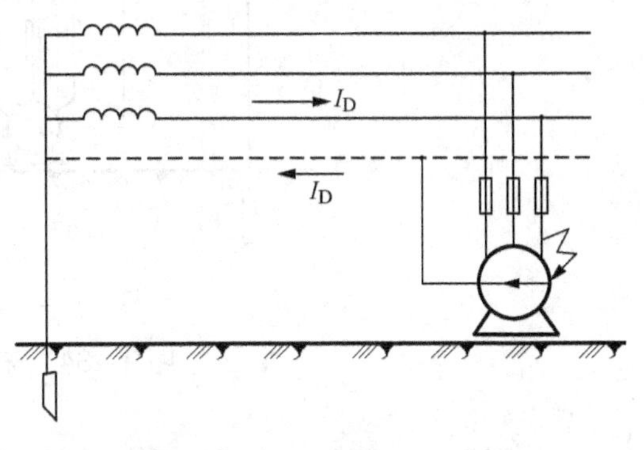

图9－32　保护接零线路图

为使保护接零更加可靠，尚需注意以下几点：

（1）不允许在同一系统中有的设备接零而有的设备接地。如图9－33所示，A设备接地，B设备接零，当设备A发生单相碰壳时会使接零设备的对地电压升高。如$r_0 = R_E = 4\Omega$，则所有的接零设备上将有110V的对地电压，r_0/R_E的值越大，接地设备的对地电压越高。如果人体同时触及A和B的外壳时，其接触电压将达到网路的相电压，这是绝不允许的。

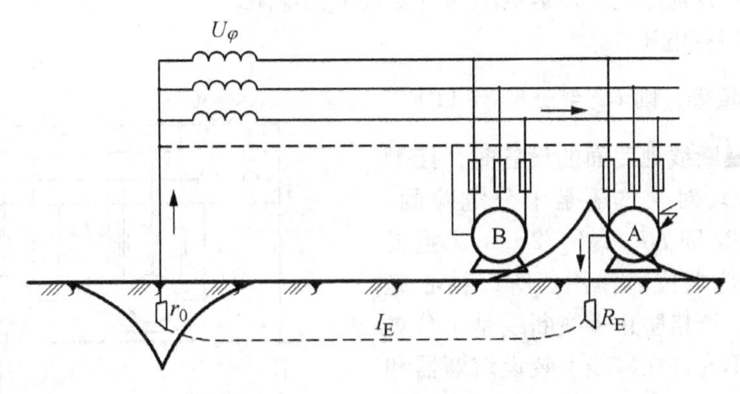

图9－33　同一系统中不准既接地又接零

（2）中性点不接地系统中的设备采用保护接零是绝不允许的，因为任一设备发生碰壳时都将使所有设备金属外壳上呈现近于相电压的对地电压，这是十分危险的。当中性点接地的保护接零系统中一旦中点接地断线，也会发生上述情况。

（3）在中性线上不允许安装熔断器和自动空气开关，以防中性线断线，失去保护接零作用，为此中线还必须实行重复接地。

4. **重复接地**

在接零保护系统中，将零线的一处或多处再接地，称为重复接地。它可使零线断线处后面的设备对地电压降低。

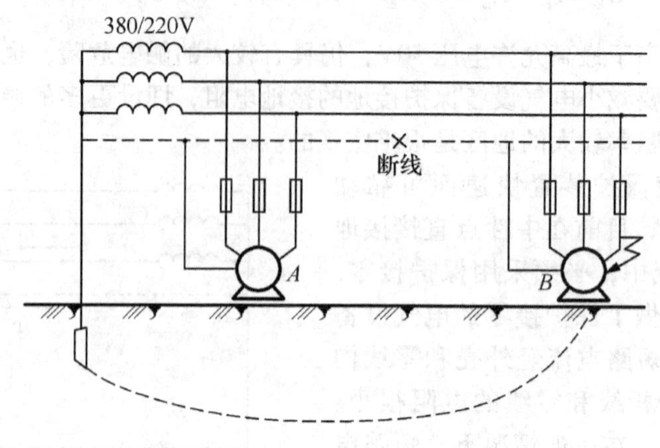

图 9－34　无重复接地的接零系统

如图 9－34 所示，在没有重复接地情况下，当零线发生断线时，有某一相破损漏电，接在断线处后面的所有电气设备的外壳上都同时存在着接近相电压，这时人若触及后面的设备极易产生触电危险，如设备 B。而断线处前面的电气设备 A 外壳上的对地电压仍为零。

当有重复接地时，如图 9－35 所示，此时如 B 设备发生某相碰壳短路；则接在断线处后面的电气设备外壳上存在的对地电压为：

$$U_E = I_E R_c = U_\varphi R_C / r_0 + R_c \tag{9-8}$$

式中 r_0、R_c——分别是重点接地电阻与重复接地的电阻；

U_φ——线路相电压。

若 $R_c = r_0$ 相等，则 $U_E = \frac{1}{2} U_\varphi = 110\text{V}$。

在人体触及断线处后面的设备时，接触电压均为 110V。对人体还是十分危险的，而实际上 $R_c > R_0$ 即 $I_E R_C > U_\varphi / 2$，可见重复接地只能起平衡电位的作用。所以精心施工，注意维护，严格防止零线断线是十分重要的。当然也不允许在零线上装设熔断器和开关。

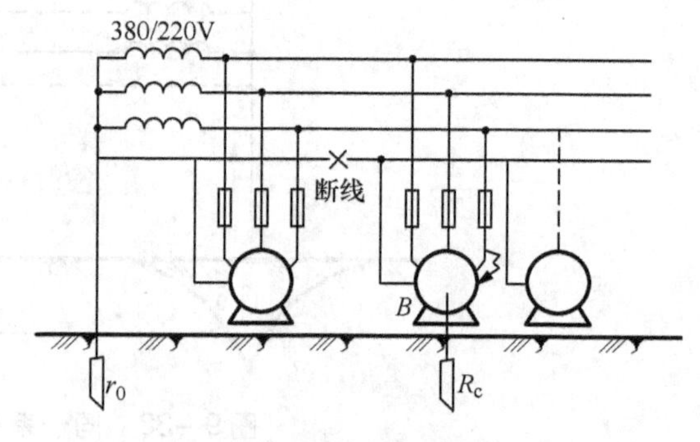

图 9－35　有重复接地的接零系统

【任务实施】

各种接地方式的比较分析报告见表9-3。

表9-3　各种接地方式的比较表

<table>
<tr><td>姓名</td><td></td><td>专业班级</td><td></td><td>学号</td><td></td></tr>
<tr><td>任务内容及名称</td><td colspan="5">高、低压系统设备的保护方式</td></tr>
<tr><td colspan="3">1. 任务实施目的：
掌握保护方式的名称及定义及适用场合</td><td colspan="3">2. 任务完成时间：2学时</td></tr>
<tr><td colspan="6">3. 任务实施内容及方法步骤：
用分析报告的形式或者以图形的形式表示出来</td></tr>
<tr><td colspan="6">4. 写出分析总结报告：</td></tr>
<tr><td colspan="6">指导教师评语（成绩）：
年　月　日</td></tr>
</table>

【任务总结】

通过本任务的学习，让学生明白触电以及影响触电后果的因素。掌握接地的定义、接地装置的组成、接地电压、接触电压及跨步电压的概念，理解接地的分类及各自的特点。

任务4　接地电阻的计算与测量

【任务目标】

1. 了解电力线路及电力设备接地电阻允许值。
2. 掌握接地电阻的计算和测量。

【任务分析】

接地电阻就是电流由接地装置流入大地再经大地流向另一接地体或向远处扩散所遇到的电阻，它包括接地线和接地体本身的电阻、接地体与大地的电阻之间的接触电阻以及两接地体之间大地的电阻或接地体到无限远处的大地电阻。接地电阻大小直接体现了电气装置与“地”接触的良好程度，也反映了接地网的规模。我们先了解接地电阻的基本知识，理解电力线路及电力设备接地电阻允许值，并根据实际情况选择合适的接地电阻以及接地电阻的测量。

【知识准备】

一、接地电阻的允许值

接地电阻包括接地体的散流电阻和接地线的电阻。接地线的电阻很小，一般可以忽略不计，因此可以认为接地电阻就是指接地散流电阻。工频接地电流经接地装置所呈现的接地电阻，称为工频接地电阻；雷电流流经接地装置所呈现的接地电阻，称为冲击接地电阻。

从前面几节分析中明显看出，接地电阻越小越安全，但接地电阻值要求越小，则工程投资越大，且有时在土壤电阻率很高的地区是很难把接地电阻降低的。工程上对不同地区、不同系统的接地电阻都规定了允许值，下面分别介绍。

1. 电力线路及电力设备的接地电阻允许值

电力线路及电力设备的接地电阻允许值如表 9－4 所示。

表 9－4　电力线路及电力设备基地电阻允许值

序号	名称	接地装置特点	接地电阻/Ω
1	1 kV 以上大接地电流电力线路	仅用于该线路的接地装置	$R\leqslant\frac{2\,000}{I_{CK}}$ 当 $I_{CK}>4$ kA 可取 $R<0.5$①
2	1 kV 以上小接地电流电力线路	仅用于该线路的接地装置	$R\leqslant\frac{250}{I_{CK}}\leqslant10$
3		仅用于 1kV · A —下线路的沟通接地装置	$R\leqslant\frac{150}{I_{CK}}\leqslant10$
4	1 kV 以下中性点不接地的电力线路	与 100 kV · A 及以下发电机或变压器相连的接地装置	$R\leqslant4$
5		序号 4 的重复接地	$R\leqslant10$
6		与 100 kV · A 以上发电机或变压器先练的接地装置	$R\leqslant10$
7		序号 6 的重复接地	$R\leqslant30$
8	1 kV 以下中性点不接地的电力线路	与 100 kV · A 以上发电机或变压器先练的接地装置	$R\leqslant4$
9		序号 8 的重复接地	$R\leqslant10$
10		与 100 kV · A 及以下发电机或变压器相连的接地装置	$R\leqslant10$
11		序号 10 的重复接地	$R\leqslant10$
12	引入线装有 25 A 以下熔断器的线路	任何供电系统	$R\leqslant10$
13	电弧炉、工业电子设备、电流、电压互感器	高低压电气设备联合接地	$R\leqslant4$
14		电流、电压互感器二次线圈	$R\leqslant10$
15		高压线路的保护网或保护线	$R\leqslant10$
16		电弧炉	$R\leqslant4$
17		工业电子设备	$R\leqslant10$
18		静电接地	$R\leqslant100$
19	$\rho>500\ \Omega\cdot\text{m}$ 高土壤电阻率地区	1 kV 以下小接地系统的电气设备	$R\leqslant20$
20		发电厂和变电所的接地装置	$R\leqslant10$
21		大接地电流系统发电厂和变电所装置	$R\leqslant5$
22	无避雷线的架空线路	小接地电流系统钢筋混凝土杆、金属杆	$R\leqslant30$
23		低压线路刚进混凝土杆、金属杆	$R\leqslant30$
24		零线重复接地	$R\leqslant10$
25		低压进户线绝缘子铁脚	$R\leqslant30$

①指串台或并联运行的总容量而言。

2. 过电压保护接地电阻

（1）防雷保护设备的接地电阻如表 9－5 所示。

表 9－5　防雷保护设备的接地电阻

序号	防雷保护设备名称	接地电阻
1	保护变电所的室外独立避雷针	25
2	架设在变电所架空进线上的避雷针	25
3	装设在变电所与母线连接的架空线路进线上的管型避雷器	10
4	同 3	5
5	装设在 20 kV 以上架空线路交叉跨越电杆上的管型避雷器	15
6	装设在 35～100 kV 架空线路中以及在绝缘较薄弱处木质电杆上的管型避雷器	15
7	装设在 20 kV 以下架空线路电杆上的放电间隙以及装设在 20 kV 以上架空线路相交叉的通信电杆上的放电间隙	25

（2）有避雷线的架空线路的接地电阻如表 9－6 所示。

表 9－6　kV 及以上有避雷线的架空线路杆塔接地电阻

土壤电阻系数/Ω · m	接地装置电阻/Ω	土壤电阻系数/Ω · m	接地装置电阻/Ω
100 及以下	10	1 000～2 000	25
100～500	15	2 000 以上	敷设 6～8 根射线，接地电阻 30Ω，或连续伸长接地，阻值不作规定
500～1 000	20		

（3）1kV 以下架空线路的接地电阻。在线路分支处和分支线的终点杆上将铁脚接地，其接地电阻不大于 20Ω。

（4）架空煤气管道与爆炸危险的建筑物间距小于 10m 时，每隔 30～40m 应接地一次，其接地电阻不应大于 30Ω。

二、接地电阻的计算

1. 人工接地电阻的计算

人工接地体安装类型很多，常见的有垂直埋设和水平埋设两种，如图 9－3 所示，它们组成的接地装置的工频接地电阻计算公式如下：

（1）单根垂直管型接地体的接地电阻（Ω）按下式计算

$$R_E(1) \approx \rho / L \tag{9-9}$$

式中　ρ——土壤电阻率 Ω · m，如表 9－7 所示；

L——接地体长度，m。

表9－7　不同性质的土坡及各种水分的电阻系数表

类别	名称	含水量	土壤电阻系数/Ω·m
岩石	花岗岩	—	2.07×10^{7}
	大理石	—	1.84×10^{7}
	石灰石	—	1×10^{7}
	石英石	—	1×10^{6}
	石英斑石	—	$(12.4\sim14.5)\times10^{6}$
	辉绿石	—	$(5.5\sim6.6)\times10^{6}$
	燧石（角石）	—	3.2×10^{6}
	假想赤铁矿	—	$(4.4\sim9.2)\times10^{5}$
	多岩石地	—	4×10^{5}
	砾石、碎石	—	2×10^{5}
砂	砂子	干的	2.5×10^{5}
	砂子	湿的	1×10^{5}
	砂子	很湿	2.5×10^{4}
	含水黄沙	10%	5×10^{4}
	河滩中的砂子	湿的	3×10^{4}
泥土	黄土	干的	2.5×10^{5}
	多石土壤	—	4×10^{4}
	砂土	—	4×10^{4}
	沙土	10%	3×10^{4}
	含沙黏土	含有75%水分（按质量算）	2.5×10^{4}
	黑土	湿的	1.9×10^{4}
	黏土	含有20%水分（按体积算）	1×10^{4}
	混合土（黏土、石灰石、碎石）	—	1×10^{4}
	黄土	—	$(0.7\sim0.9)\times10^{4}$
	砂质粘土	含有20%水分（按体积算）	0.8×10^{4}
	陶土	含有40%水分（按体积算）	$(0.4\sim0.8)\times10^{4}$
	套黏土	含有20%水分（按体积算）	$(0.1\sim0.4)\times10^{4}$
	园地	含有20%水分（按体积算）	0.5×10^{4}
	腐植	—	0.3×10^{4}
	捣碎的木炭	—	0.4×10^{4}
	泥炭		0.2×10^{4}
水	河水	—	1×10^{4}
	溪水	—	$(0.5\sim1)\times10^{4}$
	地下水		$(0.2\sim0.7)\times10^{4}$
	泉水	—	$(0.4\sim0.5)\times10^{4}$
	泥炭中的水	—	$(0.15\sim0.2)\times10^{4}$
	海水	—	$(0.01\sim0.05)\times10^{4}$
	湖水（池水）	—	0.03×10^{4}

（2）多根垂直管型接地体的接地电阻（Ω）。单根接地体往往满足不了允许电阻的要求，需打入多根接地体并联组成复合接地体，每根接地体之间距离一般为 3～10m，远比 40m 小（超过 40 时屏蔽现象消失）。

当电流流入各单一接地体时，将受到相互的限制，而阻碍电流向大地流散，即相当于增加了各接地体的接地电阻。这种影响电流流散的现象称为屏蔽现象，如图 9－36 所示。由于这种屏蔽效应的影响，使得总接地电阻 R_E 并不等于各单一接地体流散电阻的并联值。实际总的接地电阻（Ω）按下式计算：

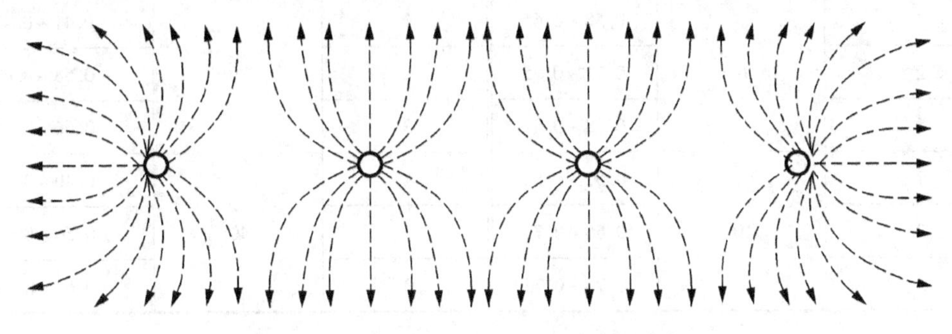

图 9－36　多根接地体的电流流散屏蔽作用

$$R_E = R_E(1)/n \cdot \eta_E \text{ 或 } n = R_E(1)/R_E \cdot \eta_E \tag{9-10}$$

式中，η_E——接地体的利用系数，垂直管型接地体的利用系数如表 9－8（a）（b）所列，根据管间距离 a 与管长之比及管数 n 查得。

表 9－8　垂直管型接地体的利用系数

①敷设成一排（未计入连接扁钢的影响）

管间距离与管长之比 a/L	管子根数 n	利用系数 η	管间距离与管长之比 a/L	管子根数 n	利用系数 η
1	2	0.84～0.87	1	5	0.62～0.72
2		0.90～0.92	2		0.79～0.83
3		0.93～0.95	3		0.85～0.88
1	3	0.76～0.80	1	10	0.56～0.62
2		0.85～0.88	2		0.72～0.77
3		0.90～0.92	3		0.79～0.83

②敷设成环形时（未计人连接扁钢的影响）

管间距离与管长之比 a/L	管子根数 n	利用系数 η	管间距离与管长之比 a/L	管子根数 n	利用系数 η
1	4	0.66～0.72	1	20	0.44～0.50
2		0.72～0.80	2		0.61～0.63
3		0.80～0.84	3		0.68～0.73
1	6	0.58～0.65	1	30	0.41～0.47
2		0.71～0.75	2		0.58～0.63
3		0.78～0.82	3		0.66～0.71
1	10	0.52～0.58	1	40	0.40～0.44
2		0.66～0.71	2		0.56～0.61
3		0.74～0.78	3		0.64～0.69

（3）单根水平带形接地体的接地电阻（Ω）按下式计算：R_E（1）$=2\rho/L$　　(9-11)

式中，ρ——土壤电阻率，Ω·m；

L—接地体长度，m。

（4）n 根放射形水平接地带（n≤12，每根长度 L≈60m）的接地电阻（Ω）按下式计算：

$$R_E \approx 0.062\rho/\sqrt{A} \tag{9-12}$$

式中，ρ——土壤电阻率，Ω·m。

（5）环形接地带的接地电阻（Ω），按下式计算：

$$R_E \approx 0.6\rho/\sqrt{A} \tag{9-13}$$

式中，ρ——土壤电阻率，Ω·m；

A——环形接地带所包围的面积，m^2。

2. 自然接地体工频接地电阻的计算

自然接地体的接地电阻最好实测，如计算时可采用下列公式

（1）电缆金属外皮及水管等的接地电阻（Ω）

$$R_{E(mat)} \approx 2\rho/\mathrm{L} \tag{9-14}$$

式中，ρ——土壤电阻率，Ω·m；

L——电缆及水管等的埋地长度，m。

（2）钢筋混凝土基础的孝地电阻（Ω）

$$R_E \approx 0.2\rho/\sqrt[3]{\mathrm{v}} \tag{9-15}$$

式中，ρ—— 土壤电阻率，Ω·m；

V——钢筋混凝土基础的体积，ms。

如果测得或计算得出的自然接地体的接地电阻 $R_{E(mat)}$ 尚不能满足允许电阻值，即 $R_{E(mat)} > R_E$，还需敷设人工接地体，使其合成的接地电阻不超过允许值，此时人工接地体的接地电阻按下式计算：

$$R_{E(man)} = R_{E(nat)} \cdot R_E / (R_{E(nat)} - R_E) \tag{9-16}$$

3. 冲击接地电阻的计算

冲击接地电阻R_{sh}可按下式计算

$$R_{sh} = R_E / a$$

式中，R_E——工频接地电阻；

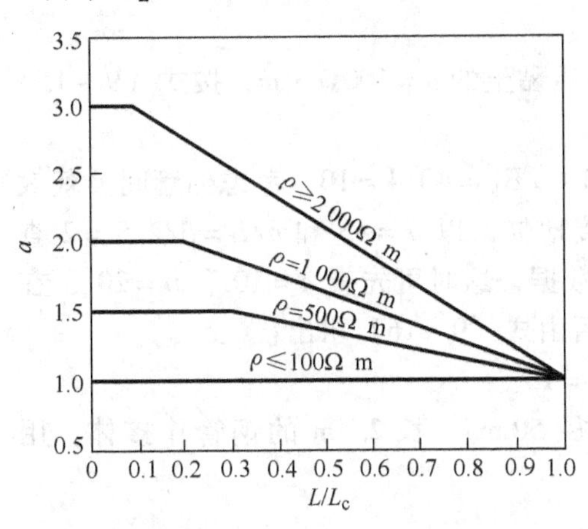

图 9-37　确定换算系数 a 的曲线

a——工频接地电阻与冲击接地电阻的换算系数，为R_E与R_{sh}的比值，由图 9-37 确定。图 9-36 中的L_e为接地体的有效长度

$$L_e = 2\sqrt{\rho} \tag{9-17}$$

式中，ρ——土壤电阻率，Ω·m；

图 9-35 中的L为接地体的实际长度，按图 9-38 所示方法计算。如有多段长度L_1，L_2…时，则总的实际长度$L = L_1 + L_2 + \cdots$。

4. 接地电阻计算举例

例 9-3 某车间变电所的主变压器容量 500 kV·A，电压为 10/0.4 kV，连接方式为 Y/Y_{n0}。试确定此变电所公共接地装置的垂直接地钢管和连接扁钢的规格和数量。已知装设地点的土质为砂质黏土，10kV 侧有电联系的架空线路长 15km，电缆线路长 10km。

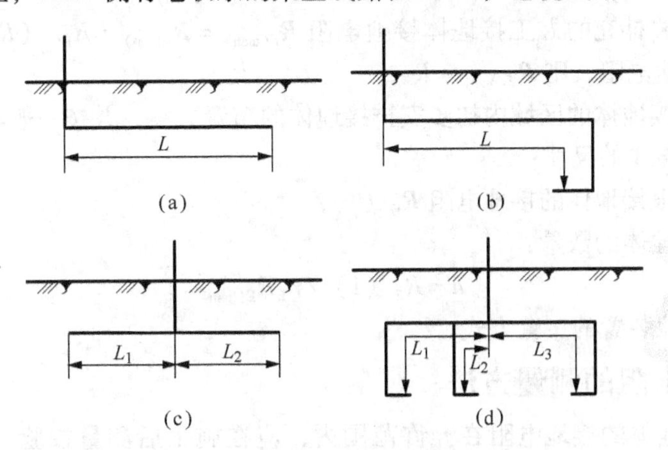

图 9-38　接地体实际长度的计算

（a）单根水平接地体；（b）末端接垂直接地体的单根水平接地体；
（c）多根水平接地体；（d）接多根锤子接地体的多根水平接地体

解：（1）确定接地电阻。按规定（如表 9-1 中的序号 3、4），此变电所公共接地装置的接地电阻应满足以下两个条件：

$$R_E \leqslant 120\text{V}/I_E \tag{9-18}$$

$$R_E \leqslant 4\Omega \tag{9-19}$$

式（9-26）中 $I_E = I_C = U_N(L_{OK} + 35L_{cab})/350$

所以 $I_E = 10 \times (150 + 35 \times 10) / 350 = 14.3\text{A}$

则式（9－26）中的 $R_E = 120/14.3 = 8.4\Omega$

与式（9－27）中 $R_E \leqslant 4\Omega$ 比较得出此变电所总的接地电阻应为：$R_E \leqslant 4\Omega$。

（2）接地装置初步方案。现初步考虑围绕变电所建筑周围，距变电所墙脚 2～3m 处，打入一圈直径为 50mm、长 2.5m 的钢管接地体，每隔 5m 打入一根，管间用 40 mm×4mm 的扁钢焊接。

（3）计算单根钢管接地电阻，查表 9－4 得砂质黏土的 $\rho = 100\Omega \cdot \text{m}$，按式（9－15）得单根钢管接地电阻 $R_E(1) = 100/2.5\text{m} = 40\Omega$。

（4）确定接地钢管数和最后方案，根据 $R_E(1)/R_E = 40/4 = 10$。考虑到管间屏蔽效应，初步选 15 根直径 50mm、长 2.5m 的钢管作接地体，以 $n = 15$ 和 $a/L = 5/2.5 = 2$ 查表 9－5（b）未能取得值，而表中没有 $n = 15$ 根的数据，这时可先查 $n = 10$ 和 $n = 20$，在 $a/L = 2$ 时的值，然后取中间值，即取 $\eta = 0.66$ 最后由式（9－16）求出：

$$n = 40/0.66 \times 4 = 15$$

考虑到接地体的均匀对称布置，选 16 根直径 50mm、长 2.5m 的钢管作接体，用 40mm× 4mm 扁钢连接，环形布置。

5. 接地电阻计算步骤

把计算接地电阻的步骤归纳如下：

（1）按设计规范要求，确定允许的接到电阻值 R_E；

（2）实测或估计可以利用的自然接地体接地电阻 $R_{E(nat)}$；

（3）计算需要补充的人工接地体接地电阻 $R_{E(man)} = R_{E(nat)} \cdot R_E / (R_{E(nat)} - R_E)$，若不计自然接地体接地电阻，则 $R_{E(man)} = R_E$；

（4）在装设接地体的区域内初步安排接地体的布置方案，并按一般经验试选，初步确定接地体和连接导线的尺寸；

（5）计算单根接地体的接地电阻 $R_E(1)$；

（6）计算接地体的数量：

$$n = R_E(1) / \eta_E R_{E(man)}$$

最后确定接地装置的布置方式。

三、接地电阻的测量方法

为了确保接地体的接地电阻在允许范围内，应在施工后测量校验。具体测量方法如下：测量接地电阻用专门仪表，常用接地电阻测量仪，即为 ZC－8 型的接地摇表，如图 9－39。测量仪有 3 个端子和 4 个端子两种。有 4 个端子测量仪在测量时，应将“P_2”和“C_2”端子短接后再接至被测的接地体。3 个端子测量仪的“E”，测量时直接将“E”接在被测接地体即可。端子“P”和“C”分别接上电压辅助探针和电流辅助探针，探针按规定的距离插入地中。

1. 对电压辅助探针和电流辅助探针的要求

在利用接地电阻测量仪测量接地电阻时，辅助探针本身是接地电阻测量的关键。如果探针本身的接地电阻太大，会直接影响仪器的灵敏度，甚至测不出数来。所以电流辅助探针本身的接地电阻不大于 250Ω，电压辅助探针本身的接地电阻应不大于 10 000Ω。探针一

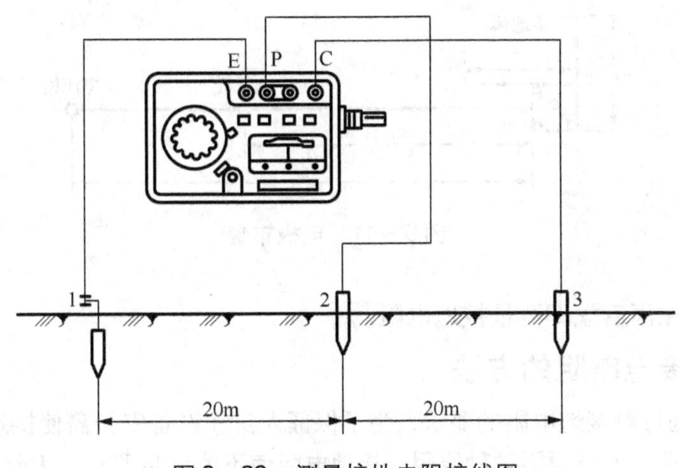

图 9-39　测量接地电阻接线图

1—被测接地极；2，3—金属辅助探测棒

般用直径为 0.5cm，长度为 0.5m 的镀锌铁棒做成。

2. 变配电所接地电阻的测量方法

电极的布置如图 9-40 所示。电流极与接地网边缘之间距离 Ω，一般取接地网最大对角线长度 D 的 4 ~5 倍。电压极到接地网的距离 d_{12} 约为电流极到接地网的距离的 50% ~60%，如 D_{13} 取（4 ~5）D 有困难，在土壤电阻率较均匀的地区，d_{13} 取 $2D$，d_{12} 取 D；在土壤电阻率不均匀的地区，d_{13} 取 $3D$，d_{12} 取 $1.7D$。

3. 电力线路杆塔接地电阻的测量方法

电极布置图如图 9-40 所示，d_{13} 一般取接地装置最长射线长度 L 的 4 倍，d_{12} 取 L 的 2.5 倍。

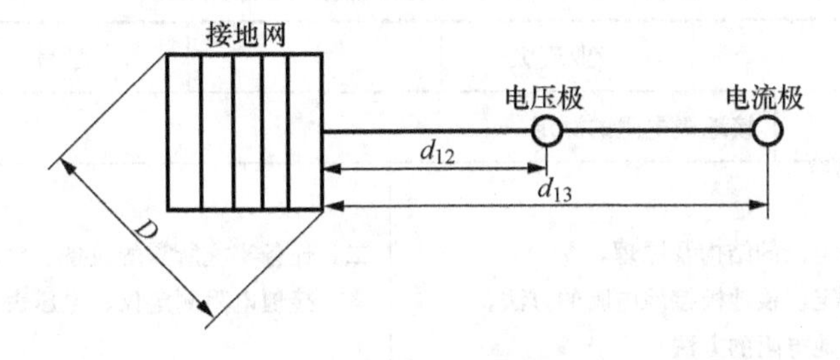

图 9-40　电极布置

4. 接地电阻测量注意事项

（1）测量时接地装置与避雷线断开。

（2）电流极、电压极应布置在与线路或地下金属管道垂直的方向上（见图 9-41）。

（3）所有连接线截面一般应不小于 1 ~1.5mm。

（4）测量前将仪器放平，然后调零，使指针指在红线上。

（5）测量时将探针，沿接地网和电流极的连接线移动三次，每次移动距离为 d_{13} 的 5% 左右，如三次测得的电阻值接近即可。

（6）测量时，当发现有干扰，指针摆动时，应注意改变几个转速，以避免外界干扰，使指针稳定。

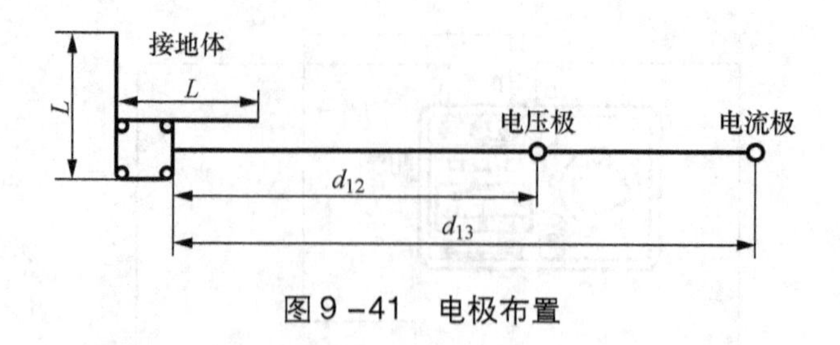

图9－41　电极布置

（7）应避免在雨后立即测量接地电阻。

四、降低接地电阻的方法

前面已经谈到过对接地电阻的要求，为了保证人身和设备安全需使接地装置的接地电阻满足表9－2的要求。但有时因种种原因，接地电阻值不能满足要求。为此应采取以下措施：

（1）接地装置的接地体应尽量埋设在土壤电阻率较低的土层内。

（2）若土壤电阻率偏高时，比如土壤电阻率$\rho \geqslant 300\Omega \cdot m$时，为降低接地电阻可采取以下措施：①采用多支线外引接接地装置，其外引线长度不应大于$2\sqrt{\rho}$，这里ρ为埋设外引线处的土壤电阻率；②如地下较深处土壤ρ较低时，可采用深埋式接地体；③局部地进行土壤置换处理，即在接地体周围换以ρ较低的黏土或黑土；④进行土壤化学处理，即在接地体周围填充降阻剂（长效网胶减阻剂）。另外还可以用加添食盐、木炭与土壤混合，填充保水剂尿素、聚乙烯醇和水等。

【任务实施】

接地极电阻的测定任务实施分析报告见表9－9。

表9－9　接地极电阻的测定任务实施表

<table>
<tr><td>姓名</td><td></td><td>专业班级</td><td></td><td>学号</td><td></td></tr>
<tr><td>任务名称及内容</td><td colspan="5">接地极电阻的测定</td></tr>
<tr><td colspan="3">一、任务实施的目的：
1. 了解接点电阻测定仪的结构及原理。
2. 掌握接地电阻测定仪接地极接地电阻的方法。
3. 掌握伏安测定接地电阻的方法</td><td colspan="3">二、任务实施所需的设备、材料：
接地电阻测定仪、电压表、电流表</td></tr>
<tr><td colspan="3">三、任务完成的时间：2学时</td><td colspan="3">四、安全生产与文明生产要求：
1. 安全、迅速、正确、严谨
2. 不损坏设备、仪器</td></tr>
<tr><td colspan="6">五、任务内容及步骤：
1. 接地电阻测定仪测定接地极接地电阻
（1）接地电阻测定仪测定接地极接地电阻的任务接线图。
（2）接地电阻测定
用导线将主接地极、探针、辅助接地极与测定仪EPC端子连接，如图9－42所示。再将探针和辅助接地极按要求插入潮湿的土中，校正测定仪的指针至零，调节合适的比率，均匀地摇动手柄（120转/分），同时调节刻度盘使指针重新回到零位，读取刻度盘上的读数，乘上相应的比率，即为主接地极的接地电阻值。再改变探针的位置，重复上述步骤，并做好记录</td></tr>
</table>

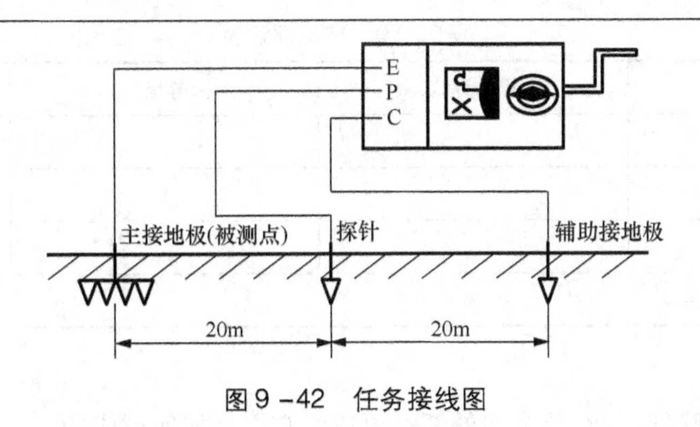

图 9 -42　任务接线图

2. 用伏安表测定接地极接地电阻

(1) 用伏安表测定接地极接地电阻的实验接线图（见图 9 -43）。

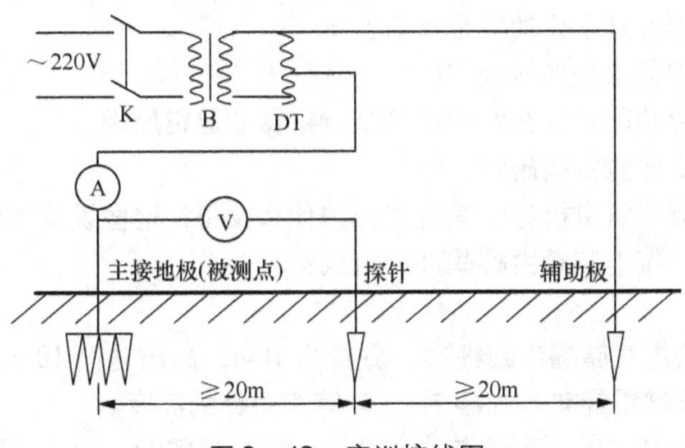

图 9 -43　实训接线图

(2) 接地电阻测定。按图接好线，合闸送电，此时北侧接地极的接地电阻 r_d 等于接地极的对地电压 U_d 与通过接地极的入地电流 I_d 之比，即 $r_d = U_d/I_d$。

为了使测量电流能够通过接地极，除被测接地极外，必须有另一个接地极，因此增设一个辅助接地极，使电源一个端子与被测接地极相连，另一个端子与辅助接地极相连，恻然得到一个电流通路。电流表串接于此回路中，即可测得通过接地极的入地电流 I_d。同理，为了测得对地电压，也必须增设一个探针接地极。为了使测量准确，探针和辅助接地极应直线排列，间距应大于或等于 20m。

测定结果分析：

指导教师评语（成绩）：

【任务总结】

通过本任务的学习，学生应理解接地与接零的基本概念，了解接地电阻的允许值，掌握人工接地电阻的测量和计算。

【项目评价】

根据学生任务实施的步骤和操作，以及计算过程和结果进行综合评价，并填写成绩评议表（见表 9 -10）。

表 9－10　成绩评议表

评定人/任务	操作评议	等级	评定签名
自评			
同学互评			
教师评价			
综合评定等级			

思考题

1. 什么叫内部过电压？什么叫外部过电压？它们是如何形成的？
2. 什么叫直接雷击和感应雷击？雷电流的波形有何特点？
3. 什么叫平均雷暴日？多雷区和少雷区是如何划分的？
4. 什么叫接闪器？其主要功能是什么？
5. 避雷针的保护范围是如何确定的？
6. 避雷器的主要功能是什么？叙述管型避雷器的避雷原理。
7. 架空线路有哪些防雷措施？
8. 变配电所有哪些防雷措施？其重点保护什么设备？这些设备如何防护雷电波侵入？
9. 什么叫接地？接地装叠由哪些部分组成？

习题

9－1　某工厂的煤气储罐为圆柱形，直径为 10m，高出地面 10m，拟定由一根避雷针作为防雷保护，要求避雷针离煤气罐 5m。计算避雷针的高度。

9－2　有一烟囱高 60m，顶端装一支 2.5m 高的避雷针，地面上有 10m 高的变电所，其最远一角离避雷针中心线的距离为 50m。验算此避雷针能否保护变电所。

9－3　某变电所装有 6/0.4kV 的变压器，其 6kV 侧位小接地电流系统。在该系统中与之有电气连接的电缆线路总长为 6km，架空线路为 24km，测出 6km 的电缆自然接地体电阻为 50Ω，380 侧位中性点接地系统，根据实测结果该地区的土壤为黏土，其土壤电阻率为 0.4×104Ω·m，测量是在夏季土壤比较潮湿情况下进行的（为使测得的土壤电阻率反映最不利的情况，可将所实测的值乘以 1.2～1.5 系数）。试求采用角钢（50mm×50mm×5mm）作为接地体的数目。

附表4－1　并联电容器的技术数据

型号	额定电压/kV	额定容量/kvar	额定频率/Hz	相数
BW0.4－14－1	0.4	14	50或60	1
BW0.4－14－3	0.4	14	50或60	3
BW0.4－16－3	0.4	16	50	1
BW0.4－16－3	0.4	16	50	3
BW3.15－18－1	3.15	18	50	1
BW6.3－18－1	6.3	18	50	1
BWF6.3－18－1G	6.3	18	50	1
BWF6.3－30－1	6.3	30	50	1
BWF6.3－30－1G	6.3	30	50	1
BWF6.3－40－1	6.3	40	50	1
BWF6.3－50－1W	6.3	50	50	1
BWF6.3－60－1	6.3	60	50	1
BGF6.3－80－1	6.3	80	50	1
BGF6.3－100－1	6.3	100	50	1
BW10.5－18－1G	10.5	18	50	1
BW10.5－18－1	10.5	18	50	
BWF10.5－30－1	10.5	30	50	1
BW10.5－30－1G	10.5	30	50	
BWF10.5－40－1	10.5	40	50	1
BWF10.5－50－1W	10.5	50	50	1
BWF10.5－60－1	10.5	60	50	1
BGF10.5－80－1	10.5	80	50	1
BGF10.5－100－1	10.5	100	50	1
BWF11/$\sqrt{3}$－30－1	11/$\sqrt{3}$	30	50	1
BWF11/$\sqrt{3}$－30－1G	11/$\sqrt{3}$	30	50	1
BWF11/$\sqrt{3}$－50－1	11/$\sqrt{3}$	50	50	1
BWF11/$\sqrt{3}$－50－1W	11/$\sqrt{3}$	50	50	1
BWF11/$\sqrt{3}$－60－1	11/$\sqrt{3}$	60	50	1
BGF11/$\sqrt{3}$－80－1	11/$\sqrt{3}$	80	50	1
BGF11/$\sqrt{3}$－100－1	11/$\sqrt{3}$	100	50	1
BWF11/$\sqrt{3}$－100－1	11/$\sqrt{3}$	100	50	1
BWF11/$\sqrt{3}$－100－1W	11/$\sqrt{3}$	100	50	1
BWF11/$\sqrt{3}$－200－1W	11/$\sqrt{3}$	200	50	1
BWF11/$\sqrt{3}$－334－1W	11/$\sqrt{3}$	334	50	1
BWF11－50－1	11	50	50	1
BWF11－60－1	11	60	50	1
BGF11－80－1	11	80	50	1
BGF11－100－1	11	100	50	1

附表4-2 SL_7系列铝线圈低损耗配电变压器技术数据

10（或6）kV级30~6 300kV·A无激励磁调压变压器技术数据

额定容量/kV·A	型号	额定损耗/W		阻抗电压/%	空载电流/%	绕组连接组
		空载	短路			
30	SL_7-30/10	150	800	4	3.5	均为Y/Y_0-12接线
50	SL_7-50/10	190	1 150	4	2.8	
63	SL_7-63/10	220	1 400	4	2.8	
80	SL_7-80/10	270	1 650	4	2.7	
100	SL_7-100/10	320	2 000	4	2.6	
125	SL_7-125/10	370	2 450	4	2.5	
160	SL_7-160/10	460	2 850	4	2.4	
200	SL_7-200/10	540	3 400	4	2.4	
250	SL_7-250/10	640	4 000	4	2.3	
315	SL_7-315/10	760	4 800	4	2.3	
400	SL_7-400/10	920	5 800	4	2.1	
500	SL_7-500/10	1 080	6 900	4	2.1	
630	SL_7-630/10	1 300	8 100	4.5	2.0	
800	SL_7-800/10	1 540	9 900	4.5，5.5	1.7	
1 000	SL_7-1000/10	1 800	11 600	4.5，5.5	1.4	
1 250	SL_7-1250/10	2 200	13 800	4.5，5.5	1.4	
1 600	SL_7-1600/10	2 650	16 500	4.5，5.5	1.3	
2 000	SL_7-2000/10	3 100	19 800	5.5	1.2	
2 500	SL_7-2500/10	3 650	23 000	5.5	1.2	
3 150	SL_7-3150/10	4 400	27 000	5.5	1.1	
4 000	SL_7-4000/10	5 300	32 000	5.5	1.1	
5 000	SL_7-5000/10	3 400	33 700	5.5	1.0	
6 300	SL_7-6300/10	7 500	41 000	5.5	1.0	

35kV级50~31500kV.A无激磁调压变压器技术数据

额定容量/kV·A	型号	额定损耗/W		阻抗电压/%	空载电流/%	绕组连接组
		空载	短路			
50	SL_7-50/35	265	1 350	6.5	3.5	Y/Y_0-12
100	SL_7-100/35	370	2 250	6.5	3.2	Y/Y_0-12
125	SL_7-1250/35	420	2 650	6.5	3.0	Y/Y_0-12
160	SL_7-160/35	470	3 150	6.5	2.5	Y/Y_0-12
200	SL_7-200/35	550	3 700	6.5	2.3	Y/Y_0-12
250	SL_7-250/35	640	4 400	6.5	2.3	Y/Y_0-12
315	SL_7-315/35	740	5 300	6.5	2.2	Y/Y_0-12
400	SL_7-400/35	880	6 400	6.5	2.0	Y/Y_0-12
500	SL_7-500/35	1 040	7 700	6.5	1.8	Y/Y_0-12
630	SL_7-630/35	1 230	9 200	6.5	1.7	Y/Y_0-12
800	SL_7-630/35	1 500	11 000	6.5	1.6	Y/Y_0-12

续表

额定容量/kV·A	型号	额定损耗/W		阻抗电压/%	空载电流/%	绕组连接组
		空载	短路			
1 000	SL_7 -630/35	1 770	13 500	6.5	1.5	Y/△-11
1 250	SL_7 -630/35	2 100	16 300	6.5	1.5	Y/△-11
1 600	SL_7 -630/35	2 550	17 500	6.5	1.4	Y/△-11
2 000	SL_7 -630/35	3 400	19 800	6.5	1.4	Y/△-11
2 500	SL_7 -630/35	4 000	23 000	6.5	1.32	Y/△-11
3 150	SL_7 -630/35	4 750	27 000	7.0	1.2	Y/△-11
4 000	SL_7 -630/35	5 650	32 000	7.0	1.2	Y/△-11
5 000	SL_7 -630/35	6 750	36 700	7.0	1.1	Y/△-11
6 300	SL_7 -630/35	8 200	41 000	7.5	1.05	Y/△-11
8 000	SL_7 -630/35	9 800	50 000	7.5	1.05	Y/△-11
10 000	SL_7 -630/35	11 500	59 000	7.5	1.0	Y/△-11
12 500	SL_7 -630/35	13 500	70 000	8.0	1.0	Y/△-11
16 000	SL_7 -630/35	16 000	86 000	8.0	1.0	Y/△-11
20 000	SL_7 -630/35	18 700	103 000	8.0	1.0	Y/△-11
25 000	SL_7 -630/35	21 500	123 000	8.0	1.0	Y/△-11
31 500	SL_7 -630/35	25 500	147 000	8.0	1.0	Y/△-11

附表4-3　SJL型三相双绕组铝线电力变压器技术数据

型号	额定容量/kV·A	额定电压/kV		损耗/kW		阻抗电压/%	空载电流/%	绕组连接组	质量/t		参考价格/(万元·台$^{-1}$)
		高压	低压	空载	短路				器身重	总重	
SJL_1 -1000/10	1 000	10	6.3	2	13.7	5.5	1.7	Y/△-11	1.73	3.33	
		6	3.15								
SJL_1 -1000/10	1 000	10	0.4	2	13.7	4.5	1.7	Y/Y_0-12	1.77	3.44	
		6.3									
		6									
SJL_1 -1250/10	1 250	10	6.3	2.35	16.4	5.5	1.6	Y/△-11	1.98	3.98	
		6	3.15								
SJL_1 -1250/10	1 250	10	0.4	2.35	16.4	4.5	1.6	Y/Y_0-12	1.975	3.995	
		6.3									
		6									
SJL_1 -1600/10	1 600	10	6.3	2.85	20	5.5	1.5	Y/△-11	2.29	4.72	
		6	3.15								
SJL_1 -1600/10	1 600	10	0.4	2.85	20	4.5	1.5	Y/Y_0-12	2.45	5.2	
		6.3									
		6									
SJL_1 -2000/10	2 000	10	6.3	3.3	24	5.5	1.4	Y/△-11	2.675	5.4	
		6	3.15								
SJL_1 -2500/10	2 500	10	6.3	3.9	27.5	5.5	1.3	Y/△-11	3.14	6.29	
		6	3.15								
SJL_1 -3150/10	3 150	10	6.3	4.6	33	5.5	1.2	Y/△-11	3.7	7.2	
		6	3.15								

续表

型号	额定容量/kV·A	额定电压/kV		损耗/kW		阻抗电压/%	空载电流/%	绕组连接组	质量/t		参考价格/(万元·台$^{-1}$)
		高压	低压	空载	短路				器身重	总重	
SJL_1－4000/10	4 000	10	6.3 3.15	5.5	39	5.5	1.1	Y/△－11	4.54	8.6	
SJL_1－5000/10	5 000	10	6.3 3.15	6.5	45	5.5	1.1	Y/△－11	5.36	10.15	
SJL_1－6300/10	6 300	10	6.3 3.15	7.9	52	5.5	1.0	Y/△－11	6.45	11.85	
SJL_1－1000/35	1 000	35	10.5 6.5 3.15	2.2	14	6.5	1.7	Y/△－11	1.95	4.17	1.59
SJL_1－1000/35	1 000	35	0.4	2.2	14	6.5	1.7	Y/Y_0－12	1.95	4.08	1.59
SJL_1－1250/35	1 250	35	10.5 6.3 3.15	2.6	17	6.5	1.6	Y/△－11	2.225	4.67	1.80
SJL_1－1600/35	1 600	35 38.5	10.5 6.3 3.15	3.05	20	6.5	1.5	Y/△－11	2.58	5.47	2.20
SJL_1－1600/35	1 600	35	0.4	3.05	20	6.5	1.5	Y/Y_0－12	2.61	5.15	2.20
SJL_1－2000/35	2 000	35 38.5	10.5 6.3 3.15	3.6	24	6.5	1.4	Y/△－11	2.95	6.3	2.50
SJL_1－2500/35	2 500	35 38.5	10.5 6.3 3.15	4.25	27.5	6.5	1.3	Y/△－11	3.4	7.04	2.77
SJL_1－3150/35	3 150	35 38.5	10.5 6.3 3.15	5	33	7	1.2	Y/△－11	4.04	8.33	3.22
SJL_1－4000/35	4 000	35 38.5	10.5 6.3 3.15	5.9	39	7	1.1	Y/△－11	4.88	9.56	3.80
SJL_1－5000/35	5 000	35 38.5	10.5 6.3 3.15	6.9	45	7	1.1	Y/△－11	5.74	11.22	4.50
SJL_1－5600/35	5 600	35 38.5	10.5 6.3 3.15					Y/△－11			
SJL_1－6300/35	6 300	35 38.5	10.5 6.3 3.15	8.2	52	7.5	1.0	Y/△－11	6.81	12.83	5.65
SFL_1－8000/10	8 000	10 10.5	6.3,3.3 3.15	9.4	68.37	10	0.85	Y/Y－12 Y/△－11	7.3	13.7	5.7
10000/10	10 000	10.5	3.15	11.15	92	12		Y/△－11	8.8	16.7	6.8

续表

型　号	额定容量/kV·A	额定电压/kV		损耗/kW		阻抗电压/%	空载电流/%	绕组连接组	质量/t		参考价格/万元·台$^{-1}$
		高压	低压	空载	短路				器身重	总重	
SFL_1 -8000/35	8 000	35 38.5	11,10.5 6.6,6.3 3.3,3.15	10.9	58	7.5	1.5	$Y/\triangle-11$	8.15	15.15	6.29
-10000/35	10 000	35 38.5	3.3,3.15	11.75	68.7	7.5	1.5	$Y/\triangle-11$	9.75	17.05	7.4
-20000/35	20 000	35 38.5	11,10.5 6.6,6.3	22	114.9	8	1.0	$Y/\triangle-11$	17	30.1	11.3
-31500/35	31 500	35 38.5	6.6,6.3	30	117.2	8	0.7	$Y/\triangle-11$	24	40.5	14.4
SFL_1 -8000/60	8 000	60 63 66	11,10.5 6.6,6.3	11.2	58.9	9	1.0	$Y_0/\triangle-11$	8.6	17.2	6.7
-10000/60	10 000	60 63 66	6.6,6.3	13.2	14.6	9	1.0	$Y_0/\triangle-11$	10.8	21.7	7.8
-16000/60	16 000	60 63 66	6.6,6.3	19.5	106.5	9	0.85	$Y_0/\triangle-11$	14.3	26.5	10.9
-20000/60	20 000	60 63 66	6.6,6.3	22.1	123	9	0.8	$Y_0/\triangle-11$	16.3	29.38	11.5
-31500/60	31 500	60 63 66	6.6,6.3	32.4	169.1	9	0.8	$Y_0/\triangle-11$	23.4	40.4	15.9
SFL_1 -6300/110	6 300	110 121	11,10.5 6.6,6.3	9.76	52	10.5	1.1	$Y_0/\triangle-11$	6.97	15.67	6.7
-8000/110	8 000	110 121	6.6,6.3	11.6	62	10.5	1.1	$Y_0/\triangle-11$	8.4	17.87	7.4
-10000/110	10 000	110 121	6.6,6.3	14	14	10.5	1.1	$Y_0/\triangle-11$	9.93	19.91	8.36
-16000/110	16 000	110 121	6.6,6.3	18.5	18.5	10.5	0.9	$Y_0/\triangle-11$	13.5	25.5	11.3
-20000/110	20 000	110 121	6.6,6.3	22	135	10.5	0.8	$Y_0/\triangle-11$	15.8	29.75	12.3
-31500/110	31 500	110 121	6.6,6.3	31.05	190	10.5	0.7	$Y_0/\triangle-11$	22.6	40.6	17

注：(1) 符号意义：S——三相；J——油浸散热；L——铝线圈；F——油浸风冷。

(2) 变压器轨距（mm）：1 000～1 600kV·A 的轨距为 820；2 000～6 300 kV·A 的轨距为 1 070。

附表4－4　并联电容器的技术数据

型号	额定电压/kV	额定容量/kvar	额定频率/Hz	相数
BW0.4－14－1	0.4	14	50或60	1
BW0.4－14－3	0.4	14	50或60	3
BW0.4－16－3	0.4	16	50	1
BW0.4－16－3	0.4	16	50	3
BW3.15－18－1	3.15	18	50	1
BW6.3－18－1	6.3	18	50	1
BWF6.3－18－1G	6.3	18	50	1
BWF6.3－30－1	6.3	30	50	1
BWF6.3－30－1G	6.3	30	50	1
BWF6.3－40－1	6.3	40	50	1
BWF6.3－50－1W	6.3	50	50	1
BWF6.3－60－1	6.3	60	50	1
BGF6.3－80－1	6.3	80	50	1
BGF6.3－100－1	6.3	100	50	1
BW10.5－18－1G	10.5	18	50	1
BW10.5－18－1	10.5	18	50	
BWF10.5－30－1	10.5	30	50	1
BW10.5－30－1G	10.5	30	50	
BWF10.5－40－1	10.5	40	50	1
BWF10.5－50－1W	10.5	50	50	1
BWF10.5－60－1	10.5	60	50	1
BGF10.5－80－1	10.5	80	50	1
BGF10.5－100－1	10.5	100	50	1
BWF11/$\sqrt{3}$－30－1	11$\sqrt{3}$	30	50	1
BWF11/$\sqrt{3}$－30－1G	11$\sqrt{3}$	30	50	1
BWF11/$\sqrt{3}$－50－1	11$\sqrt{3}$	50	50	1
BWF11/$\sqrt{3}$－50－1W	11$\sqrt{3}$	50	50	1
BWF11/$\sqrt{3}$－60－1	11$\sqrt{3}$	60	50	1

续表

型号	额定电压/kV	额定容量/kvar	额定频率/Hz	相数
BGF11/$\sqrt{3}$-80-1	11$\sqrt{3}$	80	50	1
BGF11/$\sqrt{3}$-100-1	11$\sqrt{3}$	100	50	1
BWF11/$\sqrt{3}$-100-1	11$\sqrt{3}$	100	50	1
BWF11/$\sqrt{3}$-100-1W	11$\sqrt{3}$	100	50	1
BWF11/$\sqrt{3}$-200-1W	11$\sqrt{3}$	200	50	1
BWF11/$\sqrt{3}$-334-1W	11$\sqrt{3}$	334	50	1
BWF11-50-1	11	50	50	1
BWF11-60-1	11	60	50	1
BGF11-80-1	11	80	50	1
BGF11-100-1	11	100	50	1

注：(1) 型号中，第一字母“B”代表并联；第二字母“W”代表烷基苯油；“G”代表硅油；第三字母“F”代表膜纸复合；

(2) 型号中，末尾字母“G”代表高原型；“W”代表全户外型，采用不锈钢板外壳；

(3) 型号中，第一个数字表示额定电压（kV）；第二个数字表示标称容量（kvar）；第三个数字代表相数。

附表 5-1　常用裸绞线和矩形母线允许载流量

◆铜、铝及钢芯铝绞线的允许载流量（环境温度+25℃　最高允许温度+70℃）

铜绞线			铝绞线			钢芯铝绞线	
导线型号	载流量/A		导线型号	载流量/A		导线型号	载流量/A
	屋外	屋内		屋外	屋内		屋外
TJ-16	130	100	LJ-16	105	80	LGJ-16	105
TJ-25	180	140	LJ-25	135	110	LGJ-25	135
TJ-35	220	175	LJ-35	170	135	LGJ-35	170
TJ-50	270	220	LJ-50	215	170	LGJ-50	220
TJ-70	340	280	LJ-70	265	215	LGJ-70	275
TJ-95	415	340	LJ-95	325	260	LGJ-95	335
TJ-120	485	405	LJ-120	375	310	LGJ-120	380
TJ-150	570	480	LJ-150	440	370	LGJ-150	445
TJ-185	645	550	LJ-185	500	425	LGJ-185	515
TJ-240	770	650	LJ-240	610	—	LGJ-240	610

◆矩形母线允许载流量（竖放）（环境温度+25℃　最高允许温度+70℃）

母线尺寸（宽/mm×厚/mm）	铜母线（TMY）载流量/A			铝母线（LMY）载流量/A		
	每相的铜排数			每相的铝排数		
	1	2	3	1	2	3
15×3	210	—	—	165	—	—
20×3	275	—	—	215	—	—
25×3	340	—	—	265	—	—
30×4	475	—	—	365	—	—
40×4	625	—	—	480	—	—
40×4	700	—	—	540	—	—
50×5	860	—	—	665	—	—
50×6	955	—	—	740	—	—
60×6	1 125	1 740	2 240	870	1 355	1 720
80×6	1 480	2 110	2 720	1 150	1 630	2 100
100×6	1 810	2 470	3 170	1 425	1 935	2 500
60×8	1 320	2 160	2 790	1 245	1 680	2 180
80×8	1 690	2 620	3 370	1 320	2 040	2 620
100×8	2 080	3 060	3 930	1 625	2 390	3 050
120×8	2 400	3 400	4 340	1 900	2 650	3 380
60×10	1 475	2 560	3 300	1 155	2 010	2 650
80×10	1 900	3 100	3 990	1 480	2 410	3 100
100×10	2 310	3 610	4 650	1 820	2 860	3 650
120×10	2 650	4 100	5 200	2 070	3 200	4 100

注：母线平放时，宽为60mm以下，载流量减少5%，当宽为60mm以上时，应减少8%。

附表5-2　绝缘导线的允许载流量（导线正常最高允许温度+65℃）

◆绝缘导线明敷时的允许载流量（单位：A）

芯线截面/mm^2	橡皮绝缘导线				聚氯乙烯绝缘导线			
	BLX，BBLX		BX，BBX		BLV		BV，BVR	
	25℃	30℃	25℃	30℃	25℃	30℃	25℃	30℃
2.5	27	25	35	32	25	23	32	29

续表

芯线截面/mm^2	橡皮绝缘导线				聚氯乙烯绝缘导线			
	BLX，BBLX		BX，BBX		BLV		BV，BVR	
	25℃	30℃	25℃	30℃	25℃	30℃	25℃	30℃
4	35	32	45	42	32	29	42	39
6	45	42	58	54	42	39	55	51
10	65	60	85	79	59	55	75	70
16	85	79	110	102	80	74	105	98
25	110	102	145	135	105	98	138	129
35	138	129	180	168	130	121	170	158
50	175	163	230	215	165	154	215	201
70	220	206	285	265	205	191	265	247
95	265	247	345	322	250	233	325	303
120	310	280	400	374	283	266	375	350
150	360	336	470	439	325	303	430	402
185	420	392	540	504	380	355	490	458

◆聚氯乙烯绝缘导线穿钢管时的允许载流量　（单位：A）

芯线截面/mm^2	两根单芯线			管径/mm^2		三根单芯线			管径/mm^2		四、五根单芯线			管径/mm^2	
	环境温度/℃					环境温度/℃					环境温度/℃				
	25	30	35	SC	TC	25	30	35	SC	TC	25	30	35	SC	TC
BLV 铝线															
2.5	20	18	17	15	15	18	16	15	15	15	15	14	12	15	15
4	27	25	23	15	15	24	22	20	15	15	22	20	19	15	20
6	35	32	30	15	20	32	29	27	15	20	28	26	24	20	25
10	49	45	42	20	25	44	41	38	20	25	38	35	32	25	25
16	63	58	54	25	25	56	52	48	25	32	50	46	43	25	32
25	80	74	69	25	32	70	65	60	32	32	65	60	50	32	40
35	100	93	86	32	40	90	84	77	32	40	80	74	69	32	
50	125	116	108	32		110	102	95	40		100	93	86	50	

续表

芯线截面/mm^2	两根单芯线			管径/mm^2		三根单芯线			管径/mm^2		四、五根单芯线			管径/mm^2	
	环境温度/℃					环境温度/℃					环境温度/℃				
	25	30	35	SC	TC	25	30	35	SC	TC	25	30	35	SC	TC
70	155	144	134	50		143	133	123	50		127	118	109	50	
95	190	177	164	50		170	158	147	50		152	142	131	70	
120	220	205	190	50		195	182	168	50		172	160	148	70	
150	250	233	216	70		225	210	194	70		200	187	173	70	
185	285	266	246	70		255	238	220	70		230	215	198	80	
BV 铜芯															
1.0	14	13	12	15	15	13	12	11	15	15	11	10	9	15	15
1.5	19	17	16	15	15	17	15	14	15	15	16	14	13	15	15
2.5	26	24	22	15	15	24	22	20	15	15	22	20	19	15	15
4	35	32	30	15	15	31	28	26	15	15	28	26	24	15	20
6	47	43	40	15	20	41	38	35	15	20	37	34	32	20	25
10	65	60	56	20	25	57	53	49	20	25	50	46	43	25	25
16	82	76	70	25	25	73	68	63	25	32	65	60	56	25	32
25	107	100	92	25	32	95	88	82	32	32	85	79	73	32	40
35	133	124	115	32	40	115	107	99	32	40	105	98	90	32	
50	165	154	142	32		146	136	126	40		130	121	112	50	
70	205	191	177	50		183	171	158	50		165	154	142	50	
95	250	233	216	50		225	210	194	50		200	187	173	70	
120	290	271	250	5		260	243	224	50		230	215	198	70	
150	330	308	285	70		300	280	259	70		265	247	229	70	
185	380	355	328	70		340	317	294	70		300	280	259	80	

注：表中的 SC——焊接钢管，管径按内径计；TC——电线管，管径按外径计。

◆聚氯乙烯绝缘导线穿塑料管时的允许载流量　　　（单位：A）

芯线截面/mm²	两根单芯线			管径/mm² PC	三根单芯线			管径/mm² PC	四根单芯线			管径/mm² PC
	环境温度/℃				环境温度/℃				环境温度/℃			
	25	30	35		25	30	35		25	30	35	
BLV 铝芯												
2.5	18	16	15	15	16	14	13	15	14	13	12	20
4	24	22	20	20	22	20	19	20	19	17	16	20
6	31	28	26	20	27	25	23	20	25	23	21	25
10	42	39	36	25	38	35	32	25	33	30	28	32
16	55	51	47	32	49	45	42	32	44	41	38	32
25	73	68	63	32	65	60	56	40	57	53	49	40
35	90	84	77	40	80	74	69	40	70	65	60	50
50	114	106	98	50	102	95	88	50	90	84	77	63
70	145	135	125	50	130	121	112	50	115	107	99	63
95	175	163	151	63	158	147	136	63	140	130	121	75
120	200	187	173	63	180	168	155	63	160	149	138	75
150	230	215	198	75	207	193	179	75	185	172	160	75
185	265	247	229	75	235	219	203	75	212	198	183	90
BV 铜芯												
1.0	12	11	10	15	11	10	9	15	10	9	8	15
1.5	16	14	13	15	15	14	12	15	13	12	11	15
2.5	24	22	20	15	21	19	18	15	19	17	16	20
4	31	28	26	20	28	26	24	20	25	23	21	20
6	41	36	35	20	36	33	31	20	32	29	27	25
10	56	52	48	25	49	45	42	25	44	41	38	32
16	72	67	62	32	65	60	56	32	57	53	49	32
25	95	88	82	32	85	79	73	40	75	70	64	40
35	120	112	103	40	105	98	90	40	93	86	80	50
50	150	140	129	50	132	123	114	50	117	109	101	63
70	185	172	160	50	167	156	144	50	148	138	128	63

续表

芯线截面/mm²	两根单芯线			管径/mm² PC	三根单芯线			管径/mm² PC	四根单芯线			管径/mm² PC
	环境温度/℃				环境温度/℃				环境温度/℃			
	25	30	35		25	30	35		25	30	35	
95	230	215	198	63	205	191	177	63	185	172	160	75
120	270	252	233	63	240	224	207	63	215	201	185	75
150	305	285	263	75	275	257	237	75	250	233	216	75
185	355	331	307	75	310	289	268	75	280	260	242	90

注：表中的PC表示硬塑料管。

附表5-3 电力电缆的允许载流量

◆油浸纸绝缘电力电缆的允许载流　　（单位：A）

电缆型号	ZLQ、ZLL			ZLQ20、ZLQ30、ZLQ12、ZLL30			ZLQ_2、ZLQ_3、ZLQ_5、ZLL_{12}、ZLL_{13}		
额定电压/kV	1~3	6	10	1~3	6	10	1~3	6	10
最高允许温度/℃	80	65	60	80	65	60	80	65	60
敷设方式 / 芯数×截面/mm²	敷设于25℃空气中						敷设于15℃土壤中		
3×2.5	22	—	—	24	—	—	30	—	—
3×4	28	—	—	32	—	—	39	—	—
3×6	35	—	—	40	—	—	50	—	—
3×10	48	43	—	55	48	—	67	61	—
3×16	65	55	55	70	65	60	88	78	73
3×25	85	75	70	95	85	80	114	104	100
3×35	105	90	85	115	100	95	141	123	118
3×50	130	115	105	145	125	120	174	151	147
3×70	160	135	130	180	155	145	212	186	170
3×95	195	170	160	2220	190	180	256	230	209
3×120	225	195	185	255	220	206	289	257	243
3×150	265	225	210	300	255	235	332	291	277
3×180	305	260	245	345	295	270	376	330	310
3×240	365	310	290	410	345	325	440	386	367

◆聚氯乙烯绝缘及护套电力电缆的允许载流　　（单位：A）

额定电压/kV	1				6			
最高允许温度/℃	+65℃							
敷设方式	15℃地中直埋		25℃空气敷设		15℃地中直埋		25℃空气敷设	
芯数×截面/mm²	铝	铜	铝	铜	铝	铜	铝	铜
3×2.5	25	32	16	20	—	—	—	—
3×4	33	42	22	28	—	—	—	—
3×6	42	54	29	37	—	—	—	—
3×10	57	73	40	51	54	69	42	54
3×16	75	97	53	68	71	91	56	72
3×25	99	127	72	92	92	119	74	95
3×35	120	155	87	112	116	149	90	116
3×50	147	189	108	139	143	184	112	144
3×70	181	233	135	174	171	220	136	175
3×95	215	277	165	212	208	268	167	215
3×120	244	314	191	246	238	307	194	250
3×150	280	261	225	290	272	350	224	288
3×180	316	407	257	331	308	397	257	331
3×240	361	465	306	394	353	455	301	388

◆交联聚乙烯绝缘聚氯乙烯护套电力电缆的允许载流　　（单位：A）

额定电压/kV	1（3～4芯）				6（3芯）			
最高允许温度/℃	90							
敷设方式	15℃地中直埋		25℃空气敷设		15℃地中直埋		25℃空气敷设	
芯数×截面/mm²	铝	铜	铝	铜	铝	铜	铝	铜
3×16	99	128	77	105	102	131	94	121
3×25	128	167	105	140	130	168	123	158
3×35	150	200	125	170	155	200	147	190
3×50	183	239	155	205	188	241	180	231
3×70	222	299	195	260	224	289	218	280

续表

额定电压/kV	1（3～4芯）				6（3芯）			
最高允许温度/℃	90							
敷设方式 \ 芯数×截面/mm^2	15℃地中直埋		25℃空气敷设		15℃地中直埋		25℃空气敷设	
	铝	铜	铝	铜	铝	铜	铝	铜
3×95	266	350	235	320	266	341	261	335
3×120	305	400	280	370	302	386	303	388
3×150	344	450	320	430	342	437	347	445
3×180	389	511	370	490	382	490	394	504
3×240	455	588	440	580	440	559	461	587

◆电缆在不同环境温度时的载流量矫正系数

电缆敷设地点		空气中				土壤中			
环境温度/℃		20	25	30	35	10	15	20	25
缆芯最高工作温度/℃	60	1.069	1.0	0.926	0.864	1.054	1.0	0.943	0.882
	65	1.061	1.0	0.935	0.866	1.049	1.0	0.949	0.894
	70	1.054	1.0	0.943	0.882	1.044	1.0	0.953	0.905
	80	1.044	1.0	0.953	0.905	0.038	1.0	0.961	0.920
	90	1.038	1.0	0.961	0.920	1.033	1.0	0.966	0.931

◆电缆在不同土壤热阻系数时的载流量矫正系数

土壤热阻系数/（℃·m·W^{-1}）	分类特征（土壤特性和雨量）	校正系数
0.8	土壤很潮湿，经常下雨。如湿度大于9%的沙土；湿度大于14%的沙—泥土等	1.05
1.2	土壤潮湿，规律性下雨。如湿度大于7%但小于9%的沙土；湿度为12%～14%的沙—泥土等	1.0
1.5	土壤较干燥，雨量不大。如湿度为8%～12%的沙—泥土等	0.93
2.0	土壤干燥，少雨。如湿度大于4%但小于7%的沙土；湿度为4%～8%的沙—泥土等	0.87
3.0	多石地层，非常干燥。如湿度小于4%的沙土等	0.75

◆电缆埋地多根并列时的载流量矫正系数

电缆根数 / 电缆外皮距离/mm	1	2	3	4	5	6	7	8
100	1	0.90	0.85	0.80	0.78	0.75	0.73	0.72
200	1	0.92	0.87	0.84	0.82	0.81	0.80	0.79
300	1	0.93	0.90	0.87	0.86	0.85	0.85	0.84

附表5-4 导线机械强度最小截面

◆架空裸导线的最小截面

线路类别		导线最小截面/mm²		
		铝及铝合金绞线	钢芯铝绞线	铜绞线
35kV及以上电路		35	35	35
3~10kV线路	居民区	35	25	25
	非居民区	25	16	16
低压线路	一般	16	16	16
	与铁路交叉跨越档	35	16	16

◆绝缘导线芯线的最小截面

线路类别			芯线最小截面/mm²		
			铜芯软线	铜线	铝线
照明用灯头引下线		室内	0.5	1.0	2.5
		室外	1.0	1.0	2.5
移动式设备线路		生活用	0.75	—	—
		生产用	1.0	—	—
敷设在绝缘支持件上的绝缘导线（L为支持点间距）	室内	L≤2m	—	1.0	2.5
	室外	L≤2m	—	1.5	2.5
		2m<L≤6m	—	2.5	4
		6m<L≤15m	—	4	6
		15m<L≤25m	—	6	10
穿管敷设的绝缘导线			1.0	1.0	2.5

续表

<table>
<tr><td colspan="3" rowspan="2">线路类别</td><td colspan="3">芯线最小截面/mm²</td></tr>
<tr><td>铜芯软线</td><td>铜线</td><td>铝线</td></tr>
<tr><td colspan="3">沿墙明敷的塑料护套线</td><td>—</td><td>1.0</td><td>2.5</td></tr>
<tr><td colspan="3">板空穿线敷设的绝缘导线</td><td>—</td><td>1.0 (0.75)</td><td>2.5</td></tr>
<tr><td rowspan="3">PE 线和 PEN 线</td><td colspan="2">有机械保护时</td><td>—</td><td>1.5</td><td>2.5</td></tr>
<tr><td rowspan="2">无机械保护时</td><td>多芯线</td><td>—</td><td>2.5</td><td>4</td></tr>
<tr><td>单芯干线</td><td>—</td><td>10</td><td>16</td></tr>
</table>

附表 5-5　导体在正常和短路时的最高允许温度及热稳定系数

<table>
<tr><td colspan="3" rowspan="2">导体种类和材料</td><td colspan="2">最高允许温度/℃</td><td rowspan="2">热稳定系数 C/($A_s^{1/2}\cdot min^{-2}$)</td></tr>
<tr><td>额定负荷时</td><td>短路时</td></tr>
<tr><td rowspan="2">母线</td><td colspan="2">铜</td><td>70</td><td>300</td><td>171</td></tr>
<tr><td colspan="2">铝</td><td>70</td><td>200</td><td>87</td></tr>
<tr><td rowspan="8">油浸纸绝缘电缆</td><td rowspan="4">铜芯</td><td>1～3kV</td><td>80</td><td>250</td><td>148</td></tr>
<tr><td>6kV</td><td>65 (80)</td><td>250</td><td>150</td></tr>
<tr><td>10kV</td><td>60 (65)</td><td>250</td><td>153</td></tr>
<tr><td>35kV</td><td>50 (65)</td><td>175</td><td></td></tr>
<tr><td rowspan="4">铝芯</td><td>1～3kV</td><td>80</td><td>200</td><td>84</td></tr>
<tr><td>6kV</td><td>65 (80)</td><td>200</td><td>87</td></tr>
<tr><td>10kV</td><td>60 (65)</td><td>200</td><td>88</td></tr>
<tr><td>35kV</td><td>50 (65)</td><td>175</td><td></td></tr>
<tr><td colspan="2" rowspan="2">橡皮绝缘导线和电缆</td><td>铜芯</td><td>65</td><td>150</td><td>131</td></tr>
<tr><td>铝芯</td><td>65</td><td>150</td><td>87</td></tr>
<tr><td colspan="2" rowspan="2">聚氯乙烯绝缘导线的电缆</td><td>铜芯</td><td>70</td><td>160</td><td>115</td></tr>
<tr><td>铝芯</td><td>70</td><td>160</td><td>76</td></tr>
<tr><td colspan="2" rowspan="2">交联聚乙烯绝缘电缆</td><td>铜芯</td><td>90 (80)</td><td>250</td><td>137</td></tr>
<tr><td>铝芯</td><td>90 (80)</td><td>200</td><td>77</td></tr>
<tr><td colspan="2" rowspan="2">含有锡焊中间接头的电缆</td><td>铜芯</td><td></td><td>160</td><td></td></tr>
<tr><td>铝芯</td><td></td><td>160</td><td></td></tr>
</table>

注：1. 表中电缆（除橡皮绝缘电缆外）的最高允许温度是根据 GB50217—1994《电力工程电缆设计规范》编制；表中热稳定系数是参照《工业与民用配电设计手册》编制。
2. 表中“油浸纸绝缘电缆”中加括号的数字，适于“不滴流纸绝缘电缆”。
3. 表中“交联聚乙烯绝缘电缆”中加括号的数字，适于 10kV 以上电压。

附表6－1　企业中常用高压断路器的技术数据

型号	额定电压/kA	额定电流/A	额定断路容量/额定断路电流(M·VA·kA⁻¹) 在下列电压下			极限通过电流/kA		热稳定电流/kA			断路器重量/kg		操作机构	固有分闸时间/s	合闸时间/s	备注
			3 kV	6 kV	10 kV	峰值	有效值	1s	5s	10s	总重	油重				
ZN1－10 ZN3－10	10	300 600 1 000	100/20	200/20	/3 150/8.7 300/17.3	7.6 22 44	4.4 12.7 25.4	3	8.7 17.3				CD25	0.05	0.20	
SN2－10G	10	400 600 1 000	100/20	200/20	350/20	52	30	30	20	14	170 175 180	9	CS2 CD2	0.1	0.23	
SN3－10G	10	2 000 3 000		300/29	500/29	75	43.5	43.5	30	21	600	20	CD3－346	0.14	0.5	
SN4－10G	10	5 000 6 000			1 800/105	300	173	173	120	85	2150	55	CD6－G CD8－370 CQ2－135	0.15	0.65	
SN5－10 SN6－10	10	400 600 1 000	100/20	200/20	200/11.6 } 350/20	52				14	140 160 170	5 10 10	CS2 CD2	0.1	0.23	
SN8－10/200 SN8－10/350	10 10	600 600 1 000			200/11.6 350/20 23	65	37.5		4秒 23	77 107	6 8		CD2 CT7	0.1	0.25	
SN9－10	10	600 1 000			250/14.4 350/20.2	36.8 52			4秒 14.4 20.2		85 90	5	CD13	0.05 0.07	0.2	
SN10－10 Ⅰ Ⅱ Ⅲ	10	600 1 000 1 250 3 000	350/20 500/29 750/29			52 74 130	30 42		20 29 43.2		104 120	5 8	CD13 CT7 CD2	0.05 0.06	0.2 0.2	
SN10G/5000	10	5 000	1 800/105			300	173	173	120	85				0.15	0.65	
SN11－10 SN4－20G	10	600 1 000	200/11.6，350/20 400/23.1			52	30		5秒 20		75	4	CB1 CD12	0.05	0.23	
	20	6 000 8 000	3 000/87			300	175	173	120	85	2550	55	CD6－G CD8－370 CQ2－135	0.15	0.65	
SW2－35 SW2－35C	35 35	1 000 1 500	1 500/24.8			63.4	39.2		4秒 24.8		750	100	CD3－XG CD2－XG			
SW2－60	66 (44)	1 000	2 500/24.1 2 000/26.3			67	39		5秒 20	14	1140	110	CD5－370 GⅡX	0.08	0.5	

续表

型号	额定电压/kA	额定电流/A	额定断路容量/额定断路电流（MV·A·kA^{-1}）	极限通过电流/kA		热稳定电流/kA			断路器重量/kg		操作机构	固有分闸时间/s	合闸时间/s	备注
			在下列电压下	峰值	有效值	1s	5s	10s	总重	油重				
SW3－35	35	600	400/6.6	17	9.8		4秒 6.6		700	37	液压或电磁操作机构	0.06	0.12	
SW3－110G	110	1 200	3 000	41			4秒 15.8		2 100	450	CD5－XG	0.07	0.4	
SW4－110G	110 220	1 000 1 000	3 000/15.8 7 000/18.4	55	32	32	21 21	 14.8	3 000 6 900	450 930	CY3G CT6－X	0.06 0.05	0.25	
SW6－110 SW6－220	110 220	1 200	3 000/21 8 000/21	55			4秒 21		1 860 4 800	300 800	CY3	0.04	0.2	
SW7－110	110	1200	3 000/15.8	55	21		21		2 000	300	CY4	0.04	0.2	

附表6－2　企业中常用高压隔离开关的技术数据

型号	额定电压/kV	额定电流/A	极限通过电流峰值/kA	秒/热稳定电流/kA	单极重量/kg	配用操作机构
GW2－35 －35D	35	600	50	5s/14	75 85	CS8－3 SS8－2D CS－11
GW4－35 －350D	35	600 1 000	50 80	14 21.5	65 68	CS－11 CS8－6D
－110 －110D －110（G） －110（G）D	110	600 1 000	50 80	14 21.5	235 238	CS14（G） CQ2－110 CQ2－145
GW5－35G（不接地） －35G（接地） 35GK（快分0.25s）	35	600 1 000	50	14	92	CS1－9 CS1－XG
60G 60GD 60GK（快分0.3s）	60	600 1 000	50	14	120	CS－G CS－G CS1－XG
110G 110GD 110GK（快分）	110	600 1 000	50	14	150	CS－G CS－G CS1－XG

续表

型号	额定电压/kV	额定电流/A	极限通过电流峰值/kA	秒/热稳定电流/kA	单极重量/kg	配用操作机构
GW8-35 -60 -110	35 60 110	400 400 400	15	10/4	70 100 135	CS8-5
GW9-10 -10G	10	200 400 600	15 21 35	5 10 14	8.75 13.25	无
GN2-10/2000-85 -10/3000-100 35T/400-52 -35T/600-64	10 10 35 35	2 000 3 000 400 600	85 100 52 60	51 70 14 25	29 53 37	CS6-2T CS7 CS7
GN8-6T/200 -6T/400 -6T/600	6 6 6	200 400 600	25.5 40 52	10 14 20	7.5 8.3 9	CS6-1T
-10T/200 -10T/400 -10T/600 -10T/1000	10 10 10 10	200 400 600 1 000	25.5 40 52 75	10 14 30 30	9 9.7 10.3 14.2	CS6-1T

附表6-3 负荷开关的技术数据及其所配用的熔断器和脱扣器

<table>
<tr><th rowspan="2">型 号</th><th rowspan="2">额定电压/kV</th><th rowspan="2">额定电流/A</th><th colspan="2">最大开断电流/A</th><th colspan="2" rowspan="2">额定开断容量/MV·A</th><th rowspan="2">极限通过电流/kA</th><th rowspan="2">5s 热稳定电流/kA</th><th rowspan="2">闭合电流峰值/kA</th><th rowspan="2">操作机构</th><th rowspan="2">备 注</th></tr>
<tr><th>6kV</th><th>10kV</th></tr>
<tr><td>FN1-10
FN1-10R</td><td>10</td><td>400</td><td>800</td><td>400</td><td colspan="2"></td><td>25</td><td>8.5</td><td></td><td>CS3，CS3-T
CS4，CS4-T</td><td>逐步淘汰</td></tr>
<tr><td>FN2-10
FN2-10R</td><td>10</td><td>400</td><td>2500</td><td>1200</td><td colspan="2">25</td><td>25</td><td>8.5</td><td></td><td>CS4
CS4-T</td><td>带 R 型可装 RM-6 及 RM-10 熔断器</td></tr>
<tr><td rowspan="2">FN3-10</td><td rowspan="2">10</td><td rowspan="2">400</td><td>cosφ=0.15</td><td>cosφ=0.7</td><td>cosφ=0.5</td><td>cosφ=0.7</td><td>25</td><td rowspan="2">8.5</td><td rowspan="2">15</td><td rowspan="2">CS3
CS3-T</td><td rowspan="3">有热脱扣器，可作过载保护</td></tr>
<tr><td>850</td><td>1 450</td><td>15</td><td>25</td><td>25</td></tr>
<tr><td>FN3-10R</td><td>6</td><td>400</td><td>850</td><td>1 950</td><td>9</td><td>20</td><td>25</td><td>8.5</td><td></td><td>CS2</td></tr>
</table>

续表

型号	额定电压/kV	额定电流/A	最大开断电流/A		额定开断容量/MV·A	极限通过电流/kA	5s热稳定电流/kA	闭合电流峰值/kA	操作机构	备注
			6kV	10kV						
FW1-10	10	400		800	15	25	8.5		CS8-5	逐步淘汰
FW2-10G	10	100 200 400		1 500		14	7.8 7.8 12.7			
FW3-35	35	200		100		7	5	7	CS10-1	
FW4-10	10	200 400		800		15	5			

附表6-4 高压熔断器的技术数据

型号	额定电压/kV	额定电流/A	最大切断电流/kA	最大切断容量/MV·A	切断极限短路电流时电流最大峰值/kA	备注
	RN1型户内管型熔断器					
RN1-3	3	2、3、5、7、7.5、10、15、20、30、40、50、75、100、150、200 300 400	40	200	6.5 24.5 35 50	RN1型供电力线路短路保护之用
RN1-6	6	2、3、5、7.5、10、15、20、30、40、50、75 100 150、200 300	20	200	5.2 14 19 25	
RN1-10	10	2、3、5、7、7.5、10、15、20 30、40、50 75、100 150、200	12	200	4.5 8.6 15.5	
RN1-35	35	2、3、5、7.5 10 20 34 40	3.5	200	1.5 1.6 2.8 3.6 4.2	
RN1-13.8	13.8	3.5	额定断流量 100MV·A			

续表

RNV2 型户内管型熔断器						
RN2－10	3 6 10	0.5	100 85 50	500 1 000 1 000	160 300 1 000	RN－2型供电压互感器短路保护之用；
RN2－20	15 20	0.5	40 30	1 000	350 850	
RN2－35	35	10、20、40	17	1000	700	
RW1、RW2 型户外高压断路器						
RW1－35 RW1－60	35 60	0.5、3、5、7、10、15、20、25 30、40、50、75、100		400 250	8 4	RW1－35Z8RW1－60Z型熔断器具有一次自9动重合闸性能
RW1－35Z RW1－60Z	35 60	3、5、7、10、15、20、25、30 50、75、100		400 250	8 4	
RW2－35	35	熔管为7.5A 熔件为7.5A	3～4 4.5～6 8～10 13～15		60	
RW2－35H	35	熔管7.5A 熔件0.5A	0.6－1.8		60	

RW3 及 RW4 型户外跌落式熔断器						
RW3－10 RW3－10Z	10	3、5、7.5、10、15、20、25、30、40、50、60、75、100、150、200 3－50 3－100		上限100，下限30 上限150，下限5 上限200，下限10		RW3－5型最大额定电流100A；RW3－10Z为自动重合闸熔断器
RW3－15 RW4－10/50 RW4－10/150	15 10 10					

RW5、RW6 型户外跌落式熔断器

型　号	额定电压/kV	额定电流/A	开断负荷电流/A	最大切断容量/（MV·A）		开端变压器容量/kV·A	切合空载线路长度/km
				上限	下限		
RW5－35/100～400 RW5－35/200～800	35	100 200	100 200	400～500 800～900	10 30	5 600	20
RW6－60/100～500 RW6－60/100～800	60	100	100	500～600 800～1 000	20	10 000	60
RW6－110/100～750 RW6－110/100～1 000	110	100	100	750～900 1 000～1 200		20 000	120

附表6-5　矩形母线允许载流量（竖放）
（环境温度+25℃　最高允许温度+70℃）

母线尺寸（宽/mm×厚/mm）	铜母线（TMY）载流量/A			铝母线（LMY）载流量/A		
	每相的铜排数			每相的铝排数		
	1	2	3	1	2	3
15×3	210	—	—	165	—	—
20×3	275	—	—	215	—	—
25×3	340	—	—	265	—	—
30×4	475	—	—	365	—	—
40×4	625	—	—	480	—	—
40×4	700	—	—	540	—	—
50×5	860	—	—	665	—	—
50×6	955	—	—	740	—	—
60×6	1 125	1 740	2 240	870	1 355	1 720
80×6	1 480	2 110	2 720	1 150	1 630	2 100
100×6	1 810	2 475	3 170	1 425	1 935	2 500
60×8	1 320	2 160	2 790	1 245	1 680	2 180
80×8	1 690	2 620	3 370	1 320	2 040	2 620
100×8	2 080	3 060	3 930	1 625	2 390	3 050
120×8	2 400	3 400	4 340	1 900	2 650	3 380
60×10	1 475	2 560	3 300	1 155	2 010	2 650
80×10	1 900	3 100	3 990	1 480	2 410	3 100
100×10	2 310	3 610	4 650	1 820	2 860	3 650
120×10	2 650	4 100	5 200	2 070	3 200	4 100

注：母线平放时，宽为600mm以下，载流量减少5%，宽为60mm以上，应减少8%。

附表 7－1　DL—20（30）系列电流继电器的技术数据

型号	整定电流范围/A	线圈串联		线圈并联		动作时间	返回系数	最小整定电流时功率消耗/V·A	接点	
		动作电流/A	长期允许电流/A	动作电流/A	长期允许电流/A				常开	常闭
DL－21C 31 DL－22C 32 DL－23C 33 DL－24C 34 DL－25C	0.0125～0.05	0.0125～0.025	0.08	0.025～0.05	0.16	当1.2倍整定电流时，不大于0.15s 当3倍整定电流时不大于0.03s	0.8	0.4	1	
	0.05～0.2	0.05～0.1	0.3	0.1～0.2	0.6			0.5		
	0.15～0.6	0.15～0.3	1	0.3～0.6	2			0.5		1
	0.5～2	0.5～1	4	1～2	8			0.5		
	1.5～6	1.5～3	6	3～6	12			0.55	1	1
	2.5～10	2.5～5	10	5～10	20		0.7	0.85		
	5～20	5～10	15	10～20	30			1		
	12.5～50	12.5～25	20	25～50	40			2.8	2	
	25～100	25～50	20	50～100	40			7.5		2
	50～200	50～100	20	100～200	40			32		

附表 7－2　DY—20（30）系列电压继电器的技术数据

型号	特性	整定范围/V	线圈并联		线圈串联		动作时间	最小整定电压时功率消耗/(V·A)	接点	
			动作电压/V	长期允许电压/V	动作电流/V	长期允许电压/V			常开	常闭
DY－21（31）	过电压继电器	15～60	15～30	35	30～60	70	当1.2倍整定电压时不大于0.15s 当3倍整定电压时不大于0.03s	1	1	
DY－22		15～60	15～30	35	30～60	70		1		1
DY－23（32）		50～200	50～100	110	100～200	220		1	1	1
DY－24（33）		50～200	50～100	110	100～200	220		1	2	
DY－25		100～400	100～200	220	200～400	440		1		2
DY－34		100～400	100～200	220	200～400	440		1	2	2
DY－30/60C		15～60	15～30	110	30～60	220		1.5		
DY－26（35）	低电压继电器	12～48	12～24	35	24～48	70	当0.5倍整定电压时不大于0.15s	1	1	
DY－27		12～48	12～24	35	24～48	70		1		1
DY－28（36）		40－160	40～80	110	80～160	220		1	1	1
DY－29（37）		40～160	40～80	110	80～160	220		1	2	
DY－38		80～320	80～160	220	160～320	440		1	2	2
DY－210		80～320	80～160	220	160～320	440		1		2

附表 7 –3　时间继电器的技术数据

型号	电压种类	额定电压/V	时间整定范围/s	动作电压/V	返回电压	线圈耐受100%额定电压时间	消耗功率	接点数量			接点开断容量
								常开	滑动	切换	
DS－21/C	直流	24、48 110、220	0.2～1.5	不大于 $0.75U_e$	不低于 $0.05U_e$	2 min	对 DS－21、22、23、24 不大于 10；对 21～24/C 不大于 7.5 W	1	1	1	电压不大于 220 V 电流不大于 1 A 时为 50 W；接点闭合电流为 5 A
22/C			1.2～5								
23/C			2.5～10								
24/C			5～20								
25	交流	110、127 220、380	0.2～1.5	不大于 $0.85U_e$		1.5 min	不大于 35 V · A	1	1	1	
26			1.2～5								
27			2.5～10								
28			5～20								
DS－11	直流	24、48 110、220	0.15～1.5	对 110、220 V 不大于 0.8 U_e 对 24、48 V 不大于 $0.9U_e$		不大于 60 min	在额定电压下不大于 15 W			3	电压不大于 220 V；电流不大于 0.2 A；直流为 40 W；交流为 50 V · A
12			1～5								
13			2～10								
14			4～20								
DS－31	直流	48 110 220	3～10	对 110、220 V 不大于 $0.8U_e$ 对 48 V 不大于 $0.9U_e$			在额定电压下不大于 15 W			4	在 $U \leqslant 220$ V；$I \leqslant 0.2$ A 直流为 40 W；交流为 50 V · A
32			5～20								
33			6～30								
34			1.5～5								
BSJ－1/10 －1/4	交流	额定电流：串联－2.5A 并联－5A	0.5～10 0.25～4	可靠工作电流不大于 $0.4I_e$		当 $2I_e$ 时不大于 6 s 当 $30I_e$ 时耐 4 s	在 $2I_e$ 下不大于 12 V · A	2			在 $U \leqslant 220$ V；$I \leqslant 0.2$ A 直流为 25 W；交流为 30 V · A

附表7-4　中间继电器的技术数据

型号	额定电压/V	额定电流/A	动作电压不大于	保持电压不大于	返回电压不低于	热稳定值		动作时间/s	返回时间/s	功率消耗		接点容量	
						电压线圈	电流线圈			电压线圈	电流线圈	长期接通/A	开断
DZ-15、16、17	12、24、48、110 220		0.7 U_e		5% U_e	长期 1.1 U_e		0.05 0.045	0.06	5		≤ 5 A	U≤220 V I≤1 A 直流为 50 W 交流为 500 V·A
DZB-115、138 127		0.5、1、2、4			2% U_e		$3I_e$ 时 2~5 s			10	4.5		
	110、220	1、2、4								25	4.5		
DZS-115、117 145	24、48		0.7 U_e		2% U_e	长期 1.1 U_e	$3I_e$ 时 5 s	0.6	0.5	5 6.5			
127 136	110、220	1、2、4 2、4、6		$0.8I_e$ $0.8I_e$					0.4	5.5 5.5	2.5 2.5		
DZ-31B 32B	12、24、48、110 220		$0.7U_e$					0.05		5		≤ 5 A	
DZ-700			$0.7U_e$		5% U_e					4			直流50 W 交流 500 V·A
DZB-11B、12B 15B	24、48 110、220	0.5、1、2、4、8	0.7 U_e	$0.7U_e$ $0.8I_e$	2% U_e			0.05		7 5.5	4 4		U≤220 V I≤1 A 直流为 50 W 交流为 500 V·A
13B													
14B										4	4		
DZB-12B、14B 11B、13B 15B、16B	12、24 48、110、220	2、4、6 1、2、4	0.7 U_e		2% U_e			0.06	0.4	5			

附表 7－5　信号继电器的技术数据

型号	额定电压/V	额定电流/A	动作电压不大于	动作电流不大于	热稳定值	功率消耗/W		接点开断容量	接点状态	备注
DX－11 电压型	12、24 48、100 220		$0.6U_e$		长期 $1.1U_e$	2		<220V，<2A 直流 50 W 交流 250 V·A	有两对常开不能自复	
DX－11 电流型		0.01、0.015、0.025、0.05、0.075、0.1、0.15、0.25、0.5、0.75、1		I_e	长期 $3I_e$	0.3		<250 V，<2A 直流 50 W 交流 250 V·A	有两对常开不能自复	
DX－21/1 22/1 23/1 DX－21/2 22/2 23/2	48 110 220	0.01、0.015、0.04、0.08、0.2、0.5、1	$0.7U_e$	I_e	长期 $3I_e$ $10I_e$时 3 s	电压 7	电流 0.5	<110 V， <0.2 A 直流 10 W 在纯电阻回路中能接通 30 W	一对常开	电流或电压动作，电压保持，具有灯光信号
DX－31 32	12、24、 48、110 220	0.01、0.015、0.025、0.04、0.05、0.075、0.08、0.1、0.15、0.2、0.25、0.5、1	$0.7U_e$	I_e		3	0.3	<220 V 直流 30 W 交流 200 V·A	两对常开	具有掉牌信号 机械闭锁
DXM－2A 电压型或电流型	24、48 110、220	0.01、0.015、0.025、0.05、0.075、0.1、0.15、0.25、0.5、1.2	$0.7U_e$	I_e		2	0.15	<220 V， <0.2 A 直流 20 W 在纯电阻为 30 W	两对常开	密封接点动作后信号灯亮，并自保持，电压或电流动作，电压释放
DXM－3 电流型	110 220	0.05、0.075、0.05、0.075	$0.7U_e$	I_e				<220 V， <0.2 A 有感直流 10 W 纯阻直流 30 W	两对常开	电流动作，磁接点闭合，自保持，电压释放

附表7－6　GL—10和LL—10系列电流继电器的技术数据

型号	额定电流/A	整定值			长期热稳定电流	返回系数	动作电流时的功率消耗/V·A	接点数量			接点容量
		动作电流/A	10倍动作电流时的动作时间/s	瞬动电流倍数				常开	延时信号	强力桥式	
GL－11/10 (21/10)	10	4、5、6、7、8、9、10	0、5、1、2、3、4	2～8	110%I_e	0.85	15	1			常开接点在220 V时接通直流或交流5 A；常闭接点在220 V时断开交流2 A；信号接点在220 V断开直流0.2 A，断开交流1 A，强力桥式接点由电流互感器供电，电阻在3.5 A时小于4.5Ω则在150 A时能将此跳闸线圈接通或分流断开
GL－11/5 (21/5)	5	2、2、5、3、3、5、4、4、5、5	0、5、1、2、3、4					1			
GL－12/10 (22/10)	10	4、5、6、7、8、9、10	2、4、8、12、16					1			
GL－12/5 (22/5)	5	2、2、5、3、3、5、4、4、5、5	2、4、8、12、16					1			
GL－13/10 (23/10)	10	4、5、6、7、8、9、10	2、3、4			0.8		1	1		
GL－13/5 (23/5)	5	2、2、5、3、3、5、4、4、5、5	2、3、4					1	1		
GL－14/10 (24/10)	10	4、5、6、7、8、9、10	8、12、16					1	1		
GL－14/5 (24/5)	5	2、2、5、3、3、5、4、4、5、5	8、12、16					1	1		
GL－15/10 (25/10)	10	4、5、6、7、8、9、10	0、5、1、2、3、4							1	
GL－15/5 (25/5)	5	2、2、5、3、3、5、4、4、5、5	0、5、1、2、3、4							1	
GL－16/10 (26/10)	10	4、5、6、7、8、9、10	8、12、16						1	1	
GL－16/5 (26/5)	5	2、2、5、3、3、5、4、4、5、5	8、12、16						1	1	
LL－11/5 12/5 13/5 14/5	5	2、2、5、3、3、5、4、4、5、5	0.5～4 2～16 2～4 8～16	2～8	110%I_e	0.85	10	1 1 1 1	 1 1		
LL－11/10 12/10 13/10 14/10	10	4、5、6、7、8、9、10	0.5～4 2～16 2～4 8～16	2～8	110%I_e	0.85	10	1 1 1 1	 1 1		

附表 9－1　阀型避雷器的电器特性参数

型号	额定电压/kV 有效值	灭弧电压/kV 有效值	工频放电电压/kV 有效值	冲击放电电压（预放电时间 1.5～20 μs）不大于/kV，	残压（波形为 10/20 μs）不大于/kV		基本元件的颠倒电流/μA	
					5 kA	10 kV	直流实验电压/kV	μA
FZ－2	2	2.3	4.5～5.5	10	10	11		
FZ－3	3	3.8	9～11	20	14.5	（16）	4	400～600
FZ－4	4	4.6			20	22		
FZ－6	6	7.6	16～19	30	27	（30）	6	400～600
FZ－10	10	12.7	26～31	45	45	（50）	10	400～600
FZ－15	15	20.5	42～52	78	67	（74）	16	400～600
FZ－20	20	25	49～60.5	85	80	（88）	20	400～600
FZ－30J		25	56～67	110	83	（91）	24	400～600
FZ－30	30	38	80～91	116	121	（134）	36	400～600
FZ－35	30	41	84～104	134	134	（148）		
FZ－40	40	50	98～121	154	160	（176）		
FZ－60	60	70.5	14～173	220	227	（250）		
FZ－110J	110	100	22～268	310	332	（364）		
FZ－110	110	126	25～312	375	375	（440）		
FZ－154J	154	141	30～372	420	466	（512）		
FZ－154	154	177.5	35～441	500	575	（634）		
FZ－220	220	200	44～536	630	664	（728）		
FS－3	3	3.8	9～11	21	以下为 3 KA	5 KA 17	3	不大于
FS－6	6	7.6	16～19	35	16	30	6	
FS－10	10	12.7	26～31	50	28	50	10	10
FS_4－3GY	3	3.8	9～11	21	47	17		
FS_4－6GY	6	7.6	16～19	35		30		
FS_4－10GY	10	12.7	23～31	50		50		
FS_4－15GY	15	20.5	42～62	78		67		
FCD－2	2	2.3	4.5～5.7	6				
FCD－3	3	3.8	7.5～9.7	9.5	6			
FCD－4	4	4.6	9～11.4	12	9.5			
FCD－6	6	7.6	15～18	19	12			
FCD－10	10	12.7	25～30	31	19			
FCD－13.2	13.2	16.7	33～39	40	31			
FCD－15	15	19	37～44	45	40			
					45			

注：（1）FZ 型用于发电厂或变电所中；FS 用于配电线路；FCD 为磁吹型用于旋转电机；

（2）型号中带有 J 的用于中性点接地系统；型号中带有 GY 用于高原地区；括号中数值为参考值。